"十四五"时期国家重点出版物出版专项规划项目

华为网络技术系列

丛书主编
徐文伟

华为数据通信
架构与技术

云数据中心网络架构与技术（第2版）

Cloud Data Center Network Architecture and Technologies
(2nd edition)

主　编　徐文伟　张　磊　陈　乐

U0277693

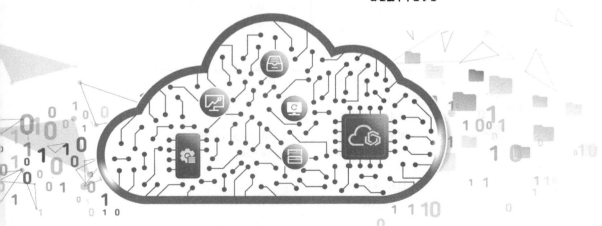

人民邮电出版社

北　京

图书在版编目（CIP）数据

云数据中心网络架构与技术 / 徐文伟，张磊，陈乐
主编. -- 2版. -- 北京：人民邮电出版社，2022.7
（华为网络技术系列）
ISBN 978-7-115-59275-0

Ⅰ. ①云… Ⅱ. ①徐… ②张… ③陈… Ⅲ. ①计算机
网络—数据处理 Ⅳ. ①TP393

中国版本图书馆CIP数据核字(2022)第078253号

内 容 提 要

本系列图书基于华为公司工程创新、技术创新的成果以及在全球范围内丰富的商用交付经验，介绍新一代网络技术的发展热点和相关的网络部署方案。

本书以云数据中心网络面临的业务挑战为切入点，详细介绍云数据中心网络的架构设计和技术实现，并提供部署建议。首先，本书介绍数据中心网络变革和发展的大背景，以及总体架构与技术演进，帮助读者了解数据中心网络的发展历程。随后，本书介绍云数据中心网络的设计与实现，内容包含单数据中心网络的业务模型、数据中心的物理网络和逻辑网络的构建，多数据中心网络的构建以及数据中心网络的安全方案。本书还对数据中心网络的开放性和当前的一些热点技术进行讲解和展望。本书的第2版增加了云数据中心网络智能运维和智能无损数据中心网络方面的内容，还增加了与超融合数据中心网络、确定性IP网络相关的内容。

本书可以为构建安全、可靠、高效、开放的云数据中心网络提供参考和帮助，适合企业和科研院所信息化部门及数据中心的技术人员阅读，也可为高等院校计算机网络相关专业的师生提供参考。

◆　主　　编　徐文伟　张　磊　陈　乐
　　责任编辑　韦　毅　哈宏疆
　　责任印制　李　东　焦志炜
◆　人民邮电出版社出版发行　　北京市丰台区成寿寺路 11 号
　　邮编　100164　　电子邮件　315@ptpress.com.cn
　　网址　https://www.ptpress.com.cn
　　固安县铭成印刷有限公司印刷
◆　开本：720×1000　1/16
　　印张：30.5　　　　　　　　2022 年 7 月第 2 版
　　字数：581 千字　　　　　　2025 年 1 月河北第 13 次印刷

定价：139.00 元

读者服务热线：(010)81055410　印装质量热线：(010)81055316
反盗版热线：(010)81055315
广告经营许可证：京东市监广登字 20170147 号

丛书编委会

推 荐 语

　　该丛书由华为公司的一线工程师编写，从行业趋势、原理和实战案例等多个角度介绍了与数据通信相关的网络架构和技术，同时对虚拟化、大数据、软件定义网络等新技术给予了充分的关注。该丛书可以作为网络与数据通信领域教学及科研的参考书。

——李幼平

中国工程院院士，东南大学未来网络研究中心主任

　　当前，国家大力加强网络强国建设，数据通信就是这一建设的基石。这套丛书的问世对进一步构建完善的网络技术生态体系具有重要意义。

——何宝宏

中国信息通信研究院云计算与大数据研究所所长

　　该丛书以网络工程师的视角，呈现了各类数据通信网络设计部署的难点和未来面临的业务挑战，实践与理论相结合，包含丰富的第一手行业数据和实践经验，适用于网络工程部署、高校教学和科研等多个领域，在产学研用结合方面有着独特优势。

——王兴伟

东北大学教授、研究生院常务副院长，国家杰出青年科学基金获得者

　　该丛书对华为公司近年来在数据通信领域的丰富经验进行了总结，内容实用，可以作为数据通信领域图书的重要补充，也可以作为信息通信领域，尤其是计算机通信网络、无线通信网络等领域的教学参考。该丛书既有扎实的技术性，又有很强的实践性，它的出版有助于加快推动产学研用一体化发展，有助于培养信息通信技术方面的人才。

——徐恪

清华大学教授、计算机系副主任，国家杰出青年科学基金获得者

该丛书汇聚了作者团队多年的从业经验，以及对技术趋势、行业发展的深刻理解。无论是作为企业建设网络的参考，还是用于自身学习，这都是一套不可多得的好书。

——王震坡

北京理工大学教授、电动车辆国家工程研究中心主任

这是传统网络工程师在云时代的教科书，了解数据通信网络的现在和未来也是网络人的一堂必修课。如果不了解这些内容，迎接我们的可能就只有被淘汰或者转行，感谢华为为这个行业所做的知识整理工作！

——丘子隽

平安科技平安云网络产品部总监

该丛书将园区办公网络、数据中心网络和广域互联网的网络架构与技术讲解得十分透彻，内容通俗易懂，对金融行业的 IT 主管和工作人员来说，是一套优秀的学习和实践指导图书。

——郑倚志

兴业银行信息科技部数据中心主任

总　序

　　"2020 年 12 月 31 日，华为 CloudEngine 数据中心交换机全年全球销售额突破 10 亿美元。"

　　我望向办公室的窗外，一切正沐浴在旭日玫瑰色的红光里。收到这样一则喜讯，倏忽之间我的记忆被拉回到 2011 年。

　　那一年，随着数字经济的快速发展，数据中心已经成为人工智能、大数据、云计算和互联网等领域的重要基础设施，数据中心网络不仅成为流量高地，也是技术创新的热点。在带宽、容量、架构、可扩展性、虚拟化等方面，用户对数据中心网络提出了极高的要求。而核心交换机是数据中心网络的中枢，决定了数据中心网络的规模、性能和可扩展性。我们洞察到云计算将成为未来的趋势，云数据中心核心交换机必须具备超大容量、极低时延、可平滑扩容和演进的能力，这些极致的性能指标，远远超出了当时的工程和技术极限，业界也没有先例可循。

　　作为企业 BG 的创始 CEO，面对市场的压力和技术的挑战，如何平衡总体技术方案的稳定和系统架构的创新，如何保持技术领先又规避不确定性带来的风险，我面临一个极其艰难的抉择：守成还是创新？如果基于成熟产品进行开发，或许可以赢得眼前的几个项目，但我们追求的目标是打造世界顶尖水平的数据中心交换机，做就一定要做到业界最佳，铸就数据中心带宽的"珠峰"。至此，我的内心如拨云见日，豁然开朗。

　　我们勇于创新，敢于领先，通过系统架构等一系列创新，开始打造业界最领先的旗舰产品。以终为始，秉承着打造全球领先的旗舰产品的决心，我们快速组建研发团队，汇集技术骨干力量进行攻关，数据中心交换机研发项目就此启动。

　　CloudEngine 12800 数据中心交换机的研发过程是极其艰难的。我们突破了芯片架构的限制和背板侧高速串行总线（SerDes）的速率瓶颈，打造了超大容量、超高密度的整机平台；通过风洞试验和仿真等，解决了高密交换机的散热难题；通过热电、热力解耦，突破了复杂的工程瓶颈。

　　我们首创数据中心交换机正交架构、Cable I/O、先进风道散热等技术，自研超薄碳基导热材料，系统容量、端口密度、单位功耗等多项技术指标均达到国际领先水平，"正交架构 + 前后风道"成为业界构筑大容量系统架构的主流。我们首创的"超融合以太"技术打破了国外 FC（Fiber Channel，光纤通道）存储网络、超算互联 IB（InfiniBand，无限带宽）网络的技术封锁；引领业界的 AI ECN（Explicit Congestion Notification，显式拥塞通知）技术实现了

RoCE（RDMA over Converged Ethernet，基于聚合以太网的远程直接存储器访问）网络的实时高性能；PFC（Priority-based Flow Control，基于优先级的流控制）死锁预防技术更是解决了 RoCE 大规模组网的可靠性问题。此外，华为在高速连接器、SerDes、高速 AD/DA（Analog to Digital/Digital to Analog，模数 / 数模）转换、大容量转发芯片、400GE 光电芯片等多项技术上，全面填补了技术空白，攻克了众多世界级难题。

2012 年 5 月 6 日，CloudEngine 12800 数据中心交换机在北美拉斯维加斯举办的 Interop 展览会闪亮登场。CloudEngine 12800 数据中心交换机闪耀着深海般的蓝色光芒，静谧而又神秘。单框交换容量高达 48 Tbit/s，是当时业界其他同类产品最高水平的 3 倍；单线卡支持 8 个 100GE 端口，是当时业界其他同类产品最高水平的 4 倍。业界同行被这款交换机超高的性能数据所震撼，业界工程师纷纷到华为展台前一探究竟。我第一次感受到设备的 LED 指示灯闪烁着的优雅节拍，设备运行的声音也变得如清谷幽泉般悦耳。随后在 2013 年日本东京举办的 Interop 展览会上，CloudEngine 12800 数据中心交换机获得了 DCN（Data Center Network，数据中心网络）领域唯一的金奖。

我们并未因为 CloudEngine 12800 数据中心交换机的成功而停止前进的步伐，我们的数据通信团队继续攻坚克难，不断进步，推出了新一代数据中心交换机——CloudEngine 16800。

华为数据中心交换机获奖无数，设备部署在 90 多个国家和地区，服务于 3800 多家客户，2020 年发货端口数居全球第一，在金融、能源等领域的大型企业以及科研机构中得到大规模应用，取得了巨大的经济效益和社会效益。

数据中心交换机的成功，仅仅是华为在数据通信领域众多成就的一个缩影。CloudEngine 12800 数据中心交换机发布一年多之后，2013 年 8 月 8 日，华为在北京发布了全球首个以业务和用户体验为中心的敏捷网络架构，以及全球首款 S12700 敏捷交换机。我们第一次将 SDN（Software Defined Network，软件定义网络）理念引入园区网络，提出了业务随行、全网安全协防、IP（Internet Protocol，互联网协议）质量感知以及有线和无线网络深度融合四大创新方案。基于可编程 ENP（Ethernet Network Processor，以太网络处理器）灵活的报文处理和流量控制能力，S12700 敏捷交换机可以满足企业的定制化业务诉求，助力客户构建弹性可扩展的网络。在面向多媒体及移动化、社交化的时代，传统以技术设备为中心的网络必将改变。

多年来，华为以必胜的信念全身心地投入数据通信技术的研究，业界首款 2T 路由器平台 NetEngine 40E-X8A / X16A、业界首款 T 级防火墙 USG9500、业界首款商用 Wi-Fi 6 产品 AP7060DN……随着这些产品的陆续发布，华为 IP

产品在勇于创新和追求卓越的道路上昂首前行，持续引领产业发展。

这些成绩的背后，是华为对以客户为中心的核心价值观的深刻践行，是华为在研发创新上的持续投入和厚积薄发，是数据通信产品线几代工程师孜孜不倦的追求，更是整个 IP 产业迅猛发展的时代缩影。我们清醒地意识到，5G、云计算、人工智能和工业互联网等新基建方兴未艾，这些都对 IP 网络提出了更高的要求，"尽力而为"的 IP 网络正面临着"确定性"SLA（Service Level Agreement，服务等级协定）的挑战。这是一次重大的变革，更是一次宝贵的机遇。

我们认为，IP 产业的发展需要上下游各个环节的通力合作，开放的生态是 IP 产业成长的基石。为了让更多人加入到推动 IP 产业前进的历史进程中来，华为数据通信产品线推出了一系列图书，分享华为在 IP 产业长期积累的技术、知识、实践经验，以及对未来的思考。我们衷心希望这一系列图书对网络工程师、技术爱好者和企业用户掌握数据通信技术有所帮助。欢迎读者朋友们提出宝贵的意见和建议，与我们一起不断丰富、完善这些图书。

华为公司的愿景与使命是"把数字世界带入每个人、每个家庭、每个组织，构建万物互联的智能世界"。IP 网络正是"万物互联"的基础。我们将继续凝聚全人类的智慧和创新能力，以开放包容、协同创新的心态，与各大高校和科研机构紧密合作。希望能有更多的人加入 IP 产业创新发展活动，让我们种下一份希望、发出一缕光芒、释放一份能量，携手走进万物互联的智能世界。

徐文伟

华为董事、战略研究院院长

2021 年 12 月

第1版序

以云计算、大数据、区块链和人工智能为代表的金融科技正深刻改变着金融行业的面貌。尤其是 2016 年 8 月金融科技被纳入国务院《"十三五"国家科技创新规划》以来，发展金融科技、实施数字化转型成为几乎所有金融机构共同的战略选择。金融行业数字化转型的主要目标是提升信息的处理与运用能力，促进业务创新与流程再造，以实现科技金融、智慧金融和普惠金融。在这一轮波澜壮阔的技术变革浪潮中，数据中心承载着金融企业数字业务的处理，不可避免地站在了潮头。传统金融数据中心的特点是业务量大、可靠性高、安全合规，而如何在保持和强化这些优势的同时，打造一个架构更灵活、资源利用更有效、管控更全面及时、业务响应更敏捷的金融云数据中心，以支撑企业未来持续的业务创新与快速的产品迭代，是摆在金融企业科技工作者尤其是数据中心建设者面前的现实问题。

中国银联自 2015 年起，在自主研发的云平台下开展了基于 SDN 技术的下一代云数据中心智能网络解决方案的研究与实践，并在此过程中与华为公司建立了良好的合作关系。双方从联合开展 SDN 相关原型样机研制起步，逐步合作，实现了具备云网络资源弹性调度、异构计算资源统一开放接入以及多中心网络敏捷互联能力的金融数据中心云网络服务架构，经受住了云闪付"62"营销、"双11"全网营销等超高峰值业务流量的考验。2019 年 9 月，为进一步深化技术创新合作，双方成立了"银联华为金融网络科技实验室"，立足金融行业技术发展的共性需求，全力打造聚合金融行业新技术解决方案研究、新技术应用实践评测、行业趋势研究、行业智库交流四大功能的，具有全球影响力的先进金融网络科技研究中心。回顾双方多年的合作历程，华为的领导和技术专家在云计算及数据中心网络技术方面超前的战略眼光、丰富的实践经验和深厚的技术底蕴给我留下了深刻印象，他们对技术的执着和面对困难永不低头的精神也让我深感敬佩。

本书浓缩了华为在云数据中心网络这一领域多年耕耘的宝贵经验和成功实践的精华，是业界难得一见的深入阐述云数据中心的网络架构、关键技术、规划部署建议和热点技术的图书，可以帮助从业者全面了解云数据中心网络的业务模型、物理网络和逻辑网络，以及华为 CloudFabric 智简数据中心网络的主要部署过程。更为可贵的是，本书结合华为创新的实践经验，就云数据中心网络的总体架构进行了详细剖析，指明了演进方向，并给出了目标架构与设计原则的参考建议。可以说，无论是出于学习的目的还是工程实施参考的目的，本书都可以被纳入广大云计算技术与数据中心网络技术人员和爱好者的必读书单。

"雄关漫道真如铁，而今迈步从头越。"这是一个新时代，一个奋斗、创新、超越的时代。中国银联积极应对支付产业的变革，正在加快推进向科技公司、数据公司转型的企业战略，而十几万华为人也正以临危不惧的坚定意志、顽强卓绝的奋斗精神持续开拓新未来，为客户创造新价值，为业界树立新标杆。我相信，在全社会科技工作者的共同努力下，一个万物互联的智能世界终将到来！

戚跃民

中国银联助理总裁

2019 年 11 月 23 日于上海

前　言

　　本书从云计算的业务特征入手，介绍云计算对数据中心的影响，进而介绍数据中心的总体架构和技术方案的演进，以及匹配云计算业务的数据中心物理网络、逻辑网络、多数据中心、安全等方面的设计方案。最后，介绍数据中心网络的热点技术和华为云数据中心网络的构建方案。

　　随着大数据、5G、AI 等新技术和各类创新应用层出不穷，数据中心所承担的使命也有所变化，在大数据和智能时代，数据中心开始越来越聚焦于对数据的高效处理，数据中心逐渐向算力中心演进。在此背景下，构建一个低时延、无丢包、高吞吐以及易运维的智能无损数据中心网络则显得尤为重要。本书第 2 版增加了与云数据中心网络智能运维和智能无损数据中心网络相关的内容，同时也对超融合数据中心网络、确定性 IP 网络做了一些阐述。

　　对于网络工程师等 ICT(Information and Communication Technology，信息通信技术) 从业人员，本书是学习 SDN 数据中心网络规划设计和工程部署的好向导；对于网络技术爱好者及在校学生，本书也是学习和了解云数据中心网络架构、常用技术和前沿技术的参考书。

本书内容

　　本书共 14 章，分别介绍如下。

第 1 章　联接变革使能数据中心网络演进

　　以联接为基础的 ICT，如云计算、5G、物联网等，正成为撬动这个世界可持续发展的杠杆。数据中心是 ICT 重要基础设施的代表，本章引入数据中心网络迎来变革和发展的大背景。

第 2 章　认识云数据中心网络

　　本章介绍云计算的基本特征、虚拟化技术的发展与演进，以及云化演进的一些基础知识，帮助读者快速地对云数据中心网络有一个初步的了解。本章还介绍 SDN 发展路线的特点、编排与控制的关系，并且站在业务视角讲述企业在选择不同方案时的关注点。最后，本章介绍超融合数据中心网络出现的必然性。

第 3 章　云计算时代数据中心网络面临的挑战

本章介绍在云计算时代数据中心网络面临的五大挑战，分别是大数据需要大管道、网络需要池化与自动化、安全需要服务化部署、网络需要提供可靠基石和数据中心网络运维需要智能化。

第 4 章　数据中心网络的总体架构与技术演进

本章介绍数据中心物理网络的一般架构和主要网络技术的演进，并以金融数据中心网络和运营商数据中心网络为例，介绍典型数据中心网络的演进历程和网络总体架构。

第 5 章　云数据中心网络的功能组件与业务模型

本章介绍含有云平台的场景中，由云平台提供的网络业务的编排模型和业务流程，以及没有云平台的网络自主编排场景中，由 SDN 控制器提供的网络业务的编排模型和业务流程。

第 6 章　构建数据中心的物理网络（Underlay 网络）

本章介绍物理网络的典型架构、设计原则，并对常用的网络技术进行对比。

第 7 章　构建数据中心的逻辑网络（Overlay 网络）

本章介绍逻辑网络的基本概念，然后介绍主流的 VXLAN 技术的基本原理，以及如何使用 VXLAN 技术来构建逻辑网络。

第 8 章　构建多数据中心网络

由于业务规模的扩大及业务可靠性、连续性的要求，需要部署多数据中心来满足业务诉求。本章针对多数据中心网络，给出业务需求分析以及推荐的网络架构设计。

第 9 章　构建云数据中心网络端到端安全

本章介绍云数据中心网络面临的安全挑战、安全层面的总体技术方案，并从虚拟化安全、网络安全、高级威胁检测防御、边界安全、安全管理等方面介绍具体的安全技术和实现方案。

第 10 章　云数据中心网络智能运维

SDN 时代，计算资源池化、存储资源池化、网络资源池化、网络及业务自动化，让企业的数字化转型变得更简单，但数据中心网络运维却面临着业务难感知、问题难自证、故障难定位等问题。本章主要介绍面对这些问题，可以采用哪些与智能运维相关的技术和方案。

第 11 章 数据中心网络的开放性

本章介绍数据中心网络具备开放性的必要性，并从控制器的开放性和转发器的开放性两个层面介绍开放性带来的能力和价值。

第 12 章 热点技术一瞥

本章介绍现阶段在数据中心网络中一些备受业界关注的新技术和发展趋势，包括容器、混合云及当下火热的确定性 IP 网络的基本概念和主流方案。

第 13 章 智能无损网络助力智能世界 2030

AI 正在深刻地改变人们的生活，ICT 行业也面临着智能化的变革，联接数量、带宽和算力增长速度惊人，数据中心逐渐向算力中心演进，而超级算力需要一个智能无损的数据中心网络作为基础。本章将向读者介绍如何构建一个智能无损的数据中心网络。

第 14 章 云数据中心网络解决方案的组件

本章介绍构建云数据中心网络时使用到的一些组件的定位、特点和功能架构，这些组件包括 CloudEngine 数据中心交换机、CloudEngine 虚拟交换机、HiSecEngine 系列防火墙、iMaster NCE-Fabric 网络控制器和 SecoManager 安全控制器。

致谢

本书由华为技术有限公司"数据通信数字化信息和内容体验部"及"数据通信架构与设计部"联合编写。在写作过程中，华为数据通信产品线的领导给予了很多的指导、支持和鼓励，在此诚挚感谢相关领导的扶持！

以下是参与本书编写和技术审校的人员名单。

主　　编：徐文伟、张磊、陈乐。

编写人员：徐文伟、张磊、陈乐、张帆、陈山、朱小蕾、蒋忠平、吴学锋。

技术审校：徐文伟、郭俊、王建兵、张磊、陈乐、张帆。

参与本书编写和审稿的人员虽然有多年的 ICT 从业经验，但因时间仓促，文中错漏之处在所难免，望读者不吝赐教，在此表示衷心的感谢。

本书常用图标

 核心交换机

 接入交换机

 路由器

 数据中心核心交换机

 数据中心接入交换机

 数据中心路由器

 AC

 AP

 PC

 平板计算机

 手机

 防火墙

 服务器

 网管

 SDN控制器

 网络

 Wi-Fi信号

目 录

第1章
联接变革使能数据中心网络演进

以联接为基础的ICT（Information Communication Technology，信息通信技术），如云计算、5G、物联网等，正成为撬动这个世界可持续发展的杠杆，助力提升国家竞争力。毋庸置疑，ICT基础设施和网络，已如电力和交通等基础设施一样，对各个国家和产业的繁荣发展及竞争力提升起着至关重要的作用。

全球大多数国家已经把ICT投资发展上升到国家战略的高度，通过统一规划充分释放ICT的潜力，以驱动国家经济的良性增长。

2014年，华为基于对25个国家（GDP占全球78%，人口数占全球68%）联接程度的研究，围绕联接现状和增长空间两个维度共16项指标构建了国家联接指数。经研究发现，德国的联接指数全球排名第一，美国和英国紧随其后，发达国家正在借助投资ICT保持良好的竞争活力。

在传统的制造行业，德国正凭借雄厚的ICT基础优势推进工业4.0革命。工业4.0在业界被认为是第四次工业革命，它的本质就是基于"信息物理系统"实现"智能工厂"，通过物联网将制造业的物理设备连接到互联网，形成一个"信息物理系统网络"，从而实现制造向"智造"的升级。德国电子电气行业协会曾预测，工业4.0将使工业生产效率提高30%。

发展中国家通过积极的ICT政策也获得了加速发展，智利、肯尼亚、埃及在国家联接指数的增长空间维度分列前三。

以智利为例，其在这次调研的发展中国家中联接指数排名第一，在全球范围内排名第四。智利政府将GDP总量的0.9%投入通信领域，在所调研的25个国家中排名第四。智利不断加强ICT投入以带动经济发展，通过"智利硅谷"项目，快速地建立起宽带基础设施，鼓励创新，聚集了全面的人才、技术、商业等资源。

华为2014年发布的《全球联接指数》（Global Connectivity Index）指出，联接指数每提升1点，人均GDP增加1.4%～1.9%，发展中国家的提升会明显大于发达国家。这些分析为那些试图利用联接实现社会转型、缩小数字鸿沟、促进创新和提升国家竞争力的市场提供了指导。

2020年，一场突如其来的疫情让远程办公、远程上课、互联网监工等走进公众的生活，让公众更加认识到网络互联的重要价值。数字基础设施较完善的国家，往往能更好地应对此类公共突发事件，降低此类事件对国家经济、民众生活的不利影响。2021年发布的《中华人民共和国国民经济和社会发展第十四个五年规划和2035年远景目标纲要》，提出"迎接数字时代，激活数据要素潜能，推进网络强国建设，加快建设数字经济、数字社会、数字政府，以数字化转型整体驱动生产方式，生活方式和治理方式变革"。

毫无疑问，新型ICT基础设施建设已经成为包括中国在内的众多国家的发展战略之一。其中，数据中心作为ICT基础设施的代表，承载着组织的各类核心应用，汇聚了海量的联接，在数字化转型和数字化社会建设的大潮中，必将迎来新一轮的发展机遇。

数据中心内存储和流动着的数据，是组织的核心价值资产，而数据中心贯穿于数据从生产要素到商业价值转换的全流程，在企业数字化转型中，改变了企业的开发、生产和经营模式。ICT行业不仅开发了新的产品类型，还消除了企业与客户之间的物理界限，促进了创新、创业和新的商业模式的衍生。在ICT基础设施的推动下，新旧行业正从销售商品、货物和服务转变为销售体验。

AI（Artificial Intelligence，人工智能）、5G、区块链、工业互联网等场景化应用驱动数据中心不断探索新的建设和运营模式，各类新技术层出不穷。云数据中心网络是当前最热门的数据中心建设方案，同时也是本书描述的重点。

第 2 章
认识云数据中心网络

云数据中心是一种基于云计算架构的新型数据中心，其计算、存储及网络资源松耦合，各种IT设备完全虚拟化，模块化程度、自动化程度、绿色节能程度均较高。云数据中心网络的特点，首先是高度的虚拟化，包括服务器、存储、应用等的虚拟化，用户可以按需调用各种资源；其次是自动化管理程度较高，包括对物理服务器、虚拟服务器的自动化管理，对相关业务的自动化流程管理，以及对客户服务的收费等的自动化管理。本章将从云计算和虚拟化入手，介绍云数据中心网络为应对虚拟化带来的种种挑战而引入的SDN技术，以及超融合数据中心网络出现的必然性。

| 2.1　什么是云计算 |

在历史发展的滚滚长河中，人类追求先进生产力的脚步从不曾停歇。每一次工业革命的出现都代表了一次生产力的发展，从最初的手工作业走向机械化，进而迈向电气化，乃至当前的自动化和智能化，每一次变革都驱动人类社会迈向新的发展纪元。

自20世纪80年代起，随着全球科技、文化和经济的发展，人类社会逐渐开始从工业社会向信息化社会过渡；到20世纪90年代中期，经济全球化趋势推动信息技术高速发展，以因特网为代表的信息技术开始大规模应用于商业领域。在全球经济持续增长的同时，企业信息化过程中暴露出来的问题亦逐渐凸显。复杂的管理模式、失控的运营成本、困难的扩展支撑使企业对新型信息技术翘首企足，这些痛点促使了云计算的诞生。

NIST（National Institute of Standards and Technology，美国国家标准与技术研究院）定义了云计算的五大特征。

- On-demand self-service（按需自服务）：用户自助服务，无须服务商干预。
- Broad network access（泛网络接入）：用户可以通过各种终端访问网络。
- Resource pooling（资源池化）：物理资源多用户共享，应用呈现地域无关性。

- Rapid elasticity（快速弹性）：快速申请和释放资源。
- Measured service（可度量的服务）：具有自动化的资源度量、监控、优化机制。

"按需自服务"及"泛网络接入"表达了企业在现有生产力水平下对更高水平生产力的渴望，即对业务自动化的强烈诉求。而"资源池化"与"快速弹性"可被归纳为"弹性的资源池"。"可度量的服务"强调在自动化与虚拟化的背景下，运营支撑工具同样面临巨大的挑战，需要更为智能化、精细化的工具降低企业的OPEX（Operating Expense，运营成本）。

至此，云计算不再仅是IT领域的专业术语，它代表了一种新的生产力，创造了新的业务模式，带动产业转型，重塑产业链，并开始驱动各行业的业务模式创新，给传统经营方式带来了颠覆性变化，给客户体验带来了革命性变革。抓住机遇者将可能在行业中获得更大的增长空间。

2.2 云计算催生的虚拟化技术

虚拟化（Virtualization）是一个广义的术语。根据牛津英语词典的解释，在计算领域范畴内，虚拟是指"物理上并不存在，而是通过软件实现并呈现出来的做法"。可以理解为，一个虚拟元素是某个元素的一种特定的抽象。通过虚拟化，人们可以对包括基础设施、系统和软件等计算机资源的表示、访问和管理进行简化，并为这些资源提供标准化接口来接收输入和提供输出。虚拟化技术可减少业务软件对现实环境的依赖，使企业更容易简化操作流程、提高资源利用率、降低成本，以及获得更稳定和更高的可用性。

在过去的数十年中，计算、网络、存储三大领域的虚拟化技术蓬勃发展而又互相依存。其中，计算虚拟化技术的发展无疑是核心中的核心，而网络及存储虚拟化技术的发展则都是为了适应计算虚拟化发展带来的变化与挑战。计算虚拟化可理解为通过使用VMM（Virtual Machine Manager，虚拟机管理器），在一台物理机上虚拟出来并运行一个或多个虚拟系统，从而提高计算机硬件资源的利用率，提升IT支撑效率。

VMM是物理服务器和用户操作系统之间的软件层，通过抽象及转换实现多个用户操作系统及应用共享一套基础物理硬件。因此，VMM可以看作虚拟环境中的"元"操作系统，它可以根据虚拟机的配置分配适量的逻辑资源（内存、CPU、网络、磁盘等），加载虚拟机的客户操作系统，并协调访问虚拟机和服务器上的所有物理设备，如图2-1所示。

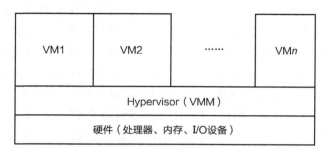

图 2-1　虚拟化

VMM主要有以下两种形式。

- Hypervisor VM（Virtual Manufacturing，VMware主机，泛指虚拟机）：直接运行在物理硬件上，聚焦虚拟I/O性能优化，主要用于服务器类的应用。
- Hosted VM：运行在物理机的操作系统上，上层功能相对更为丰富，比如支持三维加速等特性，其安装和使用也非常方便，常用于桌面应用。

计算虚拟化技术不止一种，且使用不同的方法、不同层次的抽象，常常可以实现同样的结果。常用的虚拟化技术有以下几类。

1. 全虚拟化

全虚拟化也称为原始虚拟化，如图2-2所示，该模型使用一个虚拟机作为Hypervisor，统一协调客户操作系统（Guest OS）与原始硬件。Hypervisor会捕捉和处理那些对虚拟化敏感的特权指令，使客户操作系统无须修改就能运行。由于所有特权指令都要经过Hypervisor统一处理，所以虚拟机的性能会低于物理机，也可能会因实现的方式不同而存在差异，但大致能满足用户的需求。随着硬件辅助虚拟化技术的引入，全虚拟化技术的性能瓶颈逐渐得以突破。代表产品有：IBM CP/C MS、Oracle VirtualBox、KVM、VMware Workstation和ESX。

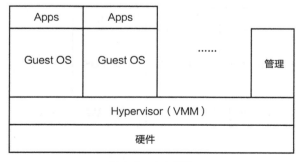

图 2-2　全虚拟化

2. 半虚拟化

半虚拟化也称为超虚拟化，如图2-3所示，它与全虚拟化有些相似，也利用Hypervisor来实现对底层硬件的共享访问。二者的区别在于半虚拟化技术将与虚拟化有关的代码集成到客户操作系统当中，使得客户操作系统能够很好地配合Hypervisor实现虚拟化。通过这种方法，Hypervisor将不再需要重新编译或捕获特权指令，其性能非常接近物理机。最经典的产品就是Xen，又因为微软的Hyper-V所采用的技术和Xen类似，所以也可将Hyper-V归为半虚拟化产品。半虚拟化的缺点在于需要对客户操作系统进行修改，所以其支持的客户操作系统受限，其用户体验相对较差。

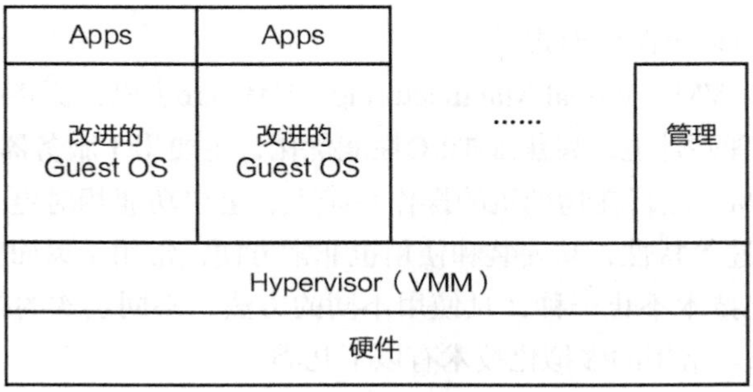

图 2-3　半虚拟化

3. 硬件仿真

毫无疑问，最复杂的虚拟化技术就是硬件仿真。如图2-4所示，这种方法是在物理机的操作系统上创建一个模拟硬件的程序（硬件VM）来仿真所需要的硬件，并在此程序上运行虚拟机。未借助硬件辅助虚拟化技术的情况下，每条指令都必须在底层硬件上进行仿真，这会导致运行速度非常慢，有时不及物理情况下速度的1/100。但硬件仿真可以实现在一个ARM处理器主机上运行为PowerPC设计的操作系统，且不需要进行任何修改。硬件仿真的代表产品有Bochs和Qemu。

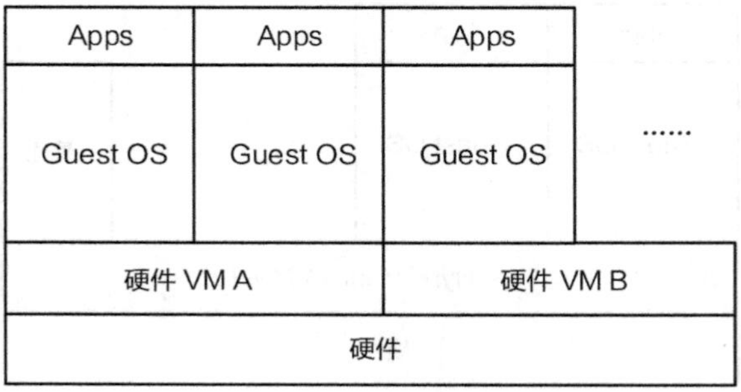

图 2-4　硬件仿真

4. 操作系统级虚拟化

操作系统级虚拟化所使用的技术与上述3种虚拟化技术有所不同。如图2-5所示，这种技术通过对服务器操作系统进行简单的隔离来实现虚拟化。它可实现更小的系统开销、抢占式的计算资源调度，以及更快速的弹性扩缩能力。但在资源的隔离及安全性上还存在一些不足。目前越来越流行的容器技术就属于这种虚拟化技术。

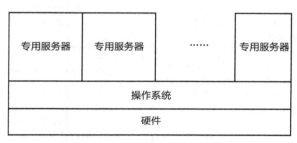

图 2-5　操作系统级虚拟化

5. 硬件辅助虚拟化

Intel/AMD等硬件厂商通过对部分全虚拟化和半虚拟化使用到的软件技术进行硬件化处理来提高性能。硬件辅助虚拟化技术常用于优化全虚拟化和半虚拟化产品，而不是独创一派。最出名的例子莫过于VMware Workstation，它虽然属于全虚拟化产品，但是在其6.0版本中引入了硬件辅助虚拟化技术，比如Intel的VT-x和AMD的AMD-V。现在市面上主流的全虚拟化和半虚拟化产品都支持硬件辅助虚拟化，包括VirtualBox、KVM、VMware ESX和Xen。

上述几种计算虚拟化技术特点鲜明，且各有优缺点，随着上层应用诉求的变化，在硬件辅助虚拟化技术的催化下，各领风骚若干年。从2001年VMware发布ESX，扰动了沉寂多年的虚拟化市场，到2003年Xen1.0开源版本问世，再到2007年KVM合入Linux-2.6.20主线版本，2008年底微软与Citrix合作推出Hyper-V，以及Kubernetes等容器技术的加速成熟……时至今日，虚拟化技术才刚刚处于青春期阶段，还在大踏步地发展。在商业模式上，开源与闭源之争也一刻不曾停歇。

各虚拟化技术的优劣比较如表2-1所示。

除了计算虚拟化，数据中心网络的虚拟化技术也随着计算及存储的变化而快速演进。从多虚一（横向/纵向虚拟化）技术及一虚多（Virtual Switch）技术，到通过Overlay技术实现虚拟大二层网络，以便构建大规模计算资源池及响应VM迁移的诉求，再到通过SDN技术，计算与网络资源联动，实现网络自身功能的抽象、自动化及可度量化，以及意图驱动的网络，数据中心网络正向自动驾驶网络的方向不断发展。相关内容将在本书后续章节详细介绍。

表 2-1　各虚拟化技术的优劣比较

比较项	虚拟化技术				
	全虚拟化	半虚拟化	硬件仿真	操作系统级虚拟化	硬件辅助虚拟化
速度（相比物理服务器）	30%～80%	＞80%	＜30%	80%	＞80%
优点	无须修改 Guest OS，速度较快，功能较好，使用非常简单	比全虚拟化架构精简，精简带来的速度提升明显	无须修改 Guest OS，非常适合用于硬件、固件及 OS 的开发	成本低，性价比最高	在集中虚拟化技术中相对速度最快
缺点	基于 Hosted 模式时性能较差，特别是 I/O 方面	需要对 Guest OS 进行修改，用户体验较差	速度非常慢（有时速度不及物理服务器的 1/100）	只有特定的 OS 才能支持	硬件实现不够优化
发展趋势	占据主流	占据一定市场份额	仍然存在，但面临被淘汰	特定应用［如 VPS（Virtual Private Server，虚拟专用服务器）］会采用	普遍采用

| 2.3　当 SDN 邂逅云计算 |

在云数据中心网络之上，虚拟化的资源被进一步抽象成服务对外呈现出来，供人们灵活地使用。通常我们将云计算服务层次划分为 IaaS（Infrastructure as a Service，基础设施即服务）、PaaS（Platform as a Service，平台即服务）和 SaaS（Software as a Service，软件即服务），分别对应硬件资源、软件平台资源和应用资源。

云服务的层次不同，对质量属性的要求也有所不同。IaaS 层服务致力于提供高质量硬件服务。SaaS、PaaS 层服务则更强调软件的灵活性以及整体的可用性，且根据分层解耦及互不信任原则，对单体的可靠性要求有所降低，一般为 99.9%（即全年中断不超过 8.8 h）。举个简单的例子：人们可能每年都会遇到一两次邮件系统或即时通信软件甚至操作系统故障，却很少遇到真正的硬件系统及驱动软件故障。

从软件技术层面来看，为满足对质量属性的不同要求，云服务的软件架构及技术选择也有所不同。传统软件可划分为 IT 软件和嵌入式软件两大类。IT 软件注重弹性扩展、快速上线能力，在要求可靠性的场景及故障场景中多采用整体回退、重启等手段，适用于 SaaS/PaaS 层。而嵌入式软件则注重对软硬件状态的控制，以得到更高的可靠性，更广泛地适用于 IaaS 层。

随着 IaaS 层系统的自动化能力、弹性能力不断增强，以及分布式、服务化、

Cloud Native、Service Less等软件技术的飞速发展，SaaS/PaaS层软件正在被颠覆，IT 软件正向互联网软件加速转化。依托无状态服务、分布式计算等技术手段以及DevOPS敏捷开发模式，SaaS/PaaS层软件提供业务自助服务、实时在线、快速上线能力。这种转化快速推进了新型互联网商业模式向前发展。

与此同时，人们也开始重新审视 IaaS层系统中是否所有场景都对系统的实时性有严格要求，是否都需要对状态进行细化控制。这种思考同样影响着SDN技术的发展，其网络发展路线开始分化为以控制为主和以编排为主两大类。

以控制为主的路线是强调在现阶段，上层业务还无法做到百分之百无状态，网络仍需要感知计算的迁移状态。同时，为满足故障场景网络的快速倒换，且对上层业务无感知等需求，网络的路由协议等信息仍需要一个统一的管理平台进行细粒度的状态管理。在企业上云的过程中，受各企业软件能力、组织架构等条件的影响，在以控制为主的路线中又细分出如下3个方案。

- OpenStack+网络控制器的云网一体化方案，这种方案采用OpenStack和网络控制器的组合，通过云平台对网络资源、计算资源和存储资源进行统一管理，实现资源池化。针对网络，云平台通过RESTful接口将网络控制指令下发给网络控制器，网络控制器根据云平台的指令进行网络部署。
- VMware、Azure等商业云平台端到端云网融合方案。该方案同样是云平台和网络控制器的组合。相比开源云平台，商业云平台的可用性和可维护性的优势非常明显，所以当前绝大多数企业会采用该方案，只有技术能力极强的企业会采用开源云平台。
- 计算虚拟化+网络控制器的虚拟化方案。该方案为虚拟化平台（如vCenter和System Center）和网络控制器的组合，未采用云平台对计算和网络资源进行统一管理。采用该方案，虚拟化平台将计算业务下发后，会通知网络控制器，由网络控制器下发对应的网络业务。

以编排为主的路线是从未来的上层业务软件架构出发，当SaaS/PaaS层软件做到无状态后，IaaS层软件也将进一步简化。IaaS层软件无须再对状态进行管控。与上层系统类似，IaaS层也只需通过工具软件进行编排。

两类路线的选择受企业组织架构、现有软件架构、技术及资源投入、云化节奏等众多因素的影响，它们虽各有优劣，但条条大路通罗马。以下四大方案均可支撑企业业务云化长期演进，下面介绍一下各方案的特点及当前多数企业的选择依据。

（1）云网一体化方案（OpenStack+网络控制器）

该方案的主要优点如下。

- 主流云平台为开源云平台，开源社区活跃，持续快速更新，可快速构建企业云化能力。

- 可根据企业业务实际情况定制开发，开发内容具有自主知识产权。
- OpenStack生态良好，模型、接口标准化程度高，分层解耦，便于多厂商互联互通。

该方案的主要不足如下。

- 开源软件商业化的过程需要企业对软件进行加固及定制开发。企业需具备一定的技术储备，并在软件开发上持续投入。
- 从单数据中心向多数据中心、混合云演进的过程中，当前开源社区还没有成熟的多云编排器，需要企业自己构建。

选择该方案的企业一般有较强的软件开发与集成能力，关注差异化能力及自主知识产权，且对标准化、多厂商互联互通有强烈的诉求。目前此方案多用于运营商电信云、大型金融机构以及互联网企业的数据中心。

（2）商业云平台端到端云网融合方案（Huawei FusionCloud/VMware vCloud/Microsoft AzureStack）

该方案的主要优点是：从单数据中心到多数据中心、混合云方案、SaaS/PaaS/IaaS端到端交付，均可全面支持，可以快速构建企业云化能力。

该方案的不足是：存在严重厂商锁定，开放性不足。

选择该方案的企业对云化的诉求非常迫切，希望在短时间内快速构建云服务，以支持新的商业模式落地，快速占领市场，但自身软件技术储备略有欠缺。目前，此方案多用于我国中小型企业或欧美企业的数据中心。

（3）虚拟化方案（计算虚拟化+网络控制器）

该方案的主要优点如下。

- 虚拟化方案中，计算和网络资源相互独立，企业组织结构（IT团队与网络团队）短期内不需要整合。
- 在当前云平台、PaaS/SaaS平台众多，且产业尚未成熟的背景下，通过计算虚拟化与网络控制器间的联动，快速构建IaaS平台，实现自动化，满足业务需要，相对风险和门槛较低。
- IaaS层开放架构，分层解耦，为后续云平台、PaaS/SaaS平台的灵活选择提供保障。
- 基于成熟商业化软件构建，可靠性高且无须定制开发。

该方案的不足是：IaaS/PaaS/SaaS软件存在多次选型，企业云化节奏较慢。

选择该方案的企业一般组织结构较为复杂，业务应用相对固定，不希望厂商锁定，且对方案的稳定性及可靠性格外关注。目前，此方案多用于交通、能源等行业大中型企业的数据中心。

此外，随着容器技术的发展，计算、存储资源对网络的依赖程度逐步降低。

该方案中，网络控制器可演进为编排器，整体方案向工具编排方案演进。

（4）工具编排方案

该方案的主要优点如下。

- 基于应用视角自定义业务编排能力，贴合企业实际业务。
- 基于脚本或图形化编排工具，开发简单，快速上线。

该方案存在如下依赖或不足。

- 要求IaaS/PaaS/SaaS层软件均遵守无状态原则，业务可靠性呈现地域无关性，不依赖于IaaS层（VM迁移）保障。
- 要求业务场景相对简单，业务间相互独立，避免相互影响（冲突、覆盖）。

选择该方案的企业一般对传统业务软件的依赖程度不高或改造成本不高，业务场景清晰，对业务变化的响应速度要求较高，且可通过严格的数据中心建设规范保证业务间独立。目前此方案多用于我国互联网企业或欧美互联网企业的数据中心。

不同类型的企业在选择不同的方案后，对网络能力的关注点也略有不同，如表2-2所示。

表 2-2　企业选择不同云化方案的关注点

方案选择	单数据中心		多数据中心与混合云	
	企业数据中心场景	电信云场景	企业数据中心场景	电信云场景
云网一体化方案（OpenStack+网络控制器）	• OpenStack 对接自动化能力 • 组网及转发性能 • VAS（Value-Added Service，增值服务）多厂商自动化能力 • PaaS 层软件集成能力 • 运维能力：ZTP（Zero Touch Provisioning，零配置部署）、拨测手段、Underlay 自动化 • IPv6 能力	• 组网多样性及分层解耦 • OpenStack 对接自动化能力（L2、L3、IPv6） • 业务链能力 • 路由服务［BGP(Border Gateway Protocol, 边界网关协议)、BFD（Bidirectional Forwarding Detection, 双向转发检测）］ • 标准化［BGP EVPN（Ethernet Virtual Private Network，以太网虚拟专用网）、MPLS（Multi-Protocol Label Switching，多协议标签交换） • QoS（Quality of Service，服务质量）	• 多 OpenStack 资源统一管理 • 多 OpenStack 安全自动化 • 多数据中心网络运维能力	• 多数据中心互通标准化 • 城域与数据中心间互联自动化

续表

方案选择	单数据中心		多数据中心与混合云	
	企业数据中心场景	电信云场景	企业数据中心场景	电信云场景
商业云平台端到端云网融合方案	• 物理服务器接入能力（物理交换机对接 VMware NSX 控制器，实现物理服务器自动化） • VMware vRealize 快速集成能力 • Underlay 自动化运维能力（硬件交换机对接 VMware vRNI、硬件交换机对接 Azure Stack 认证） • 混合云			
虚拟化方案（计算虚拟化＋网络控制器）	• 细粒度安全隔离能力（微分段） • 多厂商 VAS 设备自动化能力（业务链） • Underlay 运维（ZTP、配置自动化） • 组播功能 • IPv6 能力		• 与 VMware 联动，网络容灾倒换能力 • 多数据中心统一管理 • 向上兼容性，演进能力	
工具编排方案	• 网络设备与 Ansible、Puppet 等编排工具的对接能力 • 网络设备运维接口的开放性 • 网络设备定制化接口开发的响应速度			

总之，在云化演进架构方案的选择上，企业应从自身实际情况与业务诉求出发，选择适合自己的云化转型之路。

2.4　超融合数据中心网络

随着时间来到21世纪的第三个10年，人类社会正迈入万物感知、万物互联、万物智能的智能时代，物联网、大数据、5G、AI等新技术和各类创新应用层出不穷。数据中心网络承担着各类应用的数据存储、数据分析与数据计算的重任。从数据中挖掘商业价值已成为企业经营的核心任务之一，因此数据中心也越来越聚焦于对数据的高效处理，这种处理能力通常被称为"算力"。算力成为衡量现代数字生产力的重要指标。大家熟知的人脸识别、无人驾驶汽车、智慧工厂等，其背后都是数据中心对数字基础设施的高效整合与使用，并将其转化为某种应用维度的算力。从这个意义上说，数据中心又可以被称为"算力中心"。

数据中心算力是服务器对数据进行处理后实现结果输出的能力，这是数据中心内计算、存储、网络三大资源协同能力的综合衡量指标。根据ODCC（Open Data Center Committee，开放数据中心委员会）的定义，数据中心算力指标包含4个核心要素，即通用计算能力、高性能计算能力、存储能力和网络能力。在服务器规模不变的情况下，提升网络能力可显著改善数据中心单位能耗下的算力水平。

当前一些新兴的应用，如区块链、工业仿真、人工智能、大数据等，基本都建立在云计算的底座之上。近年来，企业各类业务上云的步伐不断加快，云可以提供按需自服务、快速弹性、多租户安全隔离、降低项目前期投资等价值优势。

此外，在企业的数字化转型中，以金融和互联网企业为代表，大量的应用系统逐渐迁移到分布式系统上，也就是以海量的PC平台替代传统的小型机。这么做带来了高性价比、易扩展、自主可控等好处，但分布式系统架构同时也带来了服务器节点之间大量的网络互通需求。

以太网已经成为云化分布式场景中的事实网络标准，表现如下。

- 以太网已具有很高的开放性，可以与各种云融合部署，可由云灵活调用管理。
- 以太网具有很好的扩展性、互通性、弹性、敏捷性和多租户安全能力。
- 以太网可以满足新业务超大带宽的需求。
- 以太网从业人员多，用户基础好。

传统数据中心通过高性能计算使用的IB（InfiniBand，无限带宽）网络、集中式存储使用的FC（Fibre Channel，光纤通道）网络、传统通用计算使用的以太网进行构建，三张异构网络，协议各异，架构割裂，带来了运维困难、专网生态封闭、维护成本高、无法实现全生命周期管理等问题。数据中心里，这三张网络的融合成为算力提升的必然要求。在这个背景下，华为提出了超融合数据中心网络的概念，以全无损以太网来构建新型的数据中心网络，使高性能计算、存储、通用计算三大业务均能融合部署在同一张以太网上，同时实现全生命周期自动化和全网智能运维。

2.4.1 高性能计算需要超融合数据中心网络

以人工智能为代表的一系列创新应用正在快速发展，而人工智能后台算法依赖海量的样本数据和高性能的计算能力。要满足海量数据训练的大算力要求，一方面可以提升CPU单核性能，但是目前单核芯片工艺制程在3 nm左右，且成本较高；另一方面，可以叠加多核，但随着核数的增加，单位算力功耗也会显著增长，且总算力并非线性增长。据测算，当CPU核数从128增至256时，总算力水平无法提升至原有算力水平的2倍。

随着算力需求的不断增长，从P级（PFLOPS，千万亿次浮点运算每秒）向E级（EFLOPS，百亿亿次浮点运算每秒）演进，计算集群的规模不断扩大，对集群之间互连网络的性能要求也越来越高，这使得计算和网络深度融合成为必然。

在计算处理器方面，传统的PCIe（Peripheral Component Interconnect express，一种高速串行计算机扩展总线标准）的总线标准由于单通道传输带宽有限，且通道扩展数量也有限，已经无法满足目前大吞吐高性能计算场景的要求。当前业界的主流解决方案是在计算处理器内集成RoCE（Remote Direct Memory Access over Converged Ethernet，基于聚合以太网的远程直接存储器访问）以太端口，从而让数据通过标准以太网，在传输速度和可扩展性上获得了巨大的提升。

这里的Remote Direct Memory Access（RDMA，远程直接存储器访问）是相对于TCP（Transmission Control Protocol，传输控制协议）而言的，如图2-6所示，在服务器内部，传统的TCP协议栈在接收/发送报文，以及对报文进行内部处理时，会产生数十微秒的固定时延，这使得在AI数据运算这类微秒级系统中，TCP协议栈时延成为最明显的瓶颈。另外，随着网络规模的扩大和带宽的提高，宝贵的CPU资源越来越多地被用于传输数据。

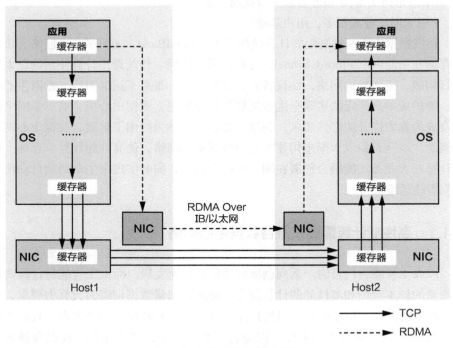

图 2-6　RDMA 与 TCP 的对比

RDMA允许应用与网卡之间的直接数据读写，将服务器内的数据传输时延降低到接近1 μs。同时，RDMA允许接收端直接从发送端的内存读取数据，极大地减少了CPU的负担。

在高性能计算场景中，当前有两种承载RDMA的主流方案：专用IB网络和以太网。然而，IB网络采用私有协议，架构封闭，难以与现网大规模的IP网络实现很好的兼容互通，同时IB网络运维复杂，OPEX居高不下。

用以太网承载RDMA数据流，即前文提到的RoCE，已应用在越来越多的高性能计算场景中。

2.4.2　高性能存储需要超融合数据中心网络

新业务对海量数据的存储和读写需求，催生了存储介质的革新，由HDD（Hard Disk Drive，硬盘驱动器，俗称机械硬盘）快速向SSD（Solid State Disk，固态盘）切换，这给存储性能带来了近100倍的提升。在此过程中，出现了NVMe（Non-Volatile Memory express，非易失性内存主机控制器接口规范）存储协议，NVMe极大提升了存储系统内部的存储吞吐性能，降低了传输时延。

相比而言，原来承载存储业务的FC网络，无论从带宽还是时延上看，都是当前存储网络的瓶颈。完成革新后的全新存储系统，需要一个更快、质量更高的网络。为此，存储与网络从架构和协议层进行了深度重构，新一代存储网络技术NVMe over Fabric（简称NVMe-oF）应运而生，其产生的背景如图2-7所示。NVMe-oF将NVMe协议应用到服务器主机前端，作为存储阵列与前端主机连接的通道，可端到端取代SAN（Storage Area Network，存储区域网络）中的SCSI（Small Computer System Interface，小型计算机系统接口）协议。

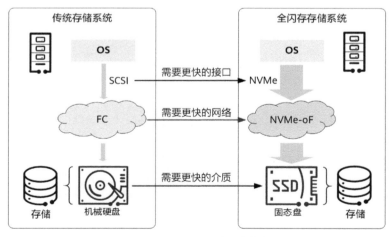

图 2-7　NVMe-oF 产生的背景

NVMe over Fabric中的 "Fabric" 是指NVMe的承载网络，可以是FC、TCP或RMDA。

FC的技术封闭，产业生态不及以太网；其产业规模有限，技术发展相对迟缓，带宽不及以太网；从业人员稀缺，运维成本高，故障排除效率低。

对于TCP，在追求高应用性能的网络大潮中，被RDMA替换已成为大势所趋。

RMDA的主流技术是RoCE，即NVMe over RoCE，它是基于融合以太网的RMDA技术来承载NVMe。

综上所述，基于以太网的RoCE相比FC，具有更高的带宽、更低的时延，同时兼具TCP全以太化、全IP化的优势，因此NVMe over RoCE作为新一代存储网络已经脱颖而出，其技术成为业界NVMe-oF的主流技术。

第3章
云计算时代数据中心网络面临的挑战

云计算是一种按需分配、按使用量收费的使用模式，提供了一个可配置的资源共享池，用户可以通过网络访问这个共享池，并获取存储空间、网络带宽、服务器、应用软件等服务。云计算通过对计算、网络和存储资源的资源池化，带来了更大的业务量、更高的带宽和更低的时延。在云计算时代，随着云数据中心规模化商用以及新技术的迅猛发展，传统的数据中心网络正面临着巨大的挑战。本章尝试对这些挑战进行具体分析。

1. 挑战一：大数据需要大管道

随着互联网技术的不断发展，应用软件的数量呈现爆发式增长，数据中心的业务量激增。例如，在短短一分钟内全球会有超过160万条Google（谷歌）搜索请求、2.6亿封电子邮件被发出、4.7万个App被下载、22万张照片被上传到Facebook（脸书）、6.6亿个数据报文在传送。而这种爆发式的增长仍在持续。这给数据中心网络带来了极大的挑战。大数据需要大管道。

与此同时，随着大量应用迁入数据中心，数据中心流量模型也在发生变化。如图3-1所示，2015年的数据显示，DC（Data Center，数据中心）内东西向流量（内部服务器之间的流量）已占总流量的90%以上。传统数据中心的树状网络架构已难以满足业务诉求，需要构建新的分布式网络架构，将三层网关下沉至边缘节点，以求最大限度地优化流量路径，满足业务对带宽及时延的要求。

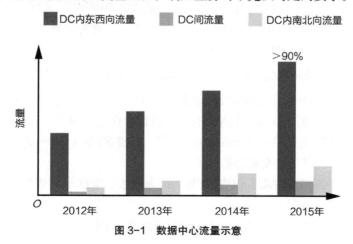

图3-1　数据中心流量示意

2. 挑战二：业务快速上线，网络需要池化与自动化

传统数据中心网络割裂，如图3-2所示，无法满足云数据中心构建大规模资源池的诉求：网络呈现"烟囱式"，计算资源被限定在模块内部，无法统一调度，导致"冷热"不均。同时，网络间采用分布式路由决策，路由难以优化，网络利用率低。

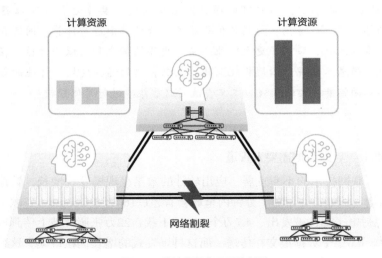

图 3-2　传统数据中心网络割裂

传统数据中心网络的自动化程度较低，无法满足业务快速弹性上线的诉求；应用部署按月粒度开通，无法支撑新业务的发展；应用扩容困难，Scaling Out（横向扩展）费时费力（同安装部署一样烦琐）；Scaling Up（纵向扩展）业务中断时间长（装机、迁存储、停业务切换），无法响应业务突发的诉求。

多数据中心网络资源割裂，管理复杂，无法实现资源统一管理。业务跨数据中心网络部署，多数据中心网络间业务互访关系、策略管理复杂，数据中心网络间链路带宽分配不均，整体利用率低，成本高。

3. 挑战三：威胁挑战全面升级，安全需要服务化部署

传统数据中心网络安全服务化层级低，OPEX高。根据银行业调查，首先，一半以上的运维及变更操作与安全业务相关，当前存在如下问题。

- 安全服务种类有限：OpenStack能力弱，仅包含FW（Firewall，防火墙）基础服务，无其他安全服务能力。
- 安全服务需网络联动：仅完成FW的配置下发，无法一站式打通网络链路，需要网络设备配合。
- 手工配置复杂：安全设备的部署和配置都要手工执行，同时还要配置网络设备，工作复杂。

- 设备部署分散：各个风险点均需部署安全设备，难于管理。
- 管理入口分散：一次安全防护要登录多个安全设备，分别配置不同的策略，配置流程烦琐。
- 大量安全能力冗余：为应对突发流量，每个安全设备均保持过多的冗余能力，资源浪费严重。

其次，威胁不断升级，人工分析效率低，调查处置难，具体如下。

- 人工分析效率低：大量安全设备的日志分散存储，靠专业人员分析各种威胁日志，效率低且无效。
- 调查处置难：一旦出现新型攻击，安全设备既无法感知也无法溯源和事后分析。
- 安全孤岛：各类型安全设备各自为营，形成一座座安全孤岛，防御效果1+1<2。

最后，安全威胁可视化分析差，无法指导安全运维，具体如下。

- 威胁日志看不完：大量安全设备的日志格式不统一，仅靠人工无法看完所有日志。
- 关联分析效果差：关联分析软件效果不佳，可分析的威胁较少，分析结果可信任度低。
- 展示效果不理想：虽然威胁展示的效果炫，但不直观，无法基于展示来解决安全问题。

4. 挑战四：业务连续性是重中之重，网络需要提供可靠基石

针对银行、能源、交通等重点行业，各国在政策法规上都做出了明确要求。以我国为例，中国银行业监督管理委员会于2011年制定了《商业银行业务连续性监管指引》，明确了业务连续性中断事故的定级标准，以下部分引用介绍。

特别重大运营中断事件（Ⅰ级）：在业务服务时段导致一个（含）以上省（自治区、直辖市）的多家金融机构业务无法正常开展达3个小时（含）以上的事件；在业务服务时段导致单家金融机构两个（含）以上省（自治区、直辖市）业务无法正常开展达3个小时（含）以上，或一个省（自治区、直辖市）业务无法正常开展达6个小时（含）以上的事件。此类事件及处置情况需要及时上报国务院。

重大运营中断事件（Ⅱ级）：在业务服务时段导致一个（含）以上省（自治区、直辖市）的多家金融机构业务无法正常开展达半个小时（含）以上的事件；在业务服务时段导致单家金融机构两个（含）以上省（自治区、直辖市）业务无法正常开展达半个小时（含）以上，或一个省（自治区、直辖市）业务无法正常开展达3个小时（含）以上的事件。

对于Ⅰ级和Ⅱ级运营中断事件，银监会处置工作小组及时核实情况，指导协调银监会派出机构开展处置。

较大运营中断事件（Ⅲ级）：在业务服务时段导致一个省（自治区、直辖市）业务无法正常开展达半个小时（含）以上的事件。此类事件由银监会或其派出机构组织开展处置工作。

按照金融业务重要程度的不同，可将业务分为A+类、A类、B类和C类业务，如图3-3所示。其中，A+类和A类业务需实现同城双活部署，实现RPO=0，数据中心切换数据不丢失。而实际上，如图3-4所示，业务中断会给企业及社会带来重大损失，其中，金融业务连续性的实际需求已远超监管要求。数据中心主备、双活容灾服务不可或缺。

A+类业务
核心系统
综合柜面
支付平台

应用双活
RPO=0，RTO分钟级
监管要求：RPO≤30 min，RTO≤4 h

B类业务
网上银行　　移动银行
中间业务　　银证/基通
综合理财　　电子验印
国际结算

主备灾备
RPO=0，RTO=2 h
监管要求：RPO≤2 h，RTO≤24 h

A类业务
前置系统　　收单系统
IC卡系统　　电子渠道

应用双活
RPO=0，RTO分钟级
监管要求：RPO≤30 min，RTO≤4 h

C类业务
综合报表　　短信平台
数据整合　　总账/财务
监管报送　　资全系统
后督系统

主备灾备
RPO=8 h，RTO=24 h
监管要求：RPO≤7 d

注：RPO 为 Recovery Point Objective，恢复点目标；
　　RTO 为 Recovery Time Objective，恢复时间目标。

图 3-3　金融业务分类

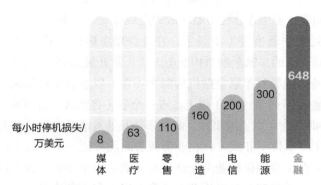

来源：网络计算、元组与应急规划研究（Network Computing,
the Meta Group and Contingency Planning Research）。

图 3-4　业务停机损失数据

如图3-5所示，根据Gartner的计划外宕机事件分析报告，某银行近期发生的影响业务的事件40%是由人员失误操作造成的，且大部分是因为应用与系统故障传播到了网络上，而网络没有做好防护。详细分析问题的根因可以发现，绝大部分故障与二层网络技术相关。数据中心网络应针对二层环路、未知单播泛洪、策略切换、容灾倒换等问题提供抑制或自愈能力。

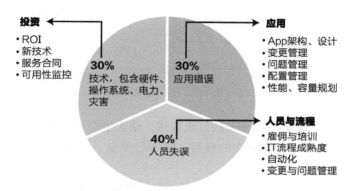

注：ROI 为 Return on Investment，投资收益率。

图 3-5　Gartner 计划外宕机事件分析报告的示例

5. 挑战五：应用动态随迁，流量激增，数据中心网络运维需要智能化

随着数据中心云化以及NFV（Network Function Virtualization，网络功能虚拟化）技术的发展，当前数据中心内网元管理对象相比传统数据中心网络增加了10倍。加之网络动态感知VM的动态迁移及应用的弹性扩缩，配置变化频繁，流量激增，传统的网络运维手段已无法适应数据中心网络的发展，运维痛点日益凸显。LinkedIn 2010—2015年的数据显示，网络故障增加了18倍：人机接口变为机器与机器间的接口，网络不可视；网络、计算和存储边界模糊，定界困难；数据海量，网络故障难以快速定位和隔离。

同时，由于数据中心内应用策略及互访关系日益复杂，70%的故障用传统运维手段无法识别，如图3-6所示。这些故障主要分为以下3类。

- 连接类问题：如VM异常下线、通信间歇中断等。
- 性能类问题：如负载过高、网络拥塞等。
- 策略类问题：如不合规访问、端口扫描等。

这些都促使数据中心网络引入新的智能分析引擎。依托大数据算法，通过对应用流量与网络状态进行关联分析，及时准确地预测、发现、隔离网络故障，形成网络采集、分析、控制三位一体的闭合系统。与此同时，网络设备也需要变得更为智能：针对单一网元故障提供自愈能力；同时，依托 Telemetry以及边缘智能技术，实现数据信息的高速采集与预处理，并主动上报分析引擎。

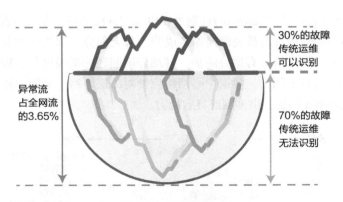

图3-6 异常流问题

面对上述数据中心网络面临的五大挑战，华为推出了云数据中心的网络解决方案，力图打造基于意图驱动的极简、超宽、安全、可靠、智能的云数据中心网络。

- 极简：采用SDN控制器，构建拖拽式定义逻辑网络模型；云网联动感知，分钟级业务上线。
- 超宽：采用数据中心交换机，具有业界平均水平3倍的交换容量，以及运行了10年的稳定核心；接入Leaf支持10～25GE以太网接口标准平滑演进；采用SDN控制器，管理规模为业界平均水平的10倍，构筑弹性大规模网络，构建零丢包以太网，使用华为独创的拥塞调度算法，AI训练效率提高了40%。
- 安全：按PAYG（Pay As You Go，现收现付）模式提供17类VAS服务；业务链实现VAS服务间灵活编排；微分段实现细粒度安全隔离。
- 可靠：采用SDN控制器，设备支持故障自愈；网络主动防环；Underlay网络与Overlay网络实现资源隔离防串扰；主备数据中心业务容灾倒换服务。
- 智能：采用SDN控制器，应用⟷逻辑⟷物理网络三层互视，日常监测业务运行情况、消耗逻辑资源和物理资源情况；VM间真实路径探测，助力业务故障快速定位；智能运维系统，分钟级故障定位。

同时，面向EDC（Enterprise Date Center，企业数据中心）、运营商电信云，以及AI分布式计算/存储等场景，针对性地推出HA Fabric、Multi-DC Fabric、AI Fabric三大解决方案，助力企业快速云化。本书的后续章节会对数据中心网络的解决方案进行整体介绍，同时还会展示华为构建云数据中心网络的一些方案。

第 4 章
数据中心网络的总体架构与技术演进

传统的数据中心网络架构由接入层、汇聚层、核心层组成，为了满足数据中心大二层、无阻塞转发等需求，其物理架构演进为基于Clos架构的两层Spine-Leaf架构。数据中心的转发协议也从xSTP、L2MP（Layer 2 Multipath，二层多路径）等演进到NVo3（Network Virtualization over Layer 3，跨三层网络虚拟化），NVo3的典型代表就是VXLAN（Virtual Extensible LAN，虚拟扩展局域网）。本章以金融数据中心和运营商数据中心为例，结合行业特征，描述数据中心网络的演进历程和网络总体架构，并分别总结数据中心网络的设计原则。

| 4.1　数据中心网络技术概述 |

众所周知，在过去的几年里，数据中心在很短的时间内迅速发展，虚拟化、云（私有云、公有云、混合云）、大数据、SDN等也随之成为热点技术。但不论是虚拟化、云计算还是SDN，有一点需要明确，网络数据报文最终都是在物理网络上传输的。物理网络的特性，例如带宽、时延、扩展性等，都会对虚拟网络的性能和功能产生很大的影响。从硅谷创业公司Mirantis对OpenStack Neutron的性能测试报告中可以看出，网络设备的升级和调整可以明显提高虚拟网络的传输效率，所以理解物理网络是理解虚拟网络的前提。下面将介绍数据中心网络的物理架构和技术选择。

4.1.1　数据中心网络的物理架构

网络架构是网络设计的基础问题，升级或者改动网络架构带来的风险和成本是巨大的，因此在架设数据中心之初，网络架构的选择和设计尤其需要谨慎。当前，数据中心物理网络架构已经从传统的三层网络架构演进为基于Clos架构的两层Spine-Leaf架构，本节将介绍该演进的历程。

4.1.1.1 传统的三层网络架构

三层网络架构起源于园区网络，传统的大型数据中心网络将其沿用了下来。这个模型包含以下三层。

- 汇聚层（Aggregation Layer）：汇接交换机连接接入交换机，同时提供其他服务，例如安全、QoS、网络分析等，在传统的三层架构中，汇接交换机往往会承担网关的作用，负责收集PoD（Point of Delivery，分发点）内的路由。
- 接入层（Access Layer）：主要负责物理机和虚拟机的接入、VLAN（Virtual Local Area Network，虚拟局域网）的标记，以及流量的二层转发。
- 核心层（Core Layer）：核心交换机主要负责对进出数据中心的流量进行高速转发，同时为多个汇聚层提供连接性。

图4-1示出了一个典型的三层网络架构。

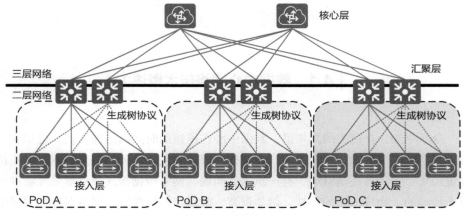

图 4-1　三层网络架构

通常情况下，汇接交换机是二层（L2）和三层（L3）网络的分界点，汇接交换机以下的是二层网络，以上是三层网络。每组汇接交换机管理一个PoD，每个PoD内都是独立的VLAN。服务器在PoD内迁移不必修改IP地址和默认网关，因为一个PoD对应一个二层广播域。

三层网络架构以其实现简单、配置工作量低、广播控制能力较强等优势在传统数据中心网络中大量应用。但是在当前云计算背景下，传统的三层网络架构已经无法满足云数据中心对网络的诉求，主要原因有以下两点。

1. 无法支撑大二层网络构建

三层网络架构的一个优势在于对广播的有效控制，该架构可以在汇聚层设备上通过VLAN技术将广播域控制在一个PoD内，但是在云计算背景下，计算资源被资源池化，根据计算资源虚拟化的要求，VM需要在任意地点创建、迁移，而不需要对IP地址或者默认网关进行修改，这从根本上改变了数据中心的网络架构。

为了满足计算资源虚拟化的要求，必须构建一个大二层网络来满足VM的迁移诉求，如图4-2所示。针对传统的三层网络架构，必须将二三层网络的分界点设置在核心交换机，核心交换机以下均为二层网络，这样一来，汇聚层就不再起网关作用了，网络架构逐渐向没有汇聚层的二层架构演进。

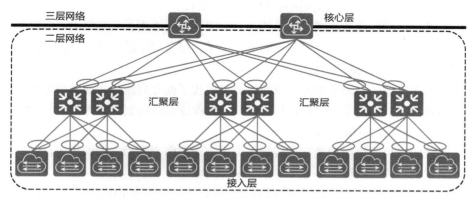

图 4-2　大二层网络

汇聚层作用被弱化的另一个原因是安全、QoS、网络分析等业务的外移。在传统数据中心，服务器的平均利用率只有10%～15%，网络的带宽并不是主要瓶颈。但是在云数据中心，服务器的规模和利用率大幅提高，IP流量每年都呈指数增长，网络的转发性能要求也成倍地提高。因此QoS、网络分析等业务不会再部署在数据中心网络内部，而防火墙一般部署在网关设备附近，所以汇聚层就可有可无了。

最后，在三层架构网络中，进行网络横向扩展时，只能通过增加PoD的方式进行扩展，但是汇聚层设备的增加给核心层设备带来了巨大的压力，导致核心交换机需要越来越大的端口密度，而端口密度非常依赖于厂家对设备的更新，这种依赖设备能力的网络架构同样被网络设计人员所诟病。

2. 无法支持流量（尤其是东西向流量）的无阻塞转发

数据中心的流量可以分为以下几种。

- 南北向流量：数据中心之外的客户端与数据中心内部服务器之间的流量，或者数据中心内部服务器访问外部网络的流量。
- 东西向流量：数据中心内部服务器之间的流量。
- 跨数据中心流量：不同数据中心之间的流量。

在传统数据中心，业务往往采用专用模式进行部署，通常一个业务只会部署在一台或者几台物理服务器上，并和其他系统进行物理隔离。所以在传统数据中心中，东西向流量比较少，南北向流量可以占据数据中心总体流量的80%左右。

而在云数据中心，业务的架构逐渐从单体模式转变为"Web-App-DB"模式，分布式技术开始在企业应用中流行。一个业务的多个组件通常分布在多个虚拟机/容器中。业务的运行不再由单台或几台物理服务器来完成，而是多台服务器协同完成，这就导致了东西向流量规模的快速增长。

另外，大数据业务逐渐兴起，使得分布式计算基本成了云数据中心的标配。在这类业务中，数据分布在数据中心成百上千的服务器中进行并行计算，这也导致了东西向流量的大幅增加。

东西向流量的大幅增加使得东西向流量取代了南北向流量，成为数据中心网络中占比最高的流量类型，占比可超90%。而保证东西向流量的无阻塞转发成为云数据中心网络的关键需求。

传统的三层网络架构是在以传统数据中心南北向流量为主的前提下设计的，面向大量的东西向流量就力不从心了，具体原因如下。

- 在为南北向流量设计的三层网络架构中，某些类型的东西向流量（如跨PoD的二层流量及三层流量）必须经过汇聚层和核心层进行转发，数据经过了许多不必要的节点。由于收敛比的存在（传统网络为了提高设备的使用效率，一般会设置1：10～1：3的带宽收敛），流量转发每多经过一个节点，都会导致非常明显的性能衰减，而应用于三层网络的xSTP技术通常会加剧这种衰减。
- 东西向流量经过的设备层级变多可能会导致流量的来回路径不一致，不同路径的时延不同，使得整体流量的时延难以预测，这对大数据这类对时延非常敏感的业务来说是不可接受的。

因此，企业部署数据中心网络时，为了保证东西向流量的带宽，需要更高性能的汇接交换机和核心交换机。同时，为了保证时延的可预测性，且降低性能衰减，又必须小心谨慎地规划网络，尽量对东西向流量业务进行合理的规划。这些无疑降低了网络的可用性，为数据中心网络的后续扩展增加了难度，同时也增加了企业部署数据中心网络的成本。

4.1.1.2　Spine-Leaf架构

由于传统的三层网络架构并不适合作为云数据中心网络的网络架构，一种基于Clos架构的两层Spine-Leaf架构已经在云数据中心网络中流行起来。图4-3所示为一个基于3级Clos架构的Spine-Leaf网络，每个Leaf交换机的上行链路数等于Spine交换机的数量，每个Spine交换机的下行链路数等于Leaf交换机的数量。可以说，Spine交换机和Leaf交换机之间是以full-mesh（全网状）方式连接的。

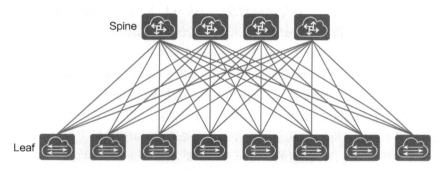

图 4-3　Spine-Leaf 网络架构（3 级 Clos 架构）

Clos架构是贝尔实验室查尔斯·克洛斯（Charles Clos）博士在《无阻塞交换网络研究》（"A Study of Non-Blocking Switching Networks"）论文中提出的，这种架构被广泛应用于TDM（Time Division Multiplexing，时分复用）网络中。为纪念这一重大成果，便以他的名字Clos命名了这一架构。Clos架构的核心思想是用大量的小规模、低成本、可复制的网络单元构建大型的网络架构。典型的对称3级Clos架构如图4-4所示。Clos架构被分为输入级、中间级和输出级，每一级都由若干个相同的网元构成。由图4-4很容易看出，在一个3级Clos交换网络中，经过合理的重排，只需中间级设备的数量m大于n，无论哪一路输入到输出，均可满足无阻塞交换的要求。

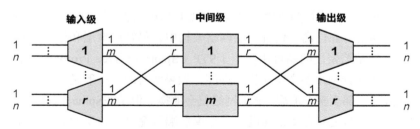

图 4-4　对称 3 级 Clos 交换网络

Clos架构提供了一种构建大型无阻塞网络且不依赖设备形态的方式，扩展起来非常方便，于是被应用到了数据中心网络架构设计上。进行一个简单的图形变换就可以发现，Spine-Leaf实际上是对一个三级Clos架构进行了一次折叠，因此Spine-Leaf在架构上是可以轻松实现无阻塞的。在所有端口速率一致的情况下，如果能够使用一半的端口作为上行端口，则理论上带宽的收敛比可以做到1：1。但是实际上，即使是在云数据中心，服务器的利用率也不可能达到100%，即不可能所有的服务器均随时保持满速发送流量。实际情况中，设备的上行带宽和下行带宽之间的比例会设计为1：3左右，这个比例的设计被认为大体上可以支撑无阻塞转发。

在Spine-Leaf架构中，Leaf交换机相当于传统三层架构中的接入交换机，直接连接物理服务器，并通常作为网关设备。Spine交换机相当于核心交换机，是整个网络的转发核心。Spine和Leaf交换机之间通过ECMP（Equal Cost Multipath，等价多路径）实现多路径转发。和传统三层网络中的核心交换机不同的是，Spine交换机是整个网络流量的转发核心，相当于Clos架构中的中间级。由Clos架构可以看出，南北向流量可以不再通过Spine发送至网络外部，而是通过Leaf交换机完成这一任务，这样Spine交换机可以专注于流量的转发而不再需要关注其他一些辅助功能。

总结一下，Spine-Leaf架构相对于传统的三层网络架构的优势如下。

第一，支持无阻塞转发。Spine-Leaf架构对东西向和南北向流量的处理模式是完全一致的，在设计合理的情况下，可以实现流量的无阻塞转发。无论何种类型的流量，都只需要经过Leaf—Spine—Leaf（3个节点）即可完成转发。

第二，弹性和可扩展性好。Spine-Leaf拥有很好的横向扩展能力，只需要保证Spine和Leaf在一个比例范围内，不需要重新设计，将原有的结构复制一份即可。一般来说，基于3级Clos的Spine-Leaf架构可以满足当前大部分数据中心网络的带宽诉求。针对超大型的数据中心，可采用5级的Spine-Leaf架构，即每个PoD部署一个3级Clos的Spine-Leaf网络，不同PoD之间再增加一层核心交换机进行互联，跨PoD流量可以经过Leaf—Spine—Core—Spine—Leaf，5跳可达。Spine和Core之间进行full-mesh连接。另外，网络设计可以非常灵活，在数据中心运行初期网络流量较少时，可以适当减少Spine交换机的数量，后续流量增长后再灵活地增加Spine交换机。

第三，网络可靠性高。传统三层网络架构中，尽管汇聚层和核心层都做了高可用设计，但是汇聚层的高可用是基于STP（Spanning Tree Protocol，生成树协议）的，不能充分利用多个交换机的性能，如果所有的（一般是两个）汇接交换机都出现故障，那么整个汇聚层PoD网络就会瘫痪。但是在Spine-Leaf架构中，跨PoD的两个服务器之间有多条通道，不考虑极端情况时，该架构的可靠性比传统三层网络架构高。

4.1.2　数据中心网络的技术演进

虽然Spine-Leaf为无阻塞网络提供了拓扑的基础，但是还需要配套合适的转发协议才能完全发挥出拓扑的能力。数据中心网络Fabric的技术演进经历了从

xSTP、虚拟机框类技术（如CSS/iStack、VSS等）、L2MP类技术（如TRILL、SPB、FabricPath等）到最终选择NVo3技术的VXLAN作为当前事实上的数据中心网络技术标准。本节将介绍产生这种演进的原因。

4.1.2.1　xSTP

LAN（Local Area Network，局域网）在网络发展的初始阶段是非常受欢迎的，它是通过构建无环的二层网络，再通过广播进行寻址的。这种方式简单而有效，在一个广播域内，报文是基于MAC（Media Access Control，媒体接入控制）地址进行转发的。

在这个背景下，xSTP技术诞生了，它用于对广播域环路进行破除。xSTP的标准是IEEE 802.1D，它通过创建一个树状拓扑结构进行环路的破除，从而避免报文在环路网络中无限循环。关于xSTP的内容和具体原理，读者可以自行查阅相关资料，这里仅说明一下为什么xSTP不再适用于当前的数据中心网络。

- 收敛速度慢：在xSTP网络中，当链路或交换机出现故障时，生成树需要重新进行计算，MAC表需要重新生成，如果是根节点出现故障，还需要重新选举根节点。这些都导致xSTP的收敛速度在亚秒级甚至秒级。在以前百兆、千兆（吉比特）接入的网络中，这个收敛速度尚可接受，但是在现在动辄10 Gbit/s、40 Gbit/s甚至100 Gbit/s的网络中，秒级的收敛会导致大量的业务掉线，这是不可接受的。所以收敛速度慢是xSTP网络的主要缺点之一。

- 链路利用率低：如上所述，xSTP将网络构建为一个树状结构，以确保由此产生的网络拓扑没有环路。具体实现方法是通过阻塞一些网络链路来进行树状结构的构建，这些被阻塞的链路是网络的一部分，只是被置于不可用的状态，只有在正常转发的链路出现故障时，才会使用这些被阻塞的链路。这就导致了xSTP不能充分利用网络资源。

- 次优转发路径问题：xSTP网络是树状结构，网络中任意两台交换机之间只有一条转发路径。这时，如果两个非根交换机之间有一条更短的路径，但是更短的路径由于xSTP计算的原因被阻塞了，那么流量就不得不沿着更长的路径进行转发。

- 不支持ECMP技术：在三层网络中，路由协议通过ECMP机制可以实现两点之间有多条等价路径进行转发，实现了路径冗余并提高了转发效率。xSTP技术没有类似的机制。

- 广播风暴问题：尽管xSTP通过构建树状结构防止了环路的发生，但是在一些故障场景下，环路还是有可能产生的，而xSTP对这种场景完全无能为力。在三层网络，IP报文头里有TTL（Time to Live，存活时间）字段，每经过一台路由器时，该字段都会减去一个设置好的值，当TTL字段值变成0后，该报文就会被丢弃，从而防止报文在网络中无休止循环。但是以太报文头中并没有类似的值，所以一旦形成了广播风暴，会导致所有涉及的设备的负载大幅上升，这就极大地限制了xSTP网络的规模。在一些经典的网络设计资料中，xSTP网络的直径被限制在7以及7以内。这对动辄数万甚至数十万终端的数据中心网络来说简直是杯水车薪。

- 缺乏双归接入机制：由于xSTP网络是树状结构，当服务器双归接入两台基于xSTP的交换机时，必然会产生网络环路（除非这两台交换机属于两个局域网，那么服务器可能需要两个不同网段的IP），所以，即使服务器上行链路是通过双归接入的，也会被xSTP堵塞端口，从而导致双归变为单归。

- 网络规模：除了上述所说的广播风暴问题限制了xSTP网络的规模外，xSTP网络支持的租户数量也限制了网络规模。xSTP通过VLAN ID来标识租户，VLAN ID仅有12 bit，在IEEE 802.1Q设计之初，设计者可能认为4000个租户的数量已经足够多了，但是在云计算时代，远不止4000个租户。

以上问题导致xSTP技术慢慢地在数据中心网络中被淘汰。在网络后续的发展中，为了解决上述问题，一些新的技术陆续出现。

4.1.2.2　虚拟机框类技术

首先要介绍的是虚拟机框类技术，这种技术能够将多台设备中的控制面整合，形成一台统一的逻辑设备，这台逻辑设备不但具有统一的管理IP，而且在各种二层和三层协议中也表现为一个整体。因此，经整合后，xSTP所看到的拓扑是无环的，这就间接规避了xSTP的种种问题。

虚拟机框类技术实现了设备的"多虚一"，不同的物理设备分享同一个控制面，实际上就相当于给物理网络设备做了个集群，也有选主和倒换的过程。业界各厂家都有虚拟机框类技术，比如Cisco的VSS、H3C的IRF2。下面简单介绍一下华为的虚拟机框类技术CSS/iStack（Cluster Switch System/Intelligent Stack），也称堆叠。

1.　虚拟机框类技术——CSS/iStack

以华为交换机为例，其框式交换机堆叠被称为CSS，盒式交换机堆叠被称为iStack。多台交换机堆叠后，表现为一台逻辑交换机，控制面合一，统一管理。堆叠系统将交换机分成了主交换机、备交换机、从交换机3种角色，如图4-5所示，主交换机又称"堆叠主"或"系统主"，负责整个系统的控制和管理。备交换机又称"堆叠备"或"系统备"，它的一个重要职责是在主交换机发生故障时替代主交换机。除了一个主交换机和一个备交换机，其他的都是从交换机。

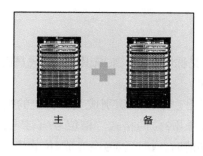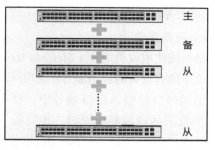

图 4-5　堆叠成员角色示意

　　框式交换机的一个框内有两块主控板，一块是主用，一块是备用。如图4-6所示，两台框式交换机堆叠后，在控制面上，主交换机的主用主控板成为堆叠的系统主用主控板，作为系统的管理主角色；备交换机的主用主控板成为堆叠的系统备用主控板，作为系统的管理备角色；主交换机和备交换机的备用主控板作为堆叠的冷备用主控板，不担当管理角色。

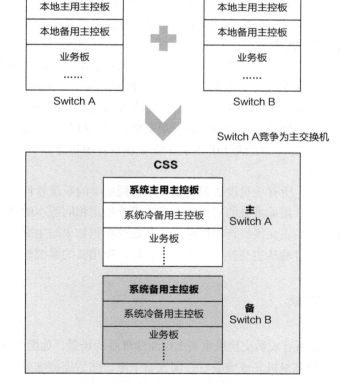

图 4-6　框式交换机堆叠后主控板的角色

2. 堆叠系统管理

（1）成员管理

堆叠系统使用成员编号（Member ID，又称堆叠ID）来标识和管理成员设备，堆叠系统中所有设备的成员编号都是唯一的。

成员编号会被引入接口编号中，便于用户配置和识别成员设备上的接口。框式交换机未运行堆叠功能时，接口编号采用3位的格式"槽位号/子卡号/端口号"，例如10GE 1/0/1；当设备运行堆叠功能时，接口编号会变成4位的格式"堆叠成员编号/槽位号/子卡号/端口号"，如堆叠成员ID为2，则该接口的编号将变为10GE 2/1/0/1。

盒式交换机的接口编号采用"堆叠成员编号/子卡号/端口号"的形式（盒式交换机默认是可堆叠的，因此其初始设置就带有堆叠成员编号）。

（2）配置管理

多台设备虚拟成的堆叠系统可以看作单一实体，用户可以使用Console口或者Telnet方式登录到任意一台成员设备，对整个堆叠系统进行管理和配置。主交换机作为堆叠系统的管理中枢，负责响应用户的登录、配置请求，即用户无论使用什么方式，通过哪台成员交换机登录到堆叠系统，其实最终登录的都是主交换机，并通过主交换机进行配置。

堆叠系统具有严格的配置文件同步机制，用来保证堆叠系统中的多台交换机能够像一台设备一样在网络中工作。主交换机作为堆叠系统的管理中枢，负责将用户的配置同步给备交换机，从而使堆叠系统内各成员交换机的配置随时保持一致。通过即时同步，堆叠系统中的所有成员交换机均保持相同的配置。即使主交换机出现故障，备交换机仍能够按照相同的配置执行各项功能。

（3）版本管理

在堆叠系统里，所有成员设备都必须使用相同版本的系统软件。堆叠系统具有版本同步的功能，组成堆叠的成员交换机不需要使用相同版本的系统软件，其版本间兼容即可。当主交换机选举结束后，其他交换机如果与主交换机的系统软件版本不一致，会自动从主交换机下载系统软件，使用新的系统软件重新启动后再加入堆叠系统。

3. 堆叠常见场景

（1）堆叠建立

堆叠建立是指所有成员交换机重新上电组建堆叠的场景，如图4-7所示。该情形通常是所有成员交换机完成堆叠软件配置后下电，然后连接堆叠线缆，最后将所有成员交换机上电。此后，这些交换机进入堆叠建立流程，步骤如下。

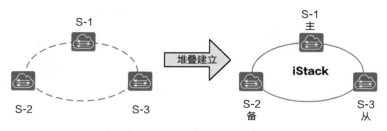

图 4-7　堆叠建立

①各成员交换机通过堆叠链路发送链路探测报文，并进行堆叠链路合法性检测。

②各成员交换机之间相互发送堆叠竞争报文，并根据选举原则选举出主交换机。选举规则如下（从第一条开始依次判断，直至找到最优的交换机才停止比较）。

- 比较运行状态，最先完成启动并进入堆叠运行状态的交换机优先竞争为主交换机。
- 比较堆叠优先级，堆叠优先级高的交换机优先竞争为主交换机。
- 比较软件版本，软件版本高的交换机优先竞争为主交换机。
- 比较主控板数量，有2块主控板的交换机优先于只有1块主控板的交换机竞争为主交换机（仅框式交换机堆叠才进行此项比较）。
- 比较网桥MAC地址，网桥MAC地址小的交换机优先竞争为主交换机。

③主交换机选举完成后，其他成员交换机向主交换机发送成员信息报文。如果成员交换机之间ID有冲突或者系统软件的版本与主交换机不一致，成员交换机将重新修改ID或者将系统软件同步为主交换机的版本。

④主交换机收集所有成员交换机的信息并计算拓扑，然后将成员信息和拓扑信息同步至其他成员交换机。

⑤主交换机根据选举规则选举一台备交换机，并将备交换机信息同步至其他成员交换机。

至此，堆叠系统建立成功。

（2）堆叠成员加入与退出

堆叠成员加入是指向已经稳定运行的堆叠系统中添加一台新的交换机，如图4-8所示。一般情况是新加入的交换机不带电加入，即新加入的交换机完成堆叠软件配置后先断电，然后连接堆叠线缆，最后上电交换机（如果是带电加入，可以理解为堆叠合并场景，下面会对该场景进行说明）。

在堆叠成员加入的场景下，为了不影响已有堆叠系统的运行，新加入的交换机会作为从交换机加入，堆叠系统中原有主、备、从角色不会变动。

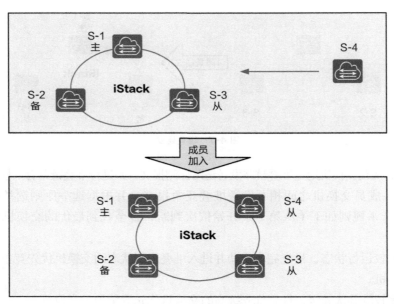

图 4-8　堆叠成员加入

堆叠成员退出与加入相反，是指成员交换机从堆叠系统中离开。退出的成员交换机的角色不同，对堆叠系统的影响也有所不同。

- 如果是主交换机退出，备交换机升级为主交换机，重新计算堆叠拓扑并同步到其他成员交换机，指定新的备交换机，之后进入稳定运行状态。
- 如果是备交换机退出，主交换机重新指定备交换机，重新计算堆叠拓扑并同步到其他成员交换机，之后进入稳定运行状态。
- 如果是从交换机退出，主交换机重新计算堆叠拓扑并同步到其他成员交换机，之后进入稳定运行状态。

（3）堆叠合并

堆叠合并是指稳定运行的两个堆叠系统合并成一个新的堆叠系统，如图4-9所示，通常在以下两种情形下出现。

- 待加入堆叠系统的交换机配置了堆叠功能，在不下电的情况下，使用堆叠线缆连接到正在运行的堆叠系统。
- 堆叠链路或设备故障导致堆叠分裂，链路或设备故障恢复后，分裂的堆叠系统重新合并。

堆叠系统合并时，两个堆叠系统的主交换机会进行竞争，选举出其中更优的交换机作为新堆叠系统的主交换机（与堆叠建立场景竞争主交换机的原则相同）。竞争胜出的主交换机所在的堆叠系统将保持原有主、备、从角色和配置不变，业务也不会受到影响；而另外一个堆叠系统的所有成员交换机将重新启动，通过堆叠加入的流程重新加入新堆叠系统。

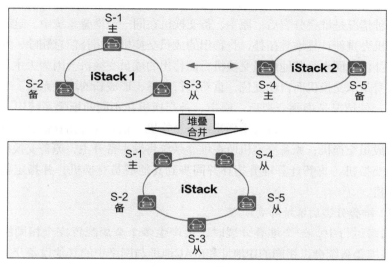

图 4-9　堆叠合并

（4）堆叠分裂

堆叠分裂是指一个稳定运行的堆叠系统分裂成多个堆叠系统，如图 4-10 所示。这种情形一般是因为线缆、单板故障，或者错误配置导致成员交换机之间堆叠连接断开，而分裂开的多个堆叠系统依然保持带电运行。

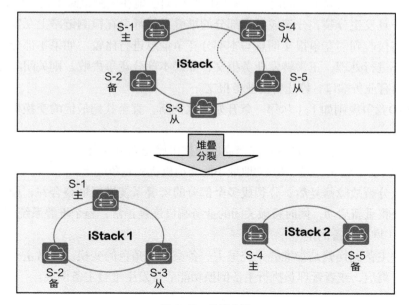

图 4-10　堆叠分裂

根据原堆叠系统主、备交换机分裂后所处位置的不同，堆叠分裂可分为以下两类。

- 一种情况是堆叠分裂后，原主、备交换机在同一个堆叠系统中。这时原主交换机会重新计算堆叠拓扑，将移出的成员交换机的拓扑信息删除，并将新的拓扑信息同步给其他成员交换机；而移出的成员交换机会因为丢主、丢备且自身是从交换机而自动复位，重新进行选举，形成新的堆叠系统。
- 另一种情况是堆叠分裂后，原主、备交换机在不同的堆叠系统中。这时原主交换机所在堆叠系统会重新指定备交换机，重新计算拓扑信息并同步给其他成员交换机；原备交换机所在堆叠系统将发生备升主，原备交换机升级为主交换机，重新计算堆叠拓扑并同步到其他成员交换机，并指定新的备交换机。

（5）堆叠分裂后地址冲突检查

在网络运行中，一个堆叠分裂时，会产生多个全局配置完全相同的堆叠系统，这些堆叠系统会以相同的IP地址和MAC地址与网络中的其他设备交互。这样就会导致IP地址和MAC地址冲突，从而引起整个网络故障。所以在堆叠发生分裂后，必须进行冲突检测和处理。

DAD（Dual-Active Detect，双主检测）就是一种检测和处理堆叠分裂的协议，可以实现堆叠分裂的冲突检测、冲突处理和故障恢复，降低堆叠分裂对业务的影响。

堆叠系统配置双主检测后，主交换机会周期性地在检测链路上发送DAD竞争报文。一旦发生分裂，分裂成多个部分的堆叠系统都会在检测链路上互发竞争报文，并将接收到的竞争报文信息与本部分竞争信息进行比较。如果本部分竞争胜出，则不进行处理，正常转发业务报文；如果本部分竞争失败，则关闭除保留端口外的所有业务端口，停止转发业务报文。

DAD竞争规则如下（从第一条开始依次判断，直至找到最优的交换机才停止比较）。

- 比较堆叠优先级，堆叠优先级高的交换机优先竞争胜出。
- 比较设备MAC地址，MAC地址小的交换机优先竞争胜出。

堆叠分裂故障修复后，分裂成多个部分的堆叠系统进行堆叠合并，原竞争失败的部分将重新启动，同时将被关闭的业务端口恢复正常，整个堆叠系统恢复。

（6）堆叠主备倒换

堆叠主备倒换就是指堆叠系统里主、备交换机角色的变换。通常主交换机发生故障、重启，或者管理员执行主备倒换功能后会发生堆叠主备倒换。

如图4-11所示，主备倒换时，备交换机会升级为主交换机，并指定新的备交换机。原主交换机重启后，会通过堆叠成员加入流程加入堆叠系统。

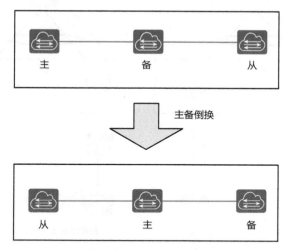

图 4-11　主备倒换前后成员交换机角色的变化

4. 堆叠流量本地优先转发

如果没有流量本地优先转发，进入堆叠的流量会有一部分哈希选路到跨设备的接口进行转发，流量会经过堆叠线缆。由于堆叠线缆带宽有限，跨设备转发流量增加了堆叠设备之间的带宽承载压力，同时也降低了流量转发效率。

为了提高转发效率，减少跨设备转发流量，堆叠需要支持Eth-Trunk接口流量本地优先转发，即从本设备进入的流量，优先从本设备的出接口转发出去；如果本设备的出接口发生故障，则流量从其他成员交换机的出接口转发出去，如图4-12所示。

5. 虚拟机框类技术的优势和劣势

虚拟机框类技术通过控制面，将多台设备虚拟成一台逻辑设备（即多虚一），通过链路聚合使此逻辑设备与每个接入层物理或逻辑节点设备均只通过一条逻辑链路连接，将整个网络逻辑拓扑变成一个无环的树状连接结构，从而满足无环与多路径转发的需求。如图4-13所示，在设备经过堆叠后，从逻辑上说，整个网络就成为一个天然的树状结构，整网甚至不需要通过xSTP进行环路破除。

但是，虚拟机框类技术本身也存在以下一些问题。

- 扩展性受限：由于控制面合一，整个虚拟机框系统控制面的重担全部压在了主交换机身上，控制面的处理能力最多不超过系统中单台设备的处理能力。

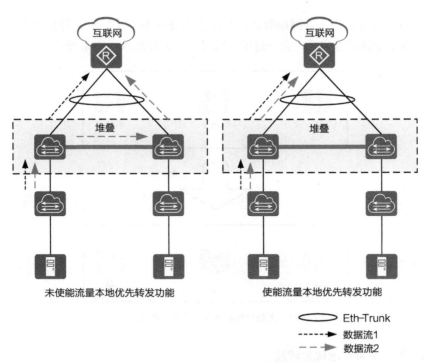

图 4-12　堆叠支持 Eth-Trunk 接口流量本地优先转发

　　所以任何一种虚拟机框类技术，其扩展性都会受到系统中主交换机性能的限制。这对如今流量呈井喷式增长的数据中心网络来说，是难以接受的。

- 可靠性问题：控制面合一带来的另一大问题是可靠性问题，由于控制面完全集中在主交换机上，一旦主交换机出现故障，可能会导致较长时间的丢包或者整个系统停止运行。

- 升级丢包问题：控制面合一还会导致虚拟机框系统升级较为困难，一般的重启升级必然会导致控制面的中断，从而导致较长时间的丢包。对于一些对丢包敏感的业务，虚拟机框系统升级可能会导致的秒级甚至分钟级的丢包是完全不可接受的。虽然各个厂家都推出了一些无损升级的方案，如ISSU（In-Service Software Upgrade，在线业务软件升级）（注：这类技术一般通过控制面多进程实现无损升级，主进程重启时，备进程正常工作，主进程重启完成后，进行进程主备倒换，具体过程不再赘述，读者可以自行查阅资料），但是这些方案普遍非常复杂，操作难度极高，对网络也有要求，所以在实际应用中效果并不好。

- 带宽浪费问题：虚拟机框系统中需要设备提供专门的链路用于设备之间的状态交互及数据转发，通常这个专门的链路可能需要占用设备10%～15%的总带宽。

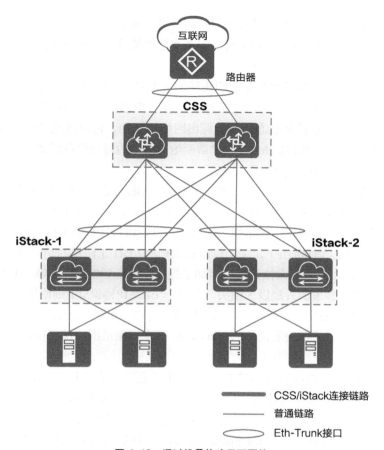

图 4-13　通过堆叠构建无环网络

　　可见，虚拟机框类技术虽然一定程度上解决了xSTP技术的一些问题，但是仍然不能单独作为网络协议应用于数据中心网络。事实上，虚拟机框类技术在目前的数据中心网络中通常被用来保证单节点的可靠性。

4.1.2.3　L2MP类技术

前文介绍了xSTP和虚拟机框类技术，这两类技术最重要的问题如下：
· 无法支撑目前海量数据背景下的数据中心网络的规模；
· 链路利用率低。
　　那么，有没有能支持足够多的设备、天生没有环路，并且链路利用率很高的协议呢？这时，在三层网络中广泛应用的链路状态路由协议进入了我们的视线。我们常见的2个域内路由协议中，OSPF（Open Shortest Path First，开放最短路径优先）和IS-IS（Intermediate System to Intermediate System，中间系统到中间系统）

支持ECMP负载分担，SPF 算法保证最短路径转发和天生无环路，并且都能支持几百台设备的大型网络。而L2MP类技术的基本思想是将三层网络路由技术的机制引入二层网络中。

传统的以太网交换机通常是透明传输的，本身不维护网络的链路状态，也不需要显式寻址的机制。而链路状态路由协议通常要求网络中的每个节点都是可寻址的，每个节点通过链路状态协议计算出网络的拓扑，再通过这个拓扑计算出交换机的转发数据库。所以L2MP类技术需要给网络中的每台设备添加一个可寻址的标识，类似于IP网络中的IP地址。

由于在以太网中，交换机以及终端的MAC地址需要承载在以太网帧中，为了在以太网中应用链路状态路由协议，需要在以太报文头之外再添加一个帧头，用于链路状态路由协议寻址。关于帧头的格式，目前IETF（Internet Engineering Task Force，因特网工程任务组）定义的标准L2MP协议TRILL使用的是MAC in TRILL in MAC封装，在原始以太帧头外，增加了提供寻址标识的TRILL帧头和供TRILL报文在以太网中转发的外层以太帧头。而另一个L2MP协议SPB则使用的是MAC in MAC封装，直接使用IP作为寻址标识。其他私有L2MP类技术如Cisco的FabricPath也是大同小异，基本不会脱离 MAC in MAC 这个框架范围，仅仅在寻址标识的处理上略有差别。

关于链路状态路由协议的选择问题，几乎业界所有的厂家和标准化机构都选择了IS-IS作为L2MP类技术的控制面协议。之所以选择 IS-IS，是因为它本身就是运行在链路层的协议，可以毫无障碍地运行于以太网中。这个协议由ISO（International Organization for Standardization，国际标准化组织）的OSI（Open System Interconnection，开放系统互连）协议套件所定义，并被IETF的RFC 1142所采纳。IS-IS的扩展性非常出色，通过定义新的TLV（Type-Length-Value，类型长度值）属性，就可以轻松扩展 IS-IS，使之为新的L2MP协议服务。

华为CloudEngine系列交换机支持IETF定义的标准L2MP协议TRILL，下面就以TRILL为例，说明一下L2MP类技术的运行原理。

1. TRILL的基本概念

本节后面的内容将用到以下概念。

RB（Router Bridge，路由器桥）：RB是指运行TRILL的二层交换机。根据RB在TRILL网络中的位置，又可将其分为Ingress RB、Transit RB和Egress RB 3种，分别表示报文进入TRILL网络的入节点、在TRILL网络中经过的中间节点以及离开TRILL网络的出节点。

DRB（Designated Router Bridge，指定路由器桥）：DRB是指在TRILL网络中作为中间设备被指定承担某些特殊任务的RB，它与IS-IS中的DIS（Designated

Intermediate System，指定中间系统）相对应。在 TRILL 广播网中，两台 RB 如果处于同一个 VLAN，在建立邻居关系时需要根据接口的 DRB 优先级或者 MAC 地址的大小来选举 DRB。DRB 负责与网络中每台设备进行通信，最终使整个 VLAN 的 LSDB（Link State Database，链路状态数据库）达到一致状态，减少了多台设备两两通信带来的巨大开销。DRB 完成以下工作。

- 当网络中存在多于两台 RB 时，产生伪节点的 LSP（Link State PDU，链路状态协议数据单元）。
- 发送 CSNP（Complete Sequence Number PDU，完整序列号协议数据单元），同步 LSDB。
- 指定 DVLAN（Designated VLAN，指定虚拟局域网），指定某个 Carrier VLAN 转发用户报文及 TRILL 控制报文。
- 指定 AF（Appointed Forwarder，指定转发器），每个 CE（Customer Edge，用户边缘设备）VLAN 只能由一个 RB 作为 AF。

AF 是被指定用来转发流量的 RB，由 DRB 负责选举，只有 AF 负责转发用户流量，非 AF 禁止转发用户流量。如图 4-14 所示，当服务器采用双上行接入 TRILL 网络时，如果服务器网卡不采用负载分担的方式接入，很容易产生环路。此时需要指定一台 RB 作为转发用户流量的 RB。

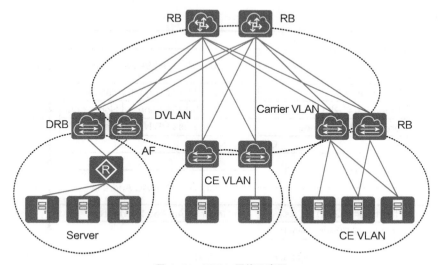

图 4-14　TRILL 网络示意图

- CE VLAN：用以接入 TRILL 网络的 VLAN，通常配置在 TRILL 网络边缘设备上，用以生成组播路由。
- Admin VLAN：一种特殊的 CE VLAN，用于承载 TRILL 网络的网管流量。

- Carrier VLAN：TRILL网络中用于转发TRILL数据报文和协议报文的VLAN。一台RB最多可配置3个不同的Carrier VLAN。入方向上，普通以太报文在Carrier VLAN中被封装成TRILL报文；出方向上，TRILL报文在Carrier VLAN中被解封装为普通以太报文。
- DVLAN：在网络规划中，为了实现TRILL网络的合并或分离，可能会在TRILL网络中配置多个Carrier VLAN，但是只能由一个Carrier VLAN负责转发TRILL报文。这个被指定转发TRILL数据报文和协议报文的Carrier VLAN被称为DVLAN。
- Nickname：相当于IP地址，用来唯一标识一台交换机。一台RB仅支持配置一个Nickname，且须保证Nickname全网唯一。

2. TRILL工作机制

TRILL控制面的工作机制几乎完全重用了IS-IS的协议机制。概括来说，首先RB之间建立邻居，邻居之间交互 HELLO PDU，建立邻居后，RB间通过LSP进行链路状态数据的交互，最终所有RB都形成全网的链路状态数据库，通过数据库计算出基于Nickname的转发表。这些都是通过扩展 IS-IS协议实现的，机制和IS-IS几乎完全一致。

TRILL的数据报文如图4-15所示。

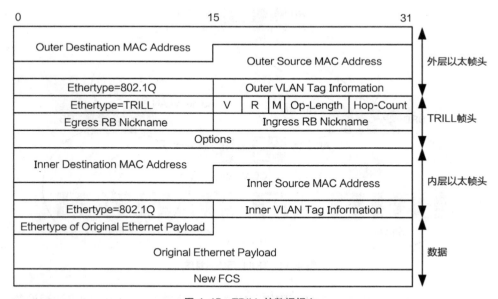

图 4-15　TRILL 的数据报文

TRILL的数据报文由4个部分组成，由里往外分别是：数据、内层以太帧头、

TRILL帧头、外层以太帧头。实际上，数据和内层以太帧头在TRILL网络中看来都是载荷，TRILL帧头主要用于寻址，其中包含了Nickname等信息供查表转发。而外层以太帧头用来在TRILL网络中供报文在链路层进行转发。内层以太帧头中封装的是用于接入用户网络的CE VLAN，外层以太帧头中封装的是用于承载TRILL协议报文和数据报文的Carrier VLAN。TRILL帧头的作用类似于路由转发中的IP报文头。

　　TRILL单播数据报文的转发过程可以简单概括如下：将原始数据封装在内层以太帧头中之后，发送到Ingress RB，Ingress RB对报文进行TRILL封装，封装的目的Nickname是Egress RB的Nickname，封装的外层目的MAC是下一跳Transit RB的MAC地址，并将报文发送给下一跳Transit RB。报文在网络中逐跳查表转发，类似于IP转发机制，外层目的MAC会逐跳修改为下一跳Transit RB的MAC，Nickname则不变，直至报文发送至Egress RB，Egress RB剥掉外层以太帧头和TRILL帧头，根据内层以太帧头中的目的MAC信息查找MAC表，将原始报文发送给目的设备。

　　TRILL BUM（Broadcast，Unknown-unicast，Multicast，广播、未知单播、组播）报文的转发机制也和IP组播类似，整网生成一棵组播转发树（也可以是多棵组播转发树，不同的CE VLAN会选择不同的组播转发树，以充分利用设备带宽，例如，在华为CloudEngine交换机上会生成两棵组播转发树，CE VLAN根据VLAN ID的奇偶进行选择），这棵组播转发树的末端（树枝）会延伸到这个网络的所有CE VLAN所在的RB（类似IP组播中的子网）。所有未配置CE VLAN的RB对应的组播转发树的树枝会被剪掉。当网络稳定后，BUM流量按照生成的组播转发树进行转发。

　　组播转发树建立的过程如下。

- 选择树根，树根的选择会在建立TRILL邻居时进行，TRILL的Hello报文会通过TLV的形式携带根优先级和system-id信息。根优先级（默认为32 768，可配）高的设备优先成为树根，如果根优先级一致，则system-id大的设备优先成为树根。
- 当TRILL网络中单播路由计算完毕后，每台TRILL RB根据自己的链路数据库，计算树根到其他所有设备的最短路径，形成一棵最短路径树。
- 对组播转发树进行剪枝，当每台设备在和其他设备交互LSP时，LSP报文中会携带自身的CE VLAN信息，每台设备根据网络中的CE VLAN信息，针对每个CE VLAN进行剪枝。组播转发树最终变成表项下发时，会针对每个VLAN将对应的表项下发。

　　下面通过一个具体的例子说明TRILL网络中的流量转发过程。

　　如图4-16所示，这是一个典型的TRILL大二层组网，图中各 TRILL RB均已经完成了建立邻居、计算单播和组播路由的操作。这里以Server A访问Server B为例，总的来说，在之前没有任何通信过程的情况下，Server A访问Server B总共需要经过以下3个步骤。

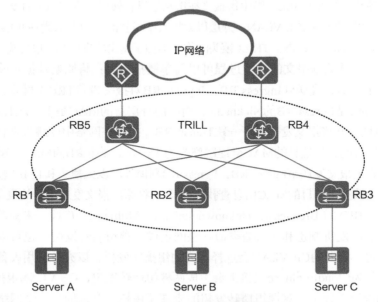

图 4-16　TRILL 网络的流量转发

步骤① Server A发送ARP（Address Resolution Protocol，地址解析协议）请求（ARP req），请求Server B的MAC地址。

步骤② Server B回复Server A的ARP请求，发送ARP应答（ARP rep）。

步骤③ Server A发送单播数据报文给Server B。

（1）Server A发送ARP请求

Server A发送ARP请求如图4-17所示，报文变化如图4-18所示。

- Server A广播发送了一个ARP请求报文，请求Server B的MAC地址。
- RB1从CE VLAN1收到ARP请求，根据报文的源MAC进行MAC表项学习，MAC A对应的出接口为本地连接Server A的接口。
- RB1查看报文的目的MAC判定这是一个广播报文，查看VLAN1对应的组播转发表，组播转发树树根为RB5，出接口为链路L1的出接口，于是对报文进行TRILL封装，目的Nickname为树根RB5的Nickname，目的MAC为组播MAC（Brdcst-MAC），继而将报文从L1接口发出。这里需要注意，实际上，在RB1上，VLAN1的组播转发表还会包含本地VLAN1内的接口，但是由于报文是从该接口接收到的，设备不会再从这个接口将报文转发出去，这一点和正常的广播泛洪是一致的。

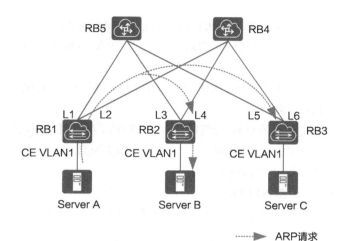

图 4-17　Server A 发送 ARP 请求

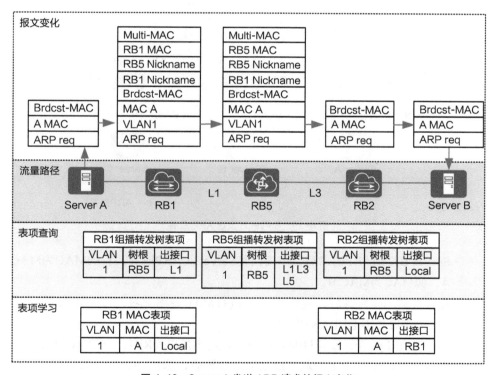

图 4-18　Server A 发送 ARP 请求的报文变化

- RB5收到RB1发来的报文，查看目的MAC为组播MAC，判定报文为组播报文，查看VLAN1对应的组播转发表，出接口为L1、L3、L5链路对应的接口，于是RB5将报文的源MAC修改为自己的MAC地址，目的MAC 仍然为组播MAC。因为报文是从L1接口收到的，所以RB5将报文同时从L3、L5接口发出去。

- RB2收到RB5发来的报文，根据报文的源MAC进行MAC表项学习。MAC A对应的出接口为RB1。
- RB2查看报文的目的MAC为组播MAC，查看VLAN1对应的组播转发表，发送出接口为本地VLAN1内的接口，剥掉TRILL的封装，将报文从VLAN1内的接口发出，报文到达Server B。

（2）Server B发送ARP应答

Server B发送ARP应答如图4-19所示，报文变化如图4-20所示。

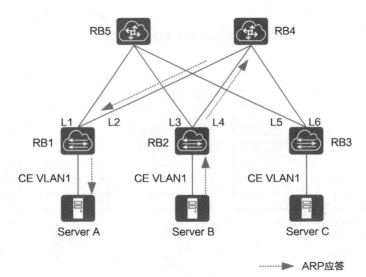

图 4-19　Server B 发送 ARP 应答

- Server B收到ARP请求后，单播回复Server A ARP应答，目的MAC为MAC A，源MAC为MAC B。
- RB2收到ARP应答后，根据源MAC进行MAC表项学习，目的MAC为MAC B，出接口为本地VLAN1中的接口。
- RB2查找MAC表，发现目的MAC A对应的出接口为RB1，查找TRILL单播转发表，有两个等价下一跳，经过哈希计算后，选择L4为下一跳出接口（以哈希结果为L4为例），RB2对ARP应答报文进行TRILL封装，目的Nickname为RB1的Nickname，目的MAC为下一跳RB4的MAC。注意，这里以逐流的ECMP负载分担为例进行说明，所以针对一条ARP应答只会选择一个出接口。

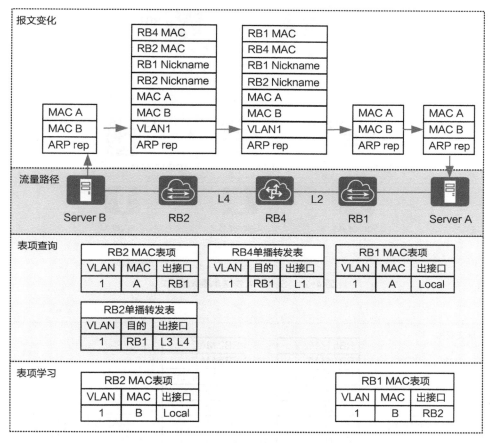

图 4-20 Server B 发送 ARP 应答的报文变化

- RB4收到RB2发来的报文后查看目的MAC，发现为自身MAC，剥掉外层以太帧头，看到目的Nickname为RB1，于是查找TRILL单播转发表，发现下一跳为RB1。于是将源MAC替换为自己的MAC，将目的MAC设置为下一跳RB1的MAC，封装后将报文从L2接口发出。
- RB1收到RB4发来的报文，根据报文的源MAC进行MAC地址学习，目的MAC B对应的出接口为RB2。
- RB1查看报文目的MAC，发现是自身MAC，剥掉外层以太帧头，查看目的Nickname，发现也是自身，于是剥掉TRILL帧头，查看内层以太帧头的目的MAC为MAC A。查看MAC表，出接口为VLAN1内的接口，于是直接将内层以太报文发给Server A。

（3）Server A发送单播数据报文

Server A发送单播数据报文如图4-21所示，报文变化如图4-22所示。

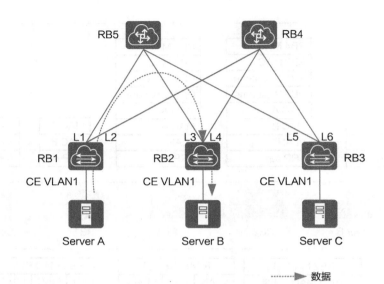

图 4-21 Server A 发送单播数据报文

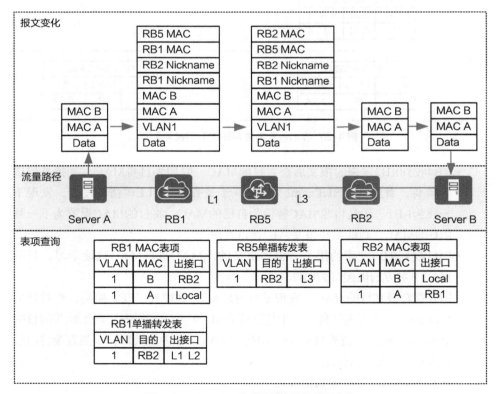

图 4-22 Server A 发送单播数据的报文变化

- Server A收到ARP应答后，封装单播数据报文，目的MAC为MAC B，源MAC为MAC A。

- RB1收到报文后，根据目的MAC B查看MAC表，下一跳为RB2，于是查看TRILL单播路由转发表，有两个等价单播下一跳。经过哈希计算后，选择L1为下一跳出接口（以哈希结果为L1为例），RB1对ARP报文进行TRILL封装，并发送给RB5。

- RB5收到RB1发来的报文后查看目的MAC，发现为自身MAC，剥掉外层以太帧头后，根据目的Nickname查看TRILL单播转发表，查表后将报文封装并发给RB2。

- RB2收到RB5发来的报文后，查看目的MAC和目的Nickname，发现均为自己，于是剥掉TRILL帧头，并将报文发给Server B。

3. L2MP类技术的优势和问题

L2MP类技术的优势在前文中已经说明：通过在二层网络引入路由的机制解决了环路问题，同时也解决了网络扩展性和链路利用率的问题。这里主要说明一下L2MP类技术的问题。

L2MP类技术的问题主要有以下几点。

- 租户数量问题：和xSTP类似，TRILL也通过VLAN ID来标识租户，VLAN ID仅有12 bit，仅支持4000户左右的租户规模。

- 部署成本问题：L2MP类技术或引入了新的转发标识，或增加了新的转发流程，不可避免地需要对设备的转发芯片进行升级换代。所以存量网络使用旧版芯片的设备是无法使用L2MP类技术的，这就增加了客户的部署成本。

- 机制问题：TRILL的OAM（Operation，Administration and Maintenance，运行、管理与维护）机制和组播机制一直未能形成正式的标准，影响了协议的演进。

针对以上L2MP技术的问题，业界有一些反对的声音，但是在笔者看来，L2MP类技术更像是一个技术流派之争的牺牲品。2010—2014年，L2MP类技术在金融、石油等一些大型企业数据中心屡有建树，但是NVo3类技术VXLAN横空出世后，几乎所有的IT和CT厂商均倒向了NVo3的阵营（主要原因是其转发机制完全重用了IP转发机制，可以直接应用于存量网络），导致L2MP类技术的市场占有率一落千丈。

再看L2MP类技术的几个问题，租户问题的解决方法其实在TRILL设计之初已经有所考虑，在TRILL帧头预留了字段用于租户标识，只是后续未能持续演进。在今天看来，部署的成本问题也并不是L2MP类技术的原罪（实际上VXLAN 也需要对设备进行升级，只是升级过程比较平滑）。而每一个新技术都会存在机制问题，如果后续能够正常持续演进，一定会有解决方案。

以上仅是笔者一家之言，技术之争不存绝对优劣。

4.1.2.4　跨设备链路聚合技术

跨设备链路聚合技术的出现是为了解决终端双归属接入的问题。由于终端双归属必然会导致网络成环，xSTP技术不能解决设备的双归属接入问题，设备单归属接入的可靠性非常差。而前文各节所述的技术中，L2MP类技术主要聚焦网络转发本身，对终端如何接入网络也未做说明。虚拟机框类技术由于对外逻辑上是单台设备，所以天然可支持双归属接入，终端或交换机只需通过链路聚合和虚拟机框系统进行对接。但是虚拟机框类技术的控制面完全耦合（即合一）会导致一些问题。

跨设备链路聚合技术继承了虚拟机框类技术的思想，仍然是对两台设备进行控制面的耦合。不同的是，跨设备链路聚合技术并不要求设备间的所有状态信息完全同步，仅同步一些链路聚合的相关信息，其主体技术思想如图4-23所示。

两台接入交换机以同一个状态和被接入的设备进行链路聚合协商，在被接入的设备看来，就如同和一台设备建立了链路聚合关系，其逻辑拓扑如图4-23右侧所示。

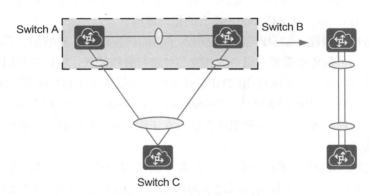

图 4-23　跨设备链路聚合

跨设备链路聚合技术本质上还是控制面虚拟化技术，但由于控制面耦合程度低，理论上的可靠性比虚拟机框类技术高。此外，两台设备可以进行独立升级，业务中断时间较短。

和虚拟机框类技术类似，采用跨设备链路聚合技术的设备之间信息的同步机制均为内部实现，所以业界各厂家均有跨设备链路聚合技术的私有协议。比如Cisco的VPC（Virtual Port Channel，虚拟端口通道）、Juniper的MC-LAG。这里以华为CloudEngine系列交换机上实现的跨设备链路聚合技术M-LAG（Multi-Chassis Link Aggregation Group，跨设备链路聚合组）为例，说明跨设备链路聚合类技术的运行原理。

1. M-LAG的基本概念

M-LAG如图4-24所示。

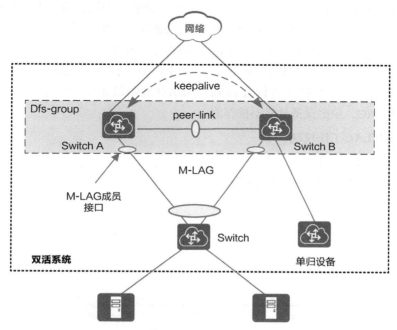

图 4-24　M-LAG 示意

本节后面的内容将用到以下概念。

- M-LAG：跨设备链路聚合组，是一种实现跨设备链路聚合的机制，能够实现多台设备间的链路聚合，从而把链路的可靠性从单板级提高到设备级，组成双活系统。
- M-LAG主/备设备：和CSS/iStack类似，M-LAG也会选举主/备设备，但是正常情况下，主/备设备转发行为没有区别，仅在双活系统分裂场景下，备设备会抑制自身转发行为，而主设备正常转发。
- Dfs-group：动态交换服务组（协议）。M-LAG双归设备之间的接口状态、表项等信息同步需要依赖Dfs-group协议进行同步。
- peer-link：部署M-LAG的两台设备之间必须存在的一条直连链路，该链路必须为链路聚合且配置为peer-link。peer-link链路是一条二层链路，用于协商报文的交互及部分流量的传输。接口配置为peer-link口后，该接口上不能再配置其他业务。

- keepalive链路：心跳链路，承载心跳数据报文，主要作用是进行双主检测。需要注意的是，keepalive链路和peer-link是不同的两条链路，其作用也不一样。正常情况下，keepalive链路不会参与M-LAG的任何转发行为，只在故障场景下，用于检查是否出现双主的情况。keepalive链路可以通过外网承载（比如，如果M-LAG上行接入IP网络，两台双归设备通过IP网络可以互通，那么互通的链路就可以作为keepalive链路）。也可以单独配置一条三层可达的链路来作为keepalive链路（比如通过管理口）。
- M-LAG成员口：双归接入的接口，两个M-LAG成员口的状态需要进行同步。
- 单归设备：单归设备仅连接到M-LAG双归设备中的一台。如果部署M-LAG，单归设备是极不推荐的。

2. M-LAG工作机制

（1）M-LAG的建立过程

M-LAG的建立过程如图4-25所示。

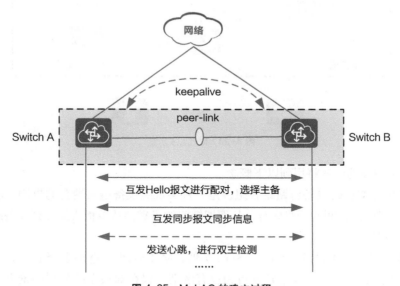

图 4-25 M-LAG 的建立过程

- M-LAG两端的设备配置完成后，进行配对。两边设备会在peer-link上定期发送Hello报文，Hello报文中携带了自己的Dfs-group ID、协议版本号、系统MAC等信息。
- 收到对端的Hello报文后，会判断Dfs-group ID是否相同，如果相同，则配对成功。

- 配对成功后，会选举主/备设备，根据优先级选举，优先级高为主设备。如果优先级一样，则比较系统MAC，系统MAC小的则为主设备。默认情况下，优先级为100，可以通过手动配置修改。
- 配对成功之后，设备间会发送同步报文进行信息同步，需要同步的信息包括设备名、系统MAC、软件版本、M-LAG状态、STP BPDU（Bridge Protocol Data Unit，网桥协议数据单元）信息、MAC表项、ARP表项、IGMP（Internet Group Management Protocol，互联网组管理协议）表项等。

设备配对成功后，会通过keepalive链路发送心跳。心跳主要是用于在peer-link发生故障时，双主检测使用。

（2）M-LAG协议报文

M-LAG协议报文如图4-26所示。协议报文（Hello报文或者同步报文）通过peer-link 承载，而peer-link是一个二层链路，所以协议报文也是封装在普通的以太报文中的，最外层的以太报文头中的源MAC为自身设备的MAC地址，目的MAC为组播 MAC地址，VLAN则是保留的VLAN。

Ether Header	Msg Header	Data

图 4-26　M-LAG 协议报文

在外层以太报文头后封装了一层自定义消息头部。自定义消息头部主要包含以下信息。

- Version：协议版本号，用于标识双归设备所运行的M-LAG版本。
- Message Type：报文类型，标识该报文为Hello报文还是同步报文。
- Node：设备节点编号。
- Slot：槽位号，标识需要接收消息的槽位号，如果是盒式设备，则为堆叠ID。
- Serial Number：协议序列号，用于增加可靠性。

自定义消息头部里面封装的是正常的报文数据，包含了需要交互或者同步的信息，比如Hello报文的Data中会包含Dfs-group ID、优先级、设备MAC地址等信息，而同步报文的Data中则会包含一些表项和状态信息。

（3）M-LAG表项同步

M-LAG作为一个逻辑的链路聚合组，双归设备两端的表项需要保持一致，所以要在M-LAG两端同步表项，否则可能导致流量异常。需要保持一致的表项主要有：

- MAC表；
- ARP表；

- 二三层组播转发表；
- DHCP（Dynamic Host Configuration Protocol，动态主机配置协议）Snooping 表；
- LACP（Link Aggregation Control Protocol，链路聚合控制协议）System ID；
- STP全局和端口的一些配置；
- 其他一些表项如ACL（Access Control List，访问控制列表）等。

表项会封装在同步报文的Data部分中，Data 按照TLV格式封装，方便扩展。下面以同步ARP表项为例进行介绍。

如图4-27所示，TLV的内容包含收到ARP的源M-LAG ID，以及原始的ARP报文。对于原始的ARP报文，不管什么协议版本的设备，处理模式都是相同的，因此更容易实现版本之间的兼容性。除ARP之外，IGMP等协议相关的表项也都是与原始报文同步，对端收到原始报文后，会根据报文信息同步为自身的表项。

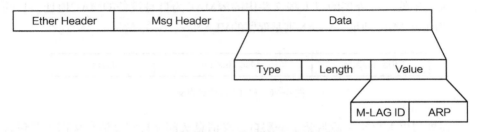

图 4-27　M-LAG 同步 ARP 表项报文

（4）M-LAG协议的兼容性

M-LAG支持逐台升级，为维护带来了便利。对控制面需要进行同步的这类协议来说，逐台升级过程中，必然会出现两端协议版本不一致的情况，所以必须保证协议的兼容性。

M-LAG 保证协议的兼容性主要有以下方法。

- M-LAG的Hello报文中会携带协议的版本号，这个版本号并不随设备版本升级而变化，如果设备升级前后涉及M-LAG的功能（如MAC、ARP等）没有变化，则版本号不会变化。如果功能有变化，M-LAG版本号才会变化。
- M-LAG设备在获取对方的版本号后，如果自身版本较高，则会兼容处理携带老版本号发送过来的报文，并且会以老版本的方式与对方设备进行交互。
- 在进行表项信息同步时，M-LAG设备会将原始报文同步给对方，这样也保证了协议的兼容性。以ARP表项为例，ARP是一种非常稳定的协议，各个版本对ARP报文的处理几乎没有差别，所以将原始的ARP报文发给对方，几乎不会因为版本原因导致对端设备无法处理。

3. M-LAG流量模型

（1）CE侧单播访问网络侧单播

如图4-28所示，CE侧单播访问网络侧单播时，双归设备会正常通过链路聚合将流量哈希到两条链路上。

（2）CE侧单播互访

如图4-29所示，CE1访问CE2时，Switch A会学习到CE2的MAC表项，可以正常转发给CE2。

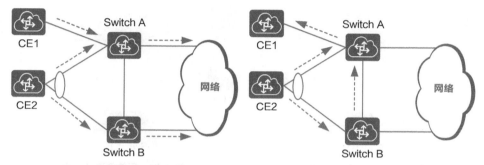

图 4-28　CE 侧单播访问网络侧单播　　　　图 4-29　CE 侧单播互访

CE2访问CE1时，首先会进行哈希，如果流量被哈希到Switch A 一侧，由于Switch A会学习到CE1的MAC表项，可以正常转发给CE1。如果流量被哈希到Switch B一侧，由于Switch A会将表项同步给Switch B，Switch B从peer-link口学习到CE1的MAC表项（也就是Switch B上CE1的MAC表项出接口为peer-link口），于是Switch B会将流量通过peer-link口发给Switch A。同理，Switch A将流量转发给CE1。

（3）组播/广播/未知单播流量模型

如图4-30所示，以CE2发送广播流量为例，广播流量在M-LAG两条链路上进行广播，到达Switch A和Switch B 后，会继续向其他 CE和网络侧进行广播。需要注意的是，由于peer-link 默认加入了所有VLAN，所以广播流量必然也会在peer-link上广播。这里，Switch B将广播流量通过peer-link发送给Switch A 后（Switch A也会广播给Switch B，原理一致，这里不再赘述），为防止环路的发生，广播流量不会从Switch A的M-LAG成员口再发送给CE2。peer-link 自身有一个端口隔离的机制：所有从peer-link口接收到的流量不会从M-LAG 双归成员口再发送出去。

（4）网络侧流量模型

根据网络侧协议的不同，M-LAG的处理方式有所区别，具体如下。

- xSTP：M-LAG双归设备会协商成同xSTP的根桥，对xSTP网络展示为一个STP根桥。

- TRILL/VXLAN：M-LAG会通过同一个标识（VTEP/虚拟Nickname）对外协商，网络侧设备会将双归设备作为一台设备进行协商。流量会通过TRILL/VXLAN协议的机制进行转发，实现负载分担。
- IP网络：正常路由协商，如果链路状态一致，则为ECMP。

无论网络侧将流量发给双归设备中的哪一台设备，流量是单播或者广播，其原理和CE侧的原理都是一致的，仍然是单播正常转发，广播进行端口隔离，如图4-31所示。

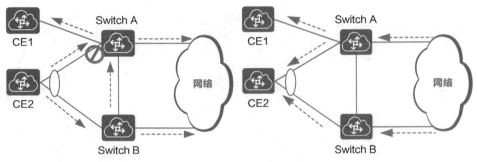

图 4-30　CE2 发送广播流量　　　　　　图 4-31　网络侧流量模型

4. M-LAG故障场景

（1）M-LAG成员口发生故障

如图4-32所示，如果某个M-LAG成员口发生故障，网络侧流量会通过peer-link发送给另外一台设备，所有流量均由另外一台设备转发，具体过程如下。

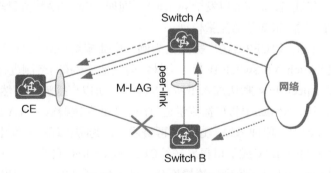

图 4-32　M-LAG 成员口发生故障

- Switch B的M-LAG成员口发生故障，网络侧感知不到，流量依然会发送给双归设备。
- 由于M-LAG成员口发生故障，Switch B清除CE对应的MAC表项。此时，M-LAG系统会触发一次MAC表项同步过程，Switch A将CE的MAC表项同步给Switch B，出接口为peer-link口。

- 由于成员口发生故障，双归变成单归，放开端口隔离机制。
- Switch B收到网络侧访问CE的流量后，查找MAC表项，会通过peer-link将流量交给Switch A转发给CE。

故障恢复后，M-LAG成员口Up 也会触发一次 M-LAG系统的MAC表项同步过程，Switch B上CE的MAC表项恢复正常情况下的出接口，流量正常转发。

（2）peer-link发生故障

如图4-33所示，一旦peer-link发生故障，则两台设备不能同时转发流量；如果同时转发流量，会导致广播风暴、MAC 漂移等一系列问题，所以必须只让一台设备转发，具体方法如下。

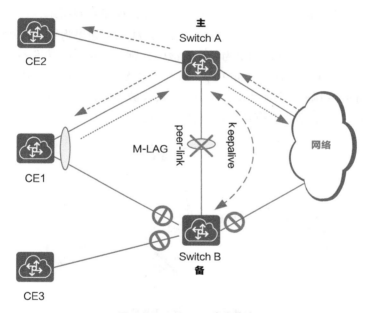

图 4-33　peer-link 发生故障

- 双归设备一旦感知peer-link口发生故障，立刻发起一次双主检测过程，通过keepalive链路进行双主检测。如果在一定时间内未收到对端发来的keepalive报文，则认为对端设备发生故障。如果收到对端发来的keepalive报文，则判定为peer-link故障。
- 判定peer-link故障后，M-LAG备设备会将自身除了peer-link口、堆叠口和管理网口之外的所有物理接口Error-down。此时，所有流量都只会通过M-LAG主设备进行转发。
- peer-link故障恢复后，peer-link口Up，M-LAG系统重新协商。协商完成后，为了保证M-LAG的端口隔离机制生效，网络侧协议收敛完毕，并不立即恢复备设备上Error-down的端口，而是会有延迟，一般为2 min。

由上述可知，如果为peer-link故障，由于备设备接口被Error-down，单归到备设备的CE设备（如CE3）将无法访问网络侧，也无法收到网络侧的流量，所以非常不推荐采用单归的组网。

如果使用框式设备组成M-LAG系统，推荐将peer-link口和M-LAG成员口部署在不同单板上。因为如果部署在同一块单板上，若单板故障，则peer-link口和M-LAG成员口同时发生故障，如果发生故障的为主设备，则备设备自动Error-down物理端口，此时发送到双归设备的流量会被丢弃。

（3）设备发生故障

设备故障处理流程和peer-link故障基本一致，如图4-34所示，首先设备感知peer-link口Down，进行双主检测，判定为设备故障。如果为主设备故障，则备设备升为主设备进行转发，如果为备设备故障，则主设备继续转发不变。故障恢复后，无故障设备感知peer-link口Up，进行M-LAG协商。协商完成后，为了保证 M-LAG的端口隔离机制生效，网络侧协议收敛完毕，并不立即恢复备设备上Error-down的端口，而是会有延迟，一般为2 min。

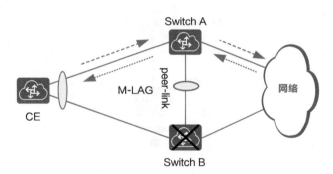

图4-34　设备发生故障

（4）上行链路发生故障

一般情况下，上行链路发生故障并不会影响M-LAG系统的转发，如图4-35中的Switch A上行链路虽然发生故障，但是网络侧的相关转发表项会由Switch B通过peer-link同步给Switch A，Switch A可以将访问网络侧的流量发送给Switch B进行转发。而由于接口发生故障，网络侧发送给CE侧的流量不会发送给Switch A处理。

但是，如果发生故障的接口是keepalive链路接口，设备双主检测后均认为是对方设备故障。此时出现双主情况，CE发送给Switch A的流量会因为没有上行出接口而被丢弃。

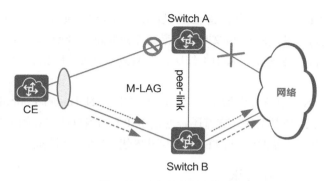

图 4-35　上行链路发生故障

解决这个问题有以下两种方法。

- 用管理口作为keepalive链路。
- 配置Monitor-link功能，将M-LAG成员口和上行口关联起来，一旦上行链路发生故障，会联动M-LAG成员口发生故障，从而防止流量丢失。

5. M-LAG双归接入隧道类协议

M-LAG 双归接入TRILL/VXLAN等隧道类协议的实现方式都是将双归设备虚拟成一台设备和网络侧进行交互，如图4-36所示。

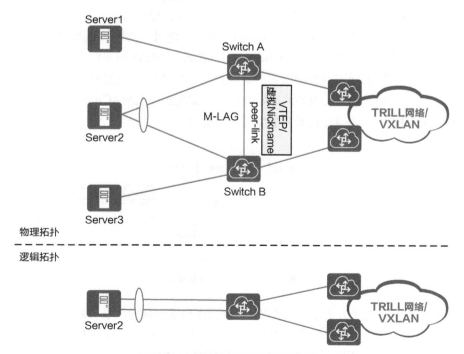

图 4-36　M-LAG 双归接入隧道类协议

对于TRILL网络，两台设备会通过peer-link协商或者手工配置一个虚拟Nickname，在向外发送Hello报文时，封装这个虚拟的Nickname，这样网络侧设备会认为与同一台设备建立了TRILL邻居，所有到Server的路由都会指向这个虚拟Nickname。

对于VXLAN，设备会虚拟出一个VTEP（VXLAN Tunnel Endpoint，VXLAN隧道端点），无论是手工建立隧道还是通过BGP EVPN自动建立的方式，Switch A和Switch B均用这个虚拟出的VTEP的IP与外界建立VXLAN隧道。

4.1.2.5　NVo3类技术

以上介绍了虚拟机框类技术、L2MP类技术、跨设备链路聚合技术等，但是从根本上说，这些技术还是未能脱离传统网络的窠臼，依然是以硬件设备为中心的技术思路。但是NVo3类技术则不然，NVo3类技术是一项以IT厂商为推动主体的、旨在摆脱对传统物理网络架构依赖的叠加网络技术。

叠加网络是指在物理网络之上构建一层虚拟网络拓扑。每个虚拟网络实例都是由叠加来实现的，原始帧在NVE（Network Virtualization Edge，网络虚拟化边缘）设备上进行封装。该封装标识了解封装的设备，在将帧发送到终端之前，该设备将对该帧进行解封装，得到原始报文。中间网络设备基于封装的外层帧头来转发帧，不关心内部携带的原始报文。虚拟网络的边缘节点可以是传统的交换机、路由器，或者是Hypervisor内的虚拟交换机。此外，终端可以是VM或者是一个物理服务器。VNI（VXLAN Network Identifier，VXLAN网络标识符）可以封装到叠加头中，用来标识数据帧所属的虚拟网络。因为虚拟数据中心既支持路由，又支持桥接，叠加报文头内部的原始帧可以是完整的带有MAC地址的以太帧，或者仅仅是IP报文。NVo3类技术模型如图4-37所示。

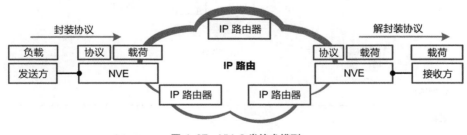

图4-37　NVo3类技术模型

图4-37中的发送方表示终端设备，可能是VM或者是物理服务器等。NVE表示网络虚拟化边缘，可能是一台物理交换机或者是Hypervisor上的虚拟交换机。发送方可以直接和NVE相连，或者通过一个交换网络和NVE相连。NVE之间通过隧道

（Tunnel）相连。隧道的含义是将一种协议封装到另一种协议中。在隧道入口处，将被封装的协议报文封装入封装协议中，在隧道出口处再将被封装的协议报文取出。在整个隧道的传输过程中，被封装协议作为封装协议的负载（payload）。NVE上执行网络虚拟化功能，对报文进行封装/解封装等操作，这样三层网络中的节点只需要根据外层帧头进行转发，不需要感知租户的相关信息。

可以看到，从某种程度上说，NVo3类技术和L2MP类技术有异曲同工之处，都是在原有网络之上再叠加一层Overlay技术，只是L2MP类技术在原有二层网络的基础上叠加了一种新的转发标识，于是需要硬件设备芯片的支持。而NVo3类技术则完美重用了当前的IP转发机制，只是在传统的IP网络之上再叠加了一层新的不依赖物理网络环境的逻辑网络，这个逻辑网络不被物理设备所感知，且转发机制也和IP转发机制相同。这样，该技术的门槛就被大大降低了，这也使得NVo3类技术在短短几年之内就风靡于数据中心网络。

NVo3类技术的代表有VXLAN、NVGRE（Network Virtualization using Generic Routing Encapsulation，基于通用路由封装的网络虚拟化）、STT（Stateless Transport Tunneling，无状态传输通道）等，其中翘楚无疑是当前最为火热的VXLAN技术。华为的云数据中心解决方案同样采用VXLAN技术作为网络的Overlay网络技术。第7章将对VXLAN技术进行详细介绍。

4.2　金融数据中心网络的总体架构与方案演进

4.2.1　金融企业网络的总体架构

1. 总体架构

金融企业网络总体架构分为服务域、通道域和用户域，如图4-38所示，图中双向箭头表示依赖关系，单向箭头表示组成关系。

用户域包括行内用户、行外用户，其中行内用户包括分支机构用户、数据中心园区用户和总行用户，行外用户包括互联网用户和外联第三方用户。

数据中心网络分区中的本地用户接入区用于行内用户的接入。分支机构用户通过内网通道域接入数据中心网络，总行用户通过城域网接入内网通道域，再接入数据中心网络中的广域网接入区。互联网用户通过互联网通道域接入数据中心网络中的互联网接入区。外联用户通过外联网通道域（主要是专线接入）接入数据中心网络中的外联接入区。

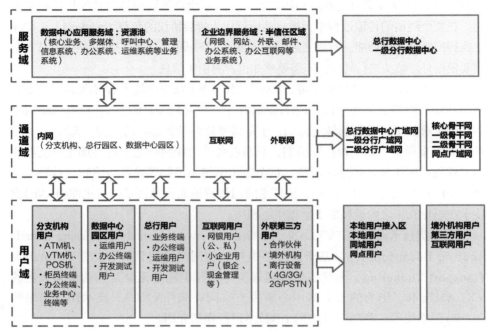

注：PSTN 即 Public Switched Telephone Network，公用电话交接网。

图 4-38　金融企业网络的总体架构

　　通道域中的内网通道由金融企业的核心骨干网、一级骨干网、二级骨干网、网点广域网组成。网点接入网点广域网，网点广域网接入二级骨干网，二级分行数据中心网络挂接在二级骨干网上，二级骨干网接入一级骨干网，一级分行数据中心网络挂接在一级骨干网上，一级骨干网接入核心骨干网，总行数据中心网络挂接在核心骨干网。目前银行正在进行扁平化改造，二级骨干网后续会逐步减少。

　　服务域提供各种金融业务服务，涵盖了金融企业总行数据中心网络和一级分行数据中心网络中的全部主机区、服务器区，提供的业务包括核心业务（如会计核算、客户信息、后台业务、资金业务、结算业务等）、中间业务（如银行卡业务、国际业务、代理业务、外联业务、信贷业务等）、渠道服务系统（如网上银行、电话银行、手机银行、自助银行、综合柜员等）、管理支撑系统（如经营管理、风险管理、管理平台、办公系统等）等。

2. 金融数据中心网络架构

　　金融数据中心内部统一采用交换核心汇聚各物理分区，物理分区规模不大，目前规模最大的物理分区承载约1000台物理服务器。新引入的服务器网卡主流使用万兆网卡，千兆网卡主要用于服务器的带外管理。

各物理分区边界部署防火墙，防火墙策略一般多于50 000 条，防火墙策略变更工作量大，达到10 000 次/年，防火墙变更数量占网络变更总量的60%以上。各物理分区部署负载均衡设备，服务于多个应用系统。园区部署分布式DNS（Domain Name Service，域名服务）系统，分行客户端访问数据中心的应用，以及5级灾备应用的App访问DB（Database，数据库），均可通过域名方式实现。

常见数据中心网络分区示例1如图4-39所示。

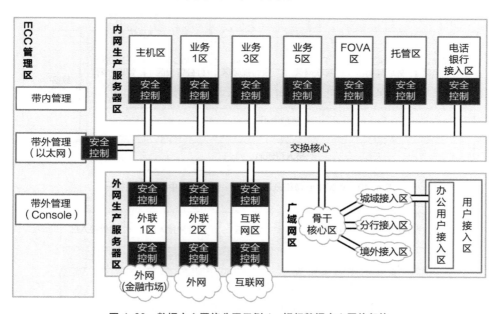

图4-39 数据中心网络分区示例 1：银行数据中心网络架构

上述分区中，业务1区为柜面业务区，业务3区为网银业务区，业务5区为办公、邮件和Notes业务区，境外业务区（FOVA区）按时区细分为3个子分区，托管区主要处理子公司业务、互联网区、网银区的Web接入。

图4-40给出了一种金融数据中心网络架构。根据应用特点和重要性、安全隔离、运维管理等因素，数据中心互联区划分为核心业务区、外联隔离区、互联网区、语音视频区、办公管理区、管理外网。

图4-41给出了另一种常见的金融数据中心网络架构。数据中心采用传统分区设计，二层采用STP组网技术，三层采用OSPF路由设计。网络安全方面，使用防火墙隔离生产、办公网，大部分用户域业务区未部署防火墙，网银区（互联网区）部署异构防火墙、Anti-DDoS等设备。网络运维方面的主要痛点在于日常大

量的安全ACL的变更，数据中心的安全是按边界最小授权原则处理，每周处理几百条ACL。

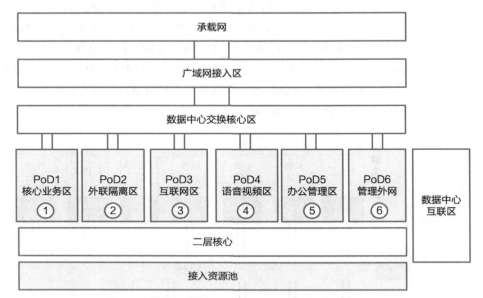

图4-40　数据中心网络分区示例2：金融数据中心网络架构一

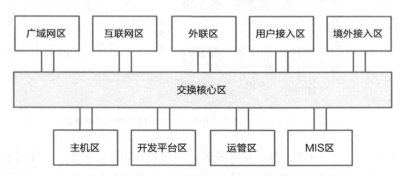

图4-41　数据中心网络分区示例3：金融数据中心网络架构二

上述几个示例适用于不同的业务规模和自身需求的金融企业，都采用了水平分区、垂直分层的设计思路。每个分区内部的网络架构主流采用"汇聚+汇接+接入"的架构，网关在汇聚层。

3. 服务器分区网络架构

金融数据中心主流的服务器分区网络架构如图4-42所示，其中数据中心的核心为独立部署。分区主要采用"汇聚+汇接+接入"的架构，每一层采用vPC、堆叠或M-LAG技术实现破环和链路复用。

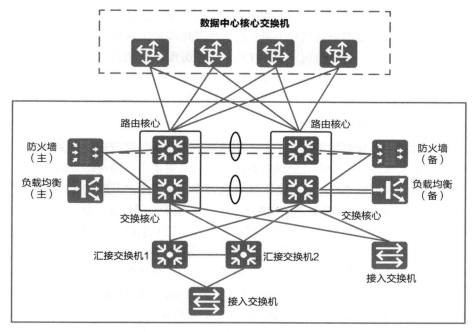

图 4-42　服务器分区网络架构

汇聚设备含路由核心和交换核心，采用高端框式交换机。2台框式交换机采用 VS（Virtual System，虚拟系统）技术虚拟化成4台设备，其中2个VS1作为路由核心、2个VS0作为三层交换核心。防火墙串联在交换核心和路由核心之间，防火墙与交换核心、路由核心之间运行静态路由，服务器网关在交换核心。接入交换机采用ToR（Top of Rack，机架交换机）架顶方式部署，汇接交换机采用EoR（End of Row，行末交换机）方式部署。

没有进行SNAT（Source Network Address Translation，源网络地址转换）的分区服务器，其网关在负载均衡设备上。进行了SNAT改造的系统，其网关在交换核心交换机上。

除网银区、外联区外，其他功能分区的Web、App、DB 放在一个区，互访不经过防火墙。

服务器通过网线连接到ToR，一个机架部署8台或12台服务器。

ToR通过跳线连接到网络柜的分区汇接交换机，网络设备的带外管理接入交换机部署在网络柜。每个分区汇接交换机部署4个GE上行链路。每个分区的路由核心到数据中心大核心交换机之间使用40 Gbit/s接口互联。

数据中心局域网普遍存在的痛点是，服务器部署位置固定，不同业务分区的服务器只能接入固定的网络分区对应的接入交换机，灵活性不佳，长此以往，会导致资源总体紧张、局部富余的不均衡现象。其余痛点包括：网络配置采用手工或脚本方式进行，效率低且极易出错；防火墙策略维护工作量大，且不易判断防火墙策略是否有用、策略是否冗余；IP地址手工分配，周期长，效率低，且部分采用公网地址，可能会重复；部分应用基于IP访问，不能支持SNAT，导致二层范围大，网关在LB（Load Balance，负载均衡器）设备上，性能低，故障域大。

4. 两地三中心网络架构

金融数据中心普遍采用两地三中心的网络架构，部分银行正在向多地、多中心的网络架构演进。主中心、同城灾备中心、异地灾备中心通过广域网络互联，支持应用系统跨园区部署。主中心、异地灾备中心部署生产互联网出口，总带宽主流为10～20 Gbit/s，服务器总数在7000台左右。鉴于二层广播风暴风险，同城数据中心之间，在大型银行普遍采用三层IP互联，二层互联被部分中小规模用户使用，或仅作为临时业务搬迁时使用。

二层互联普遍采用区域交换核心（网关交换机）直连DWDM（Dense Wavelength Division Multiplexing，密集波分复用）设备，Eth-Trunk需要允许对应的VLAN ID的VLAN通过，实现二层延伸，如图4-43所示。

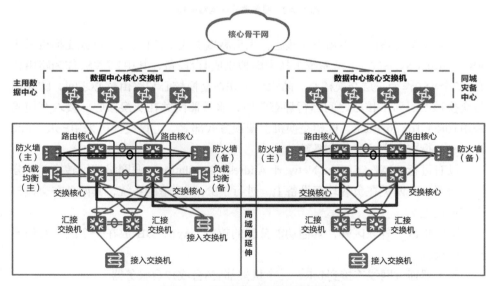

图4-43 同城数据中心网络互联架构

三层互联有两种方式：采用核心交换机直连DWDM设备；采用核心交换机连接到CPE（Customer Premises Equipment，用户终端设备，也称用户驻地设备）、MCE（Multi-VPN-instance Custom Edge，多VPN实例用户边缘）设备，然后CPE/MCE设备连接到DWDM设备。

4.2.2　金融业务的发展诉求与数据中心网络的演进

1. 金融业务的发展诉求

金融业务的发展有三大趋势：数字化（Digitization），通过数据分析帮助银行更好地进行风险管理，更注重以客户为中心；移动互联网化（Mobilization），借助移动互联网科技，随时随地满足客户需求；普惠金融化（Democratization），让越来越多的人享受到金融和银行的服务。

数字化趋势要求采用大数据、AI作为技术支撑，实现精准营销和风险管理。

移动互联网趋势要求银行保障海量用户服务体验，包括：提供随时随地的服务，满足规模化用户接入需求，可应对亿万级别用户人均数十次使用频率的访问，要求网络能够支撑快速增长的业务、海量用户及海量数据；一致的用户体验，要求网络具备弹性，面对数十倍的浪涌流量，保障有一致的体验；提供个性化服务，快速创新金融业务，快速响应客户需求，产品快速更新，上市时间从月级别提升为天级别，要求网络能够快速应对多变的客户需求，实现产品快速投放；渠道创新，4K人脸、指纹识别等要求网络具备大规模计算能力；业务需要 7×24 h在线。金融业务的用户数量大，通常是高并发访问。网络故障的影响更大，对网络可靠性要求更高。

此外，面对支付宝、芝麻信用、蚂蚁聚宝等互联网金融的挑战，银行亟待加速业务创新提升竞争力，包括：提升获客能力，准确分析客户行为，提供有竞争力的产品和服务；提升客户体验，实时处理，真正实现事中风险控制；提升服务水平，支持海量PB级历史数据查询平台，支持实时查询、长时间查询；收集客户全方位数据，特别是非结构化数据，并据此分析和挖掘客户习惯，预测客户行为，有效地进行客户细分，提高业务营销和风险控制的有效性和针对性。

金融企业普遍有自己的业务发展战略，比较共性的趋势包括：集团化，网络统一接入各个子公司，分行业务上收，提供分行云、分行托管业务；行业化，为集团外的客户提供金融IaaS、SaaS以及PaaS服务，建设行业云；移动化（移动互联网）；数据化（大数据分析）；智能化。

银行业面对上述挑战，要求IT部门满足以下要求。

- 支撑关键业务云化，应对互联网金融浪涌访问；加快金融产品发布，提升用户体验；简化传统IT运维，专注业务创新。
- 采用大数据分析，支撑精准营销、实时风控；通过实时查询大量历史数据，提高效率，提升竞争力，应对互联网金融挑战。
- 关键业务系统实现双活，达到业务零中断、数据零丢失，满足不断加强的监管要求。

对网络的需求具体如下。

（1）面对互联网创新应用的快速发布，要求网络提供灵活的资源调配和敏捷的应用部署能力。

（2）面对用户增长的不确定性和爆发性，要求网络容量具备足够的高并发、抗冲击能力，同时具备灵活的按需扩展能力。

（3）面对大数据、云计算为代表的新技术与金融业务的深度融合，要求提供高带宽、低时延的高性能网络，同时架构具备可伸缩性、开放性与兼容性。

（4）面对风险防控以及网络安全严峻形势，需要全面提升网络安全保障能力。要求具备完整的安全防护体系，网络架构高可用以确保业务永续，并且应用可视化、管理自动化，便于快速排障。

（5）互联网金融对网络在可用性、高性能、灵活弹性、敏捷自动化、安全可控等方面提出了诸多需求，参见图4-44。

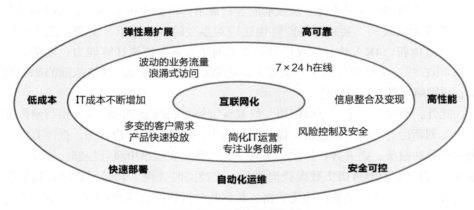

图 4-44　互联网金融网络需求

（6）云数据中心云化，具有虚拟机数量多、增长快、迁移范围大的特点，对网络提出了如下新要求。

- 东西向流量增大、网络二层拓扑变大、网络互连带宽需求增加，从"GE接入、10GE上行"演进到"10GE接入、40GE上行"，进而"25GE接入、100GE上行"很快变得普及。
- 虚拟机要求能够在数据中心机房模块内、几个机房模块之间，进而在同城数据中心之间灵活部署，任意迁移，需要大二层网络，同时避免广播风暴。
- 基于云环境下应用系统的多活或主备定义，需要整体规划数据中心多站点选择。
- 要求接入交换机支持更大的MAC表、主机路由表项。

（7）大数据应用具有数据量大、数据类型多、处理速度快等特点，流量模型多达一或多达多的场景对网络提出了如下新需求。

- 需要网络高可用和可扩展，支持ECMP。
- 大数据应用也会产生突发流量，要求网络设备具有较强的缓存和队列功能，以缓解突发流量的影响。
- 大数据应用要求网络具有良好的收敛比，一般情况下，服务器和接入层的超载比为3∶1左右，接入层和汇聚层以及汇聚层和核心层之间的超载比为2∶1左右。
- 大数据应用要求网络有足够的接入带宽，要求网络时延低。
- 人工智能技术要求网络实现高性能、低时延、零丢包。

总而言之，金融业务的发展要求网络架构资源池化、灵活弹性、自动化与服务化。

此外，FinTech（金融科技）技术广泛应用在传统金融企业以及互联网金融企业中，其技术发展对网络也提出了一系列要求。

2. FinTech的发展诉求

FinTech经历了FinTech 1.0、FinTech 2.0，正向FinTech 3.0演进，参见图4-45，每个阶段都带来了业务变革和相应的IT技术变革。

在FinTech 1.0阶段，IT变革的核心是电子化和自动化，关键特征包括计算机取代手工操作，建设电子资金转账系统，系统采用烟囱型架构，数据仅限于同城间流动，网络是分散建设的。

FinTech 1.0

- 网点自动化
- 初步的CRM系统
- 传统存贷业务

20世纪70—90年代

电子化、自动化

FinTech 2.0

- 互联网化，网银
- 各种移动终端，手机银行
- 海量客户、海量数据

20世纪90年代中后期—2012年

网络化、集中化

FinTech 3.0

- 金融信息采集
- 风险定价模型
- 投资决策
- 信用中介

2013年起

前台场景化、中台智能化、后台云化

图 4-45　FinTech 的发展趋势

在FinTech 2.0阶段，IT 变革的核心是网络化和集中化，建设了两地三中心的网络架构，数据中心网络采用水平分区、垂直分层的模块化设计思路，适应了业务的快速发展。

在FinTech 3.0阶段，IT 变革的核心是采用前台、中台和后台的系统设计思路，借助大数据、云计算、人工智能，实现前台场景化、中台智能化、后台云化。数据中心网络采用资源池、大二层与胖树架构、自动化的设计思想，满足数据中心东西向流量为主的诉求，以及业务灵活部署、弹性扩缩的发展需求。

总而言之，FinTech技术发展要求网络支持云化、资源池化、自动化。

此外，金融数据中心网络的规划设计需要分析IT对网络的诉求，并采用主流的ICT进行规划设计。

3. 网络功能需求分析

金融数据中心网络的功能需求主要包括VM与BM（Bare Metal，裸金属服务器，也称裸机）接入、容器Docker接入、数据复制、数据备份、统一通信、IP语音系统、呼叫中心、视频会议系统和视频监控系统等。

（1）VM与BM接入

VM与BM接入，要求提供"10GE接入、40GE上行"的VM和BM接入能力。服务器双归接入两台交换机，网卡主备或双活模式。虚拟化服务器的虚拟化管理平台主流有KVM、VMware ESXi、Microsoft Hyper-V，云管平台分别对应为OpenStack、vCenter、System Center（集成在Arzue Pack中）。

服务器网卡类型、网卡数量、虚拟化服务器的虚拟化比例，对接入交换机的选型、数量均有影响，需要调研清楚。

此外，Web 前置机、加密机、Linux服务器、小型机、MySQL数据库服务器等也需要统一考虑，一并接入网络中。

（2）容器Docker接入

Docker的部署方式可以基于VM或BM。Docker各自独立分配IP，也可以基于NAT（Network Address Translation，网络地址转换）方式使用主机IP。此外，Docker可以基于VLAN 二层方式接入网络，也可以基于路由方式接入网络。实际应用中要求一台主机上支持部署多个网段的Docker，Docker 重启时能够不改变 IP地址。Docker接入需要提供插件对接容器平台（如Kubernetes），自动化下发网络配置。

（3）数据复制

有如下3种数据复制场景。

• 数据中心内的数据存储。对于SAN存储，需要建设数据中心内的SAN。

对于NAS（Network-Attached Storage，网络附加存储）/GPFS（General

Parallel File System，通用并行文件系统）存储，利用数据中心内的业务IP网络。

- 同城数据中心间的同步数据复制。对于FC，网络需要为同步数据复制提供逻辑通道。对于同城中心间的NAS/GPFS复制，则利用同城数据中心间的业务IP网络。
- 异地数据中心间的异步数据复制。对于FC over IP，网络需要为异步数据复制提供IP连接。对于异地数据中心间的NAS/GPFS复制，当流量不大时，利用异地数据中心间的业务IP网络；当流量大时，则需在异地数据中心间规划独立的网络逻辑通道。

（4）数据备份

数据中心数据备份对网络的需求如下。

- 数据中心内部数据备份。对于采用LAN-Free方式（指快速随机存储设备如磁盘阵列或服务器硬盘，向备份存储设备如磁带库或磁带机复制数据）的，需要建设数据中心内的SAN；对于采用LAN-Base方式（基于局域网）的，需要利用数据中心内的业务IP网络。
- 同城数据中心间的数据备份，需要同城数据中心间提供三层连接和IP网络。
- 异地数据中心间的数据备份，需要异地数据中心间提供三层连接和IP网络。
- NAS部署要求，IP网络设计要考虑NAS部署。
- 备份流应尽量不经过防火墙（极少量的备份流除外）。

（5）统一通信

统一通信系统对网络的需求如下。

- 分支机构到数据中心之间的网络采用三层连接。
- 网络传输时延小于150 ms，丢包率小于1%，时延抖动小于20 ms。

（6）IP语音系统

IP语音系统对网络的需求如下。

- 同城数据中心之间采用三层连接。
- 分支机构到数据中心之间的网络采用三层连接。
- 网络传输时延小于150 ms，丢包率小于1%，时延抖动小于20 ms。

（7）呼叫中心

呼叫中心对网络的需求如下。

- 坐席到数据中心之间的网络采用三层连接。
- 网络传输时延小于100 ms，丢包率小于0.1%，时延抖动小于10 ms。
- 需在互联网半信任区域部署SBC（Session Border Controller，会话边界控制器），用于多媒体用户接入联络中心。

（8）视频会议系统

视频会议系统对网络的需求如下。

- 同城数据中心之间采用三层连接。
- 分支机构到数据中心之间的网络采用三层连接。
- 网络传输时延小于200 ms，丢包率小于1%，时延抖动小于50 ms。

（9）视频监控系统

视频监控对网络的需求如下。

- 分支机构到数据中心之间的网络采用三层连接。
- 每路视频流占用4～6 Mbit/s的带宽，网络传输时延小于300 ms，丢包率小于0.5%。

4. 网络属性需求分析

网络属性需求是指除功能需求之外的有关网络质量方面的需求，对网络的稳定健康运行起着关键作用，具体如表4-1所示。

表 4-1　网络属性需求分析

维度	需求
高可用要求	重要系统双机房、双区域部署，同城应用或数据库双活，异地部分应用三活，不允许出现大面积故障。出现故障时能够自动切换，使得RPO=0、RTO<20 min。不允许出现广播风暴。 控制器发生故障不影响网络转发，网络单节点、单链路发生故障不影响业务转发，网卡主备部署不能影响业务转发。 版本升级、备件替换不影响业务转发
灵活扩展要求	实现网络架构标准化，服务器接入布线标准化。 支持业务跨数据中心、跨机房灵活部署服务器，服务器接入位置与业务无关。 半信任区域通过业务链，灵活插入 VAS 服务
灵活扩展要求	二层～三层网络与L4～L7 VAS服务解耦，便于VAS的灵活扩容与部署，同时便于 Fabric 网络的建设与扩容
高安全要求	云数据中心安全增强：多租户之间隔离、租户内部安全隔离。 支持防火墙虚拟化、软件化、资源池化。 支持物理机的同网段的微分段安全
自动化要求	支持IP地址自动分配。 支持对接云平台，实现VM、BM发放时自动化下发二层、三层网络配置。 支持L4、L7设备统一纳管、自动下发配置
运维要求	15 min内恢复业务。 支持网络拓扑、转发质量、转发路径的可视化。 提供轻量级故障定位、监控工具。 支持智能化分析业务与网络的关联关系

5. 数据中心网络技术架构演进

DCN（Digital Center Network，数据中心网络）技术架构根据不同的业务需求和技术发展驱动，基本分为3个阶段，3种网络技术架构的演进参见图4-46。

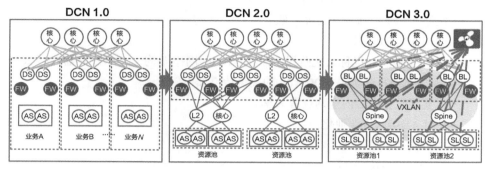

图 4-46　DCN 技术架构的演进

（1）DCN 1.0阶段

DCN 1.0阶段，也称模块化、层次化阶段。网络采用"水平分区、垂直分层"的原则进行分区，逻辑结构与物理布局紧密耦合。"水平分区"是指将承载相似业务、具有相似安全级别的网络设备归集为一个网络分区，便于实施安全策略和最优数据交互。"垂直分层"是指将不同的网络功能界定清楚，独立成为一个层面，形成各司其职的网络功能层，逻辑清晰、便于功能扩展调整、易管理，网络包括核心层、汇聚层和接入层三层。DCN 1.0的关键特点如下。

- 大部分资源限制在一个功能分区内，少量资源可以在分区间共享。
- 功能分区和物理位置绑定。
- 按需接入二层核心。
- 功能分区增减不灵活。
- 采用MSTP（Multiple Spanning Tree Protocol，多生成树协议）和VRRP（Virtual Router Redundancy Protocol，虚拟路由冗余协议）技术，链路利用率只有50%。
- 服务器网卡以千兆网卡为主。

（2）DCN 2.0阶段

DCN 2.0阶段也称资源池阶段，支持虚拟化，逻辑结构与物理位置无关，物理网络技术与计算技术融合。DCN 2.0的关键特点如下。

- 二层核心实现数据中心内全网资源共享（可选）。
- 接入资源池化。

- 按需实现二层连通，使用M-LAG或vPC技术破环。
- 功能分区增减灵活。
- 链路利用率达100%。
- 服务器网卡以千兆网卡为主。
- 网络采用千兆接入、万兆互联。

（3）DCN 3.0阶段

DCN 3.0阶段，也称云化阶段，采用Overlay网络架构，SDN控制器对接云平台，实现端到端的自动化。DCN 3.0的关键特点如下。

- 可实现数据中心内全网资源共享。
- VXLAN接入资源池化。
- 按需实现二层连通。
- 链路利用率达100%。
- 功能分区增减灵活。
- Spine-Leaf网络的横向扩展性很强。
- 服务器网卡以万兆网卡为主。
- 网络采用"10GE接入、40GE上行"。

金融数据中心网络规划设计建议采用DCN 3.0技术架构。

4.2.3　金融云数据中心的目标架构与设计原则

1. 金融云数据中心的目标架构

金融云数据中心的目标架构由5个部分组成，参见图4-47。5个功能层相互协作，实现云数据中心的技术标准化、能力服务化、供给快速化、资源弹性化、管理自动化。

（1）基础设施：由服务器、存储、网络/安全，以及机房L1基础设施构成，包括空调制冷、PoE供电、综合布线等。不同数据中心的基础设施通过DCI（Data Center Interconnection，数据中心互连）网络互联互通。

（2）资源池：以OpenStack云平台为管理域的生产资源池、开发测试资源池、外网半信任区域资源池、托管资源池、灾备资源池等。每个业务资源池由存储资源池（集中式存储或分布式存储）、计算资源池（虚拟机资源池、物理机资源池）和网络资源池构成。

（3）服务域：服务平台统一封装提供的各类服务，包括以下几类服务。

- 计算服务，含弹性计算、裸金属服务。

- 存储服务，含弹性块存储（包括分布式块存储）。
- 网络服务，含VPC（Virtual Private Cloud，虚拟私有云）、vFW（virtual Firewall，虚拟防火墙）、vLB（virtual Load Balance，虚拟负载均衡）、vRouter（virtual Router，虚拟路由器）。
- 其他服务，包括VDC（Virtual Data Center，虚拟数据中心）服务（服务目录管理、自运维）；灾备服务（备份即服务、云主备容灾）；大数据服务（批处理服务、离线分析服务、内存计算服务）；容器服务（应用商店、灰度发布、弹性伸缩）。
- 服务平台，为服务提供了各种保障基础能力，包括资源SLA（Service Level Agreement，服务等级协定）、资源调度、计量服务、服务编排、VDC、标准API（Application Program Interface，应用程序接口）。

（4）应用域：基于服务域提供的标准API构建的面向特定业务领域的各类应用，包括直销银行、电子银行、互联网小额贷、移动支付、互联网理财。

（5）管理域：提供运营管理，包括用户管理、资源管理、服务目录、资源编排与调度、计量统计；提供运维管理，包括统一监控、统一告警、统一拓扑和智能分析；提供灾备管理，包括备份服务、容灾服务。

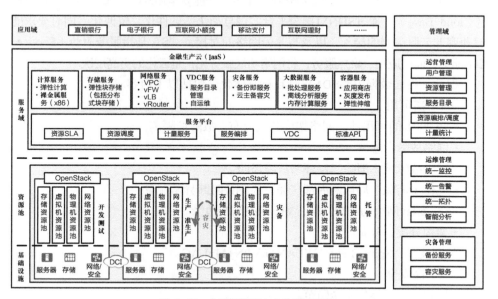

图 4-47　金融云数据中心的目标架构

2. 金融云数据中心的网络规划设计目标

网络规划设计的最终目标是支撑业务发展，满足业务弹性供应、应用快速部署、信息互通共享、系统分布扩展、负载灵活调度的需求。为此，提出了云数据中心的SDN设计目标，可以简单总结为"ICS DCN"，如图4-48所示。

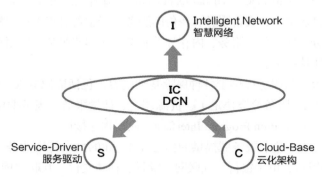

图 4-48　云数据中心的 SDN 设计目标

该设计目标中，"I"是指智慧网络（Intelligent Network），包括高性能、低时延、零丢包的AI Fabric，以及智能运维 AIOps、智能安全AISec。"C"是指云化架构（Cloud-Base），通过SDN对接云平台实现自动化、软件化、资源化，同时要求能够兼容非云服务器的接入，以及与非云网络的对接。"S"是指服务驱动（Service-Driven），面向应用、聚焦服务，将网络功能服务化，是云化的更高层次。

据此，将云数据中心SDN设计目标具体化，包括以下内容。

（1）高可用

- 99.999%的可用性。网络架构分层分布，故障域隔离。
- 网络故障自愈。
- 减少故障域，消除二层环路故障风险。
- 优化（消除）局域网内部广播，检测并阻断异常流量。
- Underlay网络为纯IP网络，VLAN终结在边缘。
- 架构分层、分布。

关键技术：Spine-Leaf+VXLAN+EVPN+M-LAG。

（2）高安全

- 端到端、立体化安全防范。
- 安全组、微分段安全、分布式软件防火墙，安全更加精细化。
- SFC（Service Function Chain，业务功能链），安全控制器更加灵活便捷。
- 安全控制器统一管理防火墙策略。

- 大数据安全、安全控制器、网络控制器联动，智能化安全。

（3）高性能

- 低时延（纳秒级）、零丢包。
- 支持10GE/25GE接入，40GE/100GE上行。

（4）灵活弹性扩缩，支持计算、存储资源大规模池化

- 提高物理分区接入能力，单一物理分区可承载7000台服务器。
- 物理分区支持跨机房模块部署，服务器接入与物理位置适度解耦。
- 优化数据中心内部各物理分区的划分，适度合并物理分区，提高计算、存储资源池化共享能力。

关键技术：采用基于EVPN的VXLAN资源池，使得服务器可以灵活弹性部署。

（5）自动化与服务化：对接云平台，实现网络按需自服务、敏捷自动交付，支撑业务快速上线

- 实现网络二三层配置、负载均衡策略、防火墙策略的自动部署与回收。
- IP地址资源分配的自动化部署和回收。
- 实现计算节点供应流程中动态绑定网络服务。
- 基于服务化架构的SDN控制器，控制器提供北向REST API。

（6）运维可视化、智能化

- 拓扑可视化、资源可视化、流量可视化、转发路径可视化。
- 流量热点地图、全流可视化。
- 硬件故障预测。
- VM画像。

智能运维，即实现监控、分析、控制协同，分析从监控得到的数据，并将分析结果通过控制器自动反馈给网络。

3. 设计原则

依据重要性的不同，设计原则排列如下。

- 高可靠原则：网络本身的架构设计要兼顾可靠性，持续保证可靠性的达成，满足网络7×24 h运行的要求。满足系统和应用同中心和跨中心部署的高可靠性要求，支撑同城双活、异地容灾的业务连续性目标。考虑网络故障域的规模，避免因故障域过大导致的架构风险，控制广播和组播的范围，避免环路风险。
- 高安全原则：按照应用系统的分类，明确不同类业务系统间的访问控制原则，依据原则部署策略。按网络物理分区部署防火墙，按照"按需部署，就近防护，单侧执行"的原则部署，提升资源池化能力。通过改进安全分区规

划和提升策略自动化管理能力来优化安全策略的管理。

- 可维护、易管理原则：通过架构和部署方案的标准化，逐步提升自动化的能力，减少业务部署等工作的工作量。构建全行一体化的网络运维体系，并通过可视化、AIOps简化运维，快速排障。

- 高性能原则：网络支持大容量、低时延，满足业务应用随时连接、实时交互和智能化的需求。满足分布式存储、分布式数据库和大数据分析平台等重载应用的网络带宽需求。支持大型x86服务器集群和分布式存储等对网络高扩展性的要求。

- 前瞻性原则：网络支持高带宽、低时延、大缓存，10GE/25GE接入，40GE/100GE上行。支持网络SDN、云计算平台，实现网络自动化。

- 可演进原则：总体架构可逐步向前演进，兼顾传统网络架构与新网络架构的并存。网络的设计可满足计算、存储、DB等周边专业的发展要求，可兼顾其在一定周期内的技术演进。支撑数据中心向分布式和云化演进。

4.3 运营商数据中心网络的总体架构与方案演进

4.3.1 运营商企业网络的总体架构

运营商企业网络的总体架构呈现分层、分级的特点，一般分为接入层、汇聚层和核心层。网络和电信设备放在相应级别的网络机房内。随着国内外主流运营商网络机房的DC化改造，运营商传统端局（交换中心）转变为类似云服务提供商的数据中心，参见图4-49。由此数据中心也呈现由骨干DC、中心DC以及边缘DC组成的3级架构。3级数据中心的数量、覆盖范围以及规模有所差异。骨干DC通常建设3～10个不等，为大型省级或在中小型国家整体范围内提供服务；单数据中心规模较大，服务器数量在2000台以上。中心DC数量在十到几百个不等，覆盖大中型市级或中小型省级区域；单数据中心服务器规模为500～2000台。边缘DC数量则从几百到数千个不等，主要为区县级区域提供服务；单数据中心服务器在几十到几百台之间。

而从运营商的业务来看，总体分为两大类（对外服务类和对内服务类）七种业务。

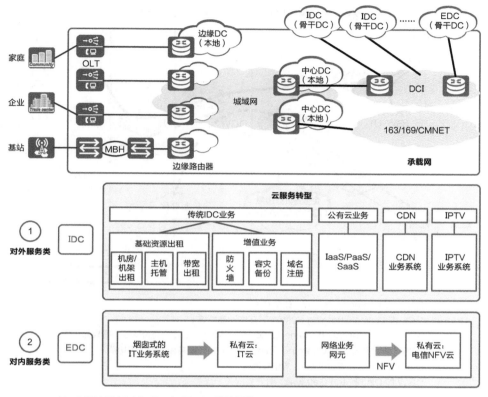

注：MBH 即 Mobile Back-Haul，移动回传；
　　IDC 即 Internet Data Center，互联网数据中心。

图 4-49　运营商数据中心网络总体架构

对外服务类业务主要包含机架出租、公有云、CDN（Content Delivery Network，内容分发网络）、IPTV，以及城域管道服务5种业务。机架出租业务主要为企业或个人客户提供IaaS层基础设施出租或托管服务。为方便企业或个人客户，机架出租业务多部署在边缘DC或中心DC。公有云业务可为企业或个人用户提供标准化的IaaS/PaaS/SaaS云化服务，客户可通过互联网或专线访问该资源。为发挥规模优势、降低成本，公有云业务一般部署在骨干DC或中心DC。由于多媒体类应用对应用时延的要求较高，对带宽的消耗较大，针对这类客户，运营商提供了CDN及IPTV业务。CDN及IPTV业务一般部署在中心DC或骨干DC。此外，为了使企业或个人客户可以接入网络，以及实现企业内部互通，运营商还提供城域管道服务。

对内服务类业务主要是指运营商主营的语音和数据通信业务，以及运营商内部运营所需的IT系统业务，一般将它们称为电信云业务和EDC业务。企业IT系统业务一般部署在骨干DC中。电信云业务根据其业务特点分布在骨干DC、中心DC以及边缘DC中，如图4-50所示。

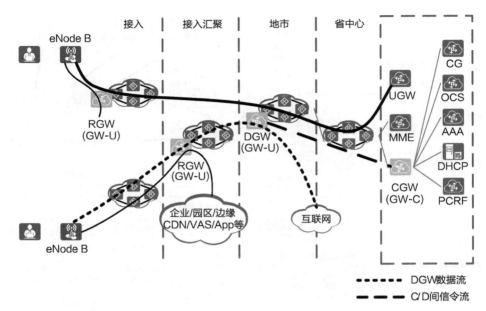

注：CG 即 Charging Gateway，计费网关；

OCS 即 Online Charging System，在线计费系统；

AAA 即 Authentication, Authorization and Accounting，身份认证、授权和记账协议；

PCRF 即 Policy and Charging Rules Function，策略和计费规则功能；

CGW 即 Central Gateway，集中式网关；

DGW 即 Distributed Gateway，分布式网关；

RGW 即 Remote Gateway，远程网关；

MME 即 Mobility Management Entity，移动管理实体。

图 4-50　电信云业务的分布

4.3.2　运营商业务的发展诉求与数据中心网络的演进

1. 业务发展驱动ICT数据中心融合

运营商各业务发展及建设周期不同，当前已经历了企业IT业务DC 化、业务虚拟化、对外业务云化、企业IT基础设施云化、CT业务云化几个阶段。由于各业务类型对网络的关键需求及体验性指标不同（如表4-2所示），当前数据中心多采用垂直建设模式。数据中心资源存在严重的浪费，运维成本持续增高。

表 4-2　网络演进对比

业务类型	关键需求	体验性指标
IT 云	统一管理、提升效率，降低 OPEX，兼容改造现有设备和系统	资源利用率达 90%，排障平均用时达分钟级

续表

业务类型	关键需求	体验性指标
电信云	缩短业务 TTM（Time to Market，业务上市所需时间），加速业务创新，电信级 SLA，多级数据中心的统一管理	VM HA 切换 <90 s；主备倒换时间为 5 min；硬件交换机全线速转发，软件交换机的接口速率提升到 40 Gbit/s
机架出租	零散资源整合，提高资源利用率，网络业务快速发放	业务开通时间从 1 个月减少到分钟级，多数据中心资源拉通管理
公有云	支持海量租户，开放和标准化	租户数从 4000 增加到 16 000、业务开通时间从 1 个月减少到分钟级
城域网 DC 化	降低成本，极简网络，开放和标准化	业务开通时间 1 个月到分钟级，降低 CapEx 80%［对接 ALU（Arithmetic and Logic Unit，算术逻辑部件）路由器原来的 VPLS（Virtual Private LAN Service，虚拟专用局域网服务）网络］

同时，随着运营商商用模式、运营模式、研发模式等因素的改变，运营商急需一套开放、永远在线、自动化的ICT融合基础设施，以适应业务发展需要，如图4-51所示。为此，全球大T（运营商）纷纷启动网络转型，发布2020转型战略，网络重构思路逐步归一。

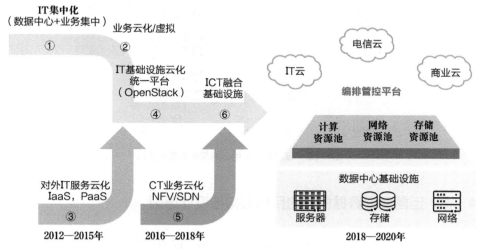

图 4-51　ICT 融合网络

2. 5G业务驱动数据中心业务及流量变革

随着5G业务的商用部署，对用户体验的要求越来越高，这对网络质量也提出了更高的要求。以4K视频为例，需要运营商网络在当前基础上减少10～15 ms的往返时延和0.2 VMOS（Video Mean Opinion Score，视频质量度量）的提升。CDN等大流量业务一方面需要就近转发减少绕行，降低对运营商城域网的冲击，另一方面又需要集中控制、统一管理、降低运营成本。与此同时，5G 3GPP标准也在推动核心网元控制面与用户面的分离。

随着用户面业务逐步下沉到中心DC及边缘DC，运营商数据中心的架构面临如下挑战，主要体现在用户体验和运营成本两方面，参见图4-52。

- 扩展性：业务下沉到边缘DC，区域内的Region DC与POP DC需要统一部署和管理，未来电信云业务进一步下沉，数百个数据中心需要统一管理。
- 可靠性：云核移动业务要求网络业务流量中断时间不能超过5 s，一旦超过5 s，手机用户通话就会断；要求网络升级流量中断时间少于5 s，保证业务零中断。
- 开放性：VNF（Virtualized Network Function，虚拟化网络功能）、网络、CloudOS等组件分层采购，组件需支持丰富生态。
- 高质量：应对4K/VR直播业务，大流量、低时延、高并发是首要问题；同时CDN下沉，流量需要本地转发，减少网络开销，实现用户最佳的业务体验。

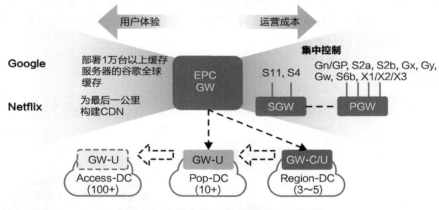

图 4-52 运营商数据中心的架构面临的挑战

4.3.3 运营商云数据中心的目标架构与设计原则

运营商云数据中心的目标架构如图4-53所示，说明如下。
- 管理组件，如MANO、OpenStack、网络控制器等收到Region DC，拉远管理VNF和交换机，节约服务器成本及管理开销。
- OpenStack作为事实标准，成为开放对接IaaS层的统一平台。
- 多级Spine-Leaf架构、多级数据中心具备横向扩展能力。

- 大规模SDN，网络控制器具备1000+设备管理能力，实现VPC跨数据中心自动化。
- 全网交换机去堆叠化，避免单点故障。通过M–LAG及ECMP技术实现链路快速切换，网络升级流量中断时间少于5 s，保证移动业务不中断。
- 数据中心向Hybrid overlay分布式组网演进，满足VNF与PNF（Physical Network Function，物理网络功能）同时接入，流量不绕行，低时延转发。
- 数据网络全面支持IPv6，支持IPv4/IPv6动态路由对接能力。

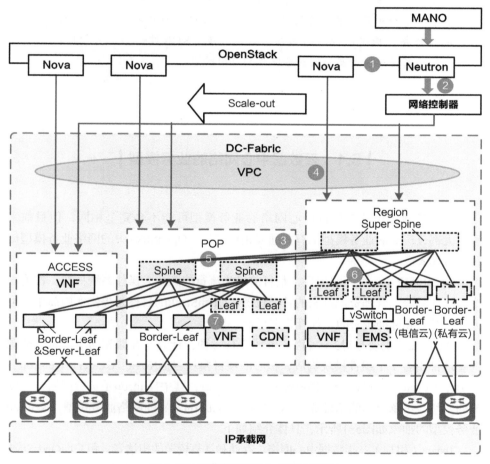

图 4-53　运营商云数据中心的目标架构

第5章
云数据中心网络的功能组件与业务模型

传 统的数据中心以设备为中心，设备是数据中心的核心。建立数据中心，主要是采购服务器网络设备、存储设备、负载均衡设备、安全设备等，IT与企业业务之间没有太多联系。各自独立、规模庞大的系统常常无法及时响应快速发展的业务需求，于是云数据中心应运而生。云数据中心的网络架构是一种面向服务的架构，将数据中心的一切设备、系统和功能输出均视作服务，构建一种新的体系（云平台或者SDN控制器）来管理这些服务，从而实现对快速发展的业务需求的及时响应。

5.1 云数据中心网络的业务模型

不同厂商提供的云数据中心网络的业务模型可能不会完全相同，但目前来看，大部分厂商的业务模型都有共通或相似之处，OpenStack中的网络业务模型比较具有代表性。

OpenStack是一个开源项目，是目前最为流行的开源云操作系统框架。作为一个云操作系统，管理资源是它的首要任务。OpenStack的目标是提供实施简单、可大规模扩展和标准统一的云计算管理平台。

OpenStack主要是对3个方面的资源进行管理：计算、存储和网络。所有资源的管理都由若干个组件模块构成，核心的项目模块包括Nova、Cinder、Neutron、Swift、Keystone、Glance、Horizon、Ceilometer，其中Neutron是负责网络业务发放的模块。本章介绍的基础业务模型特指由Neutron定义的网络业务模型，Neutron业务模型的抽象如图5-1所示，具体介绍如下。

Tenant（租户）：指数据中心网络、存储和计算资源的申请者。租户向OpenStack申请资源后，租户的所有活动只能在这些资源中开展。比如创建VM，VM所使用的资源就是租户所申请的资源。

Project：在Neutron中，当前Project和Tenant是1：1的映射关系。从Keystone V3（第3版Keystone）开始，OpenStack推荐在Neutron中使用Project对象来唯一地标识一个租户。

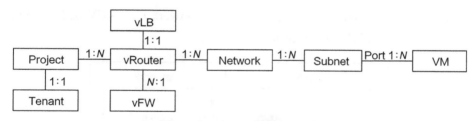

图 5-1　Neutron 业务模型的抽象

vRouter：当租户创建的逻辑网络有多个网段并需要三层互通，或者内网需要与外网互通时，就需要在逻辑网络中创建vRouter。当然，如果租户仅需要二层网络，也可以不创建vRouter。vRouter的主要功能是提供逻辑内网网段间的三层互通，将内网接入外网；另外，内网访问外网需要地址转换，由vRouter提供NAT能力。

Network：Network表示一个隔离的二层广播域，可以包含一个或多个Subnet。

Subnet：Subnet表示一个IPv4或IPv6地址段。一个Subnet会包含多个VM，VM的IP地址是从Subnet中分配的。创建Subnet时，需要定义IP地址的范围和掩码，并为该网段定义一个网关IP地址，用于VM与外部通信。

Port：在Neutron网络模型中，Port 唯一地标识接入逻辑网络的一个端口，对应到现实网络中，可能是VM接入网络的一个vNIC（virtual Network Interface Card，虚拟网卡），也可能是BM接入网络中的一个物理网卡。

vLB：可为租户业务提供必要的L4负载均衡服务，同时可提供针对LB业务的健康检查服务。

vFW：此处vFW表示Neutron中定义的（FWaaS）（Firewall as a Service，防火墙即服务）V2.0，是Neutron的一个高级服务。vFW与传统的防火墙类似，是在vRouter上采用防火墙规则控制进出租户的网络数据。

5.1.1　典型 OpenStack 业务模型

典型的OpenStack网络业务模型有以下几种。
- 业务计算资源间仅需要二层互访。
- 业务计算资源间需要三层互访，但不需要连接External Network模型。
- 业务计算资源间需要三层互访，同时需要连接External Network模型。

1.　业务模型1：业务计算资源间仅需二层互访

当用户业务的计算节点间仅需要二层互访，如仅需搭建一个临时的测试环境进行简单的业务功能或性能验证时，测试节点均位于同一网段，此时用户编排如

图5-2所示的业务模型，创建一个或多个网络（Network），将需要位于同一网段的计算节点网卡端口挂接到相同Network上即可。

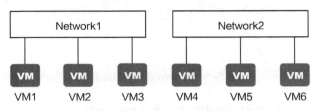

图 5-2　业务计算资源间仅需二层互访的业务模型

2. 业务模型2：业务计算资源间需要三层互访，但不需要接入External Network

当用户业务的部署对网络有更高要求时，例如，用户的业务需要分层部署（如分Web/App/DB层），每层需要采用不同网段隔离；或是用户需要部署多种业务，每种业务间需要隔离以减少BUM报文干扰；或出于安全考虑，需要分为不同网段后，再进行安全隔离。在上述场景中，用户可以将需要隔离的计算资源划分为不同的Subnet进行三层隔离，同时每个Subnet使用不同的Network，以便在二层上也予以隔离，如图5-3所示。

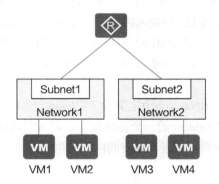

图 5-3　业务计算资源间需要三层互访，但不需要接入 External Network 的业务模型

如果不同的Subnet间需要互访，则需要在业务模型中部署vRouter来提供三层转发。该业务模型对照传统物理组网，vRouter相当于提供交换机的三层交换模块，Network相当于VLAN，Subnet则相当于部署在VLAN中的网段，网段的网关IP地址相当于交换机VLAN三层接口（如VLANIF接口）上绑定的接口IP地址。

3. 业务模型3：业务计算资源间需要三层互访，需要接入External Network

在业务模型2的基础上，如果用户网络还有接入外网的需求，例如接入互联网、接入专网等，则需要在业务模型2的基础上，通过vRouter接入External

Network，如图5-4所示。External Network在OpenStack中由系统管理员在系统初始化的时候创建，租户在配置业务网络时只能从系统管理员已创建的External Network中选择。目前OpenStack规定一个vRouter仅能接入一个External Network。

在此业务模型下，vRouter除了提供内部不同Subnet间报文三层转发的能力外，还可以提供内外网NAT能力，包括内网访问外网的SNAT和外网访问内网的DNAT（Destination Network Address Translation，目的网络地址转换）。

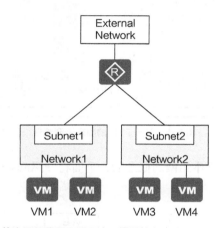

图 5-4　业务计算资源间需要三层互访，需要接入 External Network 的业务模型

5.1.2　FusionSphere 业务模型

FusionSphere是华为的云平台系统，基于OpenStack二次开发，并在此基础上进行了商业加强，因此很多基本概念与OpenStack是相似的。

FusionSphere业务模型除了包含OpenStack定义的基本网元组件外，还从数据中心资源部署的角度对物理资源与逻辑网元进行了映射。在介绍FusionSphere业务模型之前，有必要先介绍一下华为数据中心组网的基本原则和相关概念。

如图5-5所示，目前业界对数据中心的物理资源管理一般都是基于PoD来进行规划的。

数据中心是物理概念，是指在一个物理空间（比如机房）内实现信息的集中处理、存储、传输、交换和管理。服务器、存储和网络设备是数据中心的关键设备，供电、制冷、消防、监控等基础设施是数据中心的关键配套。

为了便于数据中心的资源池化操作，可将一个数据中心划分为一个或多个物理分区，每个物理分区称为一个PoD。由此可见，PoD 也是物理概念，是数据中心的基本部署单元，在管理上，一台物理设备只能属于一个PoD。

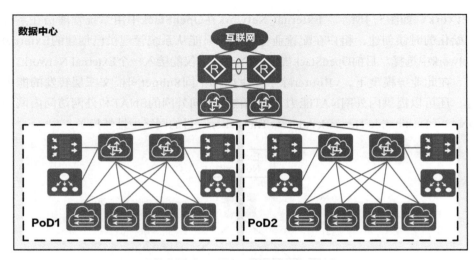

图 5-5　基于 PoD 的物理资源管理

在介绍了数据中心基本组网的概念后，下面将介绍FusionSphere业务模型，如图5-6所示。

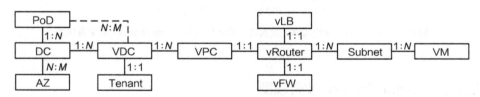

图 5-6　FusionSphere 业务模型

- AZ（Availability Zone，可用区域）是逻辑概念，代表故障隔离区域。比如，一些主机共用一套电源和网络设施，当这套设施出现故障时，这部分资源就全部不可用了。在规划时，AZ与数据中心可按实际部署情况灵活映射。比如，在大规模公有云中，一个AZ可包含多个数据中心；在中小规模私有云中，一个数据中心内可设置多套独立的AZ。当然，也可将一个数据中心规划为一个AZ。
- VPC是FusionSphere的基本业务单元，VPC支持跨PoD部署，同一租户的不同VPC也可部署在不同PoD内。一个VPC对应一个vRouter，一个vRouter在交换机上就表现为一个VRF（Virtual Routing Forwarding，虚拟路由转发）。
- VDC是FusionSphere中的资源单元，在FusionSphere中与租户一一对应。VDC支持跨PoD部署，租户以VDC为粒度进行资源租用。一个VDC中可以有多个VPC。

　　VPC中所包含的各种逻辑网元的含义与OpenStack中的相同。vRouter是VPC中负责路由功能的逻辑单元，与VPC是1∶1的对应关系。vLB、vFW是FusionSphere业务模型中负责负载均衡和防火墙服务的网元，与vRouter之间是1∶1的关系，这两种网元提供的业务模型将在下一节介绍。此外，一个vRouter可以连接多个Subnet，一个Subnet可连接多台VM。

　　FusionSphere业务模型的部署关系如图5-7所示。

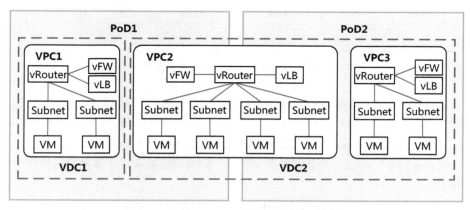

图 5-7　FusionSphere 业务模型的部署关系

FusionSphere业务模型的部署原则如下。

- PoD作为承载业务的基本部署单元，一套资源可部署在一个或多个PoD内，而一个PoD也可承载多套资源。
- VDC可以跨PoD部署，租户以VDC为粒度进行资源租用。
- VPC可以跨PoD部署，同一租户的不同VDC也可部署在不同PoD内，前提是在创建VDC时，该租户的VDC资源已经选择了可跨PoD部署。

5.1.3　iMaster NCE-Fabric 业务模型

　　iMaster NCE-Fabric是华为Cloud Fabric解决方案中的SDN控制器系统，用于实现用户或云平台编排的网络业务自动化下发，与传统手工配置网络设备相比，可极大地提高业务上线效率，真正实现分钟级的业务上线。

　　iMaster NCE-Fabric 也提供了网络业务的编排模型，而且iMaster NCE-Fabric在业务模型的构建上和OpenStack/FusionSphere有很多相似之处，如图5-8所示，iMaster NCE-Fabric的基本业务模型中包含了Tenant、VPC、Logical Router、Logical Switch、Logical FW、Logical LB和End Port。

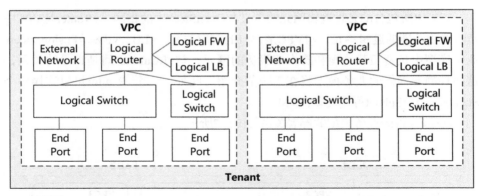

图 5-8 iMaster NCE-Fabric 业务模型

在iMaster NCE-Fabric中，管理员可以将指定数量的VPC 授权给Tenant使用，并授权 Tenant对Logical Router、Logical Switch、Logical FW和Logical LB的使用限额。其中，Logical Router、Logical Switch、Logical FW和Logical LB提供了FaaS（Function as a Service，功能即服务）服务，即将网络抽象成了多种服务提供给租户使用。

iMaster NCE-Fabric业务模型中各逻辑网元的含义和前文描述的OpenStack/FusionSphere业务模型有相应的对应关系。

- Logical Router对应云平台的vRouter。
- Logical Switch对应云平台的Network/Subnet。
- Logical FW和Logical LB分别对应云平台的vFW和vLB。

End Port是用来模拟连接到Logical Switch的逻辑接入点，可以是VM，也可以是物理服务器或第三方设备。

表5-1中针对OpenStack、FusionSphere和iMaster NCE-Fabric业务模型，从资源管理层、逻辑组织层、网络实体层、接入实体层进行了对比。

- 资源管理层：该层将数据中心资源按租户粒度进行分配，并指定相应的租户管理员，资源管理层是基本的资源单元。
- 逻辑组织层：该层是网络和计算实体的逻辑组织，也是基本的业务单元，各业务单元之间的网络默认是安全隔离的。
- 网络实体层：业务单元中所包含的各种网络实体在该层予以呈现。
- 接入实体层：业务单元中所包含的所有接入实体在该层予以呈现，该接入实体可能是计算节点，也可能是iMaster NCE-Fabric管理范畴外的其他网络节点。

表 5-1　各层对比关系

业务模型	资源管理层	逻辑组织层	网络实体层	接入实体层
OpenStack	Project/Tenant	无	External Network vRouter Network/Subnet vFW/vLB	VM
FusionSphere	VDC/Tenant	VPC	External Network vRouter Subnet vFW/vLB	VM
iMaster NCE-Fabric	Tenant	VPC	External Network Logical Router Logical Switch Logical FW/Logical LB	End Port

　　iMaster NCE-Fabric除了具有网络业务的编排能力外，还具有安全业务的编排能力。iMaster NCE-Fabric的安全业务编排是指使用微分段安全控制模型，对业务内或业务间的安全访问控制进行编排，从而为用户提供精细化的安全管理能力。

　　微分段也可称为基于精细化分组的安全隔离，是指将网络中的业务按照一定原则（如IP地址、IP网段、MAC地址、VM名、容器、OS等）进行安全分组，然后基于分组，通过编排器来部署访问控制策略，从而实现对网络业务的安全管理。在满足效率优先的前提下，微分段旨在实现DCN内部的精细化安全管理，iMaster NCE-Fabric当前的微分段采用了GBP（Group-Based Policy，基于组的策略）模型进行编排。

　　由于Neutron的安全组模型比较复杂，要求应用开发者（即真正的云基础设施的用户）考虑不同层次的开发系统间的互联，这就为应用开发者增加了不必要的复杂操作。应用开发者希望通过尽可能简单的术语去描述他们应用网络和安全的需求，于是GBP模型应运而生。

　　GBP模型提供了一种声明式的、从使用者意图出发的架构，如图5-9所示。在这个模式下，用户面对的是应用架构本身，而不是Neutron中的各种网络元素。在使用时，用户定义各种"组"，然后定义各种"组"之间的网络特性，包括安全、性能、网络服务等。

　　• Policy Target（策略目标），定义策略所作用的对象，一般定义为可以定位的个体，比如一个网卡、一个IP地址。

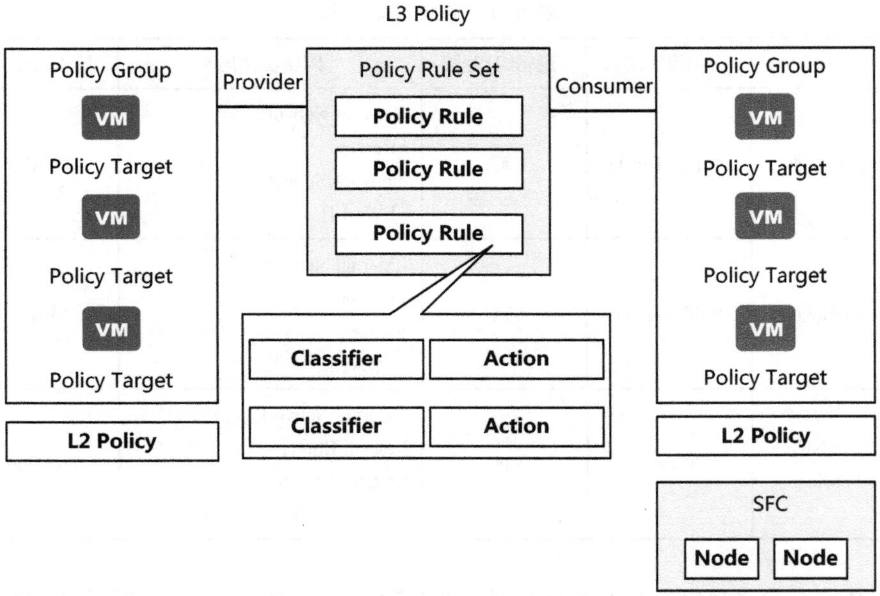

图 5-9 GBP 编排模型

- Classifier（分类器），一个对网络流量进行分类的手段，比如可以基于IP地址、MAC地址、流量方向进行分类。
- Action（动作），在分类器对流量进行分类后，针对某类流量所做的动作，包括Allow（允许）、Redirect（重定向）、Drop（丢弃）。
- Policy Rule（策略规则），一组分类器和动作。
- Policy Rule Set（策略规则集），一组策略规则。
- Policy Group（策略目标组），代表一组策略目标，这组目标有一定的相同属性。策略目标组能提供消费规则集。

除了上述内容外，GBP还定义了下面的网络策略。

- L2 Policy（二层策略），定义了一个策略目标组的集合，代表一个二层网络交换域。可以定义一些二层网络属性，比如是否允许二层广播。二层策略必须引用一个三层策略。
- L3 Policy（三层策略），定义了一个三层路由空间，可以包括多个二层策略。

由以上内容可以看出，GBP模型是一种以应用流为中心的安全策略管理模型，适用于企业私有云系统管理员进行统一的安全策略管理的场景。

5.2　云数据中心解决方案的组件间交互

5.2.1　云数据中心解决方案的架构

在介绍云数据中心解决方案的组件间交互之前，先介绍一下云数据中心解决方案的架构，架构展示了云数据中心解决方案所包含的各个组件，以及组件间的接口关系。云数据中心解决方案的架构组成会因方案场景的不同而有所差异，其中决定方案架构的因素包括：

- 整体方案中是否包含云平台，SDN控制器是否需要与云平台对接；
- Overlay组网方案选型采用Network Overlay还是Hybrid Overlay。

云数据中心解决方案的架构分为以下4层。

（1）业务呈现层/协同层

业务呈现层主要面向数据中心用户，由云平台或SDN控制器向业务/网络管理员、租户管理员提供界面，实现服务管理、业务自动化发放、资源和服务保障等功能。

业务协同层主要包括云平台中的Nova、Neutron、Cinder等组件，通过各种组件实现对应资源的控制与管理，实现数据中心内的计算、存储、网络资源的虚拟化与资源池化，通过不同组件间的交互实现各资源间的协同。

（2）网络控制层

网络控制层是整体方案的核心，由SDN控制器完成网络的建模和实例化，协同虚拟网络与物理网络，提供网络资源的池化和自动化。同时，SDN控制器构建全网视图，对业务流表实现集中控制和下发，是实现SDN控制与转发分离的关键部件。这里以华为公司的SecoM（SecoManager）安全控制器为例，SecoM可完成L4～L7增值网络服务的建模和实例化，实现安全资源的池化和自动化，实现L4～L7增值网络业务配置的下发。

（3）网络服务层

网络服务层是数据中心网络的基础设施，提供业务承载的高速通道，包括L2～L3基础网络服务和L4～L7增值网络服务。当前云数据中心解决方案推荐采用Network Overlay分布式组网（也支持Network Overlay集中式组网和Hybrid Overlay分布式组网）。

（4）计算接入层

云数据中心解决方案支持虚拟化服务器、物理服务器和裸金属服务器的接入。

虚拟化服务器是将一台物理服务器使用虚拟化技术虚拟成多台VM和vSwitch，VM通过vSwitch（virtual Switch，虚拟交换机）接入Fabric网络。

物理服务器接入是通过Logical Port方式，将物理服务器接入Fabric网络。

裸金属服务器接入是通过将裸金属服务器视为实例，使得云平台与裸金属服务器的硬件直接进行交互，从而实现云平台对裸金属服务器的直接管理。

5.2.2　业务发放过程中的组件间交互

为了更好地阐述云数据中心解决方案中各组件间的交互情况，下面以一个典型业务的发放流程为例。

5.2.2.1　业务发放场景说明

下面的示例为云平台场景，采用Network Overlay组网，云平台作为业务编排入口。

如图5-10所示，云数据中心解决方案可以将用户在云平台上动态构建的业务逻辑网络映射到物理网络，由SDN控制器来完成逻辑网络到物理网络的模型转换和配置的自动化下发。业务发放包括以下两个部分。

- 网络业务发放：管理员通过云平台将网络资源分配给指定的业务或应用（包含L4~L7增值网络服务）。
- 计算业务发放：管理员通过云平台进行计算和存储资源的创建、删除和迁移等操作。

在进行业务发放前，先由系统管理员创建Project并绑定租户管理员，同时设置Project的资源配额，包括如下几项。

- vCPU数量：创建VM时可以给VM分配指定数量的vCPU，vCPU的数量越多，则VM计算能力越强。此处为Project内所有VM可以分配的vCPU数量。
- 内存：创建VM时可以给VM分配指定大小的内存。此处为Project内所有VM可以分配的内存大小。
- 存储：创建VM时可以给VM分配指定数量的磁盘，磁盘可以为服务器本地磁盘，也可以是挂载在网络上的远端磁盘。
- 浮动IP个数：Project内部访问外网可使用的公网IP地址数量。
- vRouter数量：Project内可创建的vRouter数量。
- Network/Subnet数量：Project内可创建的二层网络数量。
- 安全组数量：Project可以使用的安全组数量。VM虚拟网卡可以绑定到安全组，过滤出入VM的流量。

- 实例数量：Project可以分配的计算资源的数量。

然后，租户管理员可以使用Project中的资源进行业务发放。

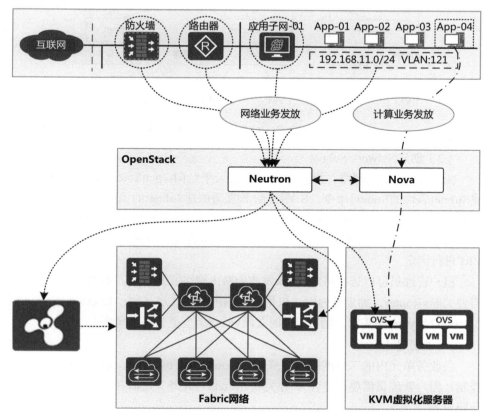

图 5-10　云平台统一发放业务

5.2.2.2　网络业务发放流程

租户管理员通过以vRouter为核心的业务单元进行网络业务的发放，如图5-11所示，租户管理员可按需进行业务单元中各种元素的创建。

（1）创建vRouter

如果业务单元内的二层网络有互访需求或有访问External Network的需求，则租户管理员需要创建vRouter。

租户管理员通过云平台向OpenStack的Neutron下发创建vRouter命令，SDN控制器查找OpenStack对应的可用分区，并在该可用分区对应Fabric网络的网关设备上创建VRF，进行三层隔离。创建vRouter后，VXLAN网关设备将生成一条默认路由，该路由是指向创建External Network的Subnet时添加的"网关"。

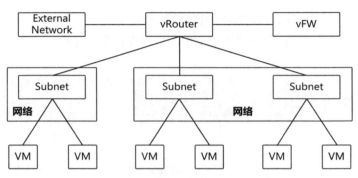

图 5-11　以 vRouter 为核心的业务单元构成

（2）创建Network/Subnet

Network是二层网络，租户管理员通过云平台向OpenStack的Neutron下发创建Subnet属性的Subnet命令。SDN控制器收到创建Subnet的消息后，取出消息中的VLAN ID，然后查询数据库找到对应的VXLAN ID，向VXLAN网关设备下发VBDIF接口，创建VXLAN三层网关接口，同时将此接口同当前业务单元对应的VRF进行绑定。

租户管理员可以选择将Network发放为路由网络或是内网。如果是路由网络，需要关联vRouter；如果是内网，仅用于网络内部的二层互通；如果后续新增访问External Network的需求，则可以随时关联vRouter 变更为路由网络。

（3）创建vFW

当业务单元内的二层网络互访或访问External Network时，需要进行安全访问控制，租户管理员需要创建vFW 并关联vRouter。此外，还需在vFW中配置相应的访问规则。

（4）关联External Network

External Network用于连接数据中心外部，如互联网等。External Network只能由系统管理员创建，租户管理员可以看到系统中的全部External Network，并通过将vRouter 关联External Network，使得业务单元具备与外界互通的能力。

5.2.2.3　计算业务发放流程

计算业务发放是计算资源和网络资源统一调配的过程，发放过程需要云平台、SDN控制器、网络设备和服务器中的Hypervisor协调交互处理，如图5-12所示。

下面从VM上线、VM下线和VM迁移 3个方面说明计算业务发放的流程。

（1）VM上线

租户管理员在云平台的Portal界面上创建VM，经Horizon组件向Nova组件发送VM创建请求。

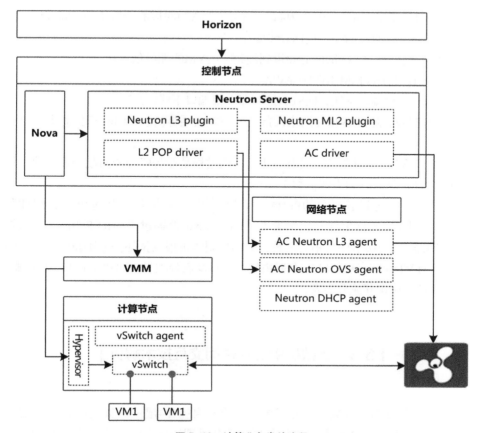

图 5-12　计算业务发放流程

Nova组件调用Neutron组件的接口，申请创建VM对应的端口（CreatePort）。

Neutron组件通过Neutron L2 Plugin广播CreatePort消息。

SDN控制器通过vSwitch agent得到VM的主机信息。

Nova组件协同VMM组件创建VM，并关联到新创建的端口。

vSwitch感知端口连接到VM，向SDN控制器上报端口上线消息（携带端口的Port ID）。

SDN控制器通过对比Port ID，得到当前上报的VM接入的VXLAN信息。

SDN控制器通过NETCONF（Network Configuration，网络配置）接口向连接主机的ToR下发配置，将VM接入指定VXLAN。

（2）VM下线

租户管理员在云平台的Portal界面上删除VM，经Horizon组件向Nova组件发送VM删除请求。

Nova组件调用Neutron组件的接口，申请删除VM对应的端口（DeletePort）。

Neutron组件通过插件广播DeletePort消息。

SDN控制器通过vSwitch agent得到被删除的VM的端口信息。

Nova组件协同VMM组件删除VM。

vSwitch感知端口下线，向SDN控制器上报端口下线消息。

SDN控制器删除该VM在网络设备上的转发表项等信息，回收相关资源。

（3）VM迁移

VM迁移是指 VM在二层域内的迁移，该过程是业务资源的回收和发放的过程（映射为VM下线和VM上线流程）。

租户管理员通过云平台的Portal界面执行VM迁移操作，并通知Nova组件和Neutron组件VM迁移事件与相关参数，Neutron组件通过南向RESTful接口通知SDN控制器VM迁移事件与相关参数，SDN控制器再根据拓扑关系刷新路由表，同时通知目标VTEP节点更新MAC和路由转发表以及流分类表，通知原VTEP节点删除VNI、MAC、路由和流分类表。

5.3　云数据中心组件间交互技术解析

由5.2.1节可知，云数据中心解决方案的架构包含4层：业务呈现层/协同层、网络控制层、网络服务层和计算接入层。业务呈现层/协同层主要包含云平台、分析器；网络控制层主要包含控制器；网络服务层主要包含网络设备；计算接入层主要包含虚拟化服务器、物理服务器和裸金属服务器等。

各层之间的业务交互需要依赖不同的技术。比如网络控制层通过RESTful API、RPC（Remote Procedure Call，远程过程调用）与业务呈现层/协同层对接，通过NETCONF、SNMP（Simple Network Management Protocol，简单网络管理协议）等协议与网络服务层对接，通过OpenFlow、OVSDB（Open vSwitch Database，开源虚拟交换机数据库）协议与计算接入层对接。

本节简单介绍云数据中心解决方案中使用的关键技术OpenFlow、NETCONF、OVSDB以及YANG（Yet Another Next Generation，下一代数据建模语言）。其中，YANG是一种用于NETCONF协议的数据建模语言。

5.3.1　OpenFlow 协议解析

5.3.1.1　OpenFlow协议简介

云计算的发展是以虚拟化为基础的，虚拟化技术将各种物理资源抽象为逻辑上的资源，隐藏了各种物理上的限制，按照按需分配的原则，可以非常方便地为用户提供计算、存储和网络等IT资源。

网络的虚拟化在这一过程中扮演了非常重要的角色。SDN作为一种新型的网络架构，完成网络的控制面与数据转发面的分离，通过集中控制器中的软件平台实现可编程化，从而控制底层硬件，实现对网络资源的灵活按需调配，可以更好地实现网络虚拟化。

SDN的实现需要控制器采用某种接口对各种网络设备进行管理和配置，这就需要一种协议，来实现控制层和数据转发层之间的通信。OpenFlow就是一种标准化的接口协议，正好满足了这种需求。

下面介绍基于OpenFlow协议的OpenFlow交换机的相关内容。

5.3.1.2　OpenFlow交换机的基本组件

如图5-13所示，OpenFlow交换机包括一个或多个Flow Table、一个Group Table、一个Meter Table、一个或多个OpenFlow Channel、OpenFlow Port等。其中Flow Table和Group Table用来执行数据报文的查找和转发，Meter Table用来统计报文，OpenFlow Channel用来与外部控制器进行通信。OpenFlow交换机与控制器之间通过OpenFlow协议进行通信，控制器也是通过OpenFlow协议来管理OpenFlow交换机。

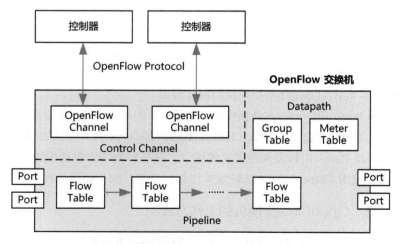

图 5-13　OpenFlow 交换机的基本组件

1. Flow Table

Flow Table即流表，由控制器通过OpenFlow协议下发到OpenFlow交换机，从而指导数据报文的转发。Flow Table 包含流表项。

控制器可以通过OpenFlow协议主动或被动（响应OpenFlow交换机请求）地在Flow Table中添加、删除和更新流表项。交换机中的每个Flow Table都包含一组流表项，每个流表项都包含Match Fields（匹配字段）、Counters（计数器）、Instructions（指令），用来匹配数据报文。

2. Pipeline

Pipeline是OpenFlow交换机中提供报文匹配、报文转发和报文修改的Flow Table的集合。

3. Group Table

Group Table即组表，包括了一系列泛洪的动作集和一些复杂的转发处理，可以是多个流表项的常用输出Actions。组表由组表项组成，每个组表项又包括一系列特定的Action Buckets，Actions可以存在于多个Action Buckets中。Group Table会为每个查找的数据报文选择一个Action Bucket或者多个Action Buckets。

4. OpenFlow Channel

OpenFlow Channel是OpenFlow交换机与OpenFlow控制器之间的接口，用于让控制器管理交换机。

5. Meter Table

一个Meter Table 包含多个Meter表项，确定每个流量的计数。Meter Table主要用于数据报文的QoS操作，例如速率限制等。

6. OpenFlow Port

OpenFlow Port分为Physical Port（物理端口）、Logical Port（逻辑端口）和Reserved Port（保留端口）。

- Physical Port：OpenFlow交换机的硬件接口。
- Logical Port：由OpenFlow交换机定义的端口，但并不直接对应交换机的硬件接口，比如链路聚合口、Tunnel口和Loopback口等非OpenFlow方法的操作接口。
- Reserved Port：由转发动作定义的端口，这些转发动作包括发送到控制器、洪泛或使用非OpenFlow方法转发（比如"正常"的交换机处理），等等。

5.3.1.3 OpenFlow交换机的工作方式

OpenFlow交换机有两种类型，一种仅支持OpenFlow操作，另一种是混杂模式，也就是Hybrid模式（既支持OpenFlow操作，也支持普通以太网交换操作）。
OpenFlow操作是指采用Pipeline处理的方式对接收的数据报文进行查表。Hybrid
模式的交换机除了支持OpenFlow的查表操作，还支持传统的二层以太网转发、
VLAN过滤、三层路由服务、ACL、QoS处理。对于Hybrid模式，需要在对数据报
文进行查表之前完成分类，从而决定对哪些数据报文进行传统的查找转发，对哪
些数据报文进行OpenFlow的查找转发。Hybrid模式支持从OpenFlow的Pipeline处理
转向正常的Pipeline处理。如图5-14所示，Pipeline处理包括入方向处理和出方向处
理，其中出方向处理是可选择的，用于指定在某个输出端口的处理。

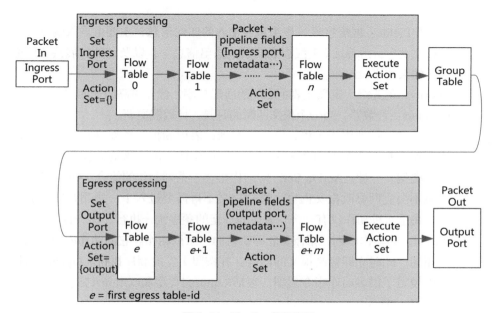

图 5-14　Pipeline 处理流程

　　Pipeline处理包括一个或者多个Flow Table，每一个Flow Table都有一个编号，
从0开始。前级Flow Table的编号一定比后级Flow Table的编号小。前级Flow Table
的查表动作都会给出下级将要查找的Flow Table编号。

　　当报文进入OpenFlow交换机后，会先解析报文，然后Pipeline从第一个Flow
Table开始，按照Flow Table编号从小到大依次匹配。如果匹配成功，则按照该
Flow Table中的Instructions操作。如果匹配失败，判断该Flow Table中是否有Table-
miss，如果有Table-miss，则执行Table-miss表项中的动作（丢弃、传给下级流表
或者上报控制器等）；如果没有Table-miss，则直接丢弃报文。

　　如果入方向处理的结果是将报文转发到输出端口，OpenFlow交换机会判断是
否有出方向处理的Flow Table。如果有出方向处理的Flow Table，则进入出方向处

理流程；如果没有出方向处理的Flow Table，则直接转发报文。

5.3.1.4 OpenFlow Table

1. Flow Table

一个Flow Table中包含多个流表项，流表项的组成如图5-15所示，介绍如下。

Match Fields	Priority	Counters	Instructions	Timeouts	Cookie	Flags

图 5-15 流表项的组成

- Match Fields：匹配字段，作为查表输入的匹配信息，主要由输入端口、数据报文头、metadata（上级查表的某些输出信息），以及其他扩展头（隧道头）的某些字段组成。
- Priority：优先级，定义流表项之间的匹配顺序，优先级高的先匹配。
- Counters：计数器，当一个报文匹配的时候，计数器更新。
- Instructions：动作指令集，定义匹配到该表项的报文需要进行的操作。流表项动作指令集是对动作（Action）进行操作，流表项的动作有以下两种执行类型。一种是Action Set，即动作集，一系列动作的组合。OpenFlow交换机不会立即修改报文内容，直到报文不再需要进入下一级用户策略表。动作集里每种动作仅有一个，并按照一定的顺序统一执行。另一种是List of Action，即动作序列，指需要立即执行的一系列动作。它的动作内容与动作集相同，此时立即修改报文的内容，并按照下发的顺序执行。OpenFlow协议中规定了很多动作指令类型，包括Required类型和Optional类型，具体说明如表5-2所示。

表 5-2 动作指令集说明

指令名称	类型	描述
Write-Actions action(s)	Required	将指定的动作添加到正在运行的动作集中，如果已经存在，就覆盖原来的动作
Goto-Table next-table-id	Required	指定 Pipeline 处理进程中的下一张表的 ID
Apply-Actions	Optional	不需要改变动作集，立即执行的动作
Clear-Actions	Optional	立即清除动作集中的所有动作
Write-Metadata metadata/mask	Optional	向 metadata 的相关域段写入掩码
Stat-Trigger stat thresholds	Optional	产生一个流统计溢出的事件发送给控制器

- Timeouts：流表项老化时间。
- Cookie：控制器向交换机传递流表项的操作信息，如修改流、删除流等。当前报文在转发时，该属性是不会被用到的。
- Flags：用于改变流表项的管理方式。

在一个Flow Table中，一条流表项由匹配字段和优先级唯一确定。Table-miss流表项的匹配字段可以模糊所有的查表输入字段，且优先级为0。每个Flow Table不必支持协议中所有的表项内容，表的特征最终是通过控制器进行配置管理的。

2. Group Table

Group Table由一个或多个Group表项组成，Group表项被流表项所引用，即与流表项相关的动作也可以将报文引到一个Group表项中，为所有引用Group表项的流表项提供额外的报文转发功能。Group表项的组成如图5-16所示，介绍如下。

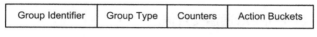

| Group Identifier | Group Type | Counters | Action Buckets |

图 5-16　Group 表项的组成

- Group Identifier：Group ID，OpenFlow交换机上Group表项的唯一标识。
- Group Type：Group类型，确定Group语义。
- Counters：当报文由Group处理时，计数器更新。
- Action Buckets：由动作桶组成的有序列表。每个动作桶由许多动作组成。

3. Meter Table

Meter Table由Meter表项组成，Meter表项被流表项所引用，即与流表项相关的动作也可以将报文引到一个Meter表项中，为所有引用Meter表项的流表项提供数据报文速率的测量和控制。流的计量可以使 OpenFlow实现各种简单的QoS操作，如限速；还可以使 OpenFlow实现更复杂的QoS策略，如基于计量的DSCP（Differentiated Services Code Point，区分服务码点），这种策略可以基于流的速率将一组报文分成多个类别。计量完全独立于端口的队列，可以将流的操作和分类结合在一起，用以实现复杂的QoS 框架，如DiffServ。

Meter表项的组成如图5-17所示，介绍如下。

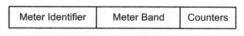

| Meter Identifier | Meter Band | Counters |

图 5-17　Meter 表项的组成

- Meter Identifier：Meter ID，OpenFlow交换机上Meter表项的唯一标识。

- Meter Band：一个Meter表项可以包含一个或者多个Meter Band，每个Meter Band限制具体的流的速率并确定数据报文的处理方式。
- Counters：当报文由Meter处理时，计数器更新。

Meter Band的组成如图5-18所示，介绍如下。

Band Type	Rate	Burst	Counters	Type Specific Arguments

图 5-18　Meter Band 的组成

- Band Type：指定包的处理方式。
- Rate：定义Meter Band的最低速率。
- Burst：定义Meter Band的粒度。
- Counters：当报文由Meter Band处理时，计数器更新。
- Type Specific Arguments：定义一些Band Type可选择的参数。

5.3.1.5　OpenFlow通道交互信息

OpenFlow通道中传输OpenFlow交换机协议，OpenFlow交换机协议支持3种类型的消息：Controller-to-switch、Asynchronous和Symmetric。Controller-to-switch消息主要由控制器初始化并发送到交换机，Asynchronous消息是交换机向控制器异步上报的网络状态和变化的消息，而Symmetric消息则是控制器和OpenFlow交换机都可以发送。

1. Controller-to-Switch消息

Controller-to-switch消息由控制器发起，用来管理或获取OpenFlow交换机的状态，主要有以下几种类型。

- Features：查询交换机的身份和支持的功能。
- Configuration：查询和配置交换机参数。
- Modify-state：控制器添加、删除、修改交换机的流表项、组表项和设置端口属性。
- Read-state：获取交换机状态信息。
- Packet-out：指定交换机向外发出匹配某个流表项的数据报文。
- Barrier：确保满足控制器的要求，或接收完成操作的通知。
- Role-Request：用于设置Channel的作用、控制器所依赖的Controller ID、查询Channel状态，一般用在交换机连接多个控制器时。
- Asynchronous-configuration：用于在Channel里面设置一个过滤器，或查询此Channel的过滤器。

2. Asynchronous消息

Asynchronous消息由OpenFlow交换机发起，用来表示数据报文到达或OpenFlow交换机状态的更改，主要有以下几种类型。

- Packet-in：交换机收到一个数据报文时，如果在流表中没有匹配项，则发送Packet-in消息给控制器，并把数据报文发给控制器。
- Flow-removed：交换机中的流表项因为超时或修改等原因被删除，或者对控制器删除流表项的应答，会触发Flow-removed消息。
- Port-status：交换机端口状态发生变化时（例如Down掉），触发Port-status消息。
- Role-status：当交换机被另一个控制器管理，就要向原来的控制器发送Role-status消息。
- Controller-status：向所有控制器上报某个OpenFlow Channel状态变化的消息。
- Flow-monitor：告知控制器流表中的一些变化。

3. Symmetric消息

Symmetric消息可由控制器和OpenFlow交换机任意发起，主要有以下几种类型。

- Hello：交换机和控制器启动时通知对方。
- Echo：双方之间的应答消息，也可用来测量时延、确定是否保持连接等。
- Error：向对方报告错误消息。
- Experimenter：向对方发送允许扩展的信息。

5.3.2　NETCONF 协议解析

5.3.2.1　NETCONF协议简介

NETCONF协议提供一套管理网络设备的机制，用户可以使用这套机制增加、修改、删除网络设备的配置，获取网络设备的配置和状态信息。通过NETCONF协议，网络设备可以提供一组完备规范的API。应用程序可以直接使用这些 API，向网络设备下发和获取配置。

NETCONF协议是自动化配置系统的基础模块。XML（Extensible Markup Language，可扩展标记语言）是NETCONF协议通信交互的通用语言，为层次化的数据内容提供了灵活而完备的编码机制。NETCONF可以与基于XML的数据转换技术［例如XSLT（Extensible Stylesheet Language Transformation，可扩展样式表语言转换）］结合使用，提供一个自动生成部分或全部配置数据的工具。这个工具可以从一个或多个数据库中查询各种配置的相关数据，并根据不同应用场景的需求，使用XSLT脚本把这些数据转换为指定的配置数据格式。然后通过NETCONF协议把这些配置数据上传给设备执行。

NETCONF协议将网络设备上的数据分为配置数据和状态数据两类。配置数据可以修改，可以通过NETCONF操作使网络设备的状态迁移到用户期望的状态。状态数据不能修改，主要是网络设备运行状态和统计信息。NETCONF协议区分配置数据和状态数据可以减少配置数据的容量，更便于配置数据的管理。

5.3.2.2　NETCONF的基本网络结构

NETCONF的基本网络架构如图5-19所示，整套系统必须包含至少一个NMS（Network Management System，网络管理系统），将其作为整个网络的网管中心，NMS运行在NMS服务器上，对设备进行管理。下面介绍网络管理系统中的主要元素。

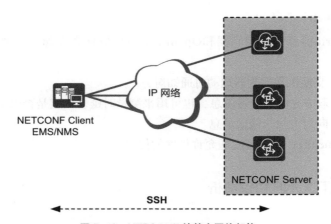

图 5-19　NETCONF 的基本网络架构

（1）NETCONF Client

Client（客户机）利用NETCONF协议对网络设备进行系统管理。

- Client向Server（服务器）发送<rpc>请求，查询或修改一个或多个具体的参数值。
- Client可以接收Server发送的告警和事件，以获知被管理设备的当前状态。

（2）NETCONF Server

Server用于维护被管理设备的信息数据并响应Client的请求，向Client汇报管理数据。

- Server收到Client的请求后会进行数据解析，并在CMF（Configuration

Management Framework，配置管理框架）的帮助下处理请求，然后返回响应至Client。

- 当设备发生故障或其他事件时，Server利用Notification机制通知Client设备的告警和事件，向网管报告设备当前状态的变化。

NETCONF会话是Client与Server之间的逻辑连接，网络设备必须至少支持一个NETCONF会话。Client从运行的Server上获取的信息包括配置数据和状态数据。

- Client可以修改配置数据，并通过操作配置数据，使Server的状态变为用户期望的状态。
- Client不能修改状态数据，状态数据主要是Server的运行状态和统计信息。

5.3.2.3　NETCONF协议结构

如同OSI模型一样，NETCONF协议也采用了分层结构。每层分别对协议的某一方面进行包装，并向上层提供相关服务。分层结构使每层只关注协议的一个方面，实现起来更简单，同时使各层之间的依赖、内部实现的变更对其他层的影响降到最低。

NETCONF协议在概念上可以划分为以下4层。

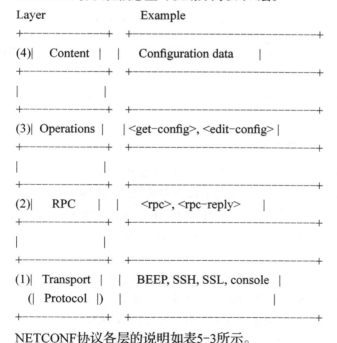

```
Layer                   Example

      +--------------+  +--------------------------+
(4)|     Content   |  |    Configuration data    |
      +--------------+  +--------------------------+
      |              |
      +--------------+  +--------------------------+
(3)|   Operations |  | <get-config>, <edit-config> |
      +--------------+  +--------------------------+
      |              |
      +--------------+  +--------------------------+
(2)|     RPC      |  |    <rpc>, <rpc-reply>    |
      +--------------+  +--------------------------+
      |              |
      +--------------+  +--------------------------+
(1)|   Transport  |  |   BEEP, SSH, SSL, console |
    (|   Protocol  |)  |                          |
      +--------------+  +--------------------------+
```

NETCONF协议各层的说明如表5-3所示。

表 5-3　NETCONF 协议各层的说明

分层	示例	说明
Transport Protocol（传输协议层）	BEEP、SSH、SSL、console	该层为 NETCONF Client 和 Server 之间的交互提供通信路径。NETCONF 协议可以使用任何符合基本要求的传输层协议承载，对承载协议的基本要求如下。 • 面向连接，Client 和 Server 之间必须建立持久的连接，连接建立后，必须提供可靠的序列化的数据传输服务。 • NETCONF 协议的用户认证，数据完整、安全保密全部依赖传输层提供。 • 承载协议必须向 NETCONF 协议提供区分会话类型（Client 或 Server）的机制
RPC 层	<rpc>，<rpc-reply>	RPC 层提供了一种简单的、不依赖于传输协议的 RPC 请求和响应机制。Client 采用 <rpc> 元素封装操作请求信息，发送给 Server，而 Server 将采用 <rpc-reply> 元素封装 RPC 请求的响应信息（即操作层和内容层的内容），然后将此响应信息发送给 Client
Operations（操作层）	<get-config>，<edit-config>	操作层定义了一系列在 RPC 中应用的基本操作，这些操作组成了 NETCONF 的基本能力
Content（内容层）	配置数据	内容层描述了网络管理所涉及的配置数据，而这些数据依赖于各制造商的设备。 到目前为止，NETCONF 内容层是唯一没有被标准化的层，没有标准的 NETCONF 数据建模语言和数据模型。常用的 NETCONF 数据建模语言有：Schema 和 YANG。其中 YANG 是专门为 NETCONF 设计的数据建模语言，当前使用较多

5.3.2.4　NETCONF能力集

能力集（Capabilities）是NETCONF协议的基础功能和扩展功能的集合。网络设备可以通过能力集增加协议操作，扩展已有配置对象的操作范围。

每个能力（Capability）使用一个唯一的URI（Uniform Resource Identifier，统一资源标识符）进行标识。URI的格式如下，其中name为能力名称，version为能力的版本。

urn:ietf:params:xml:ns:netconf:capability:{name}:{version}

一个能力的定义可能依赖于它所属能力集里其他的能力，NETCONF Server必须支持其依赖的所有能力集，才能支持这个能力。另外，NETCONF协议提供了定义能力集语法的语义规范，设备厂商可以根据需要定义非标准的能力集。

NETCONF Client和NETCONF Server之间通过交互能力集，通告各自支持的能力集。Client只能发送Server支持的能力集范围内的操作请求。

5.3.2.5　NETCONF配置数据库

配置数据库是关于设备的一套完整的配置参数的集合。NETCONF协议定义的配置数据库如表5-4所示。

表 5-4　NETCONF 协议定义的配置数据库

配置数据库	说明
<running/>	此数据库存放当前设备上运行的生效配置、状态信息和统计信息等。 除非 NETCONF Server 支持 candidate 能力，否则 <running/> 是唯一强制要求支持的标准数据库。 如果设备要支持对该数据库进行修改操作，必须支持 writable-running 能力
<candidate/>	此数据库存放设备将要运行的配置数据。 管理员可以在 <candidate/> 配置数据库上进行操作，对 <candidate/> 数据库的任何改变不会直接影响网络设备。 设备支持此数据库，必须支持 candidate 能力
<startup/>	此数据库存放设备启动时所加载的配置数据，相当于已保存的配置文件。 设备支持此数据库，必须支持 distinct startup 能力

5.3.2.6　XML编码

NETCONF Client和Server之间使用RPC 机制进行通信。Client必须和Server成功建立安全的、面向连接的会话才能进行通信。Client 向Server发送RPC请求，Server处理完用户请求后，向Client发送应答消息。Client的RPC请求和Server的应答消息全部使用XML编码。

XML作为NETCONF协议的编码格式，用文本文件表示复杂的层次化数据，既支持使用传统的文本编译工具，也支持使用XML专用的编辑工具读取、保存和操作配置数据。

基于XML网络管理的主要思想是利用XML的强大数据表示能力，使用XML描述被管理数据和管理操作，使管理信息成为计算机可以理解的数据库，提高计算机对网络管理数据的处理能力，从而提高网络管理能力。

XML编码格式文件头为<?xml version="1.0" encoding="UTF-8"?>。

- <?：表示一条指令的开始。
- xml：表示此文件是XML文件。
- version：NETCONF协议版本号。"1.0"表示使用XML1.0标准版本。

• encoding：字符集编码格式，当前仅支持UTF-8编码。

• ?>：表示一条指令的结束。

5.3.2.7　RPC模式

NETCONF协议使用RPC通信模式，通过采用XML编码的<rpc>和<rpc-reply>元素，提供独立于传输层协议的请求和应答消息框架。一些基本的RPC元素的说明如表5-5所示。

表 5-5　RPC 元素的说明

RPC 元素	说明
<rpc>	<rpc> 元素用来封装 Client 发送给 Server 的请求
<rpc-reply>	<rpc-reply> 元素用来封装 <rpc> 请求的应答消息，NETCONF Server 向每个 <rpc> 操作回应一个使用封装 <rpc-reply> 元素的应答消息
<rpc-error>	在处理 <rpc> 请求的过程中，如果发生任何错误，则在 <rpc-reply> 元素内封装一个 <rpc-error> 元素作为应答消息返回给 Client
<ok>	在处理 <rpc> 请求的过程中，如果没有发生任何错误，则在 <rpc-reply> 元素内封装一个 <ok> 元素作为应答消息返回给 Client

5.3.3　OVSDB 协议解析

SDN基础设施层的网络设备可以有硬件、软件等多种实现形态。随着当前通用处理器性能的提升，基于软件实现的网络设备已经能够满足很多场景下的网络传输需求，特别是其具有更强的灵活性及与虚拟化软件更好的集成性，使得基于软件实现的交换机在SDN领域大放异彩。

OVS（Open vSwitch，开源虚拟交换机）就是一款基于软件实现的开源虚拟交换机。它遵循Apache 2.0许可证，能够支持多种标准的管理接口和协议，例如NetFlow、sFlow、SPAN（Switched Port Analyzer，交换机端口分析器）、RSPAN（Remote Switched Port Analyzer，远程交换机端口分析器）、CLI（Command Line Interface，命令行接口）、LACP、802.1ag等，还可以支持跨多个物理服务器的分布式环境。

OVSDB是开放虚拟交换机中保存的各种配置信息（如网桥、端口）的数据库，是针对OVS开发的轻量级数据库。

OVS在实现时分为用户空间和内核空间两个部分。其中，OVS在用户空间拥有多个组件，它们主要负责实现数据交换和OpenFlow流表功能，是OVS的核心。同时，OVS 还提供了一些工具用于交换机管理、数据库搭建，以及和内核组件的交互。图5-20中示出了OVSDB在OVS中的部位，其核心组件介绍如下。

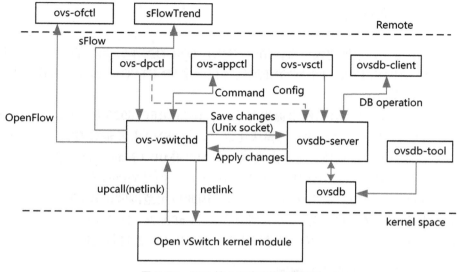

图 5-20　OVS 核心组件及其关联关系

- ovs-vswitchd：守护程序，实现交换功能，和Linux内核兼容模块一起，实现基于流的交换（flow-based switching）。
- ovsdb-server：ovsdb的服务器端，用于提供轻量级的数据库服务，主要保存整个OVS的配置信息，包括接口、交换内容、VLAN等。ovs-vswitchd根据数据库中的配置信息工作。
- ovsdb-client：ovsdb的客户端，主要用于对服务器端进行配置。
- ovs-dpctl：一个工具，用来配置交换机内核模块，可以控制转发规则。
- ovs-vsctl：主要是获取或者更改ovs-vswitchd的配置信息，此工具操作时会更新ovsdb-server中的数据库。
- ovs-appctl：主要用于向OVS守护进程发送命令。
- ovs-ofctl：用来控制OVS作为OpenFlow交换机工作时的流表内容。

从以上介绍中可以看到，OVSDB由ovsdb-server和ovsdb-client两个主要部分构成：ovsdb-server是服务器端，位于OVS本地；ovsdb-client则为客户端，其通过OVSDB管理协议向ovsdb-server发送数据库配置和查询的命令，即ovs-vsctl命令。

OVSDB是一个轻量级的数据库，简单理解，它只是一个JSON（JavaScript Object Notation，JavaScript对象表示法）文件，用来记录网桥、端口、QoS等网络配置信息。ovsdb/spe文件定义了OVSDB的表规范。创建一个DB时，需要预先准备好一个schema文件。该文件是一个JSON格式的字符串，定义了DB名字以及DB包含的所有的表，每张表都包含一个columns的JSON数组，通过这个schema文件来创建一个DB文件。

5.3.4　YANG 协议解析

YANG是一种数据建模语言，用于将NETCONF的操作层和内容层模型化，还用于将NETCONF协议、NETCONF远程过程调用和NETCONF通知所操作的配置和状态数据模型化。

YANG由NETMOD工作组提出并发布在IETF RFC 6020中。此语言是介于UML（高级）与实现之间的一种模块化语言，与ASN.1语言非常类似，均以树的方式对任何对象进行描述。这一点类似于SNMP的MIB（Management Information Base，管理信息库，MIB就是用ASN.1描述的），但是YANG 较 SNMP 更灵活（SNMP把整个树的层级定义得过于死板，因此应用范围就比较有限），YANG号称可兼容 SNMP。它定义了4种类型的节点（leaf node、leaf-list node、container node、list node），可对配置数据进行建模，也可以对状态进行建模。

5.3.4.1　YANG功能概述

YANG是一种将NETCONF协议数据模型化的语言。YANG模型定义了数据的层次结构，可用于基于NETCONF的操作，包括配置、状态数据、远程过程调用和通知。这允许对NETCONF Client和Server之间发送的所有数据有一个完整的描述。

YANG将数据的层次结构模型化为一棵树，树中每个节点都有名称，且要么有一个值，要么有一个子节点集。YANG给节点提供了清晰简明的描述，同样提供了这些节点间的交互。

YANG将数据模型构建为模块和子模块，一个模块可以从其他外部模块引入数据。层次结构可以被扩展，允许一个模块添加数据节点到定义在另一个模块中的层次结构。这个扩展可以是条件性的，仅当特定条件满足时才有新节点出现。

YANG模型可以描述将会在数据上执行的约束条件，基于层次结构中其他节点的存在或值来限制节点的出现或值。这些限制条件可以由Client或Server执行，有效的YANG格式的内容必须遵从这些条件。

YANG定义了一个内置类型集，并有一个类型机制，通过该机制可以定义附加类型。衍生类型可以限制其有效值的基本类型集，使用了类似range或pattern的约束条件的机制，这些约束条件可由Client和Server 执行。

YANG允许可重用的节点组（grouping）。这些组的实例化可以将节点精炼或扩展，也可将节点裁剪为符合特定的需求。衍生类型和组（grouping）可在一个模块或子模块中定义，并用于所在模块或另一个引入或包含该模块的模块或子模块中。

YANG数据层次结构包含列表的定义，其中列表条目由关键字识别，关键字将列表条目区分开来。这样的列表可定义为由用户排序，也可定义为系统自动排序。对用户排序的列表定义了操作列表条目顺序的操作。

YANG模块可转换为一种等价的XML语法，称为YIN（YANG Independent Notation），允许应用使用XML解析器和XSLT脚本在模型上操作。从YANG 到YIN的转换是无损的，因此YIN的内容可以回滚到YANG。

YANG公平处理高级数据建模和低级比特流编码的关系。读者可以看到YANG模块的数据模型的高级视图，也可以理解数据是如何编码进NETCONF操作中的。

YANG是一种可扩展的语言，允许扩展的声明被标准组织、厂商和私人定义。声明的语法允许这些扩展与标准YANG声明同时以一种自然的方式存在，同时YANG模块中的扩展足够突出，使得读者能够注意到。

为了实现可扩展性，YANG 维护与SNMP SMIv2的兼容性。基于SMIv2的MIB模块可以自动转换成允许只读访问的YANG模块。然而，YANG不关心反向的YANG-SMIv2转换。

与NETCONF类似，YANG的目标在于平滑集成设备的本地管理架构。这允许利用已存在的访问控制机制，保护或暴露数据模型中的元素。

5.3.4.2　YANG的发展

IETF各个工作组正在积极推进YANG模型的标准化工作。当前IETF已经发布了一些标准化的YANG模型（IP、接口、系统管理和SNMP的配置），还有大量的草案正在演进中。

- RFC 6991：Common YANG Data Types
- RFC 7223：A YANG Data Model for Interface Management
- RFC 7224：IANA Interface Type YANG Module
- RFC 7277：A YANG Data Model for IP Management
- RFC 7317：A YANG Data Model for System Management
- RFC 7407：A YANG Data Model for SNMP Configuration
- RFC 7950：The YANG 1.1 Data Modeling Language

IETF、ONF（Open Netuork Foundation，开放网络基金会）都开始要求提交用YANG来写的模型。特别是IETF，当前所有模型草案都是用YANG 写的。越来越多的厂商要求适配YANG。华为、Cisco、Juniper等公司的产品已经对外提供NETCONF+YANG的功能。目前华为统一控制器已经全面支持YANG模型，YANG模型正驱动着开发。同时，业界也推出了越来越多的基于YANG的工具，如ODL（Open Daylight，这是一个开源控制器平台项目）的YangTools（还在不断增加新功能）、Google的pyang、Yang Designer等。

第 6 章
构建数据中心的物理网络（Underlay 网络）

数据中心的物理网络应采用Spine-Leaf架构，Leaf又细分为Server Leaf、Service Leaf和Border Leaf。本章介绍数据中心物理网络设计过程需要注意的几个要点：Underlay层的路由协议可以选择OSPF或EBGP（External Border Gateway Protocol，外部边界网关协议）；服务器可以接入M-LAG、堆叠或单机形态的Server Leaf；Service Leaf和Border Leaf可独立部署，也可融合部署；Border Leaf与外部PE（Provider Edge，即服务提供商网络的边缘设备）之间可以采用多种互联组网和路由发布方式。

6.1　物理网络和基础网络

一个典型的数据中心内部的物理网络采用Spine-Leaf架构。表6-1给出了云数据中心解决方案中物理网络各类角色的含义和功能说明，业界推荐的组网方式如图6-1所示。

表 6-1　物理网络各类角色的含义和功能说明

物理网络角色	含义和功能说明
Fabric	一个 SDN 控制器管理的网络故障域，可以包含一个或多个 Spine-Leaf 网络结构
Spine	骨干节点，VXLAN Fabric 网络核心节点，提供高速 IP 转发功能，通过高速接口连接各个 Leaf 功能节点
Leaf	叶子节点，VXLAN Fabric 网络功能接入节点，提供各种网络设备接入 VXLAN 功能
Service Leaf	Leaf 功能节点，提供 Firewall 和 LoadBalance 等 VAS 服务接入 VXLAN Fabric 网络的功能
Server Leaf	Leaf 功能节点，提供虚拟化服务器、非虚拟化服务器等计算资源接入 VXLAN Fabric 网络的功能
Border Leaf	Leaf 功能节点，提供数据中心外部流量接入 VXLAN Fabric 网络的功能，用于连接外部路由器或者传输设备

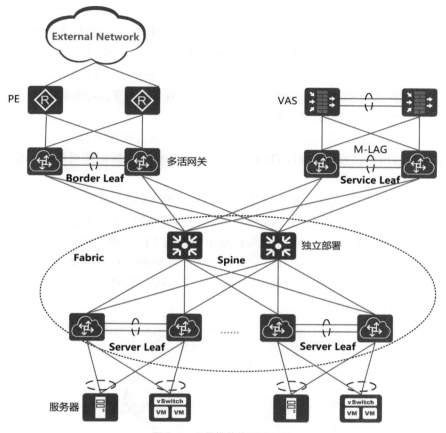

图 6-1 业界推荐的组网方式

Fabric网络结构可以提供接入节点间的无差异互访。它可能包含一个或多个Spine-Leaf架构，具有高带宽、大容量和低网络时延等特点。3种Leaf节点（Server Leaf、Service Leaf和Border Leaf）在网络转发层面上并没有差异，仅仅是接入设备不同。由于采用了Spine-Leaf的扁平结构，整体网络东西向流量转发路径较短，转发效率较高。

扩展性方面，Fabric网络结构可以实现弹性扩缩，当服务器数量增加时，增加Leaf数量即可。当Leaf数量增加导致 Spine 转发带宽不足时，可相应增加 Spine 节点的个数。

对于Spine-Leaf架构的组网，对于Spine和Leaf，推荐如下。

- 对于Spine：Spine节点主要负责Leaf节点之间流量的高速转发。推荐单机部署，数量根据Leaf到Spine的收敛比（Leaf的下行总带宽和Leaf的上行总带宽的比值，不同的行业及不同的客户有各自的要求）来决定。一般来说，收敛比为1∶9～1∶2。

- 对于Leaf设备：Leaf节点主要负责Server的接入（业务服务器和VAS服务器）和作为南北向网关。Leaf可使用多种灵活的组网方式，推荐使用M-LAG双活方式部署，如果对可靠性或升级丢包时间等要求不高，也可以使用虚拟机框类技术，例如iCSS/iStack。每个Leaf节点与所有Spine节点相连，构建全连接拓扑形态。

Leaf和Spine之间建议通过三层路由接口互联，通过配置动态路由协议实现三层互联。路由协议推荐OSPF或BGP，关于路由协议选择的问题可参见本章后续内容。

推荐采用ECMP实现等价多路径负载分担和链路备份，参见图6-2。从Leaf通过多条等价路径转发数据流量到Spine，在保证可靠性的同时，也能提高网络的带宽。需要注意的是，ECMP链路须选择基于传输层（L4）的源端口号的负载分担算法，由于VXLAN使用的是UDP（User Datagram Protocol，用户数据报协议）封装，因此VXLAN报文的目的端口号是4789不变，而VXLAN报文头部的源端口号可变，基于此来进行负载分担。

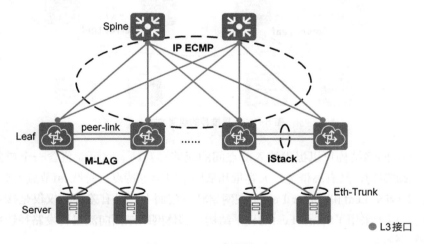

图 6-2　Fabric 中采用 ECMP

6.2　设计数据中心的物理网络

设计物理网络（Underlay网络）是设计数据中心网络的第一步，读者在上一节中了解了云数据中心解决方案物理网络的一些基础知识后，就可以着手进行物理网络中一些细节的设计了。

本节将介绍数据中心Underlay物理网络设计中需要注意的一些要点，以帮助读者在设计数据中心网络时做出合理的选择。本节内容主要包括：

- 路由协议选择；
- 服务器接入方案选择；
- Border Leaf和Service Leaf节点设计及其原理；
- 出口网络设计。

6.2.1　路由协议选择

Underlay层的路由协议主要有OSPF和EBGP两种。通常来说，针对大多数情况，推荐OSPF作为路由协议的首选协议，只有在网络规模较大、需要分区部署，且需要BGP灵活的路由控制能力的情况下，才推荐使用EBGP。下面分情况说明。

1. Underlay路由选用OSPF

当Leaf节点规模小于100台时，推荐Underlay路由选用OSPF，此时路由建议规划如下。

对于单Fabric内部：Spine和Leaf节点的物理交换机上全部部署OSPF，只规划Area0，所有设备均处于Area0中，使用三层路由端口地址建立OSPF邻居，打通Underlay路由，network类型建议为P2P，如图6-3所示。

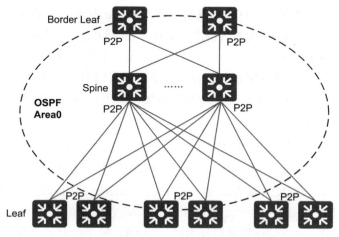

图 6-3　建议的单 Fabric 内部 OSPF 路由规划

对于多Fabric：在多Fabric场景下，如果多Fabric在Overlay层仍然是一个VXLAN域（即实际上为一个数据中心网络，通过一套管理界面进行管理，仅仅是划分了2个Fabric），则建议所有设备只部署一个OSPF进程。建议多Fabric之间的互联设备部署在OSPF Area0，Fabric1和Fabric2分别部署在Area1和Area2中，整体仍然是一个OSPF进程，打通 Underlay 路由，如图6-4所示。

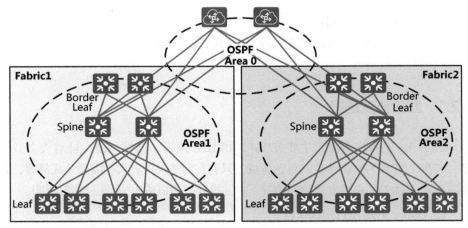

图 6-4　建议的多 Fabric 部署（单 VXLAN 域）OSPF 路由规划

如果多Fabric在Overlay层是2个VXLAN域（即实际上为两个数据中心网络，通过两套管理界面进行管理，但两个数据中心网络需要进行互联），则建议在每个Fabric单独部署OSPF作为Underlay协议，Fabric之间的互联设备通过BGP进行路由交互。

OSPF路由协议部署简单，在网络规模不大时，协议收敛速度较快，是中小型数据中心网络 Underlay 的首选协议。另外，在Overlay层，当前绝大部分企业会部署基于BGP的EVPN协议作为Overlay的控制面，于是在Underlay路由选择OSPF后，OSPF的协议报文和BGP的协议报文处于不同队列中，VRP（Versatile Routing Platform，通用路由平台）和路由表项都互相隔离，这样就实现了Underlay和Overlay的故障域隔离。

2. Underlay路由选用EBGP

当Leaf节点规模大于100台时，由于网络规模较大，使用OSPF协议时，协议收敛速度和故障收敛速度均较为缓慢，所以推荐Underlay路由选用EBGP，此时建议路由规划如下。

对于单Fabric：Spine节点划分为同一个AS，每组Leaf节点分别划分为一个AS，Leaf节点和所有Spine节点之间部署EBGP邻居，如图6-5所示，整网通过EBGP实现三层路由互联。

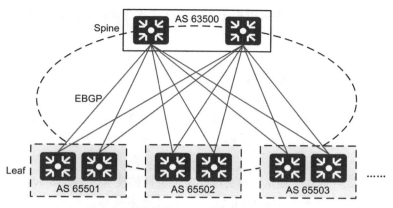

图 6-5　建议的单 Fabric 内部 EBGP 路由规划

对于多Fabric：在多Fabric场景下，采用类似于单Fabric的处理方式。Spine
节点部署在同一AS内，每组Leaf单独部署在一个AS内，Spine和Leaf之间运行
EBGP，同时每个Fabric通过DC互联的Leaf和对方AS进行互联，互联的Leaf节点单
独部署在一个AS内，通过EBGP和Spine建立邻居，如图6-6所示。

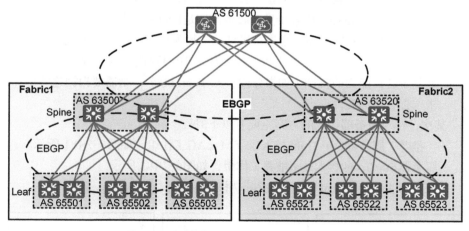

图 6-6　建议的多 Fabric 之间 EBGP 路由规划

Underlay使用EBGP的一个明显缺陷在于配置的复杂性，由于每组Leaf和Spine
均需要划分为不同的AS，且Spine和Leaf之间要形成EBGP全连接，BGP连接由于
其基于TCP的特点，全部需要手工指定，配置的工作量非常大，维护的复杂度非
常高。相比之下，OSPF 仅需要相应接口使能OSPF的进程。

但是，使用BGP可以使每个分区的路由域独立，故障域相比 OSPF 较小，且
由于BGP具有丰富的路由控制手段，在网络部署过程中，路由控制相比 OSPF 更

加灵活,且扩展方便。读者可以根据实际情况灵活地选择两种协议进行数据中心网络的部署。

6.2.2 服务器接入方案选择

总体来说,服务器接入方案可以分为两部分进行考虑,首先是Leaf节点交换机的设备选型及部署方案,这部分需要考虑其可靠性及硬件形态。具体解释如下。

- 为了保证可靠性,通常Leaf会选择虚拟机框类技术(例如iStack)或者跨设备链路聚合技术(例如M-LAG)接入业务服务器,业务服务器双归接入Leaf。关于iStack和M-LAG的优劣,前文中已进行过具体比较,简单来说,比较推荐M-LAG,其控制面松耦合的特点保证了升级的便利性,以及更高的可靠性。
- 根据服务器接入带宽和Leaf到Spine的收敛比选定Server Leaf硬件设备。硬件形态主要考虑接入带宽、收敛比和特殊业务诉求。服务器接入带宽,顾名思义,即服务器以何种速率的接口接入服务器,一般来说为10GE或者25GE,GE接入和100GE接入比较少见。收敛比则是Leaf下行带宽和上行带宽的比例情况,可以根据客户要求来进行设计,一般为1:9~1:2。最后,需要考虑一些特殊业务诉求,比如服务器需要IPv6/IPv4双栈接入,或者需要支持一些基于芯片能力的特性(如微分段、AI Fabric等),则需要根据这些特殊需求选择合适的硬件形态。

其次,针对服务器接入的方案主要有以下3种。

- (推荐)服务器Eth-Trunk接入Leaf M-LAG工作组,如图6-7中①所示。
- 服务器Eth-Trunk接入Leaf堆叠工作组,如图6-7中②所示。
- 服务器主备接入Leaf单机,如图6-7中③所示。

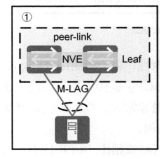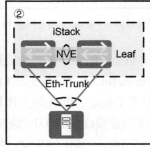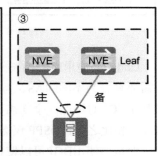

图6-7 服务器接入的3种方案

上述3种服务器接入方案的比较参见表6-2。

表 6-2　3 种服务器接入方案的对比

接入方案	特点	管理复杂度	可靠性	接入成本
（推荐）服务器 Eth-Trunk 接入 Leaf M-LAG 工作组	两台 Leaf 设备通过 peer-link 互联并建立 Dfs-group，对外表现为一台逻辑设备，但又各自有独立的控制面。服务器以负载分担方式接入两台 Leaf，设备升级维护简单，运行可靠性高。下行口配置 M-LAG 双归接入服务器，服务器双网卡运行在主备 / 负载分担模式。因设备有独立控制面，故部署配置相对复杂	高	高	中
服务器 Eth-Trunk 接入 Leaf 堆叠工作组	两台 Leaf 利用堆叠技术形成一台逻辑设备，共用一个控制面，简化管理。服务器双网卡 Bond 绑定运行在主备 / 负载分担模式，带宽利用率高。但逻辑设备升级维护流程较为复杂	低	中	中
服务器主备接入 Leaf 单机	Leaf 独立部署，服务器双网卡绑定以主备模式接入两台 Leaf 设备，同一时间只有一个网卡收发报文，带宽利用率低。主备网卡切换时接收流量的 VTEP IP 发生变化，依赖于发生切换的服务器发送免费 ARP 报文重新引流	中	高	中

6.2.3　Border Leaf 和 Service Leaf 节点设计及其原理

Border Leaf和Service Leaf作为两类特殊的Leaf节点，并不用作接入业务服务器。Border Leaf主要用作数据中心网络的南北向网关，负责将南北向流量发送给对端的PE及从PE接收发往数据中心内部的流量。Service Leaf主要用作接入VAS设备，例如防火墙、LB等。

Border Leaf和Service Leaf在转发模型和部署方式方面与用作接入业务服务器的Server Leaf基本一致，所以基于可靠性考虑，使用M-LAG或iStack，基于带宽、收敛比和特殊业务选用的相应的硬件形态同样适用于Border Leaf和Service Leaf。下面针对二者的不同点进行介绍。

Border Leaf和Service Leaf设计时需要额外考虑的因素如下。

- Border Leaf和PE对接的方式有单L3接口对接、双L3接口对接及四L3接口对接3种，需要根据对端PE的形态及能力做出合理选择，推荐使用"Border Leaf双活+静态路由/BGP ECMP"方式部署。关于Border Leaf和PE对接的具体描述见6.2.4节。

- Border Leaf和Service Leaf可以合设（即Service Leaf和Border Leaf通过一组 Leaf设备承载）或者分设（即Service Leaf和Border Leaf均单独部署一组Leaf 设备），合设和分设的选择主要基于网络中的业务数量和路由数量进行 考量。
- Service Leaf并非只有一组，需要根据VAS设备的要求确定Service Leaf的组数。

根据Service Leaf和Border Leaf是否在网络中合设，其组网方式分为以下两种 方式：Service Leaf和Border Leaf合设、Service Leaf和Border Leaf分设。

1. Service Leaf和Border Leaf 合设场景

Service Leaf和Border Leaf合设场景如图6-8所示，在此场景中，Border Leaf 边界节点、Service Leaf服务节点由同一组设备担任，L4～L7等增值设备旁挂在 Service Leaf/Border Leaf节点两侧，双归接入两台交换机，防火墙接入网关设备的 方式拓扑简单，可以简化配置部署，防火墙可以伴随网关组扩展同步扩容。

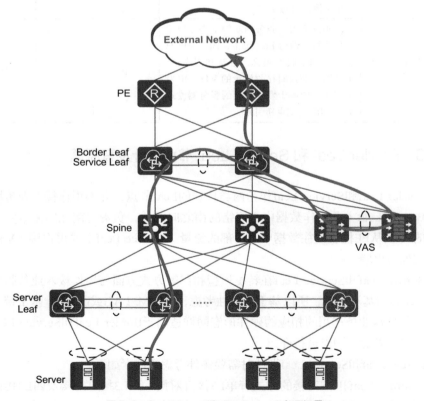

图 6-8　Service Leaf 和 Border Leaf 合设场景

在此场景中，数据中心内部南北向流量的路径为Server → Server Leaf → Spine → Service Leaf（Border Leaf）→ VAS → Service Leaf（Border Leaf）ToR → PE → External Network。业务流量到达Spine后，直接被重定向到VAS设备，经过VAS设备处理后的流量再发回Spine，最终发往数据中心外部。从外部访问数据中心内部的流量路径相同、方向相反。

可以看出，采用这种方式组网，设备较少，组网成本较低，流量模型非常简单，便于维护。但是它的扩展性不佳，受限于Border Leaf和Service Leaf的规格。这种方式适合中小型数据中心，这类数据中心往往对网络扩展性的要求不高，更关注落地难易、成本高低和是否具有可维护性。

2. Service Leaf和Border Leaf分设场景

Service Leaf和Border Leaf分设场景如图6-9所示，在此场景中，Border Leaf边界节点、Service Leaf服务节点分别由不同的设备组来担任，Border Leaf和Service Leaf均可以单独扩展。

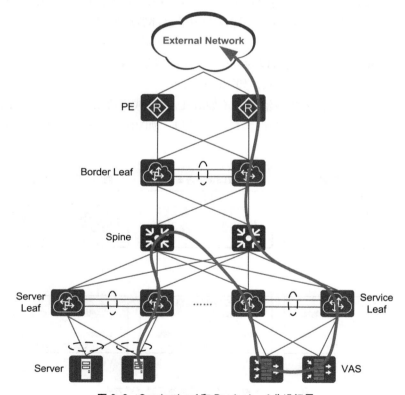

图6-9 Service Leaf 和 Border Leaf 分设场景

在此场景中，数据中心内部互访流量的路径为Server → Server Leaf → Spine → Service Leaf → VAS → Service Leaf → Spine → Border Leaf → PE → External Network。业务流量到达Spine后，会发往独立部署的Service Leaf，Service Leaf将流量发往VAS设备进行处理后，再发回给Spine，最后发往数据中心External Network，外部访问数据中心内部流量同样按此处理。

可以看出，这种方式组网设备较多，组网成本比较高，流量模型和维护相对复杂。但是它的扩展性和架构的灵活性是合设方式所不具备的，Border Leaf和Service Leaf的数量可以根据业务规模灵活地调整，适合有较强技术能力的企业。

6.2.4　出口网络设计

数据中心出口网络设计包括Border Leaf和出口路由器PE之间的连接与配置。目前Border Leaf和PE之间的连接方式灵活多样，在设计时需注意考虑以下因素。

- PE路由器可以独立部署，但建议采用堆叠部署或通过E-Trunk、VRRP等机制部署，保障可靠性。
- PE和Border Leaf之间可以通过单L3接口、双L3接口（口字形接入）、四L3接口（交叉型接入）互联，如图6-10所示。
- Border Leaf建议采用双活技术（如M-LAG）或堆叠方式部署，Border Leaf与PE之间可通过三层路由接口或虚接口（如VBDIF接口和VLANIF接口）互联。

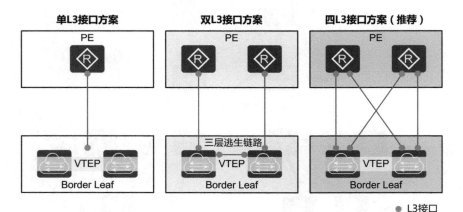

图 6-10　3 种常见的出口网络逻辑互联方式

对于以上3种互联方式，用户可以根据边界设备的实际情况进行选择。

- 对于每个VRF，PE有几个L3接口与DC的Border Leaf对接。此项由用户既有的边界情况决定，可以通过1个、2个或4个L3接口和Border Leaf对接，推荐通过4个L3接口。
- 根据物理设备的规格能力可以选择交叉型（两台PE至少需4个端口）、口字形（两台PE至少需2个端口）或直连方式（1个端口）。这由客户既有的边界路由器可提供的L3接口的数量决定，推荐交叉型连接。

如果通过单接口对接，则PE侧设备可以通过堆叠、跨设备链路聚合技术或者VRRP形式和Border Leaf对接。具体可以根据PE侧设备的能力来决定。

如果通过双接口对接，则PE独立部署，同时和双活的Border Leaf之间形成口字形组网。PE侧共配置两个独立L3接口。此时，需要在Border Leaf之间部署逃生链路，当某条互联链路发生故障时，流量可以通过逃生链路进行转发。

如果通过四接口对接，则PE和Border Leaf 有4条互联链路，组成交叉型出口网络，PE侧共配置4个独立L3接口。此场景下，由于有4条链路互为冗余，Border Leaf之间的逃生链路并不是必须部署的，但是为了实现网络的健壮性，在Border Leaf接口足够的情况下，依然建议用户在Border Leaf之间增加逃生链路。

以下介绍出口网络路由规划。

Border Leaf和PE之间可以选择部署静态路由或者动态路由两种方式，一般来说，当Border Leaf和PE之间通过单L3接口进行对接时，直接通过在Border Leaf和PE上配置指向对端的静态路由，即可实现Border Leaf和PE之间的互通；而口字形组网（双L3接口对接）和交叉型组网（四L3接口）对接的情况则更复杂，需要同时考虑静态路由和动态路由的选择、逃生链路的路由规划等问题。

下面以口字形组网为例，说明出口网络的具体路由规划。

图6-11所示为口字形组网下的静态路由规划，两台Border Leaf和对端PE分别通过L3接口互联，同时Border Leaf之间部署一条Eth-Trunk链路作为逃生链路。如果Border Leaf已经部署了M-LAG，建议此逃生链路和M-LAG的peer-link链路分开部署，不建议用同一条Eth-Trunk链路。

在每台Border Leaf上，配置静态默认路由，路由下一跳为对端PE的L3接口地址。在每台PE上配置静态明细路由，路由目的地址为内网业务网段，路由的下一跳为对端Border Leaf的L3接口地址。建议配置PE 指向内网的静态路由时，进行路由汇聚，减少路由条目，方便运维。

针对逃生链路，可以在每台Border Leaf上配置低优先级的静态默认路由，路由的下一跳为对端Border Leaf的L3互联接口。这样在指向PE的静态路由失效时，这条低优先级的默认路由会生效，使流量可以通过逃生链路绕行。

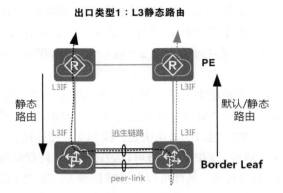

图 6-11　口字形组网下的静态路由规划

图6-12所示为口字形组网下的动态路由规划，两台Border Leaf和对端PE分别通过L3接口互联，同时Border Leaf之间部署一条Eth-Trunk链路作为逃生链路。如果Border Leaf已经部署了M-LAG，建议此逃生链路和M-LAG的peer-link链路分开部署，不建议用同一条Eth-Trunk链路。

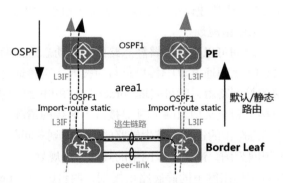

图 6-12　口字形组网下的动态路由规划

在动态路由对接方案中，仍然建议内网访问外网的北向流量通过静态默认路由访问PE，并且同样在Border Leaf配置低优先级的静态默认路由指向对端Border Leaf，作为逃生链路的路由。

PE侧访问内网网段则通过OSPF协议实现，Border Leaf和PE、PE和PE之间建立OSPF邻居，同时在Border Leaf上将静态路由引入OSPF中，由于Border Leaf上会有指向内网网段的静态路由，这些静态路由通过OSPF发送给PE后，PE可以根据这些路由访问内网。同时，该方案中，PE和PE之间也通过一条L3链路建立OSPF邻居，该链路可以作为PE的逃生链路。

第 7 章
构建数据中心的逻辑网络（Overlay 网络）

Overlay网络是在Underlay网络上构建的一个逻辑网络，满足数据中心构建大二层网络的要求。目前用于构建Overlay网络的主流技术为NVo3。本章介绍NVo3中使用最广泛的VXLAN协议的基本概念和Overlay网络分类，然后介绍VXLAN的控制面协议EVPN以及各类数据报文的转发过程，最后介绍控制器在进行VXLAN配置时分别构建的逻辑模型，以及它们在网络中的位置。

7.1 Overlay 网络

如图7-1所示，Overlay网络即通过在现有Underlay网络上叠加一个软件定义的逻辑网络，解决数据中心网络中诸如大规模虚拟机之间二层互通的问题。

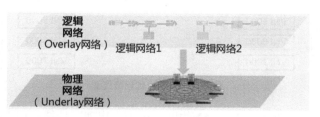

图 7-1　Overlay 网络示意

Overlay网络和Underlay网络完全解耦，将网络虚拟化并构建出面向应用的自适应逻辑网络，这样物理网络可以弹性扩展。同时，IP地址信息不与位置绑定，业务可以灵活部署。这种Overlay网络和Underlay网络解耦的结构有利于SDN架构的部署。SDN控制器不需要考虑物理网络的架构，可以灵活地将业务部署到Overlay网络中。

用于构建Overlay网络的技术称为Overlay技术，也就是第4章中提到的NVo3类技术。NVo3类技术实际上是一种隧道封装技术，通过隧道封装的方式将二层报文进行封装后在现有网络中透明传输，报文到达目的地之后再对其解封装，得到原始报文，相当于将一个大二层网络叠加在现有的网络之上。

目前，主流的NVo3类技术有VXLAN、NVGRE等，其中，VXLAN技术被绝大多数企业选择作为构建其Overlay网络的技术标准。下面针对VXLAN技术进行详细介绍。

7.2 VXLAN 基础及相关概念

VXLAN是由IETF定义的NVo3标准技术之一，采用L2 over L4（MAC-in-UDP）的报文封装模式，将二层报文用三层协议进行封装，可实现二层网络在三层范围内的扩展，同时满足数据中心大二层虚拟迁移和多租户的需求。

首先来了解一下VXLAN的网络模型，如图7-2所示。

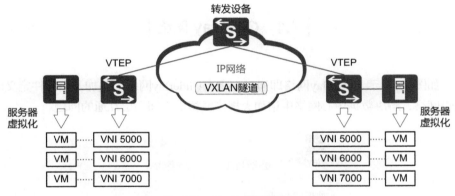

图 7-2 VXLAN 的网络模型

从图7-2中可以发现，VXLAN的网络模型中出现了传统数据中心网络中没有的新元素，介绍如下。

（1）VTEP

VTEP即VXLAN的边缘设备，是VXLAN隧道的起点和终点，VXLAN报文的相关处理均在VTEP上进行。VTEP既可以是一台独立的网络设备（如华为的CloudEngine系列交换机），也可以是虚拟机所在的服务器。

（2）VNI

以太网数据帧中VLAN只占用12 bit的空间，这使得VLAN的隔离能力在数据中心网络中实现起来有些力不从心。VNI就是专门用来解决这个问题的。VNI是一种类似于VLAN ID的用户标识，一个VNI代表一个租户，归属于不同VNI的虚拟机之间不能直接进行二层通信。VXLAN报文封装时，给VNI分配了足够的空间，使其可以支持海量租户的隔离。详细的实现将在后文中介绍。

（3）VXLAN隧道

"隧道"是一个逻辑上的概念，它并不新鲜，比如大家熟悉的GRE。实际上，"隧道"就是将原始报文"变身"一下，加以"包装"，好让它可以在承载网络（如IP网络）上传输。从主机的角度看，"隧道"就好像原始报文的起点和终点之间有一条直通的链路一样。顾名思义，"VXLAN隧道"用来传输经过VXLAN封装的报文，它是建立在两个VTEP之间的一条虚拟通道。VXLAN报文格式如图7-3所示。

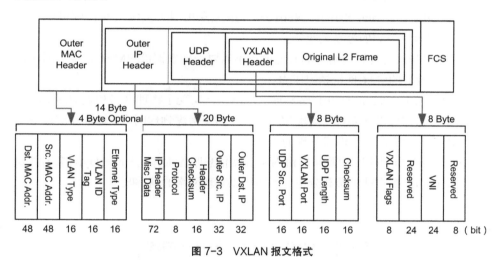

图 7-3 VXLAN 报文格式

VTEP对VM发送的原始以太帧（Original L2 Frame）进行以下封装。

- VXLAN Header：增加VXLAN报文头（8 Byte），其中包含一个VNI字段（24 bit），用来定义VXLAN中不同的租户。此外，还包含一个VXLAN Flags字段（8 bit，取值为0000 1000）和两个保留字段（分别为24 bit和8 bit）。
- UDP Header：VXLAN报文头和原始以太帧一起作为UDP的数据。其中，VXLAN Port（目的端口号）固定为4789，UDP Src. Port（源端口号）是原始以太帧通过哈希算法计算后的值。
- Outer IP Header：封装外层IP报文头。其中，Outer Src. IP（源IP地址）为源VM所属VTEP的IP地址，Outer Dst. IP（目的IP地址）为目的VM所属VTEP的IP地址。
- Outer MAC Header：封装外层以太报文头。其中，Src. MAC Addr.（源MAC地址）为源VM所属VTEP的MAC地址，Dst. MAC Addr.（目的MAC地址）为去往目的VTEP的路径上下一跳设备的MAC地址。

从VXLAN的网络模型和报文结构可以看出，VXLAN将虚拟机发出的数据报文封装在UDP中，并使用物理网络的IP、MAC作为Outer-Header进行封装，然后在IP网络上传输，到达目的地后，由隧道端点解封装并将数据发送给目标虚拟机。VXLAN具有以下几个特点。

- 与当前通过12 bit VLAN ID进行二层租户隔离的手段相比，通过24 bit的VNI可以支持多达1600万个VXLAN段的网络隔离，对用户进行隔离和标识不再受到限制，可满足海量租户。
- VNI为VXLAN自有的封装内容，可以灵活地和其他属性相关联，比如和VPN（Virtual Private Network，虚拟专用网）实例关联，则可以支持L2VPN、L3VPN等复杂业务。
- 除VTEP设备外，网络中的其他设备不需要识别虚拟机的MAC地址，因而减轻了设备的MAC地址学习压力。
- 通过采用MAC in UDP封装延伸二层网络，实现了物理网络和虚拟网络的解耦，租户可以规划自己的虚拟网络，不需要考虑物理网络IP地址和广播域的限制，大大降低了网络管理的难度。
- VXLAN封装的UDP源端口由内层的流信息哈希而来，Underlay网络不需要解析内层报文就可负载分担，因而可以实现网络的高吞吐。

7.3 VXLAN Overlay 网络

本节介绍VXLAN Overlay网络的类型，并对它们进行对比。

7.3.1 VXLAN Overlay 网络类型

根据承担VTEP角色的设备形态的不同，VXLAN Overlay网络可以分为Network Overlay、Host Overlay、Hybrid Overlay 3种类型。

- Network Overlay：所有VTEP均由物理交换机承担。
- Host Overlay：所有VTEP均由vSwitch承担。
- Hybrid Overlay：一部分VTEP部署在物理交换机上，另一部分VTEP部署在vSwitch上。

1. Network Overlay

Network Overlay分为集中式和分布式两类，其特点是VXLAN隧道的两个端点全部是物理交换机，如图7-4所示。

- 集中式Network Overlay中，Leaf作为VXLAN的二层网关，Spine或Border Leaf作为VXLAN的三层网关。
- 分布式Network Overlay中，Leaf同时作为VXLAN的二层和三层网关，Spine 仅作为IP流量高速转发节点，不处理VXLAN报文。

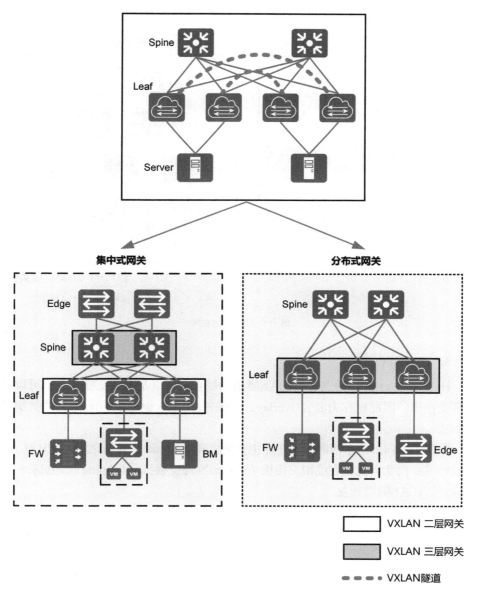

图 7-4　Network Overlay 及其集中式和分布式网关

2. Host Overlay

Host Overlay的特点是VXLAN隧道的两个端点都是虚拟交换机，而虚拟交换机部署在服务器上，如图7-5所示。数据中心内部的东西向流量在虚拟交换机之间通过VXLAN隧道转发；南北向流量在虚拟交换机与虚拟路由器之间转发。作为Leaf和Spine的物理交换机仅进行IP报文的高速转发，不处理VXLAN报文。

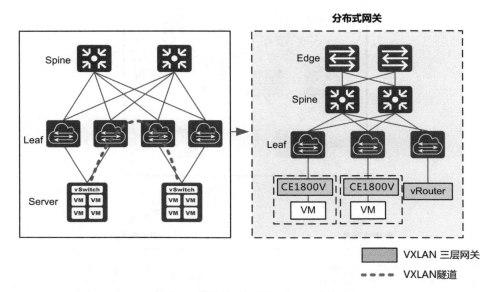

图7-5　Host Overlay

3. Hybrid Overlay

Hybrid Overlay的特点是VXLAN隧道的端点既可以是虚拟交换机，也可以是物理交换机，因此也称为混合Overlay，如图7-6所示。混合Overlay常见的类型是分布式。

数据中心内部的东西向流量在虚拟交换机和物理Leaf交换机之间通过VXLAN隧道转发；南北向流量在虚拟交换机（或Leaf物理交换机）与Spine（或Edge）之间通过VXLAN隧道转发。

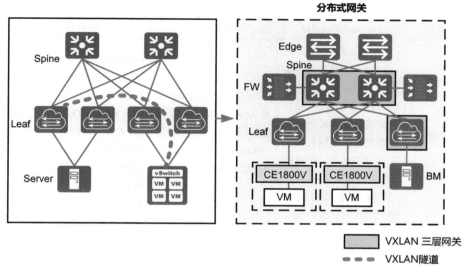

图 7-6　Hybrid Overlay

7.3.2　网络类型对比

在上述3种VXLAN Overlay网络中，云数据中心的解决方案推荐使用Network Overlay构建云数据中心网络。其他两种VXLAN Overlay仅在有限场景中推荐使用。

相比其他两种类型的Overlay网络，Network Overlay的主要优势在于将硬件交换机作为VTEP，VXLAN路径计算完全在交换机设备上运作，其转发性能、运维便利性和安全性相比软件交换机都有非常大的优势。此外，在SDN和传统网络对接方面，硬件交换机和传统网络对接的便利性也非软件交换机可以比拟。

3种Overlay网络类型的具体对比见表7-1。

表 7-1　Network Overlay、Host Overlay 和 Hybrid Overlay 对比说明

对比项	Network Overlay	Host Overlay	Hybrid Overlay
VTEP	硬件交换机	vSwitch	硬件交换机，vSwitch
VXLAN L3 GW	硬件交换机（分布式部署，根据 VM 上线位置相应地部署）	vSwitch（分布式部署，根据 VM 上线位置相应地部署）	硬件交换机和 vSwitch（分布式部署，根据 VM 上线位置相应地部署）
接入服务器类型	虚拟化服务器、物理服务器	虚拟化服务器	虚拟化服务器、物理服务器
接入 L4 ～ L7 服务类型	硬件或软件实现的 L4 ～ L7 服务均可以	软件 L4 ～ L7 服务(vSwitch 接入）	硬件或软件实现的 L4 ～ L7 服务均可以

续表

对比项	Network Overlay	Host Overlay	Hybrid Overlay
控制面	• 设备 L2/L3 自学习。 • 设备间 L2 通过头端复制广播自学习。 • 可选择控制面完全由控制器进行集中控制，即物理设备仅根据控制器下发表项转发，不进行控制面处理。 • 可选择设备间通过 BGP-EVPN 同步	• vSwitch 通过 OpenFlow 将 ARP/ND 表项上报控制器，由控制器进行处理。 • vSwitch 间通过控制器下发流表同步	• 硬件设备 L2/L3 本地自学习。 • 硬件设备间通过 BGP EVPN 同步。 • vSwitch 通过 OpenFlow 将 ARP/ND 表项上报控制器，vSwitch 间通过控制器下发流表同步。 • 硬件 NVE 和 vSwitch NVE 之间通过控制器的 BGP EVPN 同步
转发性能	不占用服务器 CPU 资源，硬件设备转发性能高	VXLAN 处理占用服务器 CPU 资源，性能受 CPU 影响大	硬件部分不占用服务器 CPU 资源，软件部分 VXLAN 处理占用服务器 CPU 资源
虚拟机规格	• VPC 数量受限于硬件交换机 VPN 实例和路由规格。 • 同一 VPC 虚拟机数量受限于硬件交换机的表项规格	仅受限于控制器的能力，相比硬件交换机有很大优势	• VPC 数量仅受限于控制器的能力，相比硬件交换机有很大优势。 • 同一 VPC 虚拟机数量受限于硬件交换机的表项规格
适用场景	• 适用于对转发性能、运维、安全等有很高要求的私有云用户。 • 适用于虚拟化服务器 / 物理服务器同时接入。 • SDN 与传统网络互联互通	• 仅适用于虚拟化服务器接入。 • 适用于租户规模超大的用户。 • 网络内有多个厂商网络设备，需要 VXLAN 与硬件网络设备解耦	• 适用于虚拟化服务器 / 物理服务器同时接入。 • SDN 与传统网络互联互通。 • 对硬件成本敏感，强调网络利旧，需要 VXLAN 与硬件网络设备解耦

集中式Network Overlay和分布式Network Overlay二者相比，分布式Network Overlay 更占优势。在集中式Network Overlay场景下，所有跨网段的流量均需要从集中式网关绕行，给集中式网关设备带来巨大的压力，所以在集中式Network Overlay场景下，可以支持的业务数量受限，网络扩展能力较差。绝大多数场景下，在云数据中心中，推荐分布式Network Overlay作为企业首选的数据中心网络部署方案。集中式Network Overlay和分布式Network Overlay的对比见表7-2。

表 7-2　集中式 Network Overlay 和分布式 Network Overlay 对比说明

对比项		集中式 Network Overlay	分布式 Network Overlay（推荐）
部署	NVE	•部署在 Leaf 节点（ToR）上。 •使用硬件交换机	•部署在 Leaf 节点（ToR）上。 •使用硬件交换机
	三层网关	•集中部署在 Spine 或 Border Leaf 上。 •使用硬件交换机	•分布式部署：根据 VM 上线位置相应部署在就近的 Leaf 节点（ToR）上。 •使用硬件交换机
	Border Leaf	可以和 Spine、三层网关合一部署	可以和 Spine 合一部署
	L4 ~ L7	直挂、旁挂网关或单独使用一组 Leaf 接入（Service Leaf）	直挂、旁挂 Border Leaf 或单独使用一组 Leaf 接入（Service Leaf）
转发面		•子网间转发流量都需要集中到网关，流量有迂回，网关压力大。 •三层转发表项在网关集中，对网关节点要求高	•子网间转发流量直接在 Leaf 节点间转发，流量没有迂回，压力分担。 •三层转发表项分布在 Leaf 节点，对网关节点要求不高
控制面		BGP EVPN	BGP EVPN
应用场景		适用于对转发性能要求较高、租户数量较少的小型网络	适用于对转发性能要求较高、租户数量较多的中大型网络

|7.4　VXLAN 控制面|

最初的VXLAN方案（RFC 7348）中没有定义控制面，需要手工配置VXLAN隧道，然后通过流量泛洪的方式进行主机地址的学习。这种方式在实现上较为简单，但是会导致网络中存在很多泛洪流量，网络扩展比较困难。

为了解决上述问题，VXLAN引入EVPN作为VXLAN的控制面。EVPN 参考了BGP/MPLS IP VPN的机制，通过扩展BGP新定义了几种BGP EVPN路由，通过在网络中发布BGP路由来实现VTEP的自动发现、主机地址学习。

采用EVPN作为控制面的优势包括：可实现VTEP自动发现、VXLAN隧道自动建立，从而降低网络部署、扩展的难度；EVPN可以同时发布二层MAC和三层路由信息；可以减少网络中泛洪流量。

1. EVPN基本原理

传统的BGP-4使用Update报文在对等体之间交换路由信息。一条Update报文可以通告一类具有相同路径属性的可达路由，这些路由放在NLRI（Network Layer Reachable Information，网络层可达信息）字段中。

因为BGP-4只能管理IPv4单播路由信息，为了提供对多种网络层协议的支持（例如IPv6、组播），发展出了MP-BGP（Multi-Protocol BGP，多协议BGP）。MP-BGP在BGP-4的基础上对NLRI进行了新扩展。"玄机"就在于新扩展的NLRI上，扩展之后的NLRI增加了对地址族的描述，可以用来区分不同的网络层协议，例如IPv6单播地址族、VPN实例地址族等。

类似的，EVPN在L2VPN地址族下定义了新的子地址族——EVPN地址族，还新增了一种NLRI，即EVPN NLRI。EVPN NLRI定义了以下几种BGP EVPN路由类型，在EVPN对等体之间发布这些路由，可以实现VXLAN隧道的自动建立、主机地址的学习。

Type2路由——MAC/IP路由：用来通告主机MAC地址、主机ARP和主机路由信息。Type2路由中的NLRI格式如图7-7所示。

Route Distinguisher	路由RD值，由EVPN实例设置
Ethernet Segment Identifier	与对端连接的标识ESI
Ethernet Tag ID	VLAN ID
MAC Address Length	主机MAC地址的长度
MAC Address	主机MAC地址
IP Address Length	主机IP地址的掩码长度
IP Address	主机IP地址
MPLS Label1	二层VNI
MPLS Label2	三层VNI

图 7-7　Type2 路由中的 NLRI 格式

Type3路由——Inclusive Multicast路由：用于VTEP的自动发现和VXLAN隧道的动态建立。Type3路由中的NLRI格式如图7-8所示。

Type5路由——IP前缀路由：用于通告引入的外部路由，也可以通告主机路由信息。Type5路由中的NLRI格式如图7-9所示。

EVPN路由在发布时会携带RD（Route Distinguisher，路由标识符）和VPN Target（也称为Route Target）。RD用来区分不同的VXLAN EVPN路由；VPN Target是一种BGP扩展团体属性，用于控制 EVPN路由的发布与接收。也就是说，VPN Target定义了本端的EVPN路由可以被哪些对端所接收，以及本端是否接收对端发来的EVPN路由。

前缀

Route Distinguisher	RD值，由EVPN实例设置
Ethernet Tag ID	VLAN ID，此处全为0
IP Address Length	本端VTEP IP地址的掩码长度
Originating Router's IP Address	本端VTEP IP地址

PMSI属性

Flags	标志位，VXLAN中无实际意义
Tunnel Type	隧道类型，VXLAN为6
MPLS Label	二层VNI
Tunnel Identifier	隧道信息

图 7-8　Type3 路由中的 NLRI 格式

Route Distinguisher	路由RD值，由EVPN实例设置
Ethernet Segment Identifier	与对端连接的标识ESI
Ethernet Tag ID	VLAN ID
IP Prefix Length	IP前缀掩码长度
IP Prefix	IP前缀
GW IP Address	默认网关地址
MPLS Label	三层VNI

图 7-9　Type5 路由中的 NLRI 格式

VPN Target属性分为以下两类。

- Export Target：本端发送EVPN路由时，将消息中携带的VPN Target属性设置为Export Target。
- Import Target：本端在接收到对端的EVPN路由时，将消息中携带的Export Target与本端的Import Target进行比较，只有两者相等时才接收该路由，否则丢弃该路由。

2. 同子网互通场景下的VXLAN隧道建立

VXLAN隧道由一对VTEP 确定，在同子网互通场景下，因为只需要在同一个二层BD（Bridge Domain，广播域）内互通，所以只要两端VTEP的IP地址路由可达，VXLAN隧道就可以建立。通过EVPN动态建立VXLAN隧道，就是在两端VTEP之间建立BGP EVPN对等体，对等体之间通过交互Type3路由来传递VNI和VTEP IP地址信息，动态地建立VXLAN隧道。图7-10所示为建立隧道的流程。

- 首先在两端设备Leaf1和Leaf2之间建立BGP EVPN对等体，并完成VTEP、VNI、EVPN实例等必要的配置。
- Leaf1和Leaf2会生成Type3 EVPN路由并发送给对端。该路由携带的主要信息包括：本端VTEP IP地址、VNI及EVPN实例的RD、出方向VPN-Target（ERT）、入方向VPN-Target（IRT）。
- Leaf1和Leaf2接收到对端发来的EVPN路由后，首先检查该路由携带的ERT是否与本端EVPN实例的IRT相同，如果相同，就接收该路由，否则丢弃。

在接收该路由后，检查其携带的对端VTEP IP地址和本端VTEP IP地址是否为三层路由可达，如果是，则建立一条到对端的VXLAN隧道。同时，如果对端VNI与本端相同，则创建一个头端复制表，用于后续广播、组播、未知单播报文的转发。

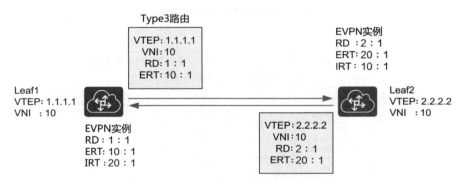

图7-10　同子网互通场景下的 VXLAN 隧道建立的流程

3. 跨子网互通场景下的隧道建立

在跨子网互通的场景下，隧道的建立与同子网互通不同。在通过BGP EVPN方式建立VXLAN隧道的过程中，网关Leaf之间需要发布下属主机或网段的IP路由，否则网关Leaf之间就无法学习到对方的路由，从而无法进行三层转发。简单来说，就是"你得告诉我你下面都接了什么网段的路由，否则我无法判断是否要发给你"。以图7-11为例，Leaf2需要把下属的192.168.20.1/32路由信息发布给Leaf1，否则Leaf1作为三层网关，无法学习去往192.168.20.1的路由，从而也就不知道如何去往192.168.20.1。

在跨子网互通场景下，隧道的建立是通过传递 Type2或Type5 EVPN路由来实现的。Type2和Type5路由都可以携带主机或网段路由信息，区别在于：Type2路由只能用于发布32位主机路由，而Type5路由既可以用于发布32位主机路由，也可以用于发布网段路由，所以Type5路由可以实现VXLAN与External Network的互通。下文仅以Type2路由为例。

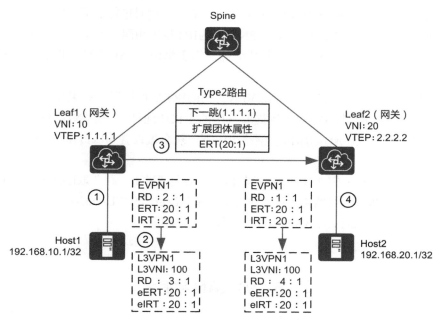

图 7-11　跨子网互通场景下隧道建立的流程

图7-11展示了Leaf1和Leaf2之间是如何传递主机路由并建立隧道的。

步骤① Leaf1通过Host1上线时的ARP报文，可以学习到Host1的ARP表项。同时，还可以根据Host1所属的BD域，获取相应的二层VNI信息、L3VPN实例及L3VPN实例关联的三层VNI信息。

这里简单介绍一下L3VPN和三层VNI。同一个Leaf下可能有多个网段的租户，为了实现不同租户之间的隔离，就在Leaf上通过创建不同的L3VPN来隔离不同租户的路由表，从而将不同租户的路由存放在不同的私网路由表中。三层VNI就是用来标识这些 L3VPN的。Leaf节点收到对端发送来的数据报文时（报文会携带三层VNI），根据其三层VNI 找到相应的L3VPN，通过查找该L3VPN实例下的路由表进行转发。

总结一下，就是Leaf1会获取Host1的IP+MAC+Host1所属二层VNI+VBDIF绑定的L3VPN实例的三层VNI。然后Leaf1上的EVPN实例根据这些信息生成Type2路由。

步骤② Leaf1上的EVPN实例将Host1的IP+MAC+三层VNI发给本端的L3VPN实例，从而在本端的L3VPN实例中生成本地Host1的路由。

步骤③ Leaf1 向Leaf2发送生成的EVPN路由，除了上述的主机信息，该路由还携带本端EVPN实例的ERT、路由下一跳（本端VTEP IP）、VTEP的MAC等信息。

步骤④ Leaf2收到Leaf1发来的EVPN路由后，会同时进行如下处理。

- 检查该路由的ERT与本端EVPN实例的IRT是否相同。如果相同，则接收该路由，同时EVPN实例提取其中包含的主机IP+MAC信息，用于主机ARP通告。

- 检查该路由的ERT与本端L3VPN实例的IRT是否相同。如果相同，则接收该路由，同时L3VPN实例提取其中的主机IP地址+三层VNI信息，在其路由表中生成Host1的路由。该路由的下一跳会被设置为Leaf1的VXLAN隧道接口。

本端EVPN实例或L3VPN实例接收该路由后会通过下一跳获取Leaf1的VTEP IP地址，如果该地址三层路由可达，则建立一条到Leaf1的VXLAN隧道。

Leaf1 到Leaf2的VXLAN隧道建立过程与上述相同。

7.5　VXLAN 数据面

本节将介绍VXLAN协议转发面的流量转发过程。

从方向和范围看，数据中心的流量可以分为东西向流量（数据中心内部互访）和南北向流量（数据中心内外访问），具体的流量可以分为以下4类。它们在分布式Network Overlay中的流量模型如图7-12所示。

- 同一VPC内部的同子网流量：属于L2 VXLAN封装，直接由ToR节点完成VXLAN封装的转发。

- 同一VPC内部的跨子网流量：属于L3 VXLAN封装，直接在ToR上完成三层路由。

- 不同VPC之间互访的流量：属于跨子网转发且存在安全隔离需求，因此流量需要经过防火墙到达VXLAN三层网关。

- 数据中心内外访问的流量：数据中心外部用户访问数据中心内部某VPC中的服务器时，一般要经过IPS（Intrusion Prevention System，入侵防御系统）/FW、LB、VXLAN网关、ToR节点后再到VPC服务器。

下面以报文转发为例介绍转发面的转发流程，包括同子网已知单播报文转发、同子网BUM报文转发、跨子网报文转发、跨VPC报文转发和数据中心内外报文转发。

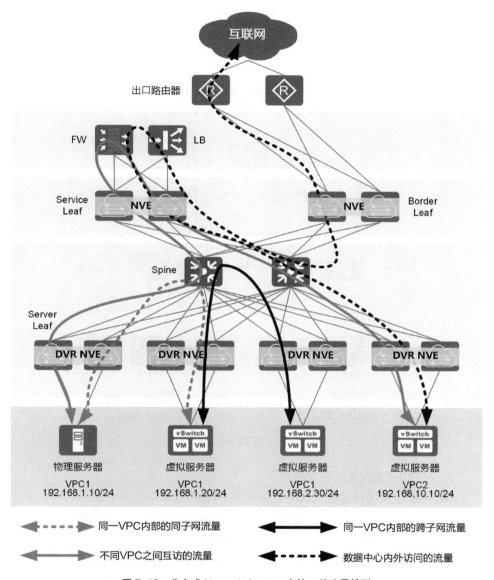

图 7-12　分布式 Network Overlay 中的 4 种流量模型

1. 同子网已知单播报文转发（含ARP请求/应答流程）

如图7-13所示，VM_A、VM_B和VM_C同属于10.1.1.0/24网段，且同属于VNI 5000。此时，VM_A 想与VM_C进行通信。

由于是首次进行通信，VM_A上没有VM_C的MAC地址，所以会发送ARP 广播报文请求VM_C的MAC地址。

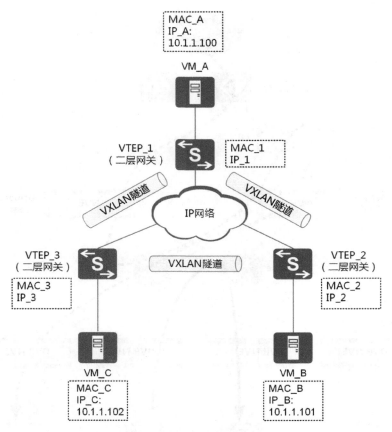

图 7-13　同子网 VM 互通组网

（1）ARP请求报文的转发流程

ARP请求报文的转发流程如图7-14所示。

步骤① VM_A发送源MAC为MAC_A、目的MAC为全F、源IP为IP_A、目的IP为IP_C的ARP广播报文，请求VM_C的MAC地址。

步骤② VTEP_1收到ARP请求后，根据设备上的配置判断报文需要进入VXLAN隧道。确定报文所属 BD 后，也就确定了报文所属的VNI。同时，VTEP_1学习 MAC_A、VNI和报文入接口（Port_1）的对应关系，并记录在本地MAC表中。之后，VTEP_1会根据头端复制列表对报文进行复制，并分别进行封装。

可以看到，这里封装的外层源IP地址为本地VTEP（VTEP_1）的IP地址，外层目的IP地址为对端VTEP（VTEP_2和VTEP_3）的IP地址；外层源MAC地址为本地VTEP的MAC地址，而外层目的MAC地址为去往目的IP网络中下一跳设备的MAC地址。封装后的报文根据外层MAC和IP信息在IP网络中进行传输，直至到达对端VTEP。

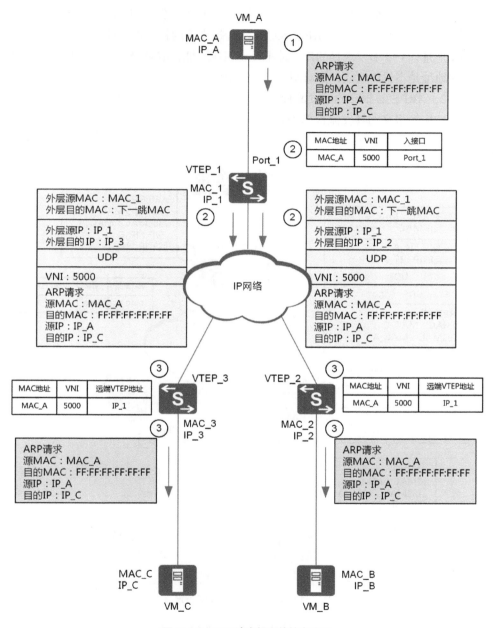

图 7-14 ARP 请求报文的转发流程

步骤③ 报文到达VTEP_2和VTEP_3后，VTEP对报文进行解封装，得到VM_A发送的原始报文。同时，VTEP_2和VTEP_3 学习 VM_A的MAC地址、VNI和远端VTEP的IP地址（IP_1）的对应关系，并记录在本地MAC表中。之后，VTEP_2

和VTEP_3根据设备上的配置对报文进行相应的处理，并在对应的二层域内广播。

VM_B和VM_C接收到ARP请求后，比较报文中的目的IP地址，看其是否为本机的IP地址。VM_B发现目的IP地址不是本机IP地址，故将报文丢弃。VM_C发现目的IP地址是本机IP地址，则对ARP请求做出应答。

（2）ARP应答报文的转发流程

ARP应答报文的转发流程如图7-15所示。

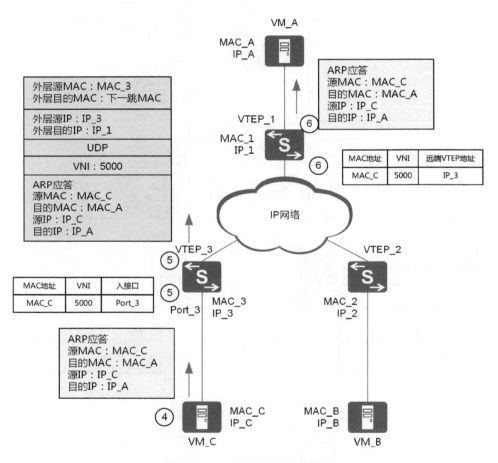

图 7-15　ARP 应答报文的转发流程

步骤④　由于此时VM_C已经学习到VM_A的MAC地址，所以ARP应答报文为单播报文。报文的源MAC为MAC_C，目的MAC为MAC_A，源IP为IP_C，目的IP为IP_A。

步骤⑤　VTEP_3接收到VM_C发送的ARP应答报文后，识别报文所属的VNI（识别流程与ARP请求报文转发的步骤②类似）。同时，VTEP_3学习MAC_C、

VNI和报文入接口（Port_3）的对应关系，并记录在本地MAC表中。之后，VTEP_3对报文进行封装。

可以看到，这里封装的外层源IP地址为本地VTEP（VTEP_3）的IP地址，外层目的IP地址为对端VTEP（VTEP_1）的IP地址。外层源MAC地址为本地VTEP的MAC地址，而外层目的MAC地址为去往目的IP网络中下一跳设备的MAC地址。

封装后的报文根据外层MAC和IP信息，在IP网络中进行传输，直至到达对端VTEP。

步骤⑥ 报文到达VTEP_1 后，VTEP_1对报文进行解封装，得到VM_C发送的原始报文。同时，VTEP_1 学习 VM_C的MAC地址、VNI和远端VTEP的IP地址（IP_3）的对应关系，并记录在本地MAC表中。之后，VTEP_1将解封装后的报文发送给VM_A。

至此，VM_A和VM_C 均已学习到了对方的MAC地址。之后，VM_A和VM_C将采用单播方式进行通信。单播报文的封装与解封装过程与图7-15中所展示的类似。

2. 同子网BUM报文转发

同子网BUM报文转发只在VXLAN 二层网关之间进行，三层网关无须感知。同子网BUM报文转发可以采用头端复制的方式。

头端复制是指，当BUM报文进入VXLAN隧道时，接入端VTEP根据头端复制列表进行报文的VXLAN封装，并将报文发送给头端复制列表中的所有出端口VTEP。BUM报文出VXLAN隧道时，出口端VTEP对报文进行解封装。

BUM报文采用头端复制的转发流程如图7-16所示。终端A 挂接在分布式网关Leaf1下，需要发送BUM报文给VXLAN。

步骤① Leaf1收到来自终端A的报文，根据报文中接入的端口和VLAN信息获取对应的二层广播域。

步骤② 在Leaf1上，VTEP根据对应的二层广播域获取对应VNI的头端复制隧道列表，依据获取的隧道列表复制报文，并进行VXLAN封装，然后将封装后的报文从出接口转发出去。

步骤③ 在Leaf2/Leaf3上，VTEP收到VXLAN报文后，根据UDP目的端口号、源/目的IP地址、VNI判断VXLAN报文的合法有效性。然后依据VNI获取对应的二层广播域，进行VXLAN解封装，获取内层二层报文。

步骤④ Leaf2/Leaf3检查内层二层报文的目的MAC，发现是BUM MAC，在对应的二层广播域内的非VXLAN隧道侧进行广播处理，即Leaf2/Leaf3分别从本地MAC表中找到非VXLAN隧道侧的所有出接口和封装信息，为报文添加VLAN Tag，转发给对应的终端B/C。

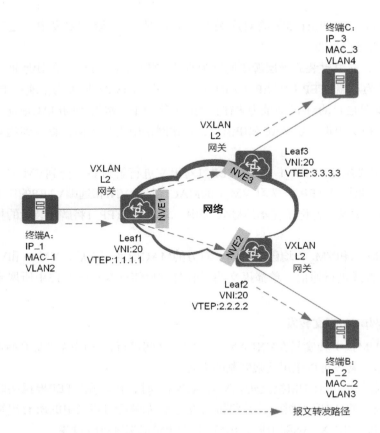

图 7-16　同子网 BUM 报文采用头端复制转发

3. 跨子网报文转发

跨子网报文转发需要通过三层网关实现。在分布式网关场景中，跨子网报文转发的流程如图7-17所示。Host1和Host2分属不同子网，两端需要互访。

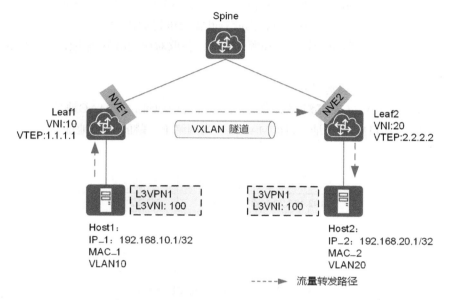

图 7-17　跨子网报文转发

转发流程简述如下，ARP流程不再赘述，可参照本节中的"同子网已知单播报文转发（含ARP请求/应答流程）"。

步骤① Leaf1收到来自 Host1的报文，检测到报文的目的MAC是网关接口MAC，判断该报文需要进行三层转发。

步骤② Leaf1根据报文的入接口找到对应的二层广播域，然后找到绑定该广播域 VBDIF接口的L3VPN实例。根据报文的目的IP地址，查找该L3VPN实例下的路由表（如图7-18所示），获取该路由对应的三层VNI，以及下一跳地址。下一跳的迭代出接口是VXLAN隧道接口，据此判断需要进行VXLAN封装。

- 根据VXLAN隧道的目的IP和源IP地址，获取对应的MAC地址，替换内层目的MAC和源MAC。
- 将三层VNI封装到报文中。
- 外层封装VXLAN隧道的源IP地址和目的IP地址，源MAC地址为Leaf1的NVE1接口MAC地址，目的MAC地址为网络下一跳的MAC地址。

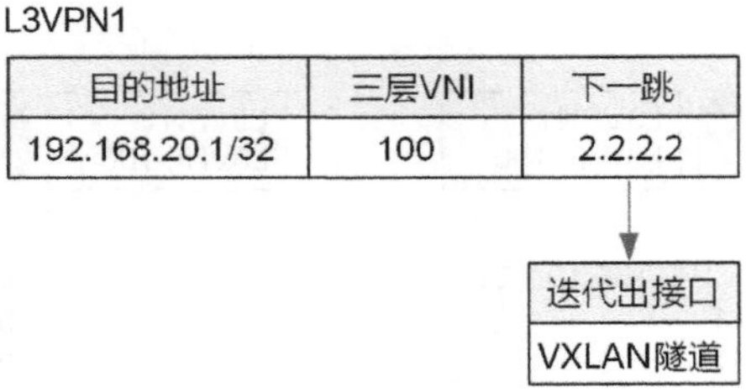

L3VPN1

目的地址	三层VNI	下一跳
192.168.20.1/32	100	2.2.2.2

迭代出接口
VXLAN隧道

图 7-18　L3VPN 实例下的主机路由 1

步骤③ 封装后的报文根据外层MAC和IP信息在IP网络中传输，送达Leaf2。

步骤④ Leaf2收到VXLAN报文后进行解封装，检测到报文的目的MAC是自己的MAC地址，判断该报文需要进行三层转发。

步骤⑤ Leaf2根据报文携带的三层VNI 找到对应的L3VPN实例，通过查找该L3VPN实例下的路由表（如图7-19所示），获取报文的下一跳是网关接口地址，然后将目的MAC地址替换为Host2的MAC地址，将源MAC地址替换为Leaf2的MAC地址，转发给Host2。

L3VPN1

目的地址	三层VNI	下一跳	出接口
192.168.20.1/32	100	网关接口地址	VBDIF

图 7-19　L3VPN 实例下的主机路由 2

Host2 向Host1发送报文的流程与上类似，这里不再赘述。

4. 跨VPC报文转发

转发流程如图7-20所示，VM1和VM2部署于相同或不同的物理服务器上（流程相同），挂接于不同或相同的vSwitch下，VM1和VM2分属于不同的VPC中的计算节点，VM1发起对VM2的访问，由于是跨VPC的互访，所以报文需要经过两个VPC的防火墙进行安全过滤。

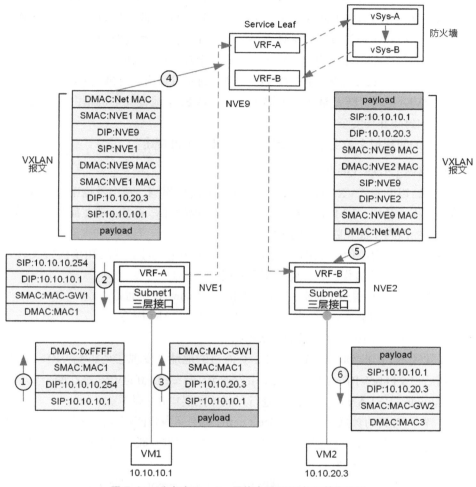

图 7-20　分布式 Overlay 网络中跨 VPC 报文转发流程

转发流程简述如下，ARP流程不再赘述，可参照本节中的"同子网已知单播报文转发（含ARP请求/应答流程）"。

步骤① VM1发送ARP请求，请求本网段网关的MAC地址。

步骤② NVE1收到ARP请求，向VM1发送网关的ARP应答。

步骤③ VM1向VM2发送首个数据报文。

步骤④ NVE1收到首个数据报文后，查看目的地址，发现非本VRF-A内网段，随后报文匹配VRF-A内的默认路由发送至Service Leaf的VRF-A。NVE1和Service Leaf的两个分布式VRF-A间通过VXLAN Overlay隧道进行互联（三层VNI互联）。

步骤⑤ VM1的数据报文在Service Leaf的VRF-A内将匹配默认路由转发到防火墙的vSys-A。由于防火墙与Service Leaf间通过VLAN互联，所以报文将以普通以太网报文的形式进行转发。防火墙在vSys-A内查找VPC互通路由并将报文转发至vSys-B，防火墙在vSys-B内查找路由，并转发至Service Leaf的VRF-B。

步骤⑥ Service Leaf在VRF-B内查找VM2的主机路由，并通过VXLAN互联隧道（三层VNI互联）转发至NVE2的VRF-B。NVE2本地查找主机路由匹配后，剥离VXLAN封装并转发至VM2。

VM2的回程报文转发与上述步骤相同，此处不再赘述。

5. 数据中心内外部报文转发

图7-21以分布式VXLAN流量出数据中心的流程为例，示出数据中心内外部报文转发流程。其中，VM1属于DCN内部某 VPC内的计算节点，现在需要访问数据中心以外的网络（如互联网）的某IP地址。

转发流程简述如下，ARP流程可参照本节中的"同子网已知单播报文转发（含ARP请求/应答流程）"，此处不再赘述。

步骤① VM1发送ARP请求，请求本网段网关的MAC地址。

步骤② NVE1收到ARP请求，向VM1发送网关的ARP应答。

步骤③ VM1 向公网IP发送首个数据报文。

步骤④ NVE1收到首个数据报文，查看目的地址，发现它是非本 VRF-A内网段，随后报文匹配VRF-A内的默认路由发送至Service Leaf的VRF-A，两个分布式VRF-A间通过VXLAN Overlay隧道进行互联（三层VNI互联）。

步骤⑤ VM1的数据报文在Service Leaf的VRF-A内将匹配默认路由转发至防火墙的vSys-A。由于防火墙与Service Leaf间通过VLAN互联，所以报文将以普通以太网报文的形式进行转发。

步骤⑥ 防火墙在vSys-A内查找路由转发至vSys-root，同时进行源地址转换。防火墙的vSys-root通过默认路由转发至Service Leaf的Public vRouter。

步骤⑦ Service Leaf的Public vRouter通过默认路由将报文转发至Border Leaf的Public vRouter。Service Leaf与Border Leaf上的Public vRouter通过三层VNI互联。

步骤⑧ Border Leaf通过Underlay网络将报文转发至PE端连接互联网链路的VRF。

步骤⑨ 最终由PE将报文从数据中心转发出去。

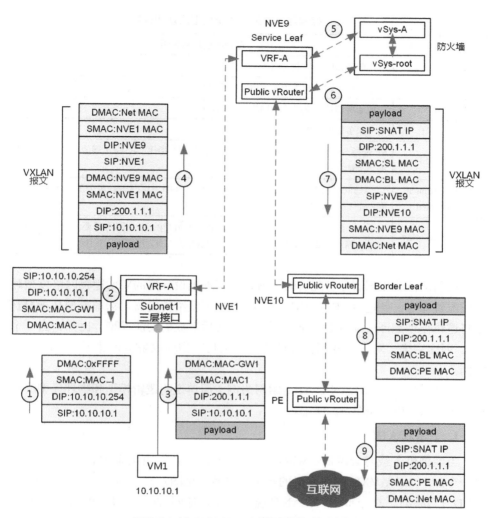

图 7-21　分布式 VXLAN 流量出数据中心的流程

| 7.6　业务模型和网络的映射 |

逻辑模型是控制器上针对用户网络的建模抽象。当在控制器中创建VPC逻辑网络时，会用到如表7-3所示的常见的逻辑模型。

表 7-3　控制器中常见的逻辑模型及功能说明

逻辑模型名称	逻辑模型功能说明
Logical Router	作为服务器的三层业务网关
Logical Switch	对应二层子网，相当于若干台二层交换机
Logical Port	对应服务器接入交换机的网络设备侧端口
End Port	对应服务器侧的网卡接口
Logical SF	SF 是指 Service Function［业务功能（节点）］，指代 L4 ~ L7 增值业务，典型的如防火墙相关业务
Logical Router（Distributed）	VPC 访问外网时，用于对接 External Network 的三层网关，多个 VPC 可以共享同一个 Logical Router
External Gateway	对 External Network 的逻辑建模，如果一个租户的 VPC 网络需要访问数据中心以外的网络，如互联网或远端私网，则需要在 VPC 上绑定一个 External Gateway

控制器自动化部署业务配置时，就是将管理员设计好的VPC逻辑网络模型翻译成配置命令，并通过NETCONF或OpenFlow下发给转发器。物理模型是指控制器将逻辑模型翻译成配置后，下发到物理设备后形成的功能模型。比如，当一个VPC 创建完毕，对应下发到物理设备上，则是在物理设备上创建了一个L3VPN实例。

本节以分布式VXLAN Overlay组网为例，简单说明逻辑模型和物理模型的对应关系。物理模型如图7-22所示。

1.　计算接入侧

当虚拟机上线时会携带vSwitch给其划分的VLAN，此时需要在vSwitch上配置一个BD（BD是VXLAN中定义的一个二层域，见图7-22中的①），将VLAN和该BD进行映射。对分布式VXLAN来说，NVE设备同时还作为DVR（Distributed Virtual Router，分布式路由器），因此还需创建一个VRF（图7-22中的③），使虚拟机对应一个Logical Router。虚拟机上线后的网关及其IP地址，通过在VRF上绑定VBDIF接口（见图7-22中的②）来实现，VBDIF接口的IP地址即作为虚拟机的业务网关地址。虚拟机的二层广播在BD中进行，三层路由在对应的VRF实例中查询。如果报文需要跨NVE设备进行转发，则需要通过VTEP能力（见图7-22中的④）来建立VXLAN隧道并封装、解封装VXLAN报文。

上述物理模型对vSwitch来说，都是由控制器建模、计算完毕后，通过OpenFlow将二层流表和三层流表下发给vSwitch，vSwitch依据流表来转发业务报文。

对物理NVE设备来说，直接参与BGP EVPN的邻居建立和信息同步，其物理模型和vSwitch的类似，此处不再赘述。

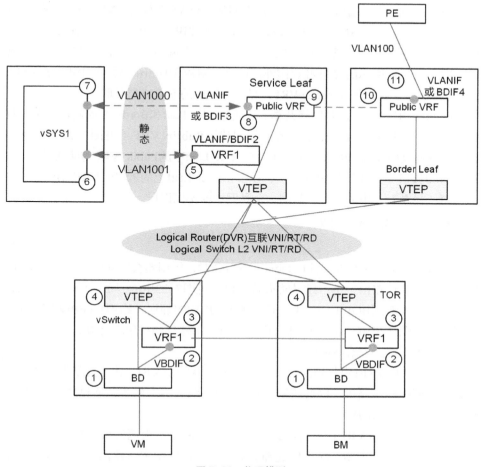

图 7-22　物理模型

2. Service Leaf、Border Leaf和FW

Service Leaf接入VAS设备，本节以常见的防火墙为例对此进行说明。防火墙与Service Leaf互联时，使用了两个不同的L3接口来互联。

一个可看作内部接口（见图7-22中的⑥），对应于Trust域。此接口实际和业务服务器在同一个路由域中，只是属于不同的子网。在防火墙的互联口（见图7-22中的⑥）上配置互联IP地址，并和Service Leaf上的互联接口（见图7-22中的⑤）对接。Service Leaf上的互联接口通过VLANIF或VBDIF接口与防火墙对接，且该接口与租户的VRF绑定。由于是分布式组网，图中的VRF1实际上在BGP EVPN中配置的RT（Route Tartget，路由目标）是一致的，多个分布式VTEP 均可学习到该私网中的主机路由。

当流量到达防火墙后，防火墙内部有对应的vSYS来与用户VRF对应，在vSYS内部执行安全过滤、SNAT/EIP（Elastic IP，弹性IP）、IPSec（Internet Protocol Security，IP安全协议）等操作，然后从另一个防火墙接口（见图7-22中的⑦）发出。图7-22中⑦所示的接口可看作外部接口，对应于Untrust域。此接口与Service Leaf上的另一个路由域（Public VRF，见图7-22中的⑨）三层互联。

Public VRF由所有用户网络共享。由于Service Leaf和Border Leaf解耦部署，且都是分布式VTEP，因此在这两者上都创建了Public VRF（见图7-22中的⑨和⑩），并通过BGP EVPN来同步路由。Service Leaf中的Public VRF与防火墙 vSYS互联的L3接口（见图7-22中的⑧），以及Border Leaf上的Public VRF与PE互联的L3接口（见图7-22中的⑪），是同一个私网中的不同网段。

3. 路由发布与报文转发

（1）从内到外

当有一个虚拟机想要访问External Network时，控制器会在Service Leaf的VRF1中配置一条默认路由，下一跳是防火墙接口（见图7-22中的⑥）。Service Leaf将此默认路由发布到BGP EVPN中，这样所有的EVPN邻居（物理VTEP设备）都会学习到这条默认路由。对vSwitch来说，先由控制器参与EVPN 计算，学习到默认路由后，再下发流表给vSwitch。

当接入侧的VRF1中收到去往External Network的报文时，由于无法匹配明细路由，只能匹配默认路由，因此将数据报文封装成VXLAN格式，通过VXLAN隧道转发给Service Leaf的VRF1。

Service Leaf在VRF1中查找路由，发现下一跳是防火墙接口（见图7-22中的⑥），因此发往防火墙。防火墙处理完成后，再次匹配默认路由，将数据报文发给Service Leaf的Public VRF。

Service Leaf的Public VRF 匹配默认路由，发给Border Leaf的Public VRF，Border Leaf的Public VRF根据默认路由发往PE。

（2）从外到内

Service Leaf的Public VRF中，会配置到达业务网段的静态路由，同样在BGP EVPN中进行同步，同步给Border Leaf中的Public VRF。

当Border Leaf接收到来自PE的、目的地址为业务网段的报文时，匹配静态路由，下一跳为Service Leaf。

Service Leaf将报文发给防火墙处理。

防火墙将回程报文发给Service Leaf的VRF1。

Service Leaf的VRF1根据EVPN同步的路由，查表后转发给对应的VTEP，由VTEP解封装VXLAN报文后发给虚拟机。

第8章
构建多数据中心网络

随着业务规模跨地域部署，分布式多数据中心越来越常见。业务子系统跨数据中心部署，不但可以实现容灾备份、负荷分担，还可为不同位置的用户提供就近的服务，提升客户体验。本章重点介绍华为多数据中心方案，主要分为两个子方案——Multi-Site和Multi-PoD。前者适用于构建远距离多数据中心，在多套控制器管理的网络间进行业务协同；后者则致力于构建近距离多数据中心，使用一套控制器统一管理。

8.1　多数据中心的业务诉求场景

前两章已经详细介绍了单数据中心网络中物理网络（Underlay网络）和逻辑网络（Overlay网络）的具体设计及涉及的技术原理。本章将说明多数据中心场景下的业务场景和客户诉求。

8.1.1　多数据中心业务的场景分析

伴随着互联网、云计算、大数据的发展，虚拟化和资源池化成为主流需求，这就需要整合跨地域、跨数据中心的资源，形成统一的资源池。此外，业务系统多数据中心分布式部署，形成多活，可就近提供服务，提升用户体验。因此，分布式多数据中心成为当前的主流方案。目前，多数据中心的业务场景主要分为业务跨数据中心部署、两地三中心、网络级容灾和分布式云化。下面分别介绍这几种业务场景。

1. 业务跨数据中心部署

通常一个应用的内部是需要多个子系统一起协作的，有的可能需要上百个子系统一起协作。部署时，一种情况是：可能由于单个数据中心的规模有限，一个数据中心不能容纳所有的子系统，应用的不同子系统分别部署在不同的数据中心中，整体上看这个应用是跨数据中心部署的。另一种情况是：由于不同子系统的功能不同，有的需要分布式部署在多个数据中心，有的需要集中式部署，整个业务系统是跨数据中心部署的。例如下面的场景，Web子系统部署在DC1，App子系统部署在DC2，DB子系统部署在DC3，Web调用App，App调用DB，不同子系统需要跨数据中心二三层互通，以保证应用的正常运行。业务跨数据中心部署场景如图8-1所示。

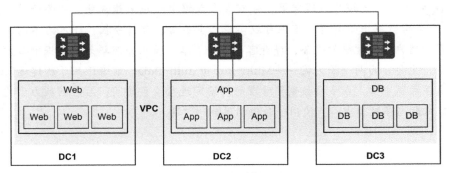

图 8-1　业务跨数据中心部署场景

此时，网络需要提供数据中心之间的互联互通能力，保证业务层面的交互顺畅。

2. 两地三中心

一般所讲的两地三中心是指在同城双活的主用数据中心的基础上，增加一个异地灾备数据中心，与同城双活实现数据同步。

同城双活的两个数据中心是指：相同的两套业务系统部署在同城的两个数据中心中，在应用处理层面上实现完全冗余，通过负载分担将流量路由到不同数据中心的应用服务器，两套业务系统同时在同城的两个数据中心运行，同时为用户提供服务。服务能力是双倍的，并且互相实时灾备接管，当某个数据中心的业务系统出现问题时，另一个数据中心的业务系统仍可持续提供服务，业务的连续性和可靠性得到了大大的提高，用户对故障不会有感知。不同数据中心的子系统间需要二三层互通，相同子系统的安全策略需要一致，对外提供相同的服务，形成双活。

异地的灾备中心是同城双活的两个主用数据中心的备用中心，用于备份主用数据中心的数据、配置、业务等。当同城双活的两个主用数据中心由于自然灾害等原因发生故障时，异地灾备中心可以快速恢复数据和应用，保证业务的正常运行，从而减少因灾难给用户带来的损失。

如图8-2所示，主用数据中心A和主用数据中心B中均部署了多个VPC用以承载相同的业务，同时主用数据中心A和主用数据中心B间的子系统会进行二三层互通，两个数据中心对外提供一致的服务。此时网络需要满足数据中心之间互通的诉求。灾备数据中心需要和主用数据中心之间实时进行状态同步，所以网络也需要实现灾备数据中心和主用数据中心之间的互联互通。

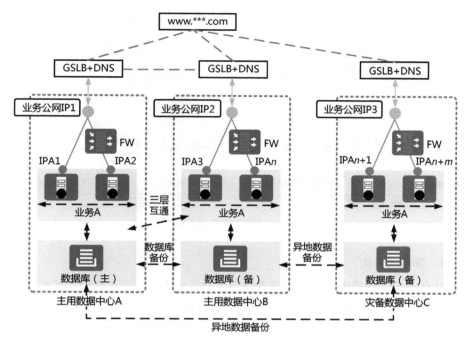

注：GSLB 即 Global Server Load Balance，全局负载均衡。

图 8-2 两地三中心业务场景

3. 网络级容灾

当前有很多应用是通过集群软件提供服务的，集群软件将网络上的多台服务器关联在一起，对外表现为一台逻辑服务器，提供一致的服务。通过集群，利用多台服务器负载分担提升集群的整体业务处理能力，并且多台服务器间互为备用，从而提升系统的可靠性。如果将集群中的服务器部署于不同的数据中心，当某个数据中心发生故障时，集群内其他数据中心的服务器仍可提供服务，可实现跨数据中心的应用系统容灾。

多数厂商的集群软件需要各服务器间采用二层网络互联，因此，服务器集群跨数据中心部署需要网络提供跨数据中心的大二层能力。同时，集群对外提供服务的地址是一个虚拟IP，该地址将通过数据中心前端网络向外发布，因此，集群跨数据中心的部署需要网络给集群的虚拟IP提供跨数据中心的网关，跨数据中心的网关可以是主备或者双活。主备网关是对外发布主备路由，正常情况下南北向流量根据主路由走主用数据中心的主用网关，当主用数据中心出现故障，切换到备用路由时，流量走备用数据中心的备用网关。双活网关是对外发布等价路由，正常情况下南北向流量根据等价路由分担到两个数据中心，当一个数据中心出现故障时，流量切换到其他数据中心的网关。对于集群的南北向流量，通常需要防火墙提供安全防护，防火墙部署也可以是主备或者双活的形式，如图8-3所示。

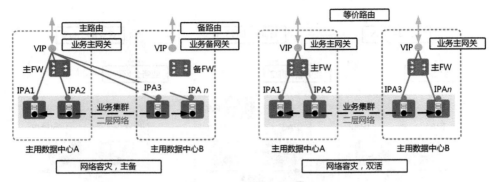

图 8-3　网络级容灾业务场景

4. 分布式云化

分布式云化是指业务分布式部署在多个数据中心，每个数据中心都可以实时承担流量，同时提供服务。多个数据中心通过DCI骨干网互联，形成统一的资源池，可以实时同步数据，任何站点出现问题，都可以直接切换，由其他站点直接接管，站点间形成多活，并且边缘DC就近提供服务，时延小，用户体验好。

中心DC为主要数据源，通过骨干网将内容发送给边缘DC，边缘DC再将内容发送给最终客户，在这个过程中，多个DC之间需要进行二三层互通，如图8-4所示。

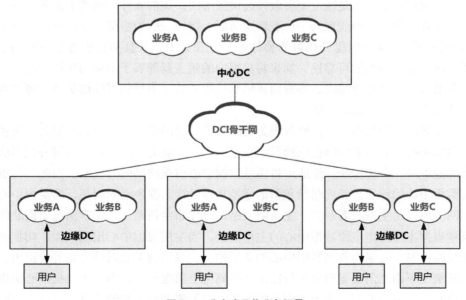

图 8-4　分布式云化业务场景

8.1.2　多数据中心的网络需求分析

从以上场景可以看出，在云数据中心，网络资源通过虚拟化技术形成资源池，实现业务与物理网络的解耦，通过SDN技术实现业务网络的按需自服务与自动化部署，支持多租户、弹性扩缩以及快速部署。在多数据中心场景下，还需要解决业务跨数据中心部署、不同业务之间的互通、通过SDN实现自动化部署、跨数据中心的业务容灾多活问题。

多数据中心的主要业务诉求如表8-1所示。

表 8-1　多数据中心的主要业务诉求

主要业务诉求	需求分析	方案
业务跨数据中心部署	大 VPC	大 VPC 内跨 Fabric 二三层互通
	安全隔离	路由隔离
		FW 隔离
不同业务之间的互通	VPC 互通	VPC 间跨 Fabric 三层互通
通过 SDN 实现自动化部署	多数据中心的资源管理	AC+ 网络虚拟化编排器 + 业务编排
	业务编排	
跨数据中心的业务容灾多活	应用级容灾	GSLB
	网络级容灾（IP 地址不变，跨数据中心容灾）	跨 Fabric 大二层
		主备 / 双活出口

以上4种主要业务诉求具体描述如下。

- 业务跨数据中心部署：客户某些业务可能是跨数据中心部署的，比如客户可能会针对某大型网站划分一个独立的VPC，这个VPC可能会跨多个Fabric，所以在这个VPC内部，流量就有跨Fabric互通的需求，同时路由和防火墙需要进行隔离。
- 不同业务之间的互通：客户针对不同的业务会划分不同的VPC，不同VPC可能会部署在不同的Fabric中，业务之间如果有互通的需求，就要求VPC之间能跨Fabric进行三层互通（VPC之间一般为三层互通，如果需要二层互通，则建议将互通的VM划分到同一个VPC中）。
- 通过SDN实现自动化部署：客户部署SDN是希望能实现自动化部署。自动化部署主要分为两步，首先，要将跨数据中心的虚拟化网络编排出来；其次，编排出虚拟化网络后，要在各数据中心中进行实例化。针对跨数据中心的业务，编排器统一编排，单数据中心内的网络则由SDN控制器进行编排。

- 跨数据中心的业务容灾多活：主要分为两种方式。首先，针对比较新的业务系统，客户自己可以通过GSLB的方式进行容灾多活，具体方式是两个数据中心同时部署相同的业务，业务相同但IP地址不同，这样两套系统可以进行容灾处理，这种方式对网络没有特别的诉求。但是一些比较旧的系统会要求迁移到容灾中心后，IP地址不能变化。这种情况下，就需要支持跨Fabric的二层互通，同时需要提供网关供业务访问外网，网关需要支持主备和双活两种方式。

从以上多数据中心的主要诉求可以看出，其实多数据中心网络最重要的诉求就是跨数据中心的网络二三层互联。而不同的层面有不同的互通需求，多个数据中心之间互联要解决以下几个问题：

- 数据同步和数据备份，需要存储互联；
- 跨数据中心部署HA（High Availablity，高可用性）集群内部的心跳，或者虚拟机迁移，需要大二层互通；
- 业务间的互访，需要跨数据中心三层互通；
- 不同数据中心前端网络，即数据中心的外联出口，通过IP技术实现互联。

针对不同的问题，互联所用到的技术如下。

（1）存储互联，一般通过波分或者裸光纤实现。

波分（DWDM）或者裸光纤是物理链路直连，此互联方式的优点是独享式通道（仅用于数据中心之间的流量交互），可充分满足数据中心之间流量交互的高带宽和低时延需求，而且可以承载多种协议的数据传输，提供灵活的SAN/IP业务接入，无论是IP SAN还是FC SAN都可以承载，既支持二层互联也支持三层互联，可满足多业务传输的需要。不足之处就是需要新建或租用光纤资源，增加了数据中心的投入成本。

（2）应用集群或者跨数据中心的虚拟机迁移需要跨数据中心的大二层网络，大二层技术包括以下几种。

裸光纤/DWDM：成本高，主要应用于同城站点之间，难于扩展。

VPLS：一种基于MPLS和以太网技术的L2 VPN技术。VPLS的主要目的就是通过公网连接多个以太网，使它们像一个LAN那样工作。在已有的公网/专网资源上封装L2 VPN通道，用以承载数据中心之间的数据交互，主要应用于云计算数据中心的互联场景。此互联方式的优点是无须新建互联平面，只需在当前的网络通道上叠加一层VPN通道以隔离网络中现有的数据流量。不足之处就是部署较为复杂，而且要有MPLS网络的支持，需要租用运营商的MPLS网络或者有自建的MPLS网络。

VXLAN：一种先进的"MAC in IP"的Overlay技术，允许承载在IP网络上，通过VXLAN隧道在IP核心网提供二层VPN服务。它可以基于现有运营商的各种专线网络或者互联网，为分散的物理站点提供二层互联功能。VXLAN成本低、距离远、易于扩展，而且支持水平分割防环机制，以及广播风暴抑制功能，不依赖于光纤资源或MPLS网络资源，只要求两端三层IP可达，方案灵活，并且部署运维更简单。不足之处是网络的质量受限于IP网络，而且由于采用Overlay技术，带宽利用率较低。

（3）数据中心间三层互联，有如下几种。

传统IP三层互联：指通过IGP（Interior Gateway Protocol，内部网关协议）/BGP路由传递，使不同数据中心的业务网段能够三层互通。

MPLS L3VPN：构建在MPLS网络之上的虚拟三层专用网络，通过MPLS L3VPN可以使不同数据中心的业务网段能够三层互通，用以承载IDC（Internet Data Center，互联网数据中心）之间的数据交互。此互联方式主要应用于传统业务数据中心的互联场景，优缺点同VPLS。

VXLAN：构建在IP网络之上的VXLAN隧道，也可以提供L3VPN服务。

（4）数据中心的外联出口互联。

数据中心出口设备接入运营商的各种专线网络或者互联网，通过动态路由或静态路由等IP技术实现互联。

由以上的比较可以看出，数据中心互联方案中，VXLAN技术依然是应用最广的一种方案。所以本书后续方案设计中，将VXLAN技术作为主要推荐的数据中心互联技术进行详细介绍。

8.1.3　Multi-DC Fabric 方案的总体架构和场景分类示例

以下以华为的Multi-DC Fabric方案的总体架构和场景分类为例进行讲解。

1. Multi-DC Fabric方案的总体架构

Multi-DC Fabric方案主要聚焦于跨数据中心网络部分，通过虚拟化和SDN技术，解决跨数据中心互通的自动化部署和跨数据中心的业务容灾多活的问题。

该方案的总体架构如图8-5所示。

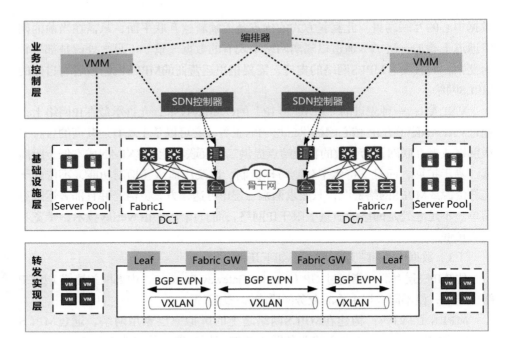

图 8-5 Multi-DC Fabric 方案的总体架构

华为Multi-DC Fabric方案的总体架构主要分为业务控制层、基础设施层和转发实现层，具体介绍如下。

- 业务控制层，主要是SDN控制器，负责控制某个数据中心的网络，以及打通跨数据中心的网络。SDN控制器还对接业务编排器和VMM，完成计算与网络联动以及跨数据中心的互通。业务编排器负责跨数据中心的业务编排，VMM负责虚拟机的生命周期管理。
- 基础设施层，主要是物理网络和逻辑网络。数据中心内的物理网络是Spine-Leaf架构的组网，多个数据中心通过DCI骨干网连接；逻辑网络是通过网络虚拟化和VXLAN技术、基于业务按需构建的连接虚拟机的虚拟网络。
- 转发实现层，主要是通过VXLAN连接数据中心内的虚拟机，以及连接数据中心间的虚拟机，BGP EVPN作为VXLAN的控制面。

对使用者来说，业务控制层是关注的重点。根据业务的需要，使用者可以将业务网络划分成多个VPC，通过编排器编排 VPC，通过控制器在不同数据中心发放 VPC的逻辑网络。

2. 华为Multi-DC Fabric方案场景分类

云数据中心多数据中心场景主要分为Multi-Site场景和Multi-PoD场景。

PoD 强调的是一组相对独立的物理资源，Multi-PoD是指一套SDN控制器管理的多个PoD，是由端到端VXLAN隧道构成的一个VXLAN域，PoD之间的距离不会太远，通常是同城近距离。

Site是指由SDN控制器管理的资源池，是一个或多个PoD，也是由端到端VXLAN隧道构成的一个VXLAN域。Multi-Site是指多个AC管理域之间的互通，即多个Multi-PoD之间的互通，是多个VXLAN域，对距离不敏感，可异地部署。

（1）Multi-Site场景

Multi-Site场景适用于异地多数据中心，即两个或者多个数据中心位于不同地域，或者物理距离太远而无法由同一套SDN控制器纳管的多个数据中心之间的互联互通。

Multi-Site场景对应比较大的网络，需要一个编排器拉通多个SDN控制器，将多个SDN控制器管理的网络统一纳管。所有业务由编排器进行统一编排，再下发到各控制器上，由控制器将具体配置下发给对应的物理网络，如图8-6所示。

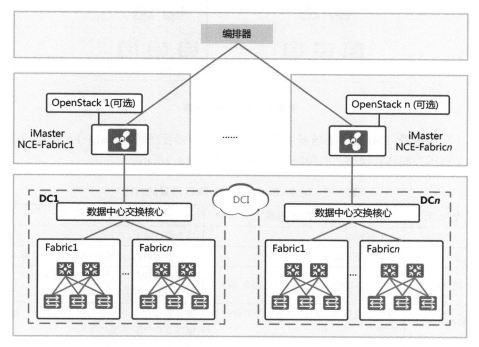

图 8-6　Multi-Site 场景

（2）Multi-PoD场景

如图8-7所示，Multi-PoD场景适用于地域上距离较近，可以被同一套SDN控制器纳管的数据中心或者资源Module。在网络规模不大的情况下，只需要一套SDN控制器进行多个数据中心的管理，不需要编排器这个角色。这种场景叫作

Multi-PoD场景。这种场景下，数据中心内和数据中心间的网络配置均在SDN控制器上进行配置，可以提供多数据中心之间的容灾和主备出口等能力。

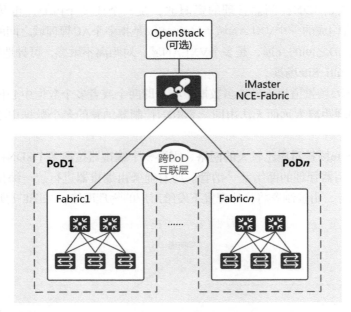

图 8-7　Multi-PoD 场景

对比来看，Multi-Site场景采用多个SDN控制器管理域，Multi-PoD场景采用单个SDN控制器管理域。两种场景的具体对比如表8-2所示。

表 8-2　Multi-Site 和 Multi-PoD 场景的对比

对比项	Multi-Site 场景	Multi-PoD 场景
管理域	多个管理域（AC）	单个管理域（AC）
业务编排	编排器统一编排	AC 界面编排，或单个 OpenStack 编排
网络规模	物理网络规模大（Leaf 多、Fabric 多）	物理网络规模小（Leaf 总数约束在一个 AC 的规格范围内）
服务器规模	服务器数量多，超过一个云管平台的管理能力	服务器数量少，单个云管平台管理，规模在 500 台服务器左右
故障域	数据中心间故障域解耦	数据中心间故障域强耦合
距离	远距离，对时延不敏感	近距离，对时延有要求
大二层	大二层在一个 VXLAN 域内，整体上看，大二层不跨数据中心	大二层在一个 VXLAN 域内，大二层跨数据中心
迁移	不需要跨数据中心进行二层迁移	可跨数据中心进行二层迁移
容灾	应用级多活	IP 地址不变，跨数据中心容灾

续表

对比项	Multi-Site 场景	Multi-PoD 场景
转发面	每个数据中心是独立的 VXLAN 域，三段式 VXLAN	多个数据中心是一个端到端 VXLAN 域
适用场景	要求数据中心间解耦、数据中心间距离较远、整网规模较大的场景	要求数据中心间提供容灾能力、数据中心间距离较短、整网规模较小的场景

（3）层次化Multi-DC Fabric

顾名思义，层次化Multi-DC Fabric就是将Multi-Site场景和Multi-PoD场景组合在一起，即Multi-Site场景下，单个SDN控制器集群内使用Multi-PoD方案管理多个PoD，也即单Domain多Fabric集中出口+多Domain互通，如图8-8所示。在超大型网络设计中，可以采用这种方案进行部署，例如前文提到的两地三中心的数据中心建设中，即可采用这种方案。同城双活数据中心通过Multi-PoD方案部署，实现网络容灾和多活出口，而同城双活数据中心和异地灾备数据中心之间则通过Multi-Site方案进行部署，实现异地灾备数据中心和双活主中心之间的互联互通。

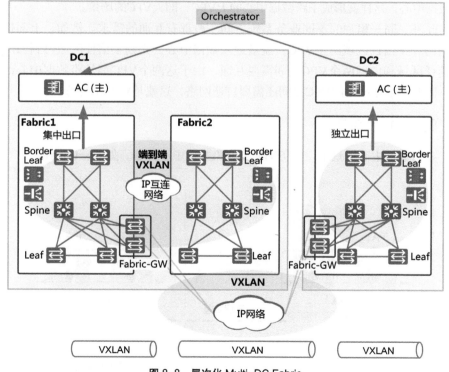

图 8-8 层次化 Multi-DC Fabric

| 8.2　Multi-Site 场景和设计 |

本节着重介绍Multi-Site场景的详细设计，主要从具体应用、具体设计和推荐的部署方案几个方面进行具体的说明。

8.2.1　具体应用

在虚拟化场景下，通常为一个业务系统分配一个VPC，通过VPC对不同的用户或业务系统进行隔离，使得不同的用户或业务系统之间互不影响。随着业务的发展，业务系统需要的计算资源也在不断增长，当超过一个数据中心的容量时，就需要多个数据中心来部署这个业务系统。这时，该业务系统对应的VPC就需要跨数据中心部署。例如，有的用户在划分VPC时是基于业务安全等级的，比如划分成内网和半信任区域两个不同安全等级的区域，将半信任区域的业务放在VPC1，内网业务放在VPC2。在多个数据中心多活容灾的场景下，这些 VPC 都会被分布到多个数据中心，这样就形成了跨数据中心的大VPC，即大VPC的场景。

此外，同一租户的不同业务系统之间一般都有互通的需求。例如，上面提到的内网和半信任区域两个VPC，流量进入数据中心，先到半信任区域再到内网，半信任区域和内网两个VPC之间需要互通，由于这两个VPC都是跨数据中心部署的，因此跨数据中心的VPC之间还需要打通网络，这就是VPC互通场景。

8.2.1.1　大VPC

在多数据中心场景下，业务VPC需要跨数据中心部署，如图8-9所示。

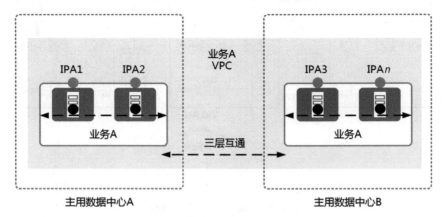

图 8-9　大 VPC

在数据中心规模较大的情况下，由于每套SDN控制器的管理范围是有限的，所以多个数据中心需要部署多套SDN控制器，甚至一个数据中心就有多套SDN控制器。在这种情况下，这个大VPC的网络业务不是某套SDN控制器可以下发的，这时就需要一个编排器来协同多个数据中心的SDN控制器，编排跨数据中心的VPC。如图8-10所示，Multi-Site场景主要应用于大VPC跨数据中心部署。

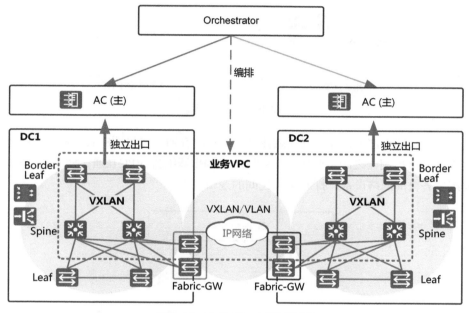

图 8-10　Multi-Site 大 VPC 组网

通过一个编排器统一地对两个数据中心内部和数据中心间的网络进行编排，编排完成后，将指令下发给对应的SDN控制器，进行VPC实例和数据中心间互通实例的发放，对外体现为一个大VPC的整体。

网络方案上，每个数据中心内部都部署独立的VXLAN域，分别由一套SDN控制器单独管理，数据中心之间通过三段式VXLAN进行互通，也可以通过Underlay方式互通。

部署两套独立的SDN控制器以及转发面的VXLAN域，可以隔离两个数据中心的故障域，同时也方便客户分批建设或模块化部署数据中心。

8.2.1.2　VPC互通

不同的业务之间存在互通的需求，如图8-11所示，跨数据中心的场景下也要解决互通的问题。

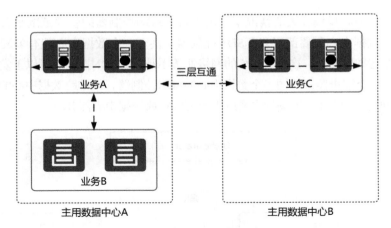

图 8-11　业务互通

　　业务按VPC部署，业务互通就体现为VPC的互通，参见图8-12。Multi-Site场景下，多个控制器之间需要协同，可以通过编排器编排 VPC互通，协同多套控制器配置各自的网络设备，打通 VPC之间的逻辑网络。

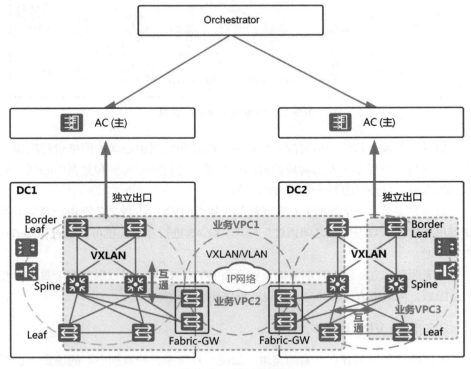

图 8-12　VPC 互通组网

8.2.2　具体设计

8.2.2.1　业务部署过程

Multi-Site场景的业务部署过程如图8-13所示，下面先介绍几个概念。

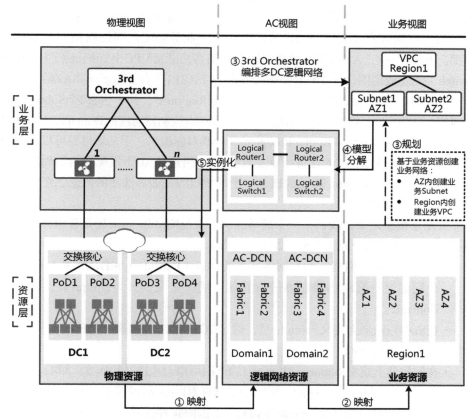

图 8-13　Multi-Site 场景的业务部署过程

业务层和资源层：业务层即客户业务视角看到的东西，从方案上来说，就是编排器上进行的业务编排，编排后将对应的配置通知对应的AC进行业务下发；资源层即物理设备，是一个个PoD、一台台交换机。但是为了将这些物理设备和业务编排一一对应起来，需要给它们加一些标识，这就是下面要介绍的物理网络资源、逻辑网络资源和业务资源。

物理网络资源：物理网络资源很好理解，就是交换机、防火墙等物理设备的集合，以及由它们组成的物理网络。

逻辑网络资源：在AC上，我们将物理网络虚拟化成了Domain、Fabric。具体来说，一套AC管理的物理网络的集合称为一个Domain，而一个Domain里有多个Fabric。SDN控制器的一个主要任务，就是将Domain和Fabric以及Fabric里的各种组件与一台台具体的物理设备对应起来，最终将配置下发。

业务资源：在Multi-Site场景下，编排器的主要作用是将客户的业务逻辑化。为了让客户的业务在发放时范围可控，同时也为了将编排器的逻辑和SDN控制器的逻辑对应起来，编排器也定义了一些概念。首先是Region，Region可以简单地理解为控制客户业务VPC的发放范围，一个业务VPC范围控制在一个Region内部。其次是AZ，AZ可以简单地理解为控制客户业务VPC中Subnet（即Logical Switch）的发放范围，一个Subnet被控制在一个AZ内。有了Region和AZ后，发放业务VPC时，就可以设定这个业务VPC发放到Region中，其中包含2个Subnet，分别对应AZ1和AZ2。这时，再将Region、AZ和SDN控制器对应的Domain、Fabric以及Fabric里包含的Logical Router和Logical Switch对应起来。于是编排器可以将客户的业务转化为将针对AC的业务指令发放给AC，再通过AC下发配置给物理网络。这里再说明一下，Region和AZ的概念、逻辑参照的是业界通用的概念、逻辑，方便对接第三方编排器。

介绍了概念之后，我们举一个简单的例子来说明Multi-Site场景各组件的工作过程。Multi-Site场景的业务模型如图8-14所示。

- 客户部署物理网络，物理网络部署为DC1（Fabric1）和DC2（Fabric2），分别部署一套SDN控制器进行管理。同时定义DC1为Domain1，DC2为Domain2。
- 在SDN控制器上定义Fabric信息，假定DC1和DC2都仅有一个Fabric，分别是Fabric1和Fabric2。
- 在编排器上定义Region1，Region1的范围可以对应DC1和DC2，即Region1的范围为Domain1+Domain2。同时编排器针对Region1设置多个AZ供使用。
- 客户在编排器上创建一个业务VPC，范围限定在Domain1，这个VPC有2个网段，分别位于DC1和DC2。编排器将这2个网段映射成2个Logical Switch，并分别属于不同的AZ。
- 由于Domain1对应DC1和DC2，同时2个网段分别属于DC1和DC2，编排器向两台SDN控制器分别下发业务，在AC1和AC2上分别创建一个VPC，创建对应的Logical Router和Logical Switch。最终将具体配置下发到物理设备上。

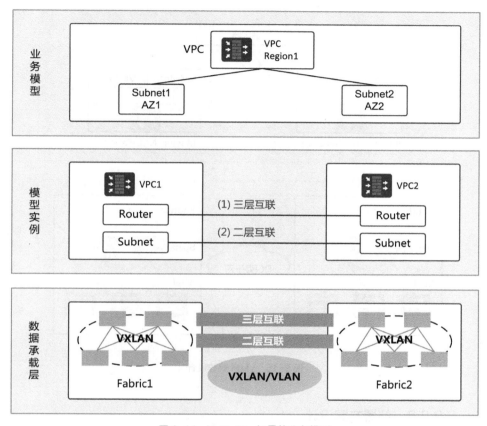

图 8-14 Multi-Site 场景的业务模型

8.2.2.2 VMM对接设计

数据中心的逻辑网络是为虚拟机服务的，通过SDN控制器实现计算和网络的联动。在云数据中心解决方案里，SDN控制器可以和多种VMM对接，包括OpenStack、vCenter等。在Multi-Site场景里，一个Site是一个Fabric，由一套SDN控制器管理，一套SDN控制器可以对接多个VMM，每个VMM只管理本 Site的虚拟机，并且只与本 Site的SDN控制器对接，参见图8-15。

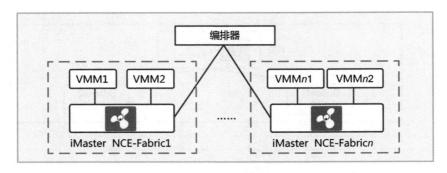

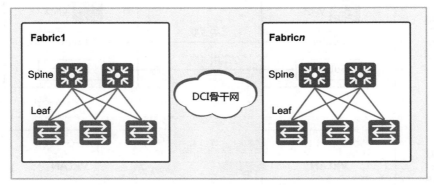

图 8-15　VMM 对接设计

8.2.2.3　部署方案设计

8.2.2.1节介绍了Multi-Site场景的概念模型和业务模型，本节简述一下Fabric间的二三层互通是如何实现的。

如图8-16所示，DC1和DC2独立部署，每个数据中心部署独立的网络资源池。如果两个数据中心有三层互通需求，可以通过部署三层DCI实现互通。

在每个数据中心内部采用标准Spine-Leaf组网，需要设置Fabric Gateway设备，用于部署DCI。

DCI物理网络互联有以下3种方案。

· 同城汇聚，通过DCI核心交换机互联，适用于同城站点较多的场景。

· 裸光纤/DWDM直连，两DC Fabric-GW直连，适用于站点较少的场景。

· 异地，通过WAN互联，适用于异地站点较多的场景。

DCI逻辑网络互联有两种实现方式：三段式VXLAN和IGP/BGP三层路由。推荐三段式VXLAN的通用方案，该方式不太依赖于客户自身的网络规划，适用性较强。

第一种是推荐的通过三段式VXLAN实现数据中心间二三层互通，即通过在

DCI Gateway上配置BGP EVPN协议创建VXLAN隧道，将从一侧数据中心收到的VXLAN报文先解封装，然后再重新封装后发送到另一侧数据中心，实现对跨数据中心的报文端到端的VXLAN报文承载，保证跨数据中心VM之间的通信。

　　第二种是数据中心互联设备之间部署IGP/BGP，数据中心互联设备作为Fabric内的VXLAN端点，Fabric之间通过IGP（Interior Gateway Protocol，内部网关协议）或者BGP打通业务网段的路由，在数据中心互联设备上直接解封装VXLAN报文，正常根据IGP/BGP路由转发。这种方案要求严格规划好 IP地址，所有数据中心内的IP对应的路由都可以在互连网络中打通。这种方案适用于构建企业内部多数据中心之间的互通，要求整体规划比较严格。

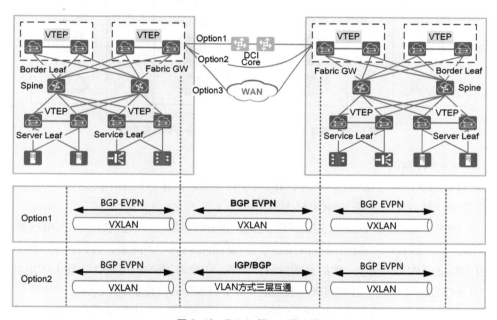

图 8-16　Fabric 间二三层互通

8.2.2.4　转发面方案设计

本节介绍逻辑网络互联中如何基于三段式VXLAN实现二三层互通。

1. 通过三段式VXLAN实现数据中心间三层互通

这里用一个例子来具体说明互通过程，在图8-17中，数据中心A和数据中心B需要通过三段式VXLAN实现三层互通。

每个数据中心内部均部署了VXLAN协议，并部署了BGP EVPN协议作为控制面协议。Leaf1～Leaf4作为数据中心内部VXLAN隧道的端点，Leaf2和Leaf3同时作为数据中心互联的VXLAN隧道的端点。

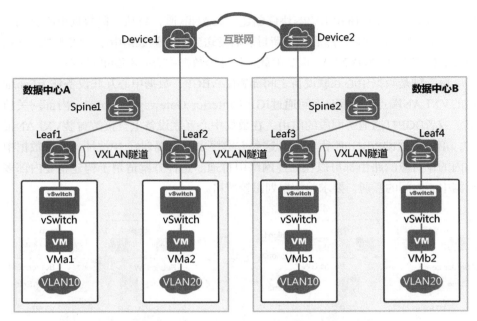

图 8-17   通过三段式 VXLAN 实现数据中心间三层互通

（1）控制面

Leaf4学习到数据中心B中的VMb2的主机IP地址，并将其保存在L3VPN实例路由表中，然后向Leaf3发送BGP EVPN路由。

如图8-18所示，Leaf3收到Leaf4发送的BGP EVPN路由后，获取该路由中的主机IP路由，按照VXLAN隧道建立的流程建立到Leaf4的VXLAN隧道，将路由下一跳修改为Leaf3的VTEP地址，然后重新封装，封装L3VPN实例的三层VNI，源MAC地址为Leaf3的MAC地址，并将重新封装后的BGP EVPN路由信息发送给Leaf2。

Leaf2收到Leaf3发送的BGP EVPN路由后，获取该路由中的主机IP路由，建立到Leaf3之间的VXLAN隧道，将路由下一跳修改为Leaf2的VTEP地址，然后重新封装，封装上L3VPN实例的三层VNI，源MAC地址为Leaf2的MAC地址，并将重新封装后的BGP EVPN路由信息发送给Leaf1。

Leaf1收到Leaf2发送的BGP EVPN路由后，建立到Leaf2的VXLAN隧道。

（2）数据面

Leaf1收到VMa1访问VMb2的二层报文，检测到目的MAC都是网关接口MAC，终结二层报文，通过VMa1接入BD的BDIF接口，找到对应的L3VPN实例，并在L3VPN实例的路由表中查找VMb2主机路由，进入Leaf1到Leaf2的VXLAN隧道，封装成VXLAN报文，通过VXLAN隧道发送到Leaf2。

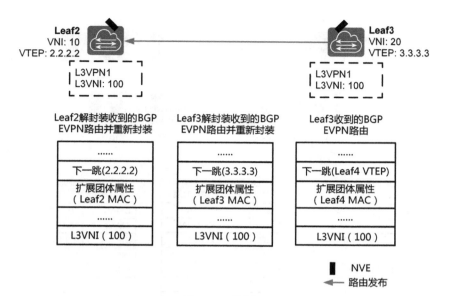

图 8-18　控制面

如图8-19所示，Leaf2收到VXLAN报文后，解析VXLAN报文，通过三层VNI找到对应的L3VPN实例，并在L3VPN实例的路由表中查找VMb2主机路由，进入Leaf2到Leaf3的VXLAN隧道，重新封装VXLAN报文（三层VNI是Leaf3发送的VMb2主机路由中携带的三层VNI，外层目的MAC是Leaf2发送的VMb2主机路由中携带的MAC）发送给Leaf3。

如图8-19所示，Leaf3收到VXLAN报文后，解析VXLAN报文，通过三层VNI找到对应的L3VPN实例，并在L3VPN实例的路由表中查找VMb2主机路由，进入Leaf3到Leaf4的VXLAN隧道，重新封装VXLAN报文（三层VNI是Leaf4发送的VMb2主机路由中携带的三层VNI，外层目的MAC是Leaf4发送的VMb2主机路由中携带的MAC）发送给Leaf4。

Leaf4收到VXLAN报文后，解析VXLAN报文，通过三层VNI找到对应的L3VPN实例，并在L3VPN实例的路由表中查找VMb2主机路由，根据路由信息转发给VMb2。

2. 通过三段式VXLAN实现数据中心间的二层互联

下面用一个例子来说明如何通过三段式VXLAN实现数据中心间的二层互联，如图8-20所示。

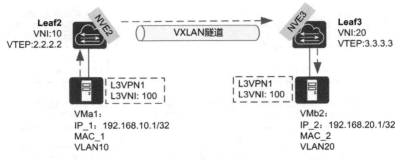

Leaf2收到Leaf1 发送的VXLAN报文		Leaf2解封装收到的 VXLAN报文并重新封装		Leaf3解封装收到的 VXLAN报文并重新封装	
DMAC	NET MAC	DMAC	NET MAC	DMAC	NET MAC
SMAC	NVE1 MAC	SMAC	NVE2 MAC	SMAC	NVE3 MAC
SIP	Leaf1 IP	SIP	2.2.2.2	SIP	3.3.3.3
DIP	2.2.2.2	DIP	3.3.3.3	DIP	Leaf4 IP
UDP S_P	HASH	UDP S_P	HASH	UDP S_P	HASH
UDP D_P	4789	UDP D_P	4789	UDP D_P	4789
VNI	100	VNI	100	VNI	100
DMAC	Leaf2 MAC	DMAC	Leaf3 MAC	DMAC	Leaf4 MAC
SMAC	Leaf1 MAC	SMAC	Leaf2 MAC	SMAC	Leaf3 MAC
SIP	IP_1	SIP	IP_1	SIP	IP_1
DIP	IP_2	DIP	IP_2	DIP	IP_2
payload		payload		payload	

– – – ▶ 流量转发路径

图 8-19　数据面

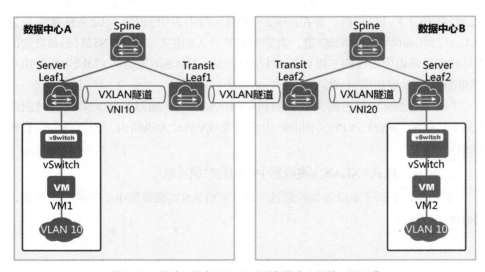

图 8-20　通过三段式 VXLAN 实现数据中心间的二层互联

场景和三层互联基本一致，在数据中心A和数据中心B内部分别创建VXLAN隧道，在数据中心的边缘设备（Transit Leaf）之间也创建VXLAN隧道。当VM1和VM2之间需要通信时，需要实现数据中心A和数据中心B之间的二层互联。如果数据中心A和数据中心B内部的VXLAN隧道都采用相同的VNI，则Transit Leaf1和Transit Leaf2之间只需采用同一VNI建立VXLAN隧道即可。和三层互联不同的是，在实际应用中，不同的数据中心都有各自独立的VNI空间，因此数据中心A和数据中心B内部的VXLAN隧道很可能采用了不同的VNI。此时，在Transit Leaf1和Transit Leaf2上建立到达对端的VXLAN隧道时，需要进行一次VNI的转换。具体描述如下。

（1）控制面

控制面如图8-21所示。

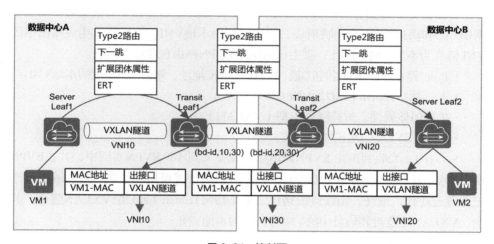

图 8-21 控制面

Server Leaf1在学习到VM1的MAC地址后，生成BGP EVPN路由，发送给Transit Leaf1。其中，BGP EVPN路由包含以下信息。

- Type2路由：EVPN实例RD值、VM1的MAC地址、Server Leaf1本地VNI。
- 下一跳：Server Leaf1的VTEP IP地址。
- 扩展团体属性：封装隧道类型（VXLAN）。
- ERT：EVPN实例出方向的RT值。

Transit Leaf1收到BGP EVPN路由后，先交叉到本地EVPN实例中，并在EVPN实例绑定的BD中生成VM1的MAC表项，其出接口需根据下一跳和封装隧道类型进行隧道迭代，最终，出接口的迭代结果是指向Server Leaf1的VXLAN隧道。其中，VXLAN隧道封装信息中的VNI为自己的本地VNI。

Transit Leaf1进行BGP EVPN路由重生成。其中，在修改VNI信息时，需要根据BD ID和本地VNI查询映射表，找到对应的映射VNI，然后将重生成路由中的VNI修改为映射VNI。因此，重生成的BGP EVPN路由包含以下信息。

- Type2路由：EVPN实例RD值、VM1的MAC地址、本地VNI对应的映射VNI。
- 下一跳：Transit Leaf1的VTEP IP地址。
- 扩展团体属性：封装隧道类型（VXLAN）。
- ERT：EVPN实例出方向RT值。

Transit Leaf2收到BGP EVPN路由后，先交叉到本地EVPN实例中，并在EVPN实例绑定的BD中生成VM1的MAC表项，其出接口需根据下一跳和封装隧道类型进行隧道迭代，最终，出接口的迭代结果是指向Transit Leaf1的VXLAN隧道。其中，该VXLAN隧道封装信息中的VNI为映射VNI。

Transit Leaf2进行BGP EVPN路由重生成。其中，在修改VNI信息时，需要根据BD ID和映射VNI查询映射表，找到对应的本地VNI，然后将重生成路由中的VNI修改为本地VNI。因此，重生成的BGP EVPN路由包含以下信息。

- Type2路由：EVPN实例RD值、VM1的MAC地址、映射VNI对应的本地VNI。
- 下一跳：Transit Leaf2的VTEP IP地址。
- 扩展团体属性：封装隧道类型（VXLAN）。
- ERT：EVPN实例出方向RT值。

Server Leaf2收到BGP EVPN路由后，先交叉到本地EVPN实例中，并在EVPN实例绑定的BD中生成VM1的MAC表项，其出接口需根据下一跳和封装隧道类型进行隧道迭代，最终，出接口的迭代结果是指向Transit Leaf2的VXLAN隧道。其中，VXLAN隧道封装信息中的VNI为自己的本地VNI。

（2）转发面

转发面如图8-22所示。

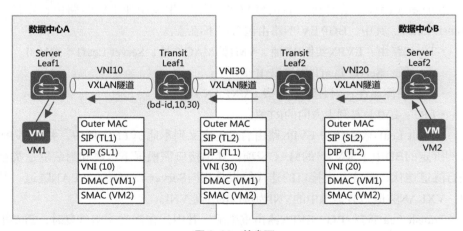

图8-22 转发面

Server Leaf2通过BD二层子接口收到VM2发来的二层报文，根据目的MAC查找BD中的MAC表，找到VXLAN隧道出接口，获取VXLAN隧道的封装信息（本地VNI、目的VTEP IP地址、源VTEP IP地址），并对报文进行VXLAN封装，然后发送给Transit Leaf2。

Transit Leaf2对收到的VXLAN报文进行解封装，根据报文中的VNI找到对应的BD，根据目的MAC查找BD中的MAC表，找到VXLAN隧道出接口，获取VXLAN隧道的封装信息（映射VNI、目的VTEP IP地址、源VTEP IP地址），并对报文进行VXLAN封装，然后发送给Transit Leaf1。

Transit Leaf1对收到的VXLAN报文进行解封装，根据报文中的映射VNI查找映射表，找到对应的BD，根据目的MAC查找BD中的MAC表，找到VXLAN隧道出接口，获取VXLAN隧道的封装信息（本地VNI、目的VTEP IP地址、源VTEP IP地址），并对报文进行VXLAN封装，然后发送给Server Leaf1。

Server Leaf1对收到的VXLAN报文进行解封装后进行相应的二层转发，最后发送给VM1。

8.2.2.5　External Network多活

Multi-Site场景下，多个数据中心能够同时对外提供服务，可以同时承担相同的业务，从而提高数据中心的整体服务能力和系统资源利用率。多个数据中心互为备份，当单数据中心发生故障时，业务能自动切换到其他数据中心，保证业务不中断。

双活数据中心均部署相同的业务应用，二者的IP网段并不相同，因此数据中心间采用三层互联即可。业务应用采用域名访问，因此需要在应用系统部署GSLB，通过动态或静态负载均衡策略为来访的请求解析不同的站点 IP，如图8-23所示。

GSLB会通过健康状态检测或与SLB（Server Load Balancer，服务器负载均衡器）联动，检测应用系统的状态。当一个中心内的应用服务器发生局部故障时，尽量将流量切换至同一中心SLB集群内的其他服务器，将故障限制在本中心；当一个中心内的应用服务器全部发生故障时，才将流量切换至另一中心。

这种场景称为业务级双活，是一个重要而且常见的场景，且技术最为成熟，非常广泛地应用于金融行业、互联网内容提供商、CDN服务提供商等。

这种模式也可以扩展至多个数据中心，从而让前端节点更贴近终端用户，减小应用加载时延，提升业务访问体验。同时，这种模式也大幅提高了备用数据中心前端业务服务器、网络出口的资源利用率。它借助 GSLB的检测、切换策略，实现了故障的站点级快速切换，提升了业务可用性。

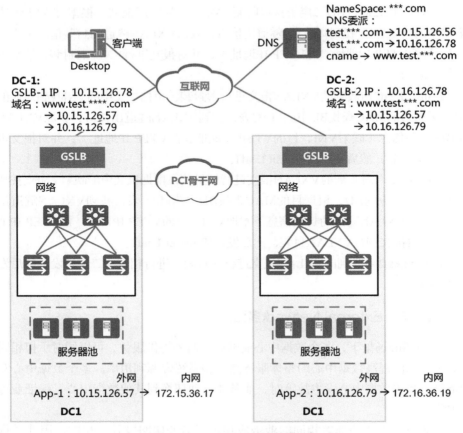

图 8-23　Multi-Site 方案部署示意

8.2.3　推荐的部署方案

8.2.3.1　按安全等级划分VPC业务模型

按安全等级划分VPC业务模型主要应用在私有云场景下，参见图8-24。在私有云场景中，以金融行业为典型的大多数企业都按照业务的安全等级分为半信任区域、内网、外联网等几个大VPC（即业务VPC），VPC数量很少。业务VPC通过安全等级区分，VPC之间有互通需求，相同安全等级的VPC互访不需要经过防火墙，不同安全等级的VPC之间互访需要经过防火墙。

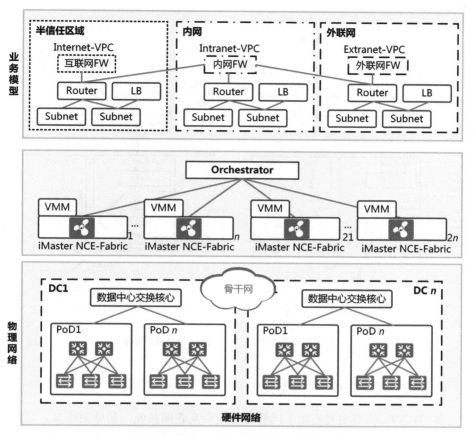

图 8-24　按安全等级划分 VPC 业务模型

一般来说，私有云网络均为企业自己规划的网络，IP地址规划规范且不重叠。此外，在很多情况下，私有云网络都有和传统网络对接的需求，业务需要跨新老数据中心部署。因此，数据中心间的互通方案可以简化处理，直接通过Underlay方式的三层互联，通过IGP/BGP方式打通数据中心间的路由，多个数据中心对外提供的服务可以通过GSLB方式进行双活处理，如图8-25所示。

在私有云场景中，每个安全等级部署一个VPC（本例中为3个，根据企业实际需要灵活部署），每个VPC内部的路由平面相互独立，VPC内跨Fabric互通不经过防火墙绕行，形成一个跨数据中心的大VPC。针对外部路由，所有VPC共用一个外部路由平面，外网访问内部VPC需要经防火墙绕行。在每个Fabric内部部署BGP EVPN作为VXLAN协议控制面，每个Fabric内部是一个VXLAN域。

整网IP地址需要严格规划，Fabric间通过BGP或者IGP打通数据中心核心设备之间及数据中心核心设备和骨干设备互联的路由，通过VLAN方式进行三层互联。

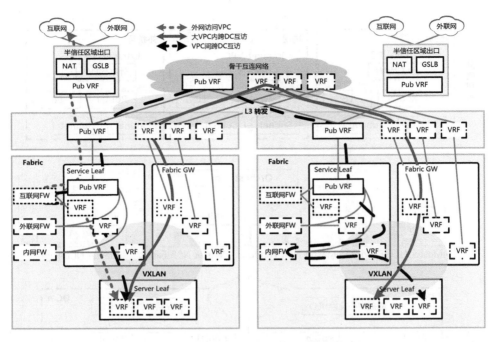

图 8-25　数据中心间 Underlay 三层互通转发面

8.2.3.2　多租户VPC模型分析

多租户VPC模型主要应用于运营商行业和互联网行业，参见图8-26。以运营商为例，国内运营商行业需求主要由各运营商的设计院拟定，由于设计院不负责具体业务，所以需求相对来说比较宽泛，主要需求描述如下。

- 一个PoD一个资源池，业务跨PoD部署。每个PoD由一套云平台和控制器进行管理。
- 两个PoD间业务互访需要经过数据中心交换核心，PoD之间需要二三层互通。
- SDN PoD要解耦，故障或升级范围都可控。由于每个PoD由一套云平台和控制器管理，每个PoD都是一个独立的VXLAN域，天生可以支持这个需求。
- 不同业务的私网地址可重叠，所以PoD之间互联需要通过VXLAN方式，只需要打通VXLAN的Underlay部分路由，通过VNI去隔离，不关心业务IP。
- 需要支持多厂家设备，支持第三方的云管平台编排，所以控制器需要开发二三层互通的接口。

基于上述需求，转发面的实现如图8-27所示。

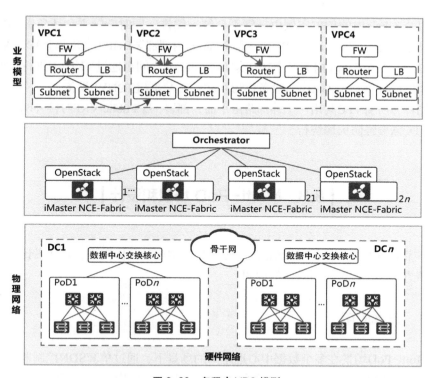

图 8-26　多租户 VPC 模型

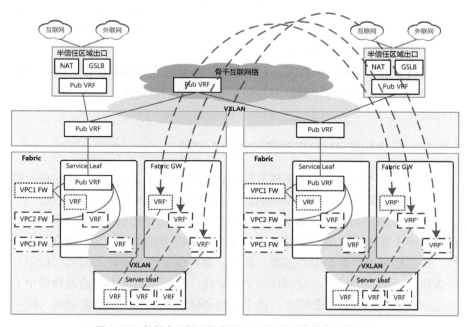

图 8-27　数据中心间三段式 VXLAN 互通方案转发面的实现

每个Fabric内的VPC实例由云管平台统一编排，同时云管平台还负责编排跨PoD间的二三层互通，形成大VPC。每个Fabric内部部署BGP EVPN作为VXLAN协议控制面，每个Fabric内为一个VXLAN域。Fabric之间也通过VXLAN进行互通，由每个Fabric的Fabric Gateway设备作为互联VXLAN隧道的NVE设备。

同样，所有VPC共用一个外部路由平面，部署一个Public VRF对接外网，外网访问VPC需要经防火墙绕行。

| 8.3　Multi-PoD 场景和设计 |

本节着重介绍Multi-PoD场景的详细设计，主要从具体应用、具体设计和推荐的部署方案几个方面进行具体的说明。

8.3.1　具体应用

Multi-PoD场景在多个数据中心近距离的场景下，通过单套SDN控制器拉远管理多个数据中心，多个数据中心在同一资源池中，可以构建跨数据中心的大二层网络，从而实现VPC 跨数据中心部署，同时进行SDN控制器主备集群部署，在管理面上实现容灾备份。Multi-PoD方案可以支持集群跨数据中心部署、虚拟机跨数据中心迁移、网络级主备容灾等业务场景。

从逻辑上看，Multi-PoD场景下网络的特性和行为与单数据中心网络非常相似，需要关注的仅仅是在多数据中心场景下的一些特殊需求。下面对应用场景进行具体的介绍。

8.3.1.1　Multi-PoD集群跨数据中心部署

随着集群技术的成熟，越来越多的双活数据中心建设开始尝试将集群跨数据中心部署，以实现跨地域的可用性保证，同时可提供一定的负载分担能力。

对于DB层服务器以及少量 App层服务器，往往采用物理IP 直接提供业务，这种模式仅用于数据类应用（CS模式）。通常以集群方式部署，为了提高业务的连续性，集群也可以跨数据中心部署，此时，集群服务器分布在不同的数据中心，对外提供统一的访问接口，业务IP由VIP 取代，服务器集群中间通过数据中心间的互连网络实现协商和状态同步。由于集群心跳及集群公网通常需要接入同一个二层域，需要跨数据中心的大二层网络，因此可采用裸光纤、波分传输、VPLS、

EVPN-VXLAN等技术进行二层互联，如图8-28所示。

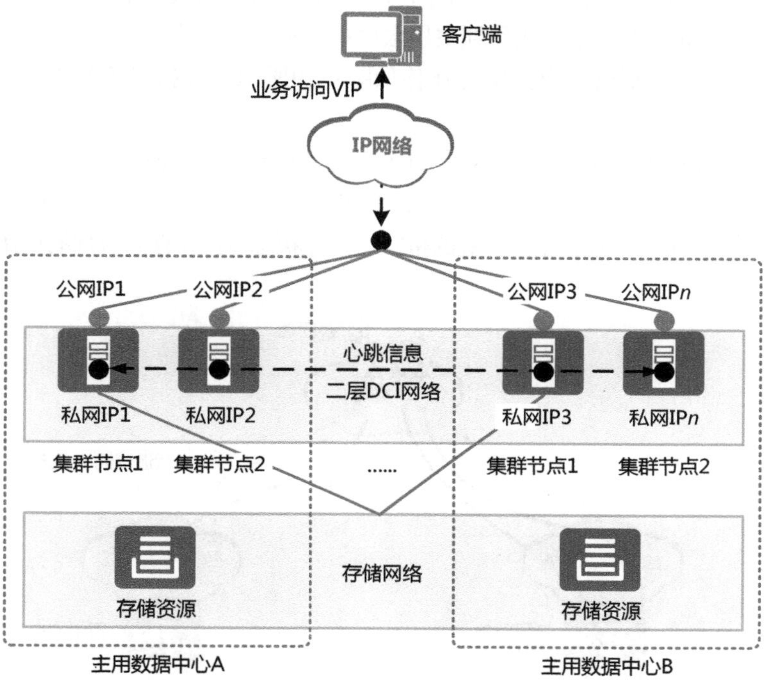

图 8-28　Multi-PoD 集群跨数据中心部署

服务器集群方案对数据中心网络有如下要求。

· 低时延：RTT（Round Trip Time，往返路程时间）时延要求，对部署距离有限制。

· 二层互联：要求二层互联，对互联时延有限制。

· 网络高可靠：互连网络高可靠，避免脑裂发生。

8.3.1.2　Multi-PoD虚拟机跨数据中心迁移

对于虚拟机承载的数据类应用系统，业务是由虚拟机直接提供访问的，因此虚拟机的IP地址就是业务的访问IP地址。

当服务器虚拟化后，其最大的特征是动态性与资源复用特性。由于应用直接由虚拟机提供服务，因此无法借助 SLB进行资源调配，只能将虚拟机迁移到更空闲的物理机上运行。应用管理员可以根据应用的资源需求（如CPU 性能需求、内存需求），灵活地调度、调整虚拟机运行位置、上下线状态。

当虚拟机资源池扩展到两个中心后，则可以更加灵活地充分利用备用数据中心的物理服务器资源，实现跨中心的虚拟资源灵活调度，大幅提升资源利用率。

特别是故障场景，利用虚拟机的高可用机制，当主用数据中心A的虚拟机发生故障时，虚拟机可以动态热迁移到主用数据中心B，业务不中断。

Multi-PoD 虚拟机跨数据中心迁移如图8-29所示。虚拟机跨数据中心热迁移对网络有如下要求。

- 二层互联：IP/MAC地址配置、TCP会话状态等不发生改变。
- 低时延：虚拟机状态同步，要求低时延。
- 大带宽：虚拟机迁移要求较高的带宽，保证状态数据和存储数据的快速迁移。

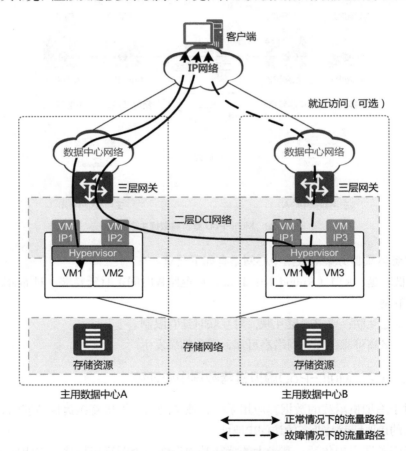

图 8-29 Multi-PoD 虚拟机跨数据中心迁移

8.3.1.3 Multi-PoD网络级主备容灾

在服务器集群跨数据中心部署的场景下，集群提供一个统一的VIP作为对外服务的IP，这个IP需要一个网关，由于跨数据中心部署并且需要考虑容灾的能力，因此，要在多个数据中心创建这个业务网关，并且建立容灾关系，比如主备关系。同理，在业务的虚拟机跨数据中心迁移场景下，由于迁移虚拟机的IP地址是不变的，因此虚拟机的网关也需要跨数据中心部署，并且建立容灾关系。如果这个业务的南北向流量需要经过防火墙安全防护，那么防火墙也需要跨数据中心部署，安全策略要同步。

在主用数据中心发生故障时，主用网关发生故障，流量可以切换到备用网关，经过备用网关进行安全防护，保障业务的南北向流量畅通，能继续对外提供服务。

网络容灾如图8-30所示。

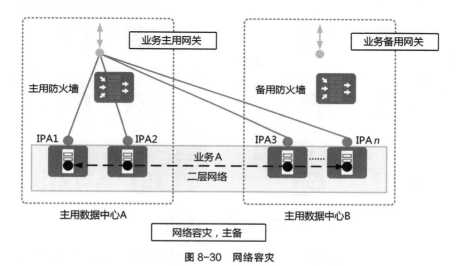

图 8-30　网络容灾

网络级主备容灾对网络有如下需求。

- 主备出口：两个数据中心出口可以形成主备关系，选择其中一个出口作为外部网关，其余出口作为备用出口，在主用出口发生故障时，自动切换到备用出口。
- 主备防火墙：防火墙安全策略同步，在主用防火墙发生故障时，自动切换到备用防火墙。

8.3.2　具体设计

8.3.2.1　方案的架构

Multi-PoD主要的场景就是在同城近距离部署数据中心，在网络层面提供网络容灾的功能。

如图8-31所示，多个数据中心的计算、网络都是统一的资源池，统一由一套SDN控制器集中管理，VPC可跨数据中心部署，子网可跨数据中心部署，可二层互通，也可三层互通。

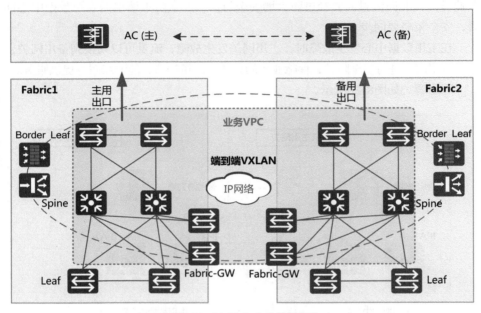

图 8-31　Multi-PoD 方案的架构

为了提高管理面的可靠性，两个数据中心都可以部署SDN控制器，两套SDN控制器集群建立主备集群关系，由主用SDN控制器集群管理网络，当主用SDN控制器集群发生故障时，两套集群发生主备切换，将原来的备用SDN控制器集群升为主用，接管网络，在管理面上实现容灾备份。

在此场景中，每个数据中心的物理网络在架构上相互独立，需要在单数据中心的基础上增加数据中心间互联的设备和通路，多个数据中心是统一的端到端VXLAN域，网络和计算都是统一的资源池。

对于出口网关，推荐部署主备出口网关，即所有南北向流量都从主用出口网关进行绕行，出口为主备出口的情况下，防火墙也是主备部署，实现业务的高可用性。

如图8-32所示，Multi-PoD场景主要有以下一些特性。

• 单Domain管理面容灾：多个数据中心是一个资源池，在一个VXLAN域内。对业务来说，相当于只看到一个资源池，所以VPC可以跨数据中心进行部署，同时SDN控制器主备集群部署，提供管理面的容灾功能。

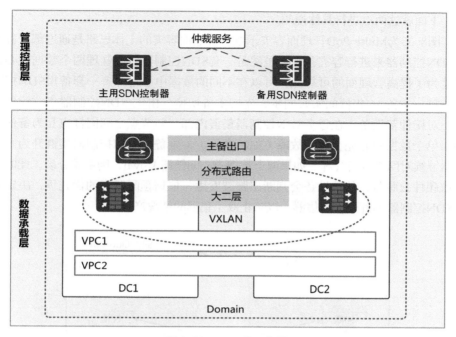

图 8-32　Multi-PoD 场景

- VPC跨数据中心部署：如前所述，由于是统一的资源池，VPC可以跨Fabric部署。
- VPC出口跨数据中心主备容灾：多数据中心可以有多个出口，VPC可以选择其中一个出口作为外部网关，其余出口作为备用出口。主备出口的选择通过路由优先级实现。也可以只选择一个集中出口，所有南北向流量均从这个出口访问北向。
- VPC内防火墙跨数据中心主备部署：Fabric内防火墙主备镜像部署，Fabric间部署两组防火墙，AC向两组防火墙同时下发配置和策略，两组防火墙之间的主备由主备路由确定。
- 当SDN控制器集群需要和管理平台对接时，如果需要对接OpenStack云平台（或者华为FusionSphere平台），可以由一套OpenStack拉远管理多个数据中心，基于可靠性考虑，OpenStack部署时可以跨数据中心集群部署。如果对接VMM，则建议每个数据中心各部署一套VMM，一套SDN控制器集群对接多个VMM。

8.3.2.2　Multi-PoD网络级容灾

Multi-PoD场景采用SDN控制器管理域，由一套SDN控制器集群管理所有数据中心的网络，所以在其网络级容灾方面，主要需要考虑管理面容灾和出口可靠性，下面就这两点进行具体说明。

图8-33为Multi-PoD管理面容灾示意。管理面容灾的主体思路是通过部署备用的SDN控制器来进行容灾备份，虽然是一套SDN控制器统一管理两个数据中心，但是为了提高管理面的可靠性，可以在不同的数据中心再部署一套备用SDN控制器集群，主备AC集群间实时同步，支持主备切换，由主 SDN控制器集群管理设备，对接仲裁设备。在每个SDN控制器集群内部，各节点之间同样也互为备份，如果单个数据中心完全发生故障（如断电等），则备用SDN控制器集群升为主控制器继续对网络进行管理。如果两个数据中心间链路 Down，则系统分裂，此时需要依赖仲裁服务，仲裁设备会判断出脑裂发生，依据预配置好的优先级，决定哪个SDN控制器集群作为主集群，以防止双主集群的情况产生。

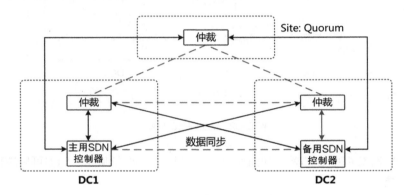

图 8-33　Multi-PoD 管理面容灾

在出口容灾设计中，Multi-PoD场景提供主备出口方案。Multi-PoD主备出口是指在一套AC管理下多个数据中心互联成一个统一资源池，业务将其中一个数据中心作为外网主用出口，将另一个数据中心作为外网备用出口，如图8-34所示。

两个数据中心端到端部署VXLAN协议二层打通，通过分布式VXLAN网关构建跨数据中心的逻辑路由器，使得业务VPC内部东西向互通的虚拟网络能够跨数据中心部署，可支持虚拟机跨数据中心迁移以及云主机高可用部署。两个数据中心的出口配置为主备关系的外网（可配置多个外网），可以形成两种类型的主备关系，即对于一个外网，可选主用出口在DC1，备用出口在DC2，也可选主用出口在DC2，备用出口在DC1，不同的VPC可以任选一种主备关系的外网，两个数据中心的出口可实现基于VPC的负载分担。

通过外网的主备关系配置路由优先级，主用出口路由的优先级高，备用出口路由的优先级低，正常状态下南北向流量基于高优先级的主用出口路由优选走主用出口，如果主用数据中心发生故障或主用出口发生故障，高优先级的主用出口路由失效，流量基于低优先级的备用出口路由切换到备用出口。

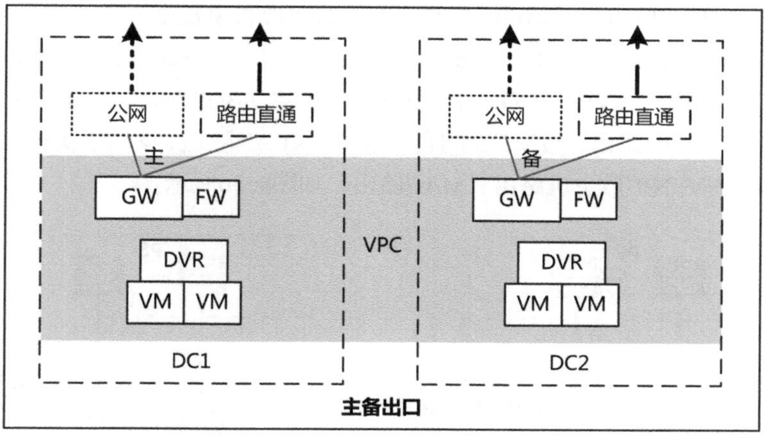

图 8-34　Multi-PoD 主备出口

8.3.2.3　Multi-PoD安全策略同步设计

数据中心的出口需要防火墙进行保护，网络容灾提供了主备出口，主备切换后，流量从备用数据中心出口经过备用的防火墙，为了保证流量在备用数据中心的备用防火墙得到正常防护和顺利通过，需要主备数据中心防火墙的策略一致。

Multi-PoD方案推荐的防火墙部署方式是每个数据中心内的一组防火墙进行主备镜像，两个数据中心部署两组防火墙，SDN控制器向两组防火墙下发相同的配置和策略，两组防火墙之间的主备通过主备路由实现，如图8-35所示。

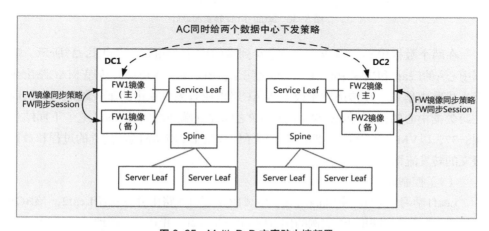

图 8-35　Multi-PoD 方案防火墙部署

8.3.2.4　Multi-PoD转发面

由于是单VXLAN域，Multi-PoD转发面的实现和单数据中心基本一致，BGP EVPN作为VXLAN的控制面，Border Leaf、Server Leaf、Service Leaf作为VTEP，Spine节点作为RR，VTEP节点作为Client和Spine 建立BGP Peer，发布EVPN地址族路由，BGP EVPN路由触发VTEP间自动建立VXLAN隧道，避免烦琐的手工隧道配置，BGP EVPN扩散主机路由、MAC路由，如图8-36所示。

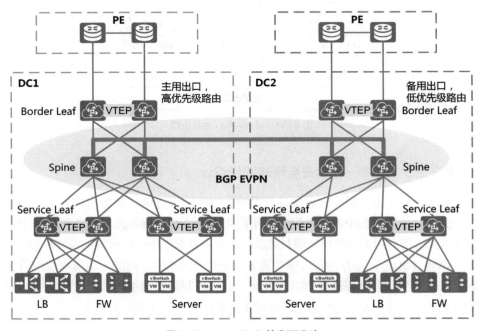

图 8-36　Multi-PoD 转发面设计

在两个数据中心之间会建立一条端到端的VXLAN隧道。如图8-37所示，数据中心A的Leaf1和数据中心B的Leaf4之间运行BGP EVPN协议，传递 MAC路由或者主机路由信息，在传递时不改变 MAC路由或者主机路由的下一跳地址，从而在跨数据中心的Leaf1和Leaf4上的VTEP之间建立端到端VXLAN隧道。下面结合图8-37，以VMb2和VMa1为例，介绍同子网场景下VXLAN隧道建立的过程和数据报文的转发流程。

（1）控制面

Leaf1学习到VMa1主机侧信息，生成BGP EVPN路由并发送给Leaf2，该BGP EVPN路由携带本端EVPN实例的出方向VPN-Target，并且下一跳地址设置为Leaf1

的VTEP地址。

　　Leaf2收到Leaf1发送的BGP EVPN路由后，将该路由发送给Leaf3，且不修改该路由的下一跳地址。

　　Leaf3收到Leaf2发送的BGP EVPN路由后，将该路由发送给Leaf4，且不修改该路由的下一跳地址。

　　Leaf4收到Leaf3发送的BGP EVPN路由后，检查该路由中携带的EVPN实例的出方向VPN-Target，如果与本端BGP EVPN实例的入方向VPN-Target相同，则接收该BGP EVPN路由，否则丢弃。接收该BGP EVPN路由后，Leaf4将获取路由中携带的下一跳地址（Leaf1的VTEP地址），按照VXLAN隧道建立的流程建立到Leaf1的VXLAN隧道。

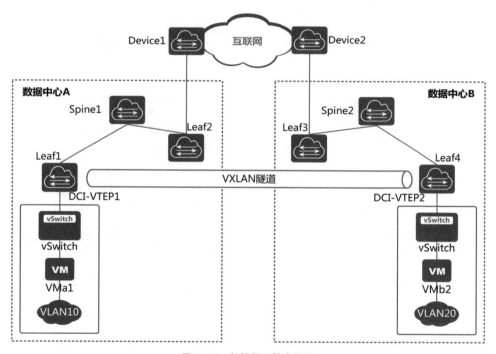

图 8-37　数据报文转发流程

（2）数据报文转发

　　端到端VXLAN场景支持同子网已知单播报文转发、同子网BUM报文转发和跨子网报文转发，具体的数据转发流程和单数据中心部署VXLAN分布式网关下的数据报文转发内容相同，此处不赘述。

8.3.3 推荐的部署方案

1. 基础网络

为了描述方便，将企业单数据中心网络模型分为业务区、管理区和存储区3种区域来说明，如果实际部署过程中有其他功能区域，可以参照这3种区域网络设计进行部署。如图8-38所示，业务区的网络是采用Spine-Leaf架构的SDN，管理区和存储区的网络为星型组网的传统网络。这种方案被当前大部分企业所接受，以华为当前参与的绝大部分多数据中心的网络建设来看，由于管理区的网络和存储区的网络一般会采用传统的网络协议，如传统的三层路由或SAN，所以均采用传统的方式进行部署和运维。

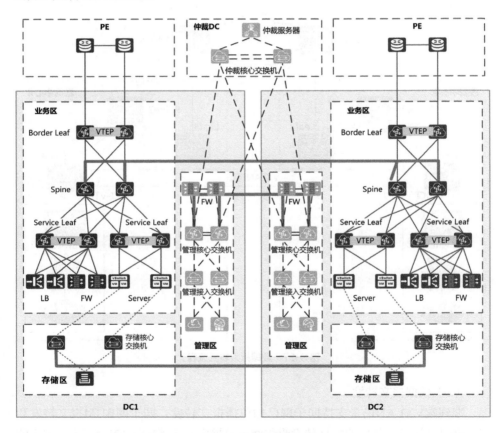

图 8-38 基础网络设计

由于Multi-PoD场景下对基础网络的主要诉求就是可以将基础网络拉通为一个端到端的VXLAN，所以两个数据中心的基础网络需要连起来，业务网络一般通过Spine进行互联，存储网络和管理网络也需要互联，一般视客户习惯进行处理。网络分为3个平面：业务网络平面、管理网络平面、存储网络平面。

- 业务网络平面：采用Spine-Leaf模型组网，服务器业务口双归到Server Leaf，防火墙和LB设备旁挂Service Leaf。
- 管理网络平面：包括业务控制与网络管理，云平台、AC、VMM、网管等双归到管理接入交换机，仲裁服务器部署在第三站点（仲裁数据中心），仲裁数据中心核心交换机分别与两个数据中心的管理核心交换机光纤（波分）直连。
- 存储网络平面：存储网络连接Server和存储，属于传统的网络。

推荐两个数据中心的业务区Spine、两个数据中心的管理核心、两个数据中心的存储区核心通过光纤（波分）直连。

2. 管理网络设计

管理分区主要是部署云平台和SDN控制器，其分为两层架构，管理接入交换机只进行二层接入，管理核心交换机作为各数据中心管理区的网关。由于云平台要求DC1和DC2之间二层打通，所以两个数据中心的核心交换机需要配置VRRP，以保证两个数据中心的管理区服务器能够二层互通。

数据中心间的管理核心交换机和管理网FW之间部署动态路由，打通管理区内网路由，第三站点与两个数据中心管理区核心交换机之间配置静态路由进行互通，如图8-39所示。

3. 业务区Underlay路由设计

由于是在一个VXLAN域中，两个数据中心的Underlay路由需要打通。一般推荐Underlay路由采用OSPF。为了实现路由的收敛速度和限制故障域，一般通过多个Area将两个数据中心的OSPF路由域分割开来。如图8-40所示，DC1部署OSPF Area1，DC2部署OSPF Area2，数据中心间部署OSPF Area0。

Underlay路由需要将Loopback（VTEP）和直连接口路由都打通。

4. 业务区Overlay路由设计

两个数据中心在同一个VXLAN域中，分布式VXLAN网关设备通过学习Server或者F5的ARP表项，在设备上转换成32位主机路由，并通过EVPN协议进行全网同步。通过在Leaf设备配置默认路由指向防火墙来访问External Network，指向FW的默认路由配置主备优先级并引入EVPN，实现多出口的主备。

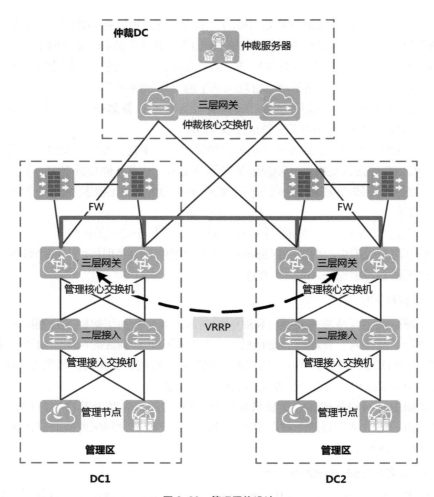

图 8-39　管理网络设计

由于两个数据中心是在一个BGP EVPN域中，所以类似单数据中心的情况，所有主机和网段路由均可以通过BGP扩散到两个数据中心中，Spine作为RR，两个Spine 充当数据中心扩散路由的角色。

Border Leaf与外部PE之间部署EBGP动态路由，根据External Network 预配置的主备关系，手工预配置主备路由引入优先级，实现对外发布主备路由。主备路由通过BGP的属性实现，具体使用什么属性根据实际情况来选择，原则是Border Leaf与外部PE都能识别这个属性。

Overlay路由设计如图8-41所示。

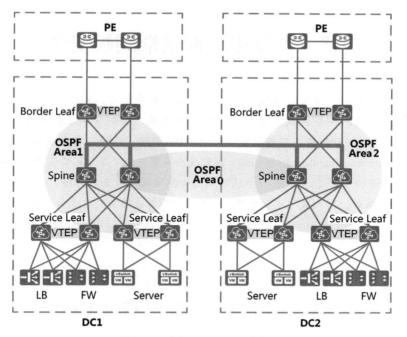

图 8-40　业务区 Underlay 路由设计

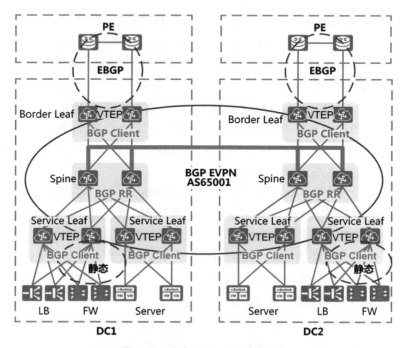

图 8-41　业务区 Overlay 路由设计

第 9 章
构建云数据中心网络端到端安全

任何情况下，保障数据中心网络安全都是重中之重。SDN给数据中心带来更大的安全挑战。为此，华为从转发层、控制层和应用层三个方面均提供了安全子方案，结合华为防火墙、IPS/IDS、沙箱、安全控制器和CIS（Cybersecurity Intelligence System，网络安全智能系统）等系列安全产品，将网络和安全联动起来，构筑了一个从单点防御到数据中心全网协防、快速响应并隔离内部威胁、防止威胁扩散的闭环。本章介绍相关的安全技术和实现方案。

9.1 云数据中心网络面临的安全挑战

1. 安全服务化困难，不满足云化和SDN化的数据中心的新诉求

随着数据中心向云化和SDN化演进，数据中心的网络和应用的部署、发放模式也产生了巨大的变化：动态按需部署发放、弹性扩缩。这对云数据中心安全业务的部署发放提出了新的要求，当前安全业务的部署主要存在以下问题。

第一，安全业务开通流程烦琐、周期长。安全设备部署分散，在不同的数据中心分区内、数据中心边界等各个风险点都部署了安全设备，因此开通一个新应用的安全业务时，需要在多个安全设备上分别规划和配置，这导致操作流程烦琐、难度大、安全业务开通周期长。

第二，安全能力自动化范围有限。标准OpenStack提供的安全能力仅包含安全策略等防火墙的基础能力，其他安全业务仍需大量的手工配置，配置复杂、效率低、OPEX高。

第三，大量安全能力冗余。为应对突发流量，每个安全设备均保持过多的冗余能力，造成了不同程度的资源闲置浪费。

2. 安全边界变得模糊，安全威胁不断升级

第一，服务器和大二层网络的虚拟化，使得无法用传统的分区来定义租户网络边界，安全边界是模糊的。虚拟化技术的发展使得数据中心的安全边界难以界定，原来静态、自然的网络物理边界被动态、虚拟的逻辑边界所替代。虚拟化大二层网络中的虚拟二层流量在vSwitch中转发，流量不可视、难以感知。逻辑网络拓扑结构根据业务的需求随时可变，传统的基于物理边界防护的安全架构无法对其进行有效的安全防护。

第二，内部攻击源使得可信区域不复存在。云数据中心资源高度整合，租户在物理层面无法实现隔离，租户内部的安全威胁难以防护。数据中心内部的虚拟机如果沦为僵尸主机，则会从数据中心内部发起攻击，传统的安全防护手段难以防范。

第三，对APT（Advanced Persistent Threat，高级可持续性攻击，业界常称高级持续性威胁）等新型威胁攻击，难以使用传统的安全方法检测和防御。APT是以窃取核心资料为目的、针对客户所发动的网络攻击和侵袭行为。

APT攻击一般采用零日漏洞或者高级逃逸，通过内部渗透和提升权限，长期潜伏和挖掘数据，通过远程控制，最终导致数据被破坏、丢失或者泄露。传统的基于精确签名的检测技术无法检测和防御APT攻击。

3. 安全管理和安全运维变得更为复杂

第一，安全策略管理复杂，无法感知应用。

第二，数据中心（如金融行业）的安全策略数量巨大，如果根据IP来创建策略，策略管理较为复杂。基于IP创建的策略无法和业务应用的状态联动，即在业务出现变化时，基于IP 创建的策略无法联动进行调整。数据中心的各类安全设备各自为营，形成一座座安全孤岛，安全威胁的感知和处理是分区域的，也就是说，无法做到整个数据中心的集中防范和集中处理，无法形成更加宏观和防护范围更大的安全防护体系，无法有效地指导安全运维。

第三，安全威胁的调查处置困难、响应慢。大量安全设备的日志格式不统一，只有专业人员才能分析各种威胁日志，效率低且效果有限。安全威胁的MTTR（Mean Time to Recovery，平均恢复时间）长、响应不及时、闭环率低，对于威胁事件需要人工调查取证，进行溯源和事后分析，OPEX 高。

9.2　云数据中心网络的安全架构

9.2.1　安全架构全景

传统数据中心网络的安全防护体系一般按照"多层防护、分区规划、分层部署"的原则来进行。而在云数据中心里，资源整合程度和共享程度很高，对数据之间的安全隔离提出了更高的要求，安全需要适应云数据中心虚拟化要求。安全边界变得模糊，对于云数据中心资源的访问行为，不论是来自内部还是外部，都需要严格访问控制。安全威胁发现和处理的作用范围变大，在云数据中心里，安全威胁的感知和处理都将趋于统一，信息共享率极高，安全防护体系要比传统数据中心的体系更宏观，防护范围更大。另外，云数据中心网络安全也需要以服务的方式交付给数据中心用户，以适应云数据中心资源的动态按需部署和弹性扩缩。

在这种建设思路的指引下，云数据中心网络的安全体系和传统数据中心的安全防护体系差别相对较大。云数据中心网络安全的总体方案如图9-1所示。

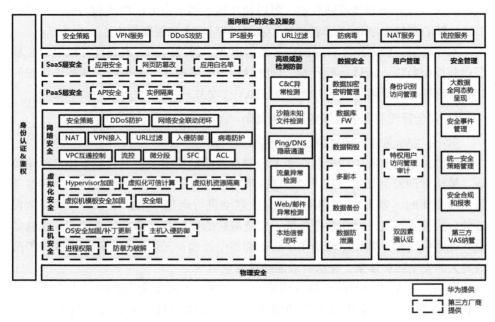

注：C&C 即 Command and Control，命令与控制；
DDoS 即 Distributed Denial of Service，分布式拒绝服务；
URL 即 Uniform Resource Locator，统一资源定位符。

图9-1　云数据中心网络安全的总体方案

下面重点介绍与SDN相关的安全技术与方案，包括"虚拟化安全"中的"安全组"以及"网络安全""高级威胁检测防御"和"安全管理"的相关内容。保证企业网络安全的关键在于找准安全边界（攻击点）：边界的左边是攻击者（脚本小子、黑客、APT攻击），边界的右边是网络资产和信息资产。企业网络安全建设则在安全边界处设防，尽可能做到安全边界不被攻破。然而，随着业务的增多、技术的演进和模式的调整，安全边界越来越多，也越来越模糊。但我们仍然要梳理出企业网络所有的安全边界，并全部加以防护，毕竟网络安全有短板效应，不可有任何闪失。

9.2.2 安全组件架构

云数据中心网络的安全组件架构如图9-2所示。

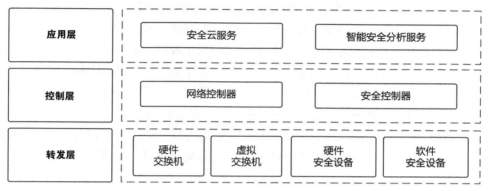

图 9-2 安全组件架构

1. 应用层

在应用层中,安全云服务由CloudOS提供,CloudOS统一编排计算网络、存储和安全资源,按需动态发放安全服务。管理员基于CloudOS云平台按需动态发放与安全相关的业务,CloudOS南向通过对接控制器,将安全业务需求下达给控制器处理,再由控制器转换成转发器的配置下发给网络设备。

智能安全分析服务则一般由单独的安全分析器提供,利用现有网络的遥测数据,使用大数据分析和机器学习技术等进行高级威胁检测,解决了传统的基于签名的静态检测手段无法检测出新型未知威胁的问题,可以加速安全事件的响应和调查取证,实现从单点防御、被动防御到全网防御、主动防御的转变。

2. 控制层

控制层指的是SDN控制器,一种方式是用一套控制器实现包括安全业务在内的所有网络功能;另一种方式是分开管理基础网络功能与安全功能,使用两套SDN控制器(网络控制器、安全控制器)协同完成基础网络业务和安全业务的编排发放。

网络控制器提供网络编排能力,按需动态发放网络业务,针对安全业务的需求,可将指定流量引入指定的安全设备。网络控制器北向对接云平台,南向对接交换机,提供网络业务编排的Web UI界面,可完成网络建模、编排并自动下发网络配置。另外,网络控制器也提供微分段安全和业务链的编排及配置下发能力。使用业务链,用户可以将流量引流到安全设备,协同安全业务发放。

安全控制器提供安全业务（如IPSec、安全策略、Anti-DDoS、安全内容检测、地址转换）的编排能力，按需动态发放安全业务。安全控制器主要提供安全业务编排和安全策略统一管理的能力，完成安全业务建模、编排并自动下发安全业务的配置。另外，安全控制器可协同网络控制器、安全设备以及安全分析系统，从而形成全面威胁感知、分析和响应的整网主动防御安全体系。

使用两套SDN控制器的方式，控制器之间相互解耦，业务升级与扩容方便，且控制器可分别对接不同的外部系统，实现差异化功能，方便功能的扩展和二次开发。例如安全控制器可以对接专用的安全大数据分析平台，接收平台分析的结果，指导安全业务的部署和调整，实现更高级的安全防护能力。

目前，已经有很多企业在构建云数据中心时考虑网络控制器和安全控制器解耦的方案，同时这一方案也是华为推荐的安全方案。本书后续将介绍控制器解耦方案的细节。

3. 转发层

转发层由物理和虚拟网络设备组成，包含数据中心交换机设备和安全设备。二者配合完成数据中心边界的安全防护、租户边界和租户内的安全防护。

数据中心交换机设备承载网络流量，同时也提供诸如ACL、安全组、微分段等网络安全能力。交换机可以将指定的流量重定向到安全设备，协同安全设备完成安全检测与防御。安全设备如防火墙、IDS（Intrusion Detection System，入侵检测系统）、IPS、WAF（Web Application Firewall，Web应用防火墙）等，通常先从交换机处获取数据中心的流量，并基于自身的各类安全能力来执行相应的安全检测、安全防御等操作。

云数据中心一般都支持海量用户，数据中心交换机和防火墙设备都支持虚拟系统，如VRF或vSys/VD，可以专门为一个用户划分一套虚拟系统，不同用户之间的虚拟系统相互不受影响，流量默认阻断，缩小了安全域。同时可以根据不同用户的业务特征和需求，制定差异化的安全策略，精细化管控安全策略，提升安全策略的效能。

│9.3 云数据中心安全方案的价值│

构建完善的数据中心网络安全方案，主要价值如下。

1. 安全资源池化、配置全面自动化

云数据中心可以将硬件和虚拟的安全资源池化，从而屏蔽底层的硬件差异，根据东西向流量和南北向流量安全要求的不同，可分别创建东西防火墙资源池和南北防火墙资源池，方便在不同的资源池部署不同的安全策略。

利用虚拟化防火墙或者防火墙集群的弹性伸缩能力，按需自动扩缩容，提升资源利用率和可靠性。

基于租户维度来编排安全业务，不同租户之间的安全业务相互隔离。在租户内部实现包含OpenStack基础防火墙能力，以及IPS、AV（Anti-Virus，防病毒）等其他多种威胁检测能力的自动化配置。

2. 丰富安全能力、层层联防

云数据中心安全方案提供了面向租户的各类安全能力，支持基于租户的各类防火墙安全能力：包含安全策略、IPSec VPN 加密、NAT策略（隐藏地址）、IPS、AV、URL过滤、DDoS攻防、ASPF（Application Specific Packet Filter，针对应用层的包过滤）等，以及基于租户的微分段和业务链能力。通过微分段对互访流量进行精细隔离控制，实现云数据中心东西向流量的安全管控。通过业务链，可将指定流量灵活引流到多个安全业务功能节点，并编排引流的先后顺序。

云数据中心的安全方案还为租户提供面向基础设施的安全能力。从虚拟化层面来看，云数据中心可部署安全组来隔离虚拟机；从网络层面来看，主要包含以下安全能力。

- 支持边界部署专业Anti-DDoS设备，重点加强针对应用层的DDoS攻击的防护，实现精细化流量的清洗和防护。
- 支持边界部署IPS/IDS系列入侵检测和防御设备，具备丰富的面向漏洞和威胁的签名库，同时支持与沙箱（例如华为的FireHunter）联动检测APT攻击、零日攻击等新型网络攻击。
- 支持部署专业的沙箱，利用多引擎虚拟检测技术和Hypervisor行为捕获、检测未知威胁。
- 支持部署高级的安全智能分析平台（如华为的CIS），采用大数据分析技术和AI检测算法，实现安全威胁的自学习检测。

云数据中心解决方案将网络和安全联动起来，构筑了一个闭环的安全系统。网络是安全分析的数据采集器，也是安全策略的执行器。网络和安全分析平台联动，协同完成威胁事件的发现、检测、决策、安全策略执行过程，从而实现从单点防御到数据中心全网协防，快速响应并隔离内部威胁、防止威胁扩散的闭环。

3. 智能防御、安全可视、简化安全运维

（1）智能分析、检测、防御

数据中心内部的安全漏洞隐藏较深，各类系统和网络之间错综复杂，通过传统的安全监控手段很难及时发现并采取对应的防御措施。

云数据中心安全方案可以对接CIS，基于大数据技术综合分析日志、文件、流量、终端行为等多维度数据，通过人工智能检测算法、安全威胁自学习检测，实现从被动防御到主动发现、主动防御。

（2）安全可视化

传统的安全运维分散在各个安全设备上，很难在整个数据中心的层面直观、完整地监控各方面的安全态势，而部署网络安全智能系统后可以实现这一能力。

第一，全网安全态势感知。网络安全智能系统采集网络和安全设备、服务器和终端主机等系统的漏洞信息、资产信息、访问记录、上网日志、安全事件等相关信息，汇总关联，多维度展现全网的安全态势。

第二，攻击路径可视。网络安全智能系统通过大数据分析技术关联威胁信息，图形化展示攻击路径，简单易懂，提供攻击回溯和调查能力。

（3）统一管理、简化安全运维

云数据中心安全方案可以统一管理物理和虚拟资源，并实现多厂商、多类安全设备的统一管理。

安全控制器提供面向管理员的传统精细化安全策略，以及面向租户的基于业务场景的安全策略分层管理和运维能力，入口统一。安全控制器还可基于基础设施进行安全策略调优，基于业务应用的策略仿真和策略调优能力检测并简化安全策略运维。

| 9.4 云数据中心的安全方案 |

本节基于图9-1所示的方案，介绍其中的虚拟化安全、网络安全、高级威胁检测防御、边界安全和安全管理几个方面的具体技术方案。下面介绍的网络控制器以华为的iMaster NCE-Fabric为例，安全控制器以华为的SecoManager为例。

9.4.1 虚拟化安全

数据中心内部通常会部署大量的虚拟机，运行各种各样的应用。本节介绍的虚拟化安全主要是指在虚拟机之间使用安全组来实现安全的控制和隔离。

1. 安全组简介

安全组可以实现虚拟机之间的互访控制和隔离，使租户可以对所租用的虚拟机进行自定义的安全隔离。

如图9-3所示，虚拟机可以加入和退出安全组，通过对报文五元组的匹配，对进出虚拟机端口的流量进行过滤，从而实现虚拟机之间的访问控制与隔离。同时，安全组规则支持随虚拟机动态迁移。

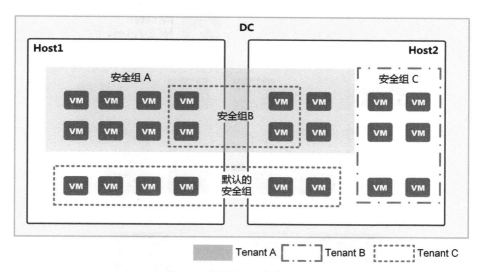

图 9-3　数据中心内部的安全组

从安全组的业务模型来看，具有以下特点。

- 安全组是具有相同安全属性的VM/BM的抽象集合，同时也包含应用到这些VM/BM的安全策略集合。
- 每个安全组都可以定义入方向和出方向及其动作。
    - Ingress Policy Rule：定义访问本安全组的流量的安全控制策略。
    - Egress Policy Rule：定义从本安全组出去的流量的安全控制策略。
    - Action：被选择的流量的行为是允许（Permit）或者拒绝（Deny）。
- 同一个安全组内的成员默认允许互通。
- 对安全组内成员主动发起的南北向访问，默认允许互通。

• 对安全组外主动访问安全组内成员的流量,需匹配白名单策略,动作为允许后才能互通。

2. 方案实现

在Network Overlay组网中,安全组的实现方案如图9-4所示。

• VM接入场景中,由云平台编排并向OVS发放有状态的iptable,从而实现安全组。

• 裸金属服务器接入场景,由云平台编排BM的安全组,再通过SDN控制器转换为ACL策略下发到接入交换机上,从而实现安全组。

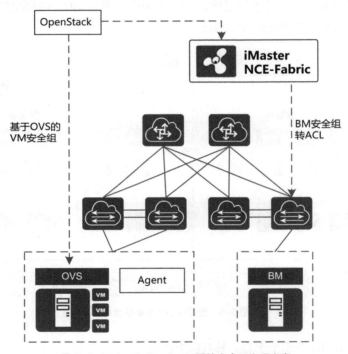

图9-4 Network Overlay 组网的安全组实现方案

在Hybrid Overlay组网中,由虚拟交换机(如华为CloudEngine 1800V,简称CE1800V)代替OVS,安全组的实现方案如图9-5所示。

• VM接入场景中,由云平台编排安全组,再通过SDN控制器向虚拟交换机(CE1800V)发放安全组业务。

• 裸金属服务器接入场景中,与Network Overlay组网相同。

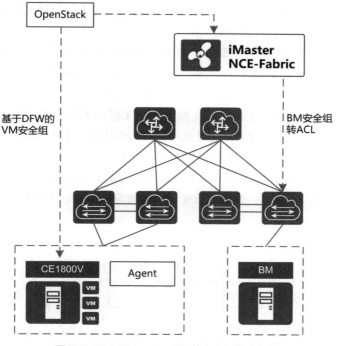

图 9-5　Hybrid Overlay 组网的安全组实现方案

9.4.2　网络安全

9.4.2.1　网络安全概览

数据中心网络层面的网络安全可以具体地划分为以下3个维度：数据中心内VPC内的安全、数据中心内VPC间的安全和数据中心之间的安全，下面分别予以介绍。

1. 数据中心内VPC内的安全

VPC内根据模型的不同，流量可以分为南北向流量、东西向不同子网间流量、东西向同子网流量3类，每一类的安全防护要求和方式都不同。

对于VPC内南北向流量的防护，可以采用以下方式。

- 通过在逻辑网络中发放Logical FW，该Logical FW作为默认的南北向防火墙，为VPC内的南北向流量提供安全服务，包含IPSec VPN、SNAT、EIP、安全策略、内容安全检测、Anti-DDoS、带宽管理等服务。

- 通过业务链，将流量灵活地引流到多个安全设备上，叠加多种安全检测和防护服务，如图9-6中粗实线所示。
- 通过微分段，创建内外部EPG（End Point Group，端节点组）分组和组间策略，实现对南北向流量的访问控制隔离，如图9-6中虚线所示。

对于VPC内东西向不同子网间流量的防护，可以采用以下方式。

- 可以使用业务链，支持使用交换机的ACL进行无状态的安全访问控制隔离（流量不经过防火墙），同时也可以灵活引流到多个VAS设备上，叠加多种安全检测和防护服务，如图9-6中实线所示。
- 可以使用微分段，支持使用无状态的EPG分组和策略进行访问控制隔离（流量不经过防火墙），适用于适度安全但转发效率要求高的场景，如图9-6中虚线所示。

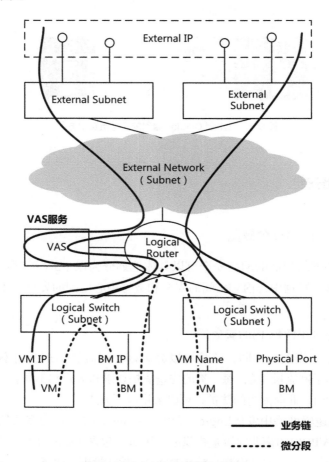

图 9-6 业务链和微分段流量模型

对于VPC内东西向同子网流量的防护，可以采用以下方式。

- 可以使用微分段，基于离散IP、VM属性划分EPG分组，实现细粒度的访问控制隔离，如图9-6中虚线所示。
- 如不满足微分段的设备选型，则可以使用业务链，将同子网流量重定向到安全设备，实现子网内流量的安全检测和防护，如图9-6中粗实线所示。

2. 数据中心内VPC间的安全

不同VPC间的安全策略控制有两种场景，如图9-7所示。

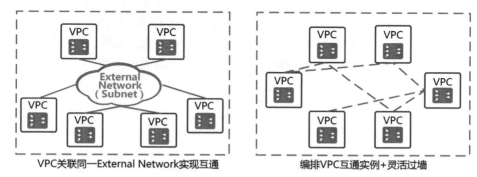

VPC关联同—External Network实现互通　　　　编排VPC互通实例+灵活过墙

图 9-7　VPC 间安全策略控制

- 场景一：关联到同一个External Network的VPC默认三层互通，租户管理员配置VPC的南北向过墙安全策略，实现安全防护。
- 场景二：创建并编排VPC互通实例，支持灵活过墙（不过墙、过单边墙、过双边墙），即需要租户管理员单独规划每一对VPC间的互通及安全策略。

两种场景之间的对比参见表9-1。

表 9-1　两种场景之间的对比

对比项	场景一	场景二
优点	VPC 间策略解耦，方便 VPC 弹性扩展	VPC 间可实现端到端策略管理
不足	缺少端到端策略管理视图	当 VPC 弹性扩展时，需要配置和其他互通 VPC 的安全策略，策略变更复杂、配置量大
适用场景	应用间互访关系复杂、不固化，无法直接定义 VPC 之间的安全互访策略	应用间互访关系相对固化、清晰

3. 数据中心之间的安全

由于多数据中心场景又细分为Multi-PoD和Multi-Site，因此这里分别介绍这两种场景中数据中心之间的安全防护方式。

对于Multi-PoD场景，如图9-8所示，即控制器集群拉远管理多个Fabric，Fabric之间是统一的VXLAN Domain。

- 如果是集中出口方案，则安全防护方式与单数据中心相同。
- 如果是主备出口方案，则需要在每个Fabric中各部署一组主备镜像防火墙。安全策略等配置需要控制器进行同步处理：将安全配置同时下发到所有数据中心中的防火墙上，实现安全业务配置在数据中心间的同步。
- 如果是多活出口方案，则需要跨Fabric部署一组防火墙集群。安全策略等配置和防火墙会话等数据表项则自动在防火墙集群成员间同步。

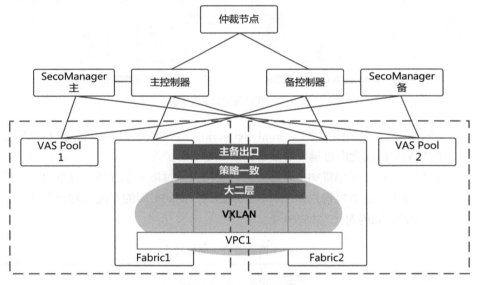

图 9-8 Multi-PoD 场景

对于Multi-Site场景，如图9-9所示，每个控制器集群各自独立地管理自己的数据中心，每个数据中心都是独立的VXLAN Domain，并通过三段式VXLAN实现数据中心间二层/三层互访。

数据中心间三层互访时，可以编排流量灵活过墙，即编排流量经过一个数据中心中的防火墙，或流量经过两个数据中心中的防火墙，同时部署安全策略，对数据中心间的流量提供安全检测和防护能力。

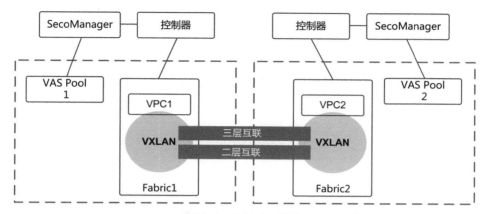

图 9-9 Multi-Site 场景

9.4.2.2 微分段

1. 微分段简介

在数据中心网络内部，随着数据存储和应用的增多、网络内部流量的增大，企业面临的安全性风险也在不断增加。传统网络技术中可以通过划分业务子网、配置ACL等方式，来实现业务之间的隔离，但是存在如下问题。

- 通过VLAN、VNI等方式划分业务子网实现的业务隔离，是基于子网的，不能实现同一子网内不同应用之间的隔离。
- 通过配置ACL规则可以实现不同应用之间的隔离。但是数据中心网络中，服务器的数量非常庞大，需要部署海量的ACL规则，配置维护复杂，且网络设备的ACL资源有限，不能满足客户的所有需求。

微分段技术的出现很好地解决了上述问题。微分段也称为基于精细分组的安全隔离，是指将数据中心网络中的服务器按照应用进行分组，然后基于分组来部署流量控制策略，从而达到简化运维、安全管控的目的，如图9-10所示。

在VXLAN中，微分段提供了比子网粒度更细的分组规则（比如离散 IP地址、MAC地址等）。微分段的分组维度更广，支持网络语言和IT语言（VM属性等），其部署简单方便，更符合业务需要。只需按照规则将VXLAN中的应用划分为不同的分组，然后基于分组来部署流量控制策略，就可以实现应用之间的访问控制与隔离。

2. 微分段编排模型

微分段主要针对Zero-trust安全模型（内部和外部都不安全，重点要考虑内部防护），一般采用白名单访问策略，即组内隔离组间按需放通，解决数据中心内部的东西向访问的安全控制问题。微分段编排模型如图9-11所示。

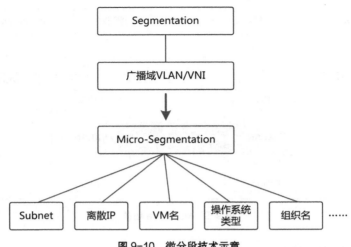

图 9-10 微分段技术示意

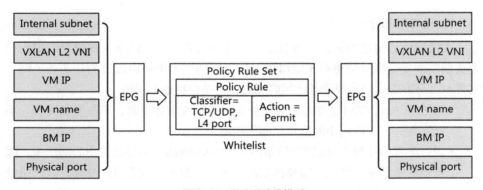

图 9-11 微分段编排模型

在微分段编排模型中主要有以下概念。

- EPG（端节点组）：具有相同属性端口的抽象集合。可以基于Logical Switch、Subnet、MAC地址、离散IP地址、VM属性、Host属性等特征项来定义EPG，EPG组内的端口之间具有相同的安全属性。
- Policy Rule Set（策略规则集）：定义组间多个访问控制策略规则。
- Classifier（分类器）：具有流选择分类功能，支持协议叠加端口号进行匹配分类。
- Action（动作）：被选择的流的动作，可以是Permit（允许）或Deny（拒绝）。

3. 微分段工作流程

云数据中心里，如果部署了基于OpenStack的云平台，则可以基于GBP模型在云平台发放微分段业务。如果没有部署云平台，则直接在SDN控制器上编排发放微分段业务。

云数据中心的微分段方案基于交换机上的EPG策略来实现安全控制隔离：对在源EPG接入的ToR和目的EPG接入的ToR分别下发对应的EPG分组策略；对在目的EPG接入的ToR下发EPG组间放通策略。

Ingress微分段（在源EPG接入的ToR上）的工作流程如图9-12所示，介绍如下。

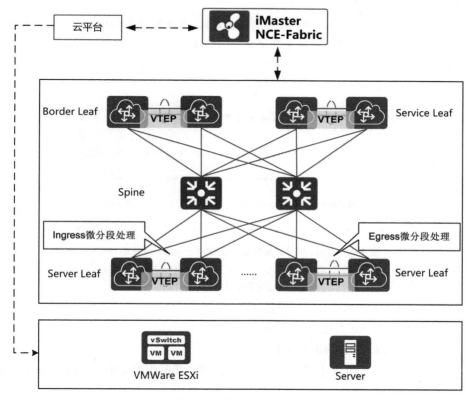

图 9-12　微分段工作流程

（1）根据用户流量的源IP 查找VRF。

（2）根据VRF和源IP 查找分组策略，从而获取源EPG的信息。

（3）判断是否为本地转发。

如果不是本地转发，则将源EPG信息封装到VXLAN报文头预留字段中，并转发给下游设备（即跨设备转发的微分段流程）。

如果是本地转发：

• 根据VRF和目的IP获取目的EPG信息；

- 根据源EPG和目的EPG，查找并匹配组间策略；
- 根据组间策略执行具体的动作，例如Permit（放通流量）或Deny（阻断流量）。

📖 说明

源端VTEP通过VXLAN报文头中的G标志位和Group Policy ID字段向目的VTEP传递微分段信息，如图9-13所示。

- G标志位：该位默认为0。当此位置为1时，表示VXLAN报文头中通过Group Policy ID字段携带源端服务器所属的EPG组号。
- Group Policy ID字段：当G标志位为1时，表示该字段中的值为源端服务器所属的EPG组号。

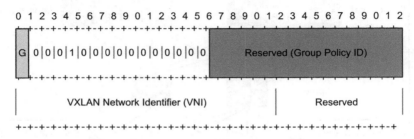

图9-13 VXLAN报文头的G标志位和Group Policy ID字段

Egress微分段（在目的EPG接入的ToR上）的工作流程如下。

（1）获取VXLAN报文头中的目的IP。

（2）根据目的IP查找对应的VRF。

（3）根据VRF和目的IP获取目的EPG。

（4）解析报文中的G标志位，如果为1，则继续解析报文中的Group Policy ID字段，获取源EPG ID。

（5）根据源EPG和目的EPG，查找并匹配组间策略。

（6）根据组间策略执行具体的动作，例如Permit（放通流量）或Deny（阻断流量）。

9.4.2.3 业务链

1. 业务链简介

业务链是一种业务功能的有序集，可以使指定的业务流按照指定的顺序依次经过指定的增值业务设备，以便于业务流量获取一种或多种增值服务。图9-14示出了一个典型的业务链实例：来自互联网的访问者想要访问数据中心内部的Web服务器，为了安全性和可靠性，管理员指定将此类流量先后依次通过防火墙、IDS、负载均衡设备后，到达Web服务器。

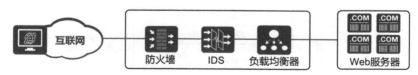

图 9-14　业务链示例

业务链的逻辑模型中主要有以下几种对象。

- SF［Service Function，业务功能（节点）］：即提供增值服务功能的节点，包括防火墙、负载均衡设备等VAS设备。
- SC［Service Classifier，业务分类（节点）］：识别哪些流量需要引入业务链。
- SFF［Service Function Forwarder，业务功能转发（节点）］：连接SF的交换机，根据业务链中业务路径信息进行转发，SFF包括ToR、网关和vSwitch等设备。

上述对象组成的业务链逻辑模型如图9-15所示。

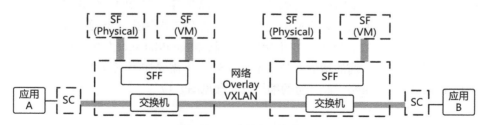

图 9-15　业务链的逻辑模型

云数据中心解决方案中，业务链的优势在于：管理员基于逻辑网络元素来编排业务链，各类增值业务与物理拓扑解耦，业务可以按需扩展。另外，通过控制器提供的图形化界面，管理员可以直观地部署业务链，简化了部署流程，降低了操作门槛。

2. 业务链的编排模型

业务链的编排模型如图9-16所示。在该模型中有以下几个概念。

- EPG（端节点组）：EPG可以基于子网、Logical Switch、Logical Router等属性进行定义，组内的端口之间具有相同的安全属性。
- Policy Rules Set（策略规则集）：定义组间多个访问控制策略规则。
- Classifier（分类器）：具有流选择分类功能，支持叠加五元组进行匹配分类。
- Action（动作）：被选择的流的动作。如果业务链指定流不经过增值业务设备，则是简单地Permit（允许）或Deny（拒绝）；如果业务链指定流需要经过防火墙，则动作为Redirect（重定向），重定向到对应的增值业务设备上去。

- Service Function Path（业务链路径信息）：可以自定义对应的SF类型、选择该SF在业务链路径中的位置，以及选择承载该SF的Logical VAS。

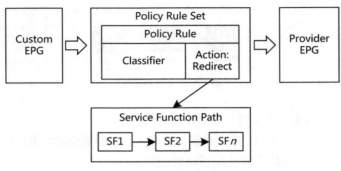

图 9-16　业务链的编排模型

3. 业务链的工作流程

云数据中心的网络虚拟化场景中，可直接在SDN控制器上编排业务链，包含EPG分组信息、业务链路径信息以及业务链策略集等。在云网一体化场景中，则在SDN控制器上还原云平台发放的逻辑网络，然后二次编排业务链。如果是华为增值业务设备作为SF，则可以在华为安全控制器SecoManager上编排对应的SF策略；如果是第三方厂商的增值业务设备作为SF，则需要在第三方增值业务管理平台上编排具体的SF策略。业务链的编排方式参见图9-17。

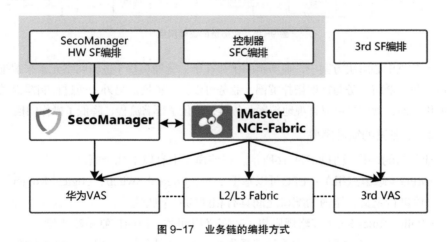

图 9-17　业务链的编排方式

业务链部署的过程简要说明如下。

- 在SDN控制器上管理交换机搭建的L2/L3 Fabric，创建业务链EPG分组，并配置具体的业务路径和引流策略。SDN控制器下发配置，在L2/L3 Fabric和增值业务设备之间进行双向（或单向）的网络开通和引流。

- 在安全控制器上管理增值业务设备，负责SF策略编排配置。防火墙一般可提供ACL、EIP、SNAT、IPSec VPN、内容安全检测等功能。

云数据中心解决方案的业务链的实现方式有PBR（Policy-Based Route，策略路由）和NSH（Network Service Header，网络服务报文头）两种方式，下面分别介绍这两种业务链的实现方式。

（1）PBR型业务链

PBR通过对业务流进行匹配并重定向，使业务流不按默认的二三层转发流程，而是按策略路由中指定的路径来转发。使用PBR方式部署业务链的特点是：每一跳都要下发PBR配置，但无须改变原始报文。PBR型业务链的工作流程如图9-18所示。

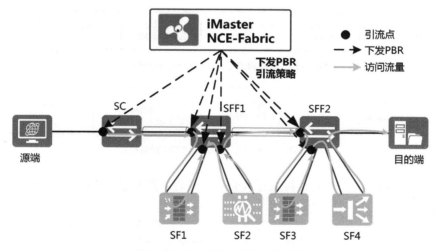

图 9-18　PBR 型业务链的工作流程

这种业务链的工作流程如下。

- 建立SC到SFF、SFF到SFF的业务VXLAN转发隧道。
- SDN控制器向SC和SFF的各个引流点下发PBR策略，从而进行业务流量牵引。
- 流量到达SC后，匹配分类规则，通过查找PBR策略得到重定向的下一跳为SFF1，对应的出接口为VXLAN隧道，然后进行VXLAN封装、继续转发。
- SFF1接收到VXLAN报文，解封VXLAN报文，匹配分类规则，通过查找PBR策略得到重定向的下一跳是SF1，根据下一跳IP地址信息查询ARP进行IP转发。同样，报文从SF1通过IP转发重新回到SFF1时，走相同的重定向转发流程将报文转发至SF2。当报文从SF2重新转发至SFF1节点，此时匹配分

类规则查找PBR策略得到的重定向下一跳为SFF2，对应的出接口为VXLAN
隧道，然后通过VXLAN封装继续转发。

- SFF2接收到VXLAN报文，对VXLAN报文头进行终结。同样，通过匹配分
类规则并查找PBR策略，将报文依次重定向到SF3和SF4。当报文从SF4重新
转发至SFF2时，报文在SFC域中的转发就结束了。报文后续将会通过普通的
IP封装和转发方式继续转发至目的端。

（2）NSH型业务链

NSH型业务链通过对原始报文进行NSH封装来携带业务链路径信息，使报文按
照指定的路径依次经过服务设备。NSH型业务链的特点是：只需在SC下发分类规
则，将流量重定向至业务链转发路径，但需要在原始报文中添加NSH封装。

承载NSH报文的网络有多种，例如VLAN、VXLAN。承载网为VXLAN的
NSH封装格式如图9-19所示。承载网为VLAN的NSH封装格式如图9-20所示。

Outer Ethernet Header	VXLAN Header	Inner Ethernet Header	802.1Q ET=0x894f	NSH	Payload Packet

图 9-19　承载网为 VXLAN 的 NSH 封装格式

Outer Ethernet Header	802.1Q ET=0x894f	NSH	Payload Packet

图 9-20　承载网为 VLAN 的 NSH 封装格式

为了实现业务链功能，报文进入业务链域后，需要进行NSH封装。NSH的报
文格式如图9-21所示。

Ver（2 bit）
O（1 bit）
C（1 bit）
保留字段（6 bit）
Length（6 bit）
MD type（8 bit）
Next Protocol（8 bit）
SPI（24 bit）
SI（8 bit）
MetaData（128 bit）

图 9-21　NSH 的报文格式

NSH报文格式字段的说明如表9-2所示。

表 9-2　NSH 报文格式字段的说明

字段	说明
Ver（2 bit）	NSH 版本号，当前支持版本号为 0
O（1 bit）	报文类型：为 0 时表示数据报文；为 1 时表示 OAM 报文
C（1 bit）	表示存在关键元数据信息。MD type 为 1 时，该字段的值为 0
保留字段（6 bit）	当前发送 NSH 报文时保留字段置 0，接收 NSH 报文时忽略此字段
Length（6 bit）	NSH 报文的总长度，该项的值代表 4 Byte 的整倍数。如果 MD type 值为 1，则 Length 必须为 6，表示 NSH 报文长度为 6×4 Byte；如果 MD type 值为 2，则 Length 是 2 或者其他值
MD type（8 bit）	元数据域的格式：1 表示元数据域为固定长度 16 Byte；2 表示元数据域为可变长度
Next Protocol（8 bit）	NSH 封装前的报文类型：0x1 表示 IPv4 报文；0x2 表示 IPv6 报文；0x3 表示 Ethernet 报文；0x4 表示 NSH 报文；0x5 表示 MPLS 报文；0x6 ～ 0xFD 未定义
SPI（24 bit）	业务链路径编号
SI（8 bit）	业务功能索引，可以通过 SI 值计算出当前经过第几个业务功能点
MetaData（128 bit）	元数据域。根据 MD type 字段的值可以区分为固定长度和可变长度两种

NSH型业务链的工作流程如图9-22所示。

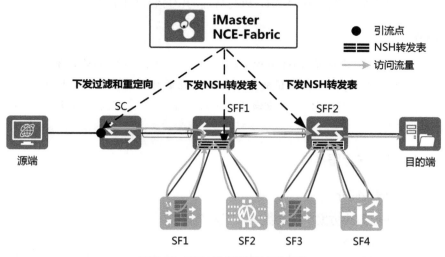

图 9-22　NSH 型业务链的工作流程

NSH型业务链的工作流程如下。

- 建立SC到SFF1、SFF1到SFF2的业务VXLAN转发隧道。
- SDN控制器向SC、SFF下发NSH转发表，建立业务链转发路径，并向SC下发分类规则，将对应流量重定向至NSH转发路径，进行业务流量牵引。
- 当流量到达SC时，匹配分类规则进行分类，分类后的流量被重定向到业务链中，根据将要封装的NSH中的SPI（Service Path Identifier，业务链路径编号）和SI（Service Index，业务功能索引，可以通过SI值计算出当前经过第几个业务功能点）信息查询NSH转发表，得知下一跳是SFF1，对应的出接口为VXLAN隧道，然后进行NSH封装和VXLAN封装，继续转发。
- SFF1接收到IP over NSH over VXLAN报文，对VXLAN报文头进行终结（即剥掉云报文头），并根据SPI/SI信息查询NSH转发表，得知下一跳为SF1。根据下一跳IP地址查询到的ARP信息构造新的报文头进行IP转发。
- SF1收到报文后，对报文进行分析，然后将SI值减1，再封装NSH和新的报文头，将报文转发给SFF1。同样，转发回SFF1的报文走相同的处理流程转发至SF2，SF2将SI值减1后重新转发回SFF1。
- SFF1收到报文后，根据NSH的SPI信息和新的SI信息查询NSH转发表，得到下一跳为SFF2，然后进行NSH封装和VXLAN封装，继续转发。
- SFF2接收到IP over NSH over VXLAN报文，对VXLAN报文头进行终结。同样，通过NSH的SPI信息和SI信息，将报文依次转发至SF3和SF4并重新转发回SFF2，此时NSH的SI值已经等于最后一跳的SI值，因此结束了报文在业务链域的转发，设备剥除NSH，进行普通的IP封装，并继续转发至目的端。

📖说明

如果增值业务设备是NSH-unware类型设备（不支持NSH的设备），则SFF需要进行NSH Proxy，即向增值业务设备转发流量时剥掉NSH，从增值业务设备接收流量时匹配NSH的SC策略重新进入NSH路径。此应用场景会丢失NSH中的MetaData信息。

9.4.2.4 安全服务

1. 安全服务简介

云数据中心解决方案中主要提供以下安全服务。

（1）IPSec VPN

这是一种VPN隧道接入方式，使用IPSec协议提供加密功能。当企业数据中心和企业私网之间有安全通信需求时，可通过IPSec VPN实现安全互通，实现租户数据在互联网上的安全传输。在云数据中心解决方案中，由南北向防火墙提供IPSec VPN服务。IPSec 加密和验证算法所使用的密钥可以通过IKE（Internet Key Exchange，互联网密钥交换）协议动态协商。该协议可以自动生成共享密钥，提升密钥的安全性，并降低IPSec管理的复杂度。

（2）SNAT

私网IP 到公网IP的地址转换服务，同时支持基于公网IP的QoS 双向限速。数据中心内部地址要访问公网上的服务（如访问外网）时，内部地址会主动发起连接，由防火墙对内部地址进行地址转换，将内部的私有IP地址转换为公有IP地址，同时也起到隐藏内部地址的作用。有些场景中，数据中心内部的东西互访流量也使用SNAT服务。

（3）EIP

弹性 IP服务，同时支持基于弹性 IP的QoS 双向限速。通过EIP技术，将一个公有IP地址绑定到租户网络的私有IP地址上，实现租户网络的各种资源通过固定的公有IP地址对外提供服务，同时也支持租户网络主动访问外网。有些场景中，数据中心内部的东西互访流量也使用EIP服务。

（4）基于防火墙的带宽管理

带宽管理指的是防火墙基于入接口/源安全区域、出接口/目的安全区域、服务、端口值等信息，对通过自身的流量进行管理和控制，可以提高带宽利用率，避免因为攻击导致带宽耗尽。云数据中心解决方案支持基于五元组来限制防火墙会话连接数的带宽管理服务。

（5）Anti-DDoS

DDoS是指攻击者通过控制大量的僵尸主机，向被攻击目标发送大量精心构造的攻击报文，使被攻击者所在网络拥塞、系统资源耗尽，从而造成被攻击者拒绝向正常用户的请求提供服务的后果。云数据中心解决方案，提供了基于防火墙的DDoS防护，可防范各种常见的DDoS。

（6）安全策略

提供基于防火墙的流量过滤和安全检测的一体化策略。云数据中心解决方案可支持实施 VPC内、VPC间及VPC 到外网的安全策略。安全策略规则除了匹配传统的五元组流量信息外，还支持基于应用组EPG或者地址池匹配规则，并支持叠加服务类型、时间段等属性。

（7）内容安全检测

基于防火墙的智能感知引擎对流量的内容进行一体化的检测和处理，可以实现包括反病毒、入侵防御、URL过滤等的内容安全服务。

入侵防御是一种安全机制，通过分析网络流量检测入侵（包括缓制存区溢出攻击、木马、蠕虫等），能自动丢弃入侵报文或者阻断攻击源，实时地制止入侵行为。入侵防御功能通过识别报文应用层信息，根据报文内容识别提取特征，并与入侵防御签名进行比较：若匹配，则根据配置的动作采取阻断或告警等手段进行干预。

反病毒是一种安全机制，它可以通过识别和处理病毒文件来保证网络安全（病毒是一种恶意代码，可感染或附着在应用程序或文件中，一般通过邮件或文件共享等协议进行传播），避免发生由病毒文件引起的数据破坏、权限更改和系统崩溃等。反病毒功能利用专业的智能感知引擎和不断更新的病毒特征库，来实现对病毒文件的检测和处理，当包含病毒的文件被检测出来时，将根据反病毒配置文件指定的动作采取阻断或告警等手段进行干预。另外，在开启文件信誉检测功能后，还可以利用沙箱对文件进行深度检测。

URL过滤功能可以对用户访问的URL进行控制，禁止用户访问某些网页资源，规范上网行为，避免因访问非法或恶意的网站而造成公司的机密信息泄露，避免引发病毒、木马和蠕虫等的威胁攻击。URL过滤可识别URL访问请求，若URL地址匹配到某条URL规则后，则通过URL过滤功能对此URL访问请求进行相应的处理，例如采取阻断或告警等手段进行干预。

2. 安全服务架构

云网一体化场景中的安全服务架构如图9-23所示。

该安全服务架构中各个组件的功能说明如下。

- 云管平台（例如华为ManageOne）：支持编排发放OpenStack定义的标准安全服务（如NAT/FWaaS/IPSec VPN等），以及扩展的安全服务（如IPS、AV等）。
- OpenStack：支持编排发放OpenStack定义的标准安全服务，包含NAT、FWaaS、IPSec VPN。

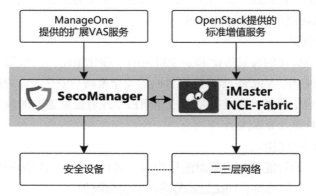

图 9-23　云网一体化场景中的安全服务架构

- 网络控制器（如iMaster NCE-Fabric）：管理数据中心交换机，对接OpenStack L2～L7 Plugin插件，负责基础网络的编排发放，同时将云平台编排发放的OpenStack定义的标准的NAT/FWaaS/IPSec VPN业务请求分发给安全控制器处理。
- 安全控制器（如SecoManager）：管理安全设备，对接网络控制器实现OpenStack定义的标准的NAT/FWaaS/IPSec VPN业务的建模和自动化配置。部分场景中，安全控制器也可提供API，直接对接云管平台，实现扩展安全业务的建模和自动化配置。
- 安全设备：防火墙提供NAT/FWaaS/IPSec VPN，以及内容安全检测等安全业务。
- 二三层网络：基于数据中心交换机组成的Spine-Leaf网络，抽象形成的网络资源池。

网络虚拟化场景中的安全服务架构如图9-24所示。

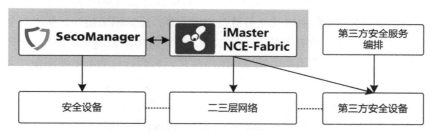

图 9-24　网络虚拟化场景中的安全服务架构

这个安全服务架构中各个组件的功能说明如下。

- 网络控制器（如iMaster NCE-Fabic）：管理数据中心交换机和第三方安全设备，负责网络和安全设备间的双向或者单向互连网络的编排和配置下发。
- 安全控制器（如SecoManager）：管理安全设备，负责安全业务的编排和配置下发，包含NAT/FWaaS/IPSec VPN/带宽管理/Anti-DDoS/内容安全检测等VAS业务功能。
- 安全设备：（华为）防火墙提供NAT/FWaaS/IPSec VPN/带宽管理/Anti-DDoS/内容安全检测等安全业务功能。
- 第三方安全设备：其他厂商的安全设备，提供安全业务功能，范围依赖于设备本身的安全能力。
- 第三方安全服务编排：负责第三方安全业务的具体编排和配置下发，范围依赖于第三方安全管理平台本身的编排能力。

📖 **说明**

业界常见的第三方增值业务设备（含安全设备）的管理方案有如下3种。

- Service Manager Mode：网络控制器管理网络，并负责网络和第三方增值业务设备之间互联二三层网络的编排，由第三方管理平台负责第三方增值业务策略编排和配置下发。
- Service Policy Mode：网络控制器管理网络和增值业务，负责第三方增值业务所有网络和增值业务的策略编排和配置下发。
- Network Policy Mode：网络控制器完全不管理第三方增值业务设备，只负责网络到第三方增值业务的单向互连网络和引流编排。

3. SDN安全控制器的安全策略服务

采用安全控制器可以支持面向防火墙设备的传统精细化安全策略管理、面向租户的基于Logical FW的OpenStack标准FWaaS服务，以及面向租户的基于业务场景的安全策略自动化服务。其中安全策略自动化服务通过从网络控制器同步逻辑网络信息、应用组EPG信息以及业务链路径信息等，感知网络拓扑、实现安全策略的自动化编排和分发。网络和安全高度协同，无须手动选择Logical VAS，简化安全策略配置操作，并且安全策略能够感知网络变化，从而进行动态更新调整。下面将介绍安全控制器提供的基于业务场景的安全策略自动化服务工作流程。

（1）安全控制器通过网络控制器感知逻辑网络信息，包含Logical Router、Logical Switch、Logical FW、External Network、Subnet等关联映射信息，从而可以得到对应Logical FW的"保护网段"数据，即子网和Logical FW的关联映射关系。

（2）安全控制器通过网络控制器感知业务链实例和VPC互通实例信息，即自动学习子网和EPG的映射关系、业务链实例信息、VPC互通实例信息，并感知编排业务链实例和VPC互通实例时选择的Logical FW。

（3）根据上述感知到的逻辑网络、业务链实例和VPC互通实例信息，在基于应用组EPG或者IP编排安全策略时，就能够按如下原则自动选择对应的Logical FW下发安全策略配置，具体如图9-25所示。

- 基于IP的安全策略（针对逻辑网络VPC内的互访流量）：安全控制器通过同步逻辑网络信息时获得的"保护网段"来进行匹配，自动识别防护类型为东西向还是南北向。如果是东西向，则会选择对应逻辑网络中的东西向Logical FW下发配置，实施安全策略，否则选择南北向Logical FW。
- 基于IP的安全策略（针对跨逻辑网络即跨VPC的互访流量）：安全控制器通过同步到的VPC互通实例信息，能够自动选择在编排VPC互通实例时选择的Logical FW下发配置，实施安全策略。

- 基于应用组EPG的安全策略：安全控制器通过同步到的业务链实例信息，能够自动选择在编排业务链实例时选择的Logical FW下发配置，实施安全策略。
- 基于IP的安全策略能匹配到EPG分组，但没能匹配任何Logical FW时，安全控制器会通过算法来选择一个Logical FW承载安全策略，同时会调用网络控制器的API自动创建业务链实例，将流量自动引流到对应的Logical FW。

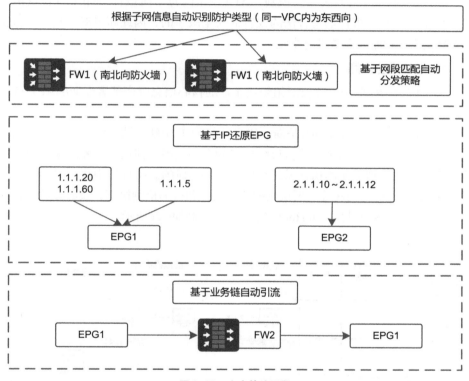

图 9-25　安全策略配置

9.4.3　高级威胁检测防御

安全威胁近些年来发生了巨大的变化，黑客攻击从传统的带有恶作剧与技术炫耀性质的行为，逐步变成利益化、商业化、有组织的行为。APT攻击迅速发展起来。

APT攻击和传统攻击有着明显的区别。APT攻击主要来自有组织的犯罪集团，目标是高价值的信息资产，例如商业秘密、知识产权、政治军事机密等。

APT攻击者一般具有强力的组织性和资源保证，使得APT攻击融合了情报技术、黑客技术、社会工程等各种手段，针对有价值的信息资产和系统进行复杂的攻击。

APT攻击的对象不再是信息系统本身，还包括可通过社会工程学攻击的管理信息系统的人。而传统的信息安全技术在APT攻击面前是无效的。因为APT攻击依赖0day、AET（Advanced Evasion Technique，高级逃逸技术）等多种技术手段，基于特征的检测方法无法识别。APT攻击的每个阶段都不完全符合攻击特征，攻击中的每个事件都是合法的或者低安全威胁的，因此超过80%的企业遭受过APT攻击，但绝大多数没有察觉。

1. 未知威胁检测

为了应对APT攻击，建议对组织或企业的核心信息资产部署专业的APT 威胁检测系统。

华为沙箱系统 FireHunter是新一代高性能APT 威胁检测系统，支持独立的流量还原能力，能够识别主流的协议和50多种文件类型，使用特征库匹配、启发式检测引擎、在模拟通用的操作系统和应用软件组成的虚拟环境中执行可疑文件，以及Hypervisor行为捕获等多层次化的恶意文件和行为检测机制，及时发现潜在攻击，全面防护未知威胁。FireHunter的工作原理如图9-26所示。

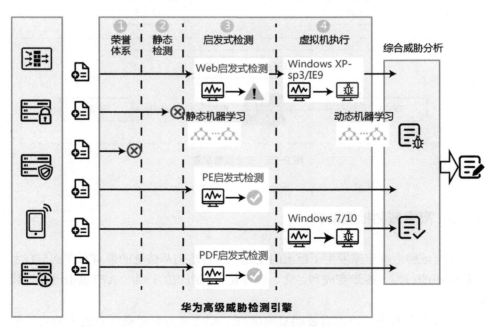

图 9-26　FireHunter 的工作原理

FireHunter主要的工作过程如下。

（1）FireHunter接收文件，可以通过配置，首先使用反病毒检测引擎进行反病毒检测。

（2）反病毒检测后，FireHunter将不同类型的文件送至相应的静态引擎或启发式沙箱检测，说明如下。

- 将Office文件、图片文件、Flash文件送至静态引擎检测。
- 将PE（Portable Executable，可移植的可执行文件）送至PE沙箱检测。
- 将Web文件送至Web沙箱检测。
- 将PDF文件送至PDF沙箱检测。
- 将其他类型的文件直接送至虚拟执行环境检测。

（3）静态引擎或启发式沙箱检测完后，管理员可以通过配置决定是否继续将文件送至虚拟执行环境检测。虚拟执行环境又称为重量级沙箱，可以检测恶意文件的恶意行为。

（4）威胁分析引擎将汇总沙箱输出的行为数据，结合Hypervisor行为捕获技术和AI行为深度学习算法，与行为模式库中的行为点和行为规则进行匹配，来判定文件是否恶意。

在数据中心部署FireHunter可以避免互联网等外联接入区域的恶意文件、恶意Web流量攻击等，也可以及时发现内网潜伏的攻击、恶意扫描、渗透等，防止威胁横向扩散，保护数据中心服务器核心资产。FireHunter支持如下3种部署方式。

- 与防火墙联动部署方式：网络流量经过防火墙，防火墙从网络流量中提取文件，将待检测文件通过联动协议发送给FireHunter。FireHunter收到文件后进行检测，防火墙通过联动接口查找所提交文件的检测结果。防火墙依据检测结果生成安全策略，对带有已检测文件的网络流量进行阻断或者放行。
- 流量还原独立部署方式：FireHunter从交换机接收镜像的网络流量，自行进行流量还原，对流量进行C&C检测，同时提取流量中的文件进行检测。
- 与网络安全智能系统（如华为CIS）联合部署方式：网络安全智能系统的流探针接收网络镜像流量，对流量进行还原，提取网络中的文件，通过FireHunter联动协议发送给FireHunter。FireHunter收到文件后，对文件进行检测，将检测日志发送给网络安全智能系统的采集器进行汇总处理，并可以在界面上回放攻击路径、呈现全网安全态势。

2. 大数据智能威胁分析

为了应对APT攻击等高级威胁，需要从过去的单一设备、单一方法、关注的威胁单一和实时性进行检测的阶段，演进到建立纵深防御的体系、从威胁攻击链的整体来分析问题的阶段，因此基于大数据技术的威胁检测和调查分析技术应运而生。

华为的CIS采用大数据分析方法和AI检测算法来分析检测威胁，能准确识别和防御APT攻击，有效避免APT攻击造成的用户核心信息资产损失。CIS的核心思想是以持续检测应对持续攻击，将采集组件部署在关键部门和关键资产的相关位置，通过对实时流量信息和离线信息进行持续检测、分析，从而有效发现高级威胁。CIS的工作流程如图9-27所示。

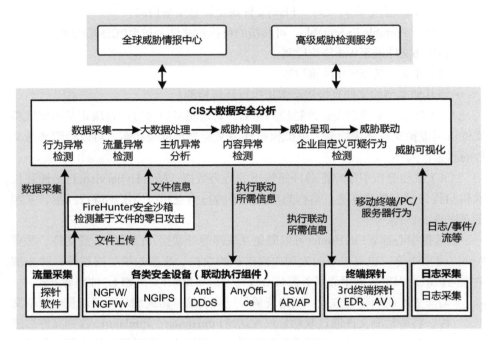

注：NGFW 即 Next Generation Firewall，下一代防火墙。
图 9-27　CIS 的工作流程

网络安全智能分析系统在数据中心的部署要点如下。
- 在管理区部署网络安全智能分析系统，检测未知威胁，呈现全网安全态势。
- 在互联网接入边界、广域网远程接入边界，以及数据中心的业务分区边界、核心和重要业务区内部均部署流探针，采集流量和日志，送给网络安全智能分析系统检测。
- 建议将网络安全智能分析系统与沙箱、防火墙等安全设备进行联合部署。

3.　网络和安全联动闭环

在网络和安全联动闭环方案中，通过分析器（网络安全智能分析系统）、控制器（包括网络控制器和安全控制器）、执行设备（防火墙+交换机）之间的安全联动闭环，实现APT攻击的自动阻断隔离。

- 网络安全智能分析系统作为安全分析和检测设备，识别未知威胁，联动安全控制器下发联动策略。
- 安全控制器和网络控制器，接收分析器的安全处置措施，转换为可在设备执行的策略，并自动下发给执行设备。
- 防火墙和交换机作为安全处置措施的执行设备，一方面向分析器提供安全分析的数据输入（原始流量和安全日志），另一方面接收控制器下发的具体指令，进行安全业务的部署，通过快速响应来隔离内部威胁，防止威胁扩散，以实现安全威胁处置的闭环。
- 网络安全智能分析系统定期发布分析器检出的威胁特征库，能够快速及时地作为知识库在组织内的防火墙上共享和使用，构筑统一的安全防线。

网络和安全联动闭环的过程如图9-28所示。

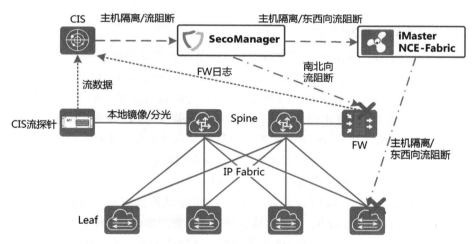

图 9-28　网络和安全联动闭环的过程

（1）网络安全智能分析系统（图9-28中以CIS为例）采集流探针的数据以及防火墙安全日志、沙箱文件信誉等作为输入源。

（2）网络安全智能分析系统针对数据源，利用大数据和AI检测算法，分析安全威胁。一旦确认存在安全威胁，则根据严重程度来判断采用哪种方式进行隔离（可以直接自动隔离，也可以由管理员确认后再隔离）。

- 隔离方式一：主机隔离。此方式下，网络安全智能分析系统向安全控制器（图中以SecoManager为例）通知目标主机信息，再由安全控制器通知网络控制器（图中以iMaster NCE-Fabric为例）。网络控制器查找到主机所接入的Leaf设备，并将主机隔离策略配置下发到该Leaf设备。
- 隔离方式二：流量阻断。此方式下，网络安全智能分析系统向安全控制器通知目标流量信息，再由安全控制器进行判断：如果属于东西向流量，且不过防火墙，则安全控制器向网络控制器通知该东西向流量信息，由网络控制器在对应的ToR上下发阻断策略进行流量阻断；如果属于南北向流量，是过防火墙的，则安全控制器直接给对应的防火墙下发安全策略进行流量阻断。

9.4.4 边界安全

边界安全主要是考虑如何应对与边界以外的网络互通时引入的安全威胁，一般有入侵、病毒与DDoS攻击等威胁。目前边界安全防御多以部署FW、IDS、IPS、WAF、Anti-DDoS等专业产品来进行防护，在网络出入口的位置对外部攻击进行封堵。

下面介绍的边界安全的主要技术有专业Anti-DDoS防护和专业入侵检测防御两类。

1. 专业Anti-DDoS防护

近几年，DDoS攻击呈现两种趋势：一种是以各类反射放大攻击或者大报文Flood（如大报文 SYN Flood、UDP Flood 甚至HTTP Get Flood、ACK Flood）挤占网络带宽；另一种是以慢速攻击精准打击互联网金融或者游戏等业务系统。

数据中心是DDoS攻击的重灾区，数据中心面临双向DDoS攻击威胁：入方向的DDoS攻击直接危及下行带宽、数据中心基础设施及在线业务的可用性；出方向的DDoS攻击则危及数据中心接入层上行带宽及数据中心的声誉。因此，需要在数据中心部署专业的DDoS攻击安全防护的设备和系统。

华为的Anti-DDoS防御系统包含Anti-DDoS专业设备和ATIC（Abnormal Traffic Inspection & Control System，异常流量监管系统）管理中心。其中，Anti-DDoS专业设备又包含检测中心组件和清洗中心组件，可以采用独立的机框，也可以共机框，它们与ATIC管理中心之间的关系如图9-29所示。

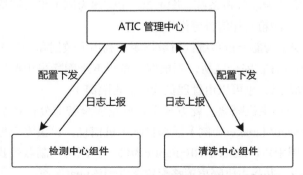

图 9-29　ATIC 管理中心与检测中心组件、清洗中心组件之间的关系

检测中心负责对流量进行检测，发现攻击后上报给管理中心，由管理中心下发引流策略至清洗中心，进行引流清洗。检测中心的检测技术主要分为两种，一是基于NetFlow的流量检测技术，二是基于应用的深度包检测技术。

清洗中心根据管理中心下发的策略进行引流、清洗，并把清洗后的正常流量回注，同时将这些动作记录在日志中上报给管理中心。

ATIC管理中心负责对检测中心和清洗中心进行统一管理，是Anti-DDoS系统的管理中枢，提供设备管理、策略管理、性能管理、告警管理、报表管理等子功能。

Anti-DDoS系统一般部署在数据中心边界，以旁挂路由器的方式部署，对下行流量进行检测，其工作流程如图9-30所示，说明如下。

- 通过镜像或分光方式，在数据中心出口路由器上，将下行流量引流到Anti-DDoS检测中心进行逐包检测，也可将现网NetFlow采样数据送至Anti-DDoS检测中心进行逐流检测。
- Anti-DDoS检测中心一旦检测到攻击，就发送攻击流量日志到ATIC管理中心。
- ATIC管理中心向Anti-DDoS清洗中心发送引流命令。
- Anti-DDoS清洗中心下发对应主机路由进行引流。
- Anti-DDoS清洗中心将清洗后的流量通过策略路由重新回注到网络中。
- 清洗中心将清洗结果、日志等信息上报管理中心，由管理中心生成相关报表统计信息。

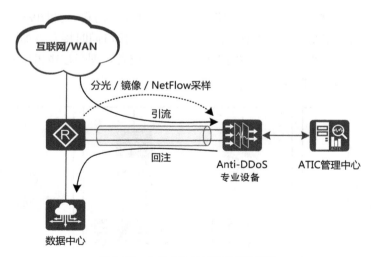

图 9-30　Anti-DDoS 系统的工作流程

2. 专业入侵检测防御

华为提供专业入侵检测防御的产品有NIP IDS和NIP IPS，它们可以及时从华为的安全中心平台升级入侵防御、应用识别、病毒等各类特征库，签名更新快，使漏洞得到及时检测。NIP IDS和NIP IPS设备即插即用，部署灵活，默认工作在透明模式，对正常报文直接透传。NIP IDS和NIP IPS还支持与沙箱 FireHunter的联动，有效检测 APT 位置威胁。

- NIP IDS一般部署在数据中心边界，采用旁路方式部署，只检测不防御，推荐将来回双向流量均复制给IDS检测，也支持单向流量检测，如图9-31所示。

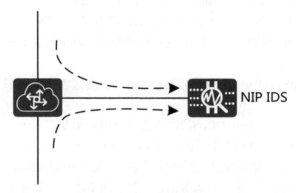

图 9-31 NIP IDS 的工作示意

- NIP IPS需要部署成逻辑直路方式，支持检测+防御，如图9-32中的①所示。如果需要保护多条链路，则可使用多个接口同时接入，如图9-32中的②所示。推荐串联部署在需保护的线路，或者物理旁挂逻辑串联组网，如图9-32中的③所示。

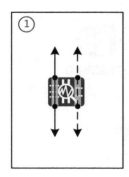 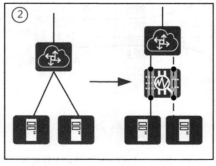 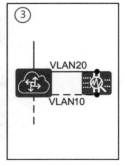

图 9-32 NIP IPS 的工作示意

9.4.5 安全管理

APT是利用先进的攻击手段对特定目标进行长期、持续性网络攻击的攻击形式。近年来APT的阴影笼罩各行各业，传统安全在检测和防御APT方面很不理想，导致APT攻击的数量和造成的损失不断增加。

华为推出了基于大数据的APT防御产品CIS，它采用大数据分析方法检测威胁，能准确地识别和防御APT攻击，有效避免APT攻击造成用户核心信息资产的损失。CIS可以实现对全网安全态势的动态感知，协助管理员对攻击事件进行详细的调查取证，并提供智能的安全策略管理等。

1. 全网安全态势感知

CIS采集网络设备、安全设备、服务器和终端主机等系统的漏洞信息、资产信息、访问记录、上网日志、安全事件等相关信息，汇总关联，多维度展现全网的安全态势，并对网络安全的发展趋势进行预测和预警，为管理员实施安全预防措施提供依据。

- 在威胁地图上动态呈现威胁攻击和威胁热点，包括来自外部攻击源和内部各区域之间的威胁攻击事件。实时滚动播放最新威胁事件列表，并可将网络安全威胁事件映射到拓扑地图上，直观地展示当前面临的威胁和最近发现的威胁事件。
- 全方位展示资产威胁信息，包括威胁事件、日志事件信息，以及资产威胁度评估。直观呈现数据中心内的资产受到的威胁，通过对资产分组和对威胁事件分级，能够快速识别高危资产和关键威胁。

2. 攻击调查取证

CIS可以展示网络中的威胁事件的详情和攻击路径，管理员可以据此来进行威胁分析取证，采取相应措施处理威胁。

CIS展示攻击全路径，可基于攻击链路展示攻击信息，并展示不同节点的不同攻击行为，以及每条攻击路径处于APT攻击的哪个阶段、每条攻击路径相关的威胁事件和流量列表，还可以动态还原攻击路径。

CIS展示全攻击路径节点，可挖掘节点威胁事件、节点异常事件、节点流量元数据、节点日志数据，提供全路径数据溯源。

3. 智能安全策略管理

在对安全策略进行维护时，策略管理员只需要关注业务的策略诉求，而不需要关注该策略诉求要在全网中的哪些防火墙上配置策略以及策略的形式。通过基于设备的策略冗余分析功能，可以识别出防火墙上设置的安全策略是否存在冗余，方便用户及时清理冗余的策略。基于应用的策略调优功能可以帮助用户自动识别出新发现的应用、已下线的应用和变更的应用。通过策略仿真功能，用户可以在这些变更的策略部署到设备之前，进行影响性评估，帮助用户及时完善策略，然后再进行部署。

基于设备的策略冗余分析的过程简要说明如下。

- 管理员选择防火墙设备，并启动静态策略冗余分析。
- 安全控制器（图9-23中以SecoManager为例）根据用户要求启动对应的策略分析，从防火墙获取策略命中信息，并根据策略配置信息、策略匹配原则，使用算法逻辑分析是否有冗余策略，进行静态冗余分析。

基于应用的策略仿真和策略调优是在网络中对需要防护的主机部署主机探针，对关键网络节点部署流探针，CIS和安全控制器联合完成基于应用的策略仿真和策略调优功能，如图9-33所示。

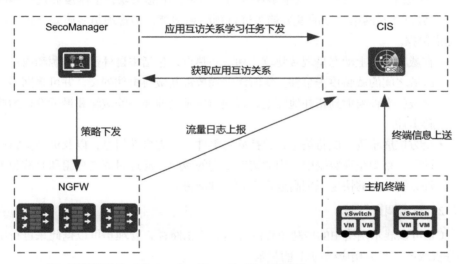

注：NGFW 即 Next Generation Firewall，下一代防火墙。

图 9-33　策略仿真和策略调优功能示意

策略仿真的过程简要说明如下。

- 管理员在安全控制器上创建仿真任务，安全控制器将任务指令分发到CIS进行应用分组和互访关系学习。
- CIS采集流量日志和终端信息（终端信息采集代理负责采集终端进程信息，包含进程名、进程收发包的IP和端口等），基于学习算法生成应用分组与互访关系。

- 安全控制器收到应用分组与互访关系，与待部署的策略进行全量匹配，并向管理员呈现待部署的策略对网络的影响。
- 用户可根据仿真结果找到与预期有出入的策略，对待部署的策略进行调整。

策略调优的过程简要说明如下。

- 管理员在安全控制器上创建调优任务，安全控制器将任务指令分发到CIS进行应用分组与互访关系学习。
- CIS采集流量日志和终端信息（终端信息采集代理负责采集终端进程信息，包含进程名、进程收发包的IP和端口等），基于学习算法生成应用分组与互访关系。
- 安全控制器收到应用分组与互访关系，与已部署的策略进行匹配，生成策略调优建议，呈现给管理员。
- 管理员根据调优建议执行策略调优，可以对某条策略执行"禁用"或"删除"操作。

第 10 章
云数据中心网络智能运维

本章主要介绍在SDN时代，数据中心网络运维面临的问题，以及面对这些问题，可以采用哪些与智能运维相关的技术和方案。

| 10.1　数据中心网络中的智能运维 |

10.1.1　数据中心网络为何需要智能运维

当前各行各业的数字化转型已成为一种必然趋势。大数据、机器学习、分布式、服务化等软件技术的发展，加速了行业数字化转型的步伐，越来越多的业务和应用将被部署到数据中心。一个能够支撑未来业务发展的云数据中心，成为企业数字化转型的首要选择。在这种情况下，SDN（Software Defined Network，软件定义网络）应运而生，成为构建云数据中心的基石。

在SDN时代，计算资源池化、存储资源池化、网络资源池化、网络及业务自动化，让企业的数字化转型变得更简单，但是却给数据中心网络运维带来了巨大的挑战。

- 业务难感知：业务配置的新增、变更、删除均由SDN控制器下发，管理员无法像传统网络那样感知每一项网络配置，无法掌握业务下发的细节。
- 问题难自证：当数据中心发生业务访问异常时，业务部门常常抱怨是网络的问题，因此网络管理员如何证明网络是正常的，成为一个难题。
- 故障难定位：数据中心网络为了提供高可靠性和高带宽，往往被设计成采用ECMP方式转发流量，这会导致业务间流量每一跳都经由哈希算法选择路径，转发路径的可能性随网络节点数呈幂级增加，网络管理员无法确定某业务流量究竟通过网络中什么样的路径进行转发。

在SDN时代，如何解决以上问题，实现对数据中心网络的精确管控维护，使SDN的管理水平和服务质量得到持续提升，对传统数据中心网络的建设具有参考价值。

10.1.2　业界的应对之道

本节主要介绍当前业界在数据中心网络运维方面的一些理念和采用的关键技术。

1.　看业界

针对上述数据中心网络运维面临的挑战，以某厂商基于网络保障引擎为例。网络保障引擎主要有三方面的功能。

第一，数据收集：定期从控制器获取与运维密切相关的数据（运维意图、策略和配置等），同时从交换机获取软件配置信息、数据面状态信息等，并统一存储。

第二，网络建模：基于收集的近实时的数据构建动态网络模型，用于从各个层面保障网络的平稳运行。网络建模是整个网络保障引擎的核心部分。

第三，持续智能分析：基于大数据，分析引擎将动态网络模型与内置在引擎中的数千个故障案例（包括租户安全、租户策略、资源利用率、租户转发等类别）进行比对，如果发现异常，引擎将生成一个"智能事件（Smart Event）"，智能事件会指出网络中存在的问题并给出修复建议（见图10-1的示例）。

Failing Condition	Information	Suggested Next Steps
Identify EP IPs associated with 2 or more MAC Addresses	Multiple MACs sharing IP address will cause intermittent connectivity issues	- Login into the XXX UI and verify the presence of the endpoints in the operational tab of the EPGs. - Identify the EPs that actually own the IPs and change the IP address in the host/device that has the incorrect IP address. - Clear the endpoint on the leaf by opening a SSH session to each leaf and entering the following command: leaf# **clear system internal epn endpoint command**

图 10-1　"智能事件"示例

使用基于大数据分析的新型故障管理与分析系统，可以使网络管理员在面对SDN、云数据中心网络时获得如下帮助。

- 防止网络变更带来事故。变更网络配置时，如果有错误，可能会导致事故，有时候这些不当的配置要过很久才会被触发，造成故障定位困难。此时，网络管理员可以先把变更的配置在新系统（相当于一个灰度仿真环境）中进行试运行，新系统会帮网络管理员找出变更的配置中存在的问题。

- 根因分析。尽量避免网络管理员使用传统的手工方式排查故障，费时费力。新系统通过预置的数千项网络检查，针对当前指定的网络进行快速故障判断，迅速发现问题，查明根因，并提供可供参考的补救措施，以"智能事件"的方式呈现给网络管理员，是网络管理员排查故障的有力助手。
- 安全合规性检查。新系统可以代替人工周期性地进行安全合规性检查，显示不合规的连接信息。
- 网络资源利用率分析。新系统可以分析网络资源利用率的情况，识别冗余的策略配置并告知客户。

2. 看特征

在云化时代，SDN数据中心的运维不能再采用依靠管理员运维经验、手工运维的传统方式了，必须建立一套专有的、全新的、智能化的运维系统。这个新系统具备的主要功能特征如下。

- 主动性：SDN场景下要求能快速动态地下发业务，如按需创建和删除逻辑网络，因此网络或业务配置变更相对会比较频繁。而频繁的变更也增加了故障发生的概率，需要运维系统能主动、智能地感知这些故障，并借助大数据分析、经验数据库帮助用户快速进行故障定界和故障恢复。新的运维方式从投诉驱动转变为主动业务感知。
- 实时性：运维系统应能及时地感知网络的微突发异常。例如某企业客户抱怨其轻载的网络存在瞬态的突发丢包，怀疑存在毫秒级别的微突发流量，但是在分钟级别的SNMP机制下，无法感知，更无法优化。因此新运维系统的采集机制要从分钟级的轮询机制变更为准实时的新机制。
- 大规模：大规模管理包含多层含义，一方面，管理对象从物理设备延伸到虚拟机，网元管理规模增加了几十倍；另一方面，由于实时性分析的要求，设备指标的采集粒度从分钟级提升到毫秒级，数据量增加了近千倍；更重要的是，对故障的主动感知和排障，除了采集分析网络设备指标外，还需要结合实际转发业务流进行分析，数据规模则进一步扩大。运维系统应能支撑海量数据的采集、存储、分析和展示；同时运维边界向虚拟网络边界延伸，如下沉到虚拟交换机等。

3. 看技术

为了达成上述目标，主动感知业务、实时感知网络，必须采用一些新技术来构建全新的运维系统。这些技术包括业界通常使用的Streaming Telemetry技术、ERSPAN（Encapsulated Remote Switched Port Analyzer，三层远程镜像）技术等。

（1）Streaming Telemetry技术

传统的网络运维基于SNMP来实现，随着数据中心应用对网络的要求越来越高，SNMP的不足也越发明显。

- 数据不精准：SNMP一般3～5 min会轮询设备（例如询问设备接口流量多少、链路状态是否正常、内存占用多少、CPU使用率有多少等），让设备响应这些数据并做出反馈。这导致两次轮询之间的实际数据无法被运维人员准确获知，往往遗漏了很多真相。

如图10-2所示，当客户抱怨其轻载的网络存在瞬态的突发丢包，怀疑存在毫秒级别的微突发流量时，从传统SNMP的呈现来看，网络完全正常（如粗虚线所描绘的带宽使用监控图），但其实际微突发流量已经造成了丢包（如灰色锯齿线所示），影响业务体验。

- 占用设备资源较多：如果将SNMP轮询时间设置得很短，则设备会不停地响应轮询、收集数据、发送反馈，对网络设备系统负担影响明显。

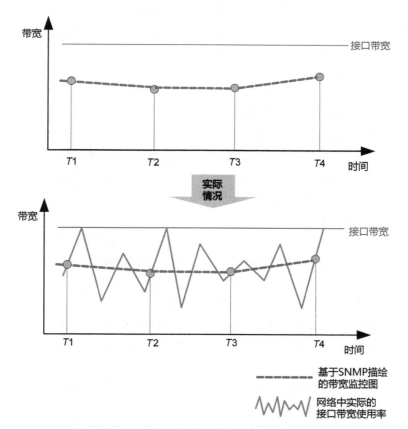

图 10-2　SNMP 描绘的带宽使用情况与实际情况的对比

• 消息容易丢失：SNMP的Trap消息由UDP承载，重要的Trap消息一旦丢包，就会造成业务部门已经投诉但运维系统仍然显示网络正常的情况。

面对SNMP的劣势，业界普遍采用Streaming Telemetry技术来应对越来越复杂的网络的运维。Streaming Telemetry的核心思想是，在硬件板卡芯片中植入相关功能代码，直接从板卡导出实时的数据，并主动发送给运维系统。板卡导出的数据是线速发送的，使Streaming Telemetry不仅能近乎实时地发送数据，而且能向运维系统提供各类丰富的数据，使运维人员更加准确地了解设备和网络的实际状况。因此这种准实时的、丰富运维数据的获取能力，是数据中心新运维系统的基础支撑。

（2）ERSPAN

数据中心里大部分的应用是基于TCP的，因此如何判断应用之间访问是否正常、用户体验是否下降，以及出现TCP连接异常时如何快速定位每条流的转发路径进而分析连接异常的原因，成为数据中心网络运维人员关心的重点。

业界通常采用对数据中心交换机中TCP特征报文（如SYN、FIN、RST报文）实施ERSPAN镜像，来实现对整网TCP流的特征报文的采集，并发送给运维系统。一般情况下，通过ERSPAN可以采集以下TCP相关信息：

• 报文转发路径信息；
• TCP开始时间、结束时间；
• 传输的字节数（FIN的序列号减去SYN的序列号的值）；
• SYN路径时延、FIN路径时延；
• 异常状况，如时延大于阈值、TCP Flags异常（RST）、TCP重传、TTL<3等。

运维系统根据收到的这些信息，结合自身一定的算法，可以还原TCP流的网络转发路径，并提示可能的故障点和故障原因。

（3）服务器集群与应用架构

数据中心网络规模不断扩大，要求运维系统能够采集足够多设备的复杂信息，以及具备针对海量数据的收集、分析处理、存储以及界面显示的能力。因此新运维系统往往具备以下特征。

• 使用专用的硬件设备（如服务器）来构建。
• 服务器以集群方式部署，根据收集数据和处理分析数据的分工，还可细分为采集器集群和分析器集群，每个集群内部均由多台服务器承担相应的功能。
• 集群内部采用微服务架构，各个业务服务采用多实例部署，使整个系统具备高可靠性和伸缩性。
• 数据订阅后，由采集服务完成秒级数据的采集；经过高吞吐的分布式消息系统的缓存和分发，由各业务服务完成基于AI算法、专家经验的数据分析和运算；最后将处理后的数据保存至快速的、列式分布式数据存储系统中，并由页面访问数据完成功能展示。

10.2　智能运维技术的远程流镜像

根据业界调查报告，数据中心基于TCP的应用占据90%以上，所以如果能实时对TCP报文进行分析和统计，就能了解整个数据中心网络的状态。远程流镜像可以实时将TCP流镜像给分析器进行分析，从而能了解网络中流量的转发情况。

TCP流是数据中心网络重要的业务类型，分析器可以通过实时采集全网的TCP流，运用智能算法进行大数据分析和统计，关联网络及其承载的应用流，将TCP流经过的路径还原出来，分析出TCP会话流量、TCP报文转发时延、链路的平均时延、TCP异常，从而实现网络流量的可视化。用户根据分析器对TCP流量的分析和统计，可以了解网络中流量的路径、网络的业务流量规模、当前网络是否存在拥塞、当前网络是否流量不通等，帮助用户及时发现网络与应用问题，从而帮助用户提高运维效率。

除此之外，分析器还通过对TCP流量的分析和计算，主动感知Fabric内可能存在的故障，智能分析识别是否存在网络或者应用的群体性故障。同时针对业务连通性类故障场景，分析器自动编排出相应的排障步骤，支持用户一键式自动排障，从而逐步实现故障主动感知、分钟级故障定位定界的主动智能运维目标。

分析器是一个独立运行的软件，无法部署在每台网络设备中，所以无法自主获取网络中的TCP流量。远程流镜像功能可以很好地解决这一问题。华为CE（Cloud Engine）系列交换机的远程流镜像功能可以复制流经交换机的TCP特征报文，发送给FabricInsight。

下面以华为数据中心交换机的镜像功能为例，说明镜像功能的基本原理。华为数据中心交换机镜像分为本地镜像和远程镜像，远程镜像又分为远程端口镜像、远程流镜像和远程VLAN镜像。其中，只有远程流镜像可以实现将TCP流量上送给分析器。下面介绍镜像的概念。

- 本地镜像：如图10-3所示，本地镜像指观察端口与监控设备直接相连。
- 远程镜像：如图10-4所示，远程镜像指观察端口与监控设备不是直接相连，而是通过网络传输镜像报文。

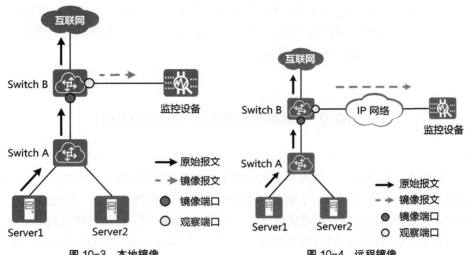

图 10-3　本地镜像　　　　　　　　　　　图 10-4　远程镜像

如图10-5所示，在数据中心网络中，分析器部署在服务器上，一般单独通过Leaf接入网络，数据中心网络中的其他Leaf、Spine不会直接连接分析器，所以Leaf和Spine想要将镜像报文发送给分析器，只能通过远程镜像功能。远程镜像分为远程端口镜像、远程VLAN镜像和远程流镜像。其中远程端口镜像和远程VLAN镜像不会区分流量的类型，而是将所有流经镜像端口和VLAN内活动端口的流量都复制一份，这样会造成带宽的浪费，而且分析器也无法识别出TCP流量。远程流镜像可以指定交换机的匹配规则，要求交换机只复制符合匹配规则的报文。只要将匹配规则配置为识别TCP流量，那么交换机就能将流经镜像端口的TCP报文复制一份。

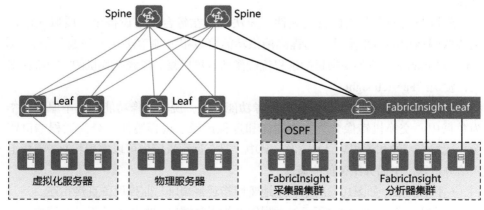

图 10-5　FabricInsight 组网

10.2.1　远程流镜像概述

远程流镜像是指根据流经镜像端口的特定业务流的报文将其复制到观察口。根据指定特定业务流的方式，可以将远程流镜像分为以下两大类。

第一种是简化流镜像。简化流镜像仅支持指定设备识别两种特定业务流量的报文：VXLAN报文的内层报文为TCP类型的报文，普通的TCP报文。

第二种是基于MQC的流镜像。顾名思义，基于MQC（Modular QoS Command-Line，模块化QoS命令行）的流镜像是将MQC功能与镜像功能结合使用，以达到识别特定业务流的报文并复制一份上送监控设备的目的。MQC包含三要素：流分类、流行为和流策略。根据流分类可以对报文进行分类；根据流行为可以对某类报文进行一些操作；而流策略是将流分类和流行为绑定，因为光绑定流分类和流策略并不能对特定的报文做特定的操作。基于MQC的流镜像除了镜像本身的一些配置外，还需要如下操作：配置MQC流分类、配置MQC流行为、配置MQC流策略和应用MQC流策略。

根据观察端口与监控设备之间的连接网络不同，可将远程流镜像分为如下两种。

1. 二层远程流镜像（RSPAN）

二层远程流镜像是将镜像报文封装一层VLAN标签，然后通过二层网络将镜像报文转发至监控设备。

如图10-6所示，Switch A将流经镜像端口的报文复制一份到远程观察端口，远程观察端口在镜像报文外层再添加一层远程VLAN镜像，然后将镜像报文向二层网络转发。为了确保镜像报文能够被转发到监控设备，中间二层设备与远程观察端口、监控设备相连的端口上须允许远程VLAN镜像通过。

2. 三层远程流镜像（ERSPAN）

三层远程流镜像是将镜像报文封装GRE报文头，然后通过三层IP网络将镜像报文转发至监控设备。

镜像报文可以通过GRE隧道转发，也可以通过三层IP网络直接转发。

基于GRE隧道的三层远程流镜像如图10-7所示，Switch A将流经镜像端口的报文复制一份到远程观察端口（即隧道接口），远程观察端口对镜像报文进行GRE封装，然后通过GRE隧道将镜像报文转发至隧道另一端，即Switch B。至此，镜像报文被转发至Switch B，但是未转发至监控设备。为了使镜像报文能够被转发到监控设备，Switch B还需要再进行本地端口镜像，将隧道接口对应的物理接口接收到的镜像报文复制一份到连接着监控设备的接口，由该接口将镜像报文转发给监控设备。

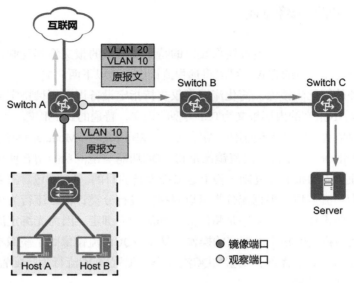

图 10-6　二层远程流镜像

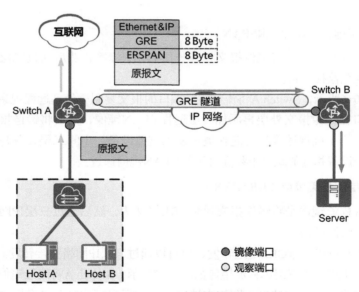

图 10-7　基于 GRE 隧道的三层远程流镜像

基于IP网络的三层远程流镜像如图10-8所示，Switch A将流经镜像端口的报文复制一份到远程观察端口，远程观察端口对镜像报文进行GRE封装，然后通过三层IP网络将镜像报文转发至监控设备。GRE报文外层封装的IP报文头中的源IP

地址、目的IP地址是手工配置的，为了保证镜像报文能够到达监控设备，指定的目的IP地址必须为监控设备的IP地址，源IP地址一般为被镜像设备接口的IP地址。

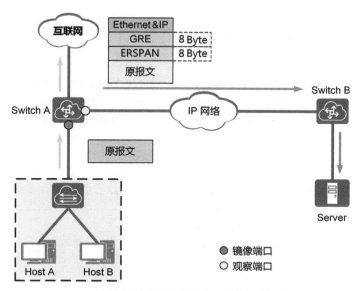

图 10-8　基于普通 IP 网络的三层远程流镜像

三层远程流镜像报文分为两个版本：ERSPAN version 2和ERSPAN version 3。这两个版本的主要区分在于：ERSPAN version 2的报文不会携带原始报文的入端口信息以及镜像原始报文的发送时间，而ERSPAN version 3的报文会携带原始报文的入端口信息以及镜像原始报文的发送时间。交换机根据是否使能增强模式的观察口功能，来判断将镜像报文封装成ERSPAN的哪一个版本。

10.2.2　远程流镜像与 FabricInsight 配合使用

根据前文所介绍的内容，分析器主要采集数据中心网络中的TCP流量，对TCP流量进行分析和计算，得出业务流的真实路径、大小、时延，并主动感知Fabric内可能存在的故障。

数据中心网络中的TCP流量有很多，如果将所有的TCP流量都复制一份上送给FabricInsight，势必会造成网络的拥塞，分析器运算繁忙，在该条件下，分析器根据TCP流量分析和计算出来的数据也未必准确。所以根据TCP报文的交互原理，当前只对TCP特征报文进行分析。

在介绍远程镜像如何与FabricInsight配合使用之前，先简单介绍TCP报文的格式和交互原理，然后再介绍TCP流量的采集、TCP会话流量的计算、TCP报文路径计算、TCP报文传输时延计算以及TCP异常检测。在整个使用过程中，交换机仅负责TCP流量的采集，分析器根据交换机上送的TCP流量进行计算，得出分析结果。

1. TCP报文格式

如图10-9所示，本节及后续各节中主要关心以下字段。

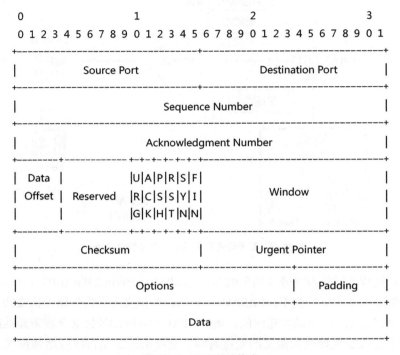

图 10-9　TCP 报文格式

- Sequence Number：序号字段。在TCP连接中传输的数据流中每个字节都会编一个序号，序号字段的值指的是该报文段所发送的数据的第一个字节的序号。
- FIN：发送端完成发送任务标识，用来释放一个连接。FIN=1表明此报文段的发送端的数据已经发送完毕，并要求释放连接。
- SYN：同步序号标识，用来发起一个连接。SYN=1表示这是一个连接请求或连接接受请求。
- RST：重新建立连接标识。当RST=1时，表明TCP连接中出现严重错误（如主机崩溃或其他原因），必须释放连接，然后再重新建立连接。
- PSH：标识接收方应该尽快将这个报文段交给应用层。如果接收到PSH = 1的TCP报文段，应尽快地交付接收应用进程，而不是等待整个缓存都填满了后再向上交付。
- ACK：确认序号（Acknowledgement Number）有效标识。只有当ACK=1

时Acknowledgement Number字段才有效。当ACK=0时，Acknowledgement Number字段无效。

· URG：紧急指针有效标识。它告诉系统此报文段中有紧急数据，须尽快传送（相当于高优先级的数据）。

2. TCP报文交互

如图10-10所示，正常情况下，TCP客户端向TCP服务器发送TCP报文时，TCP客户端需要与TCP服务器之间先建立TCP会话。TCP会话的建立经过三次握手，TCP会话建立成功后，TCP客户端开始向TCP服务器发送数据。当数据发送结束时，TCP会话的断连需要经过四次挥手。当TCP连接超时或者收到非法报文时，还可以发送RST报文重新建立TCP连接。

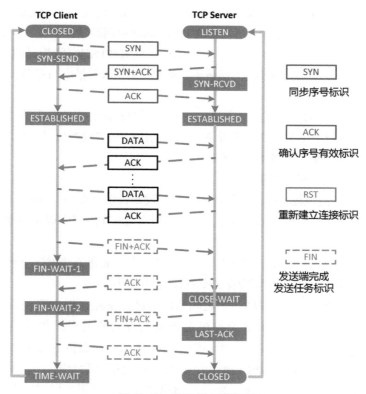

图 10-10　TCP 报文交互过程

综上所述，分析器只需采集一个TCP会话中SYN、FIN及RST字段为1的TCP信令报文，就可以监控数据中心网络中的TCP流量情况。

分析器可根据TCP会话中TCP报文的Sequence Number字段计算某类TCP流的业务流量大小。可根据TCP报文的SYN、FIN、RST、URG、ACK和PSH字段来判断TCP会话是否建立、是否断链、是否存在异常。

3. TCP流量采集

分析器获取数据中心网络中的TCP流量的流程是，由交换机识别流经端口的TCP流量，上送给采集器，再由采集器发送给分析器。分析器对流量进行分析，并在Web界面上显示分析结果。

CloudEngine交换机的远程流镜像功能支持配置特定的业务流规则，设备根据特定的业务流规则识别流经端口的特定业务流量的报文并进行复制，再封装成镜像报文，发送给监控设备。

（1）简化流镜像

简化流镜像支持配置的特定业务流规则如下：可以指定设备识别VXLAN内层报文为TCP的报文，以及TCP报文中的SYN、FIN、RST、URG、ACK或PSH字段为1的TCP特征报文，该方式一般部署在VXLAN隧道两端的接口上；可以指定设备识别TCP报文中的SYN、FIN、RST、URG、ACK或PSH字段为1的TCP特征报文，该方式一般部署在非VXLAN场景中，或者VXLAN场景中与服务器相连的接口上。

SYN、FIN、RST、URG、ACK和PSH可以同时指定，它们之间为"或"的关系。比如指定SYN、FIN，则表示设备可以识别仅SYN字段为1、仅FIN字段为1或者SYN与FIN字段同时为1的TCP信令报文。

（2）基于MQC的流镜像

基于MQC的流镜像可以配置的特定流业务规则较多，在与FabricInsight配合使用的场景中，只需要匹配VXLAN报文的内层报文为TCP的报文以及普通的TCP报文即可。

由此可见，在与FabricInsight配合使用的场景中，简化流镜像完全可以替代基于MQC的流镜像，而且简化流镜像的配置较简单，使用方便。

如图10-11所示，假设两个VM之间跨Leaf进行交互，报文路径为深色虚线所示。在报文传输路径上的各交换机上使能入方向的远程简化流镜像功能，该报文经过三跳Leaf1→Spine1→Leaf2，将被这三台交换机分别复制一份发送给FabricInsight采集器。FabricInsight采集器收到报文后会打上时间戳发送给FabricInsight分析器，FabricInsight分析器通过算法，将报文经过的路径还原出来，并进行相关的统计和分析。Leaf1、Spine1和Leaf2的远程简化流镜像的规则如表10-1所示。

FabricInsight分析器收到TCP报文后，根据报文的IP三元组进行归类，分成不同的TCP流量，并针对每一类TCP流量进行下一步分析和统计。

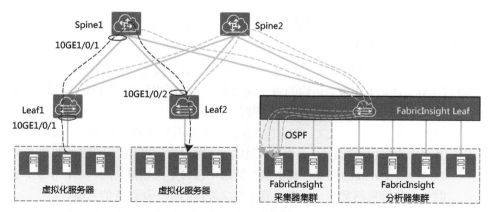

图 10-11　TCP 采集流程

表 10-1　远程简化流镜像的规则

交换机名称	配置远程简化流镜像的接口	远程简化流镜像的规则
Leaf1	10GE1/0/1	可以指定设备识别普通的 TCP 报文，同时指定 SYN、FIN 和 RST
Spine1	10GE1/0/1	可以指定设备识别 VXLAN 报文的内层报文为 TCP 的报文，同时指定 SYN、FIN 和 RST
Leaf2	10GE1/0/2	可以指定设备识别 VXLAN 报文的内层报文为 TCP 的报文，同时指定 SYN、FIN 和 RST

4. TCP会话流量计算

TCP报文的Sequence Number字段为序号字段，其值指的是该报文段所发送的数据的第一个字节的序号。FabricInsight正是利用这个特征，根据SYN和FIN字段为1的TCP报文中的Sequence Number来计算TCP会话的流量大小的。

- 请求方向的流量大小：请求方向的FIN和ACK字段为1的TCP报文中的Sequence Number减去请求方向的SYN字段为1的TCP报文中的Sequence Number。
- 响应方向的流量大小：响应方向的FIN和ACK字段为1的TCP报文中的Sequence Number减去响应方向的SYN和ACK字段为1的TCP报文中的Sequence Number。

如果Sequence Number在整个TCP会话期间仅发生了一次翻转问题，在计算TCP流量时可以识别出来并对其进行修正。如果Sequence Number发生了多次翻转，根据现有的技术无法识别，TCP流量大小的计算可能会存在误差。

TCP会话中传输的数据流中每个字节都编上一个序号，即TCP中的Sequence Number字段。Sequence Number的长度是32 bit，取值范围是0～4 294 967 295。当TCP会话生命周期内的Sequence Number一直累加到4 294 967 295后又会从0开始计数，这称为Sequence Number翻转。

5. TCP报文路径计算

FabricInsight分析器在收集到网络设备镜像的TCP报文后，会对每一个TCP报文进行计算，还原TCP报文传输的每一跳设备。当前版本同时支持ERSPAN version 2、ERSPAN version 3两种版本的报文解析。

- ERSPAN version 2报文：镜像报文信息中不含原始报文的入端口信息，所以计算出来的TCP报文路径，是报文经过的每一跳设备，并不能识别经过的端口。
- ERSPAN version 3报文：镜像报文信息中包含了原始报文的入端口信息，此时结合物理链路数据，可以计算出报文经过的每一跳设备的入端口。

下面以硬件集中式网关三层转发过程为例，说明报文路径的计算过程。如图10-12所示，VM1与VM3在不同的子网，VM1和VM3之间的业务交互需要经过网关进行路由转发。在TCP报文传输的过程中，FabricInsight会收到三份镜像报文。

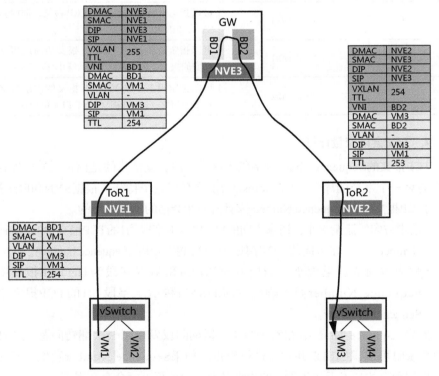

注：DMAC 即 Destination Media Access Control，目标媒体接入控制；
　　SIP 即 Source IP，源 IP；
　　SMAC 即 Source Media Access Control，源媒体接入控制。

图 10-12　TCP 报文路径的计算过程

第一份镜像报文的原始报文为ToR1 10GE1/0/1接口入方向的TCP报文。该原始报文是VM1发出的IP TCP报文，经过vSwitch转发后，打上了VLAN标签。该报文到达ToR1后，ToR1判断下一跳是网关，则进行VXLAN封装，源IP为NVE1的IP地址，目的IP为NVE3的IP地址。

第二份镜像报文的原始报文为GW网关10GE1/0/1接口入方向的VXLAN报文。该原始报文为ToR1发出的VXLAN报文。该报文到达网关后，判断报文需要进行三层转发，所以会对报文先进行VXLAN解封装，然后再进行VXLAN封装。封装后的VXLAN报文的源IP为NVE3的IP地址，目的IP为NVE2的IP地址。

第三份镜像报文的原始报文为ToR2 10GE1/0/2接口入方向的VXLAN报文。该原始报文为网关经过三层转发的VXLAN报文。

FabricInsight分析器在收到镜像报文后，根据镜像报文的内层报文内容，识别具有相同IP五元组（源IP地址、目的IP地址、源端口号、目的端口号以及协议类型）的TCP报文，即经过ToR1的第一份原始报文、经过GW的第二份原始报文和经过ToR2的第三份原始报文。如果镜像报文的内层报文是VXLAN报文，FabricInsight分析器则识别VXLAN报文的内层报文内容；如果镜像报文的内层报文不是VXLAN报文，则FabricInsight分析器识别镜像报文的内层报文内容。

FabricInsight分析器在识别出这三份原始报文后，根据TCP报文的TTL值和VXLAN报文的TTL值，根据一定的规则计算出TCP报文的转发路径。

在一些情况下，比如跨Fabric的二层互通，报文的TTL值不会变化。如图10-13所示，A、B两个数据中心内部使用不同的VNI，在Transit Leaf1和Transit Leaf2上建立到达对端的VXLAN隧道时，需要通过Segment VXLAN功能，进行一次VNI的转换。此组网场景一共有三段VXLAN隧道，分别是Server Leaf1到Transit Leaf1、Transit Leaf1到Transit Leaf2、Transit Leaf2到Server Leaf2。业务报文在转发时内层TTL都相同，FabricInsight分析器无法根据内层报文的TTL排出不同的VXLAN报文之间的顺序。此时，FabricInsight分析器只能根据FabricInsight采集器在镜像报文上打的时间戳来排序，如果镜像报文上送到FabricInsight采集器的顺序与原始报文实际转发的顺序不一致，就无法计算出正确的路径。

6. TCP报文传输时延计算

在交换机将入方向的SYN、FIN或RST字段为1的TCP报文镜像到FabricInsight采集器时，FabricInsight采集器会在镜像报文上打时间戳，用于计算逐跳的传输时延。下面以SYN字段为1的TCP报文（称为SYN报文）为例说明TCP报文时延的计算过程。

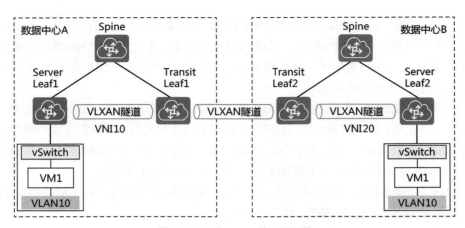

图 10-13　跨 Fabric 的二层互通

如图10-14所示，交换机在收到SYN报文后，立即发送给FabricInsight采集器。两台FabricInsight采集器组成集群，采集器之间通过OSPF协议实现负载均衡。FabricInsight所在的Leaf交换机会根据镜像报文的IP信息进行负载均衡，发送给采集器集群中的任意一台采集器。采集器服务器之间采用1588v2时钟同步。图中的一个SYN报文，经过了三台交换机，时间分别是$T1$、$T2$、$T3$，同时产生了三个镜像报文。这三个镜像报文到达采集器的时间为$T1'$、$T2'$、$T3'$。FabricInsight分析器计算逐跳时延为$T2'-T1'$、$T3'-T2'$，而实际的逐跳时延为$T2-T1$、$T3-T2$，由于镜像报文传输的路径不同以及实际处理的采集器不同，这三个镜像报文在采集器上打上的时间戳的顺序，可能与原始路径的传输顺序有差别，从而可能导致计算得到的逐跳时延和实际逐跳时延存在误差。

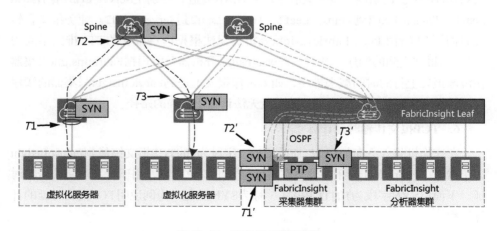

图 10-14　TCP 报文时延计算

7. TCP异常检测

FabricInsight可检测出TCP异常情况，具体如表10-2所示。FabricInsight根据TCP连接的异常情况，可以主动感知Fabric内可能存在的故障。

表 10-2 TCP 异常检测类型

异常类型	异常类型说明
TCP 信令报文重传	若发出去的 TCP 信令报文（SYN、SYN+ACK、FIN+ACK）对端在规定时间内没有响应，则会触发 TCP 重传机制，将信令报文重发一次
TCP 建链失败	SYN、SYN+ACK 发生 TCP 重传超时或者客户端发出 SYN 后服务端直接响应 RST。 当 FabricInsight 检测到 SYN+ACK 报文重传后，会等待 2 min。如果 2 min 内有 FIN、RST 报文上报，则说明 TCP 建链成功；如果 2 min 内没有 FIN、RST 报文上报，那就判定 TCP 建链失败
TCP RST 报文	RST 被置位
TTL 异常	内层报文的 TTL 值小于 3
TCP Flag 异常	SYN、FIN 字段同时为 1 SYN、RST 字段同时为 1 FIN、PSH、URG 字段同时为 1 SYN、PSH 字段同时为 1 FIN 字段为 1，ACK 字段不为 1

下面分别通过几种典型故障来说明TCP流量异常的情况。

（1）业务持续中断

FabricInsight识别网络中突增的TCP建链持续失败的会话（IP三元组：源IP地址、目的IP地址及目的端口号），并通过AI聚类算法分析是否存在网络、应用的群体性故障。

此处的TCP建链持续失败会话分为两种场景：该会话的TCP建链从未成功过；该会话之前TCP建链正常，但是后来持续出现建链失败。

（2）业务时通时断

FabricInsight识别网络中突增的TCP建链时通时断的会话（IP三元组），并通过AI聚类算法分析是否存在网络、应用的群体性故障。TCP建链时通时断是指对于某个特定的IP三元组会话，时而TCP建链成功又时而TCP建链失败并且反复出现这种现象的故障模式。

（3）主机部分端口不通

FabricInsight识别存在部分业务无法正常响应的主机，即该主机上有部分应用端口可以正常响应TCP建链请求，但还有另外一部分端口持续不能响应TCP建链请求，比如端口未正常开启TCP侦听。对于此类故障，原因相对比较清晰，比如端口未启动侦听或者被防火墙配置的安全策略阻断。

（4）基于业务规则的异常会话

上面讲述的业务持续中断、业务时通时断、主机部分端口不通这3种故障，都需要统计分析海量数据才能识别。因此均需借助离线计算，这会导致无法实时感知故障。为了提升故障感知实时度并能感知网络中可能存在的高时延性能问题，FabricInsight提供了基于报文粒度的实时故障感知，即基于规则匹配的异常会话。

FabricInsight可准确实时地识别网络中存在如下特征的异常会话：

- TCP建链请求报文（SYN、SYN+ACK）发生了重传（用户可设置报文重传次数阈值）；
- 源端发送SYN报文建链请求，对端主机直接回应RST报文（此类故障大概率是因为目的端口未启动侦听）；
- 报文网络侧转发时延超过特定的阈值（用户可设置时延阈值）。

10.3 智能运维技术之 Telemetry

与远程流镜像、智能流量分析这种基于业务流量的智能分析技术不同，Telemetry是基于性能数据的智能分析。数据中心网络的智能运维系统通过Telemetry技术采集设备、接口、队列等性能Metrics数据，并运用智能算法对网络数据进行分析、呈现，从而完成对网络的主动监控、异常预测，实现数据中心网络的智能运维。

随着网络业务需求和业务种类不断增加，网络管理变得越来越复杂，网络监控要求也越来越高。同时，伴随着4G、5G通信标准的火热建设以及网络设备传输能力的不断增强、SDN的持续演进，网络质量要求达到了一个新的高度。在这种发展趋势下，网络要求监控数据具有更高的精度，以便及时检测到微突发流量，同时监控过程要降低对设备自身功能和性能的影响，以便提高设备和网络的利用率。

传统的网络监控技术，如SNMP-get和CLI，因存在如下不足，管理效率越来越低，已不能满足用户需求的演进。

- 通过一问一答式交互的拉模式（Pull Mode）来获取设备的监控数据，不能监控大量网络节点，限制了网络数量的增长。

- 精度是分钟级别，只能依靠提高查询频度来提升获取数据的精度，但是这样会导致网络节点CPU利用率过高而影响设备的正常功能。
- 由于网络传输时延的存在，监控到的网络节点数据并不准确。

因此，面对大规模、高性能的网络监控需求，新的网络监控技术——Telemetry应运而生。

10.3.1　Telemetry 概述

Telemetry是一项从物理设备或虚拟设备上远程高速采集性能数据的网络监控技术。相比于传统的网络监控技术，Telemetry通过推模式（Push Mode）高速且实时地向采集器推送网络设备的各项高精度性能数据指标，提高了采集过程中设备和网络的利用率。

传统网络监控技术（SNMP-get）查询过程与Telemetry采样过程的对比如图10-15所示。Telemetry具有如下优势。

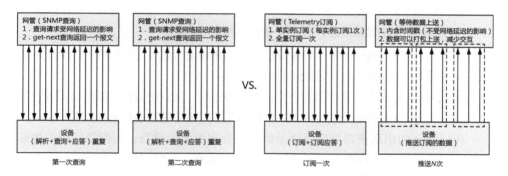

图 10-15　SNMP-get 查询过程与 Telemetry 采样过程对比

1.　通过推模式主动上送采样数据，扩大了被监控节点的规模

在传统网络监控技术中，网管与设备之间是一问一答式交互的拉模式。假设第1分钟内需要交互1000次数据才能完成查询过程，则意味着设备要解析1000次的查询请求报文。第2分钟，设备将再次解析1000次的查询请求报文，如此持续下去。实际上，第1分钟和第2分钟解析的1000次查询请求报文是一样的，后续设备每分钟都需要重复解析1000次的查询请求报文。查询请求报文的解析需要消耗设备的CPU资源，因此为了不影响设备的正常运行，必须限制设备中被监控节点的数量。

在Telemetry技术中，网管与设备之间采用的是推模式。在第1分钟内，网管向设备下发1000次的订阅报文，设备解析1000次的订阅报文，在解析订阅报文的过程中，设备记录网管的订阅信息。后续每分钟内，网管不再向设备下发订阅报文，设备根据记录的订阅信息自动且持续地向网管推送数据。这样每分钟都节省了1000次订阅报文的解析，也就节省了设备的CPU资源，使得设备中更多的节点能够被监控。

2. 通过打包方式上送采样数据，提高了数据采集的时间精度

在传统网络监控技术中，设备每分钟内都要解析大量的查询请求报文，且对于一个查询请求报文，只上送一个采样数据。而查询请求报文的解析也需要消耗设备的CPU资源。因此为了不影响设备的正常运行，必须限制网管下发查询请求报文的频度，也就降低了设备数据采集的时间精度。通常来说，传统网络监控技术的采样精度为分钟级。

在Telemetry技术中，只有第1分钟设备需要解析订阅报文，其他时间内设备都不需要解析订阅报文，且对于一个订阅报文，可以通过打包方式上送多个采样数据，进一步减少了网管与设备之间交互报文的次数。因此，Telemetry技术的采样精度可以达到亚秒级乃至毫秒级。

3. 通过携带时间戳信息，提升了采样数据的准确性

在传统网络监控技术中，采样数据中没有时间戳信息，由于网络传输延迟的存在，网管监控到的网络节点数据并不准确。

在Telemetry技术中，采样数据中携带时间戳信息，网管进行数据解析时能通过时间戳信息来确认采样数据的发生时间，从而避免了网络传输延迟对采样数据的影响。

Telemetry的出现使得智能运维系统可以管理更多的设备，为网络问题的快速定位、网络质量优化调整提供了重要的大数据基础，它将网络质量分析转换为大数据分析，有力地支撑了智能运维。

10.3.2 Telemetry 与 FabricInsight 的对接

如图10-16所示，将Telemetry技术应用到物理网络中，就能实现一个基于大数据分析的智能运维系统。该系统由网络设备、采集器、分析器和控制器等部件组成，可以分为设备侧和网管侧。

通过Telemetry技术，网络设备将采样数据上报给采集器进行存储，分析器对采集器中存储的采样数据进行分析后，将决策结果发送给控制器。控制器基于决策结果将网络需要调整的配置下发给网络设备。调整的配置下发生效后，新的采样数据又会上报给采集器，此时分析器可以分析调优后的网络效果是否符合预期，从而实现网络业务流程的闭环。

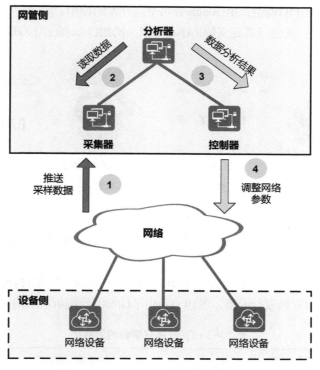

图 10-16　Telemetry 实现的智能运维系统

在CloudEngine系列交换机与FabricInsight配套实现的数据中心网络智能运维系统中，CloudEngine系列交换机作为设备侧实现网络设备的功能，FabricInsight作为网管侧实现采集器和分析器的功能。

1. CloudEngine系列交换机中的Telemetry

在CloudEngine系列交换机中，Telemetry技术按照YANG模型描述的结构组织原始数据，使用GPB（Google Protocol Buffers，谷歌协议缓冲区）编码格式将采样数据通过GRPC（Google Remote Procedure Call，谷歌远程过程调用）协议上送给FabricInsight，从而实现了对原始数据、数据模型、编码类型、传输协议的融合。

（1）YANG模型

如图10-17所示，不同厂商和组织对网络设备的数据提出了不同的YANG模型定义。

CloudEngine系列交换机的Telemetry技术使用华为模型组织采样数据，同时兼容OpenConfig定义的openconfig-telemetry.yang模型。

- 华为模型：由华为开发并发布的YANG模型。
- IETF模型：在IETF网站上定义的标准模型。

- OPENCONFIG模型：由Google公司牵头开发的模型。
- 其他模型：其他厂商定义的YANG模型，例如Cisco的YANG模型。

| 华为模型 | IETF模型 | OPENCONFIG模型 | 其他模型 |

图 10-17　各种 YANG 模型

（2）GPB编码格式

GPB编码格式是一种与语言无关、与平台无关、扩展性好、用于通信协议、数据存储的序列化结构数据格式。

CloudEngine系列交换机按照".proto"文件中定义的数据结构描述，对YANG模型描述的原始数据进行编码。表10-3示出了GPB编码解析前后的对比。

表 10-3　GPB 编码解析前后对比

GPB 编码解析前	GPB 编码解析后
{ 1:"HUAWEI" 2:"s4" 3:"huawei-ifm:ifm/interfaces/interface" 4:46 5:1515727243419 6:1515727243514 7{ 1[{ 1: 1515727243419 2 { 5{ 1[{ 5:1 16:2 25:"Eth-Trunk1" }] } } }] } 8:1515727243419 9:10000 10:"OK" 11:"CE6850HI" 12:0 }	{ "node_id_str":"HUAWEI", "subscription_id_str":"s4", "sensor_path":"huawei-ifm:ifm/interfaces/interface", "collection_id":46, "collection_start_time":"2018/1/12 11:20:43.419", "msg_timestamp":"2018/1/12 11:20:43.514", "data_gpb":{ "row":[{ "timestamp": "2018/1/12 11:20:43.419", "content":{ "interfaces":{ "interface": [{ "ifAdminStatus":1, "ifIndex":2, "ifName":"Eth-Trunk1" }] } } }] }, "collection_end_time":"2018/1/12 11:20:43.419", "current_period":10000, "except_desc":"OK", "product_name":"CE6850HI", "encoding":Encoding_GPB }

（3）GRPC协议

GRPC协议是Google发布的一个基于HTTP2协议承载的高性能、通用的RPC开源软件框架。通信双方都基于该框架进行二次开发，从而使得通信双方聚焦在业务，无须关注由GRPC软件框架实现的底层通信。

CloudEngine数据中心交换机中的Telemetry技术通过GRPC协议将经过编码格式封装的采样数据上报给FabricInsight进行存储。

GRPC协议栈分层如图10-18所示，各层字段的说明如表10-4所示。

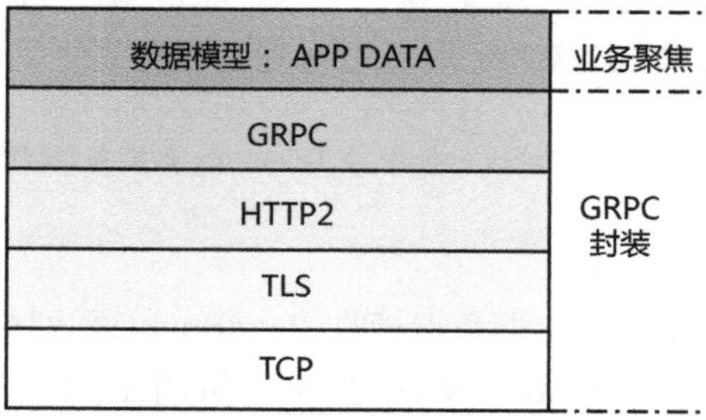

图 10-18　GRPC 协议栈分层

表 10-4　GRPC 协议栈各层字段的说明

字段	说明
TCP 层	底层通信协议，基于 TCP 连接
TLS 层	该层是可选的，基于 TLS 1.2 加密通道和双向证书认证等
HTTP2 层	GRPC 承载在 HTTP2 协议上，利用了 HTTP2 的双向流、流控、头部压缩、单连接上的多路复用请求等特性
GRPC 层	远程过程调用，定义了远程过程调用的协议交互格式
数据模型层	通信双方需要了解彼此的数据模型，才能正确交互

2. FabricInsight中的Telemetry

在FabricInsight中，Telemetry技术接收并解析CloudEngine系列交换机上送的采样数据，运用智能算法对采样数据进行动态基线计算以及基线异常检测的分析，并通过可视化的方式对分析结果进行呈现，从而实现了对数据收集、数据存储、数据分析的融合，其数据采集组网如图10-19所示。

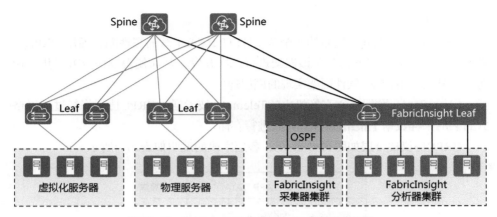

图 10-19　FabricInsight 中 Telemetry 数据采集组网

（1）接收解析采样数据

FabricInsight中的采集器集群负责接收CloudEngine系列交换机通过GRPC协议上送的采样数据，根据".proto"文件对接收到的采样数据进行GPB解码，按照YANG模型对解码后的内容进行数据信息提取，然后将提取的数据信息打包发送给分析器集群进行分析。

（2）分析呈现数据信息

FabricInsight中的分析器集群负责接收采集器集群上送的数据信息，基于AI算法对数据信息建立动态基线并进行异常检测，最终实现对分析结果的可视化呈现。

- 动态基线计算：FabricInsight使用时序数据特征分解、非周期序列高斯拟合等AI算法对采集器集群上送的数据信息进行基线预测。它使用离线计算方式，每隔一天分析一次采集器集群上送的数据信息，一次分析计算出未来一天的指标基线预测值。

- 基线异常检测：异常数据的呈现具有准实时性的要求，因此区别于动态基线的离线计算，基线异常检测采用实时计算方式。所谓实时计算，即实时分析FabricInsight采集器集群上送的数据信息，并结合近一天的动态基线进行异常检测。

- 可视化结果呈现：FabricInsight基于分析结果呈现性能指标数据，用户可以选择设备、单板、接口、队列、光模块的不同性能指标进行查看，从而识别设备、单板、接口、队列、光模块的状态。

相比传统网管领域的数据分析，FabricInsight通过基于一段时间的历史数据学习的动态基线计算，并配合基于动态基线的异常检测算法，可以更准确地提前发现网络中的性能指标劣化问题。

┃ 10.4　智能运维技术的智能流量分析 ┃

SDN时代的数据中心网络规模巨大，流量激增，而业务流转发过程中易出现一些问题，比如TCP建链失败、业务流时延异常等，都会给部署在数据中心的业务带来难以承受的损失。为了实现业务的智能化管理，实现快速感知和准确定位故障，网络流量的可视化已经成为一种必然趋势。智能流量分析是网络流量可视化的一个重要技术。

从10.3节可知，基于远程流镜像功能，CloudEngine系列交换机已经通过和FabricInsight配合，初步实现了可视化的数据中心智能运维系统。具体实现方式为：利用交换机的远程流镜像能力，在交换机上配置流分类来匹配业务流报文，将匹配的报文镜像一份发送给FabricInsight采集器。FabricInsight采集器对报文进行处理后上送给FabricInsight分析器，FabricInsight分析器会通过算法对报文进行分析，并将该业务流经过的路径还原，最终实现对全网流量的统计分析和故障定位。目前存在以下问题。

- 对业务流报文的处理依赖FabricInsight采集器，对业务流的分析和计算依赖FabricInsight分析器。由于数据中心具有庞大的数据量，远端FabricInsight负担重。
- 只能对短连接的TCP会话进行分析，无法对长连接的TCP会话、RoCEv2报文等其他流量进行分析，更无法根据不同业务流的特征进行智能化分析。
- 实现故障定位，主要是通过FabricInsight采集器对业务报文进行标记的方法来统计网络性能，只能实现对丢包率、时延的统计，无法计算微秒级的RTT等高精度性能指标。

在这种情况下，CloudEngine系列交换机推出了智能流量分析技术，通过支持对指定的业务流进行深度分析，在设备侧即可获知一系列业务流的高精度性能指标数据，且还可将分析结果输出至FabricInsight中进行进一步的分析和展示。由于TCP是面向连接的高可靠性协议，当前数据中心90%的业务都由TCP流量承载，一旦网络中的TCP流量出现故障，就会造成巨大的损失。CloudEngine系列交换机目前针对包括长连接TCP会话在内的TCP流量实现了智能流量分析功能。

在实际应用中，由于TCP的复杂性，TCP流的智能流量分析功能需要与三层远程流镜像功能叠加使用，网络管理员可以在全网部署远程流镜像功能，获得TCP流的路径，然后根据路径部署智能流量分析功能，从而可以对全网流量进行实时监控，清晰地判断出网络中哪个路径发生了丢包、哪个路径发生了延迟、什么时候出现了拥塞、存在多路径的时候业务流量所走的是什么具体路径等网络流量信息。这样才能让数据中心智能运维真正做到"看得见、看得清"。

10.4.1 智能流量分析概述

典型的智能流量分析系统由CloudEngine系列交换机与FabricInsight构成。其中，CloudEngine系列交换机中包含两个重要的组成部分：TDE（Traffic-analysis Data Exporter，流量分析数据输出器）和TAP（Traffic-analysis Processor，流量分析处理器），如图10-20所示。

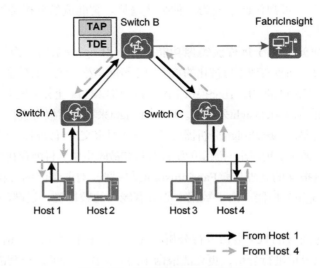

图 10-20　智能流量分析系统的构成

如图10-21所示，TDE由使能了智能流量分析功能的设备承担，负责下发ACL规则匹配待检测的业务流，匹配成功通过的指定业务流将被上送到TAP进行建流分析。TAP由设备CPU内置芯片承担，对TDE上送的业务流进行处理和分析，并将分析结果经由转发芯片输出给FabricInsight进行进一步的分析和展示。

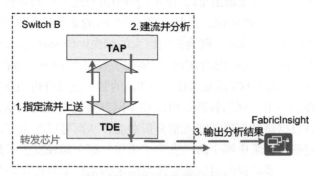

图 10-21　智能流量分析系统的工作过程

下面将基于智能流量分析的系统组成，从CloudEngine系列交换机与FabricInsight两个部分说明智能流量分析功能的实现过程。

10.4.2 针对 TCP 的智能流量分析

由于TCP是面向连接的高可靠性协议，当前数据中心90%的业务都由TCP流承载，如网络中的TCP流量出现故障，往往会造成巨大的损失。因此针对TCP流实现了智能流分析功能。

当一条指定的TCP业务流往返方向都经过同一个设备，设备的智能流量分析模块在设备的入端口通过ACL规则匹配该业务流，并对匹配成功的TCP流建立智能流量分析流表进行深度分析，可获得丢包、时延、当前的TCP流状态等高精度信息。

1. 基本概念

TCP是一种面向连接的、可靠的、基于字节流的传输层通信协议。TCP为了保证不发生丢包，让发送端给每个包指定一个序列号，同时序列号也保证了传送到接收端的包是按序接收的；然后接收端对已成功收到的包发回一个相应的确认（ACK）；如果发送端在合理的RTT内未收到确认，那么对应的数据包就被假设为已丢失，将进行重传。TCP报文格式如图10-22所示。

Source Port							Destination Port	
Sequence Number								
Acknowledgment Number								
Data Offset	Reserved	URG	ACK	PSH	RST	SYN	FIN	Window
Checksum							Urgent Pointer	
Options								Padding
Data								

图 10-22 TCP 报文格式

TCP报文的主要字段说明如下。

• Source Port表示源端口，16 bit。

- Destination Port表示目的端口，16 bit。Source Port和Destination Port都是TCP智能流量分析功能建立流表时使用的关键值。
- Sequence Number是发送序列号，32 bit。
  - 如果SYN为1，表示客户端正在尝试与服务器建立TCP连接，此时的Sequence Number为TCP报文的初始序列号。
  - 如果SYN为0，表示客户端与服务器之间的TCP连接已建立，此时的Sequence Number是从客户端发送的TCP报文中第一个字节的序列号（取值为初始序列号加1）。
- Acknowledgment Number是确认序列号，32 bit，只有ACK标志位为1时，该字段的值才有效。发送序列号和确认序列号都是TCP流往返路径不一致时进行智能流量分析的重要匹配参数。
- 各标志位，是用来分析TCP流状态的重要依据。
- URG为1表示高优先级数据包，Urgent Pointer字段有效。
- ACK为1表示Acknowledgment Number字段有效。
- PSH为1表示数据带有PUSH标志，指示接收方应该尽快将这个数据包交给应用层，而不用等待缓存区装满。
- RST为1表示出现严重差错，可能需要复位TCP连接。
- SYN为1表示客户端与服务器正在建立TCP连接，并使Sequence Number同步。
- FIN为1表示没有数据需要发送，在关闭TCP连接的时候使用。
- Urgent Pointer是紧急指针，16 bit，只有URG为1时该字段才有效，表示紧急数据相对序列号（Sequence Number字段的值）的偏移。

2. TCP流匹配

（1）TDE上的流匹配

用户在TDE上配置指定待检测的业务流，并通过下发ACL规则匹配该业务流，匹配成功的业务流将被镜像并上传给TAP。目前仅支持如下高级ACL规则，不支持的ACL规则会无法下发，导致TAP收不到匹配通过的业务流。

- rule1：TCP+目的IPv4地址。
- rule2：TCP+目的IPv4地址+TCP目的端口号。
- rule3：TCP+源IPv4地址+目的IPv4地址。
- rule4：TCP+源IPv4地址+目的IPv4地址+TCP目的端口号。

同时，TDE会根据用户下发的ACL规则，再下发一条匹配回程业务流的规则，将往返路径的业务流均上送给TAP，使TAP可以分析出往返方向的高精度流特征信息。

（2）TAP上的流匹配

使能TCP智能流量分析功能后，目前TAP只支持对如下报文进行建流分析。

- 普通IPv4 TCP报文。
- VXLAN报文，其原始报文为IPv4 TCP报文，且内层报文不带VLAN Tag。
- VXLAN报文，其原始报文为IPv4 TCP报文，且内层报文带一层VLAN Tag。

若TDE上送的TCP流不符合上述要求，TAP会将该流丢弃；如果TDE上送的TCP流超过了其处理能力，TAP也会将该流丢弃。

3. TCP流量分析

智能流量分析是一项基于"流"来提供报文统计分析的技术。得到匹配成功的TCP报文后，TAP会对报文进行分析处理。首先按照报文中的五元组信息等关键值形成一条条的流，组成一个流表。得到流表以后，对流表中的一些关键字段进行统计，根据统计结果可以分析出该流的各项特征，即各项高精度的业务流信息。

流表中的统计内容在流生存周期内持续统计，且支持在设备上查看。同时该统计结果会在流老化后输出至TDA（Traffic-analysis Data Analyzer，流量分析数据分析器），进行进一步的展示和分析。

（1）五元组建流

TCP智能流量分析支持对TCP报文按照五元组建流。五元组能够唯一确定一个会话，例如：192.168.1.1 10000 TCP 172.16.1.1 80就构成了一个五元组，其意义是，一个IP地址为192.168.1.1的终端通过端口号10000，利用TCP，与IP地址为172.16.1.1、端口号为80的终端进行连接。

TCP智能流量分析按照五元组建流的5个关键值如表10-5所示。

表 10-5　按照五元组建流的 5 个关键值

关键值	说明
ClientPort	指定 TCP 流的客户端端口号
ClientIP	指定 TCP 流的客户端 IP 地址。目前仅支持 IPv4 地址。 • 对于依据 SYN 报文建立的流表，SIP 对应的就是 SYN 报文的源 IP 地址； • 对于依据 TCP 中间数据报文建立的流表，SIP 对应的就是 TAP 收到的第一个报文的源 IP 地址
ServerPort	指定 TCP 流的服务器端口号
ServerIP	指定 TCP 流的服务器 IP 地址，目前仅支持 IPv4 地址
Protocol	TCP

（2）流表特征信息

按照五元组形成TCP智能流量分析流表后，TAP会统计流表中的字段，分析该流的特征信息。

可分析的流特征信息参见表10-6。

表 10-6　TCP 智能流量可分析的流特征信息

特征信息	详细内容
丢包数量	支持分别统计往返方向的如下丢包数量： •总丢包数量； •上游丢包数量
时延	支持分别统计双向的报文 RTT，该时延为基于双向报文计算的滑动平均时延，精度为纳秒级
报文数量	支持分别统计往返方向的报文数量
流状态	支持分析当前流表中的 TCP 流状态。统计的流状态有如下几种形式： •SYN 状态； •SYN+ACK 状态； •ACK 状态； •TCP 连接建立状态； •TCP 连接终结状态
流创建时间	TCP 流创建的时间
报文入端口	支持分别统计往返方向的报文入端口
VNI	支持分别统计往返方向的报文的 VNI

4. TCP流输出

智能流量分析功能支持用户在设备侧查看TAP分析出的业务流特征信息，然而要获得可视化的、用户界面友好的分析结果，还需要将流表发送给FabricInsight进行处理。下面介绍智能流量分析功能如何与FabricInsight对接使用。

如图10-23所示，包含流分析结果的智能流量分析流表首先会被存储在设备的缓存区中，当缓存区中的智能流量分析流表达到老化条件时，设备会把缓存区中的智能流量分析流表输出给FabricInsight采集器，再由采集器将内容汇总上送给分析器，完成流特征信息的最终处理和展示。

流老化是智能分析流表输出到FabricInsight采集器的前提。具体来说，即流表在缓存区中达到了用户设置的老化（aging）时间或老化条件时，就会被设备发送到采集器。在设备上同时配置多种老化方式后，当某一流满足任一老化条件时，该流老化。智能流量分析流老化分为以下几类。

（1）活跃流的老化

从第一个报文开始，一条流在指定的时间内能一直被采集到，流活跃时间超过设定的时长后，需要输出该流的分析信息，这种老化被称为活跃流的老化。这种老化方式主要用于持续时间较长的流量，周期性地输出流表内容。

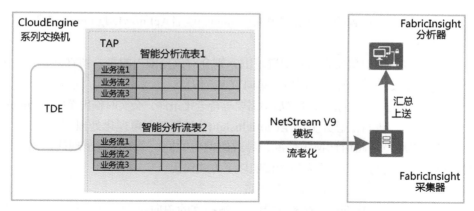

图 10-23　智能流量分析与 FabricInsight 配套使用的原理

（2）非活跃流的老化

当流表中的最后一条流的记录时间超过了非活跃老化周期（即在设定时长内统计到的报文数目没有增加），设备会将该流表记录输出至采集器并删除该记录，这种老化称为非活跃流的老化。

通过这种老化方式，可以清除设备上智能流量分析缓存区中的无用表项，充分利用统计表项资源。这种老化方式主用于短时流量，流量一停止则立即输出流表信息，节省内存空间。

（3）由TCP连接的FIN和RST报文触发的老化

这种老化方式仅TCP流的智能流量分析功能支持，当一条流收到FIN或者RST报文时，意味着该流对应的TCP连接断开，此时可以选择及时输出流表中已有的统计内容，并将该流记录删除以节省流表空间。该功能默认不开启，流分析结果按照其他流老化方式输出。

5. 路径不一致时的TCP流量分析

对于M-LAG、堆叠、跨板LAG、ECMP等场景，网络中会存在同一条指定的TCP流往返路径不一致的情况。为了应对这种情况，设备的TCP智能流量分析模块在根据ACL规则对TCP流进行采样和上送后，TAP将根据首帧报文建立只包含单向信息的TCP智能流量分析流表，当再次收到同向报文时，TAP会查询流表中是否已存在该报文的反向信息。

若存在反向信息，说明首帧报文的返回报文也经过该设备，则TAP认为该流的往返路径一致，流表中包含双向信息，将正常老化输出。

若不存在反向信息，则TAP认为该流的往返路径不一致，该设备只能采集到该指定TCP流的单向信息，触发单向流表建立机制：

- TAP将对采集到的TCP报文中的Sequence或者Acknowledgment序列号进行识别；
- 若序列号的取值符合用户配置范围，则会对该范围内的每一帧TCP报文建立TCP流表，当然流表中仅包含单向TCP流信息；
- 每一帧报文的单向流表建立后不需要等待老化条件，会实时输出至FabricInsight采集器，进行汇总并上送至FabricInsight分析器进行可视化处理。

若链路故障、路由切换等情况，导致组网中的同一条TCP流出现往返路径一致和不一致之间的切换，流表将会按照以下方式输出。

（1）路径不一致，切换至一致场景

本活跃流老化周期内，依然输出每一帧报文的单向流表，从下一个活跃流老化周期开始，输出包含TCP流双向信息的流表。

（2）路径一致，切换至不一致场景

TCP流的往返路径切换为不一致后，依然输出双向流表，正常老化输出，直至流量停止。FabricInsight会根据该TCP流的汇总信息中存在某一方向的特征信息不再增加，或接口出现变化等情况，判断出现了路径切换事件。

10.4.3　针对UDP的智能流量分析

UDP与TCP的主要区别在于UDP是一种无连接的传输层协议，可靠性较差。但是正因为UDP简单，控制选项较少，在数据传输过程中延迟小、数据传输效率高，它适用于对可靠性要求不高的应用程序，或者可以保障可靠性的应用程序，如DNS、TFTP（Trivial File Transfer Protocol，简单文件传送协议）、SNMP等。因此，UDP在数据中心网络中的应用也非常广泛。针对UDP流量实现的智能流量分析功能，将对设备经过的UDP流量通过ACL规则匹配特征报文，上送至TAP后分析其单向流信息，再将分析结果输出至TDA进行汇总分析和可视化展示。

1. 基本概念

UDP是一种无连接的传输层协议，提供面向事务的简单不可靠信息传送服务。UDP的缺点有：不提供数据包分组、组装和不能对数据包进行排序，也就是说，当报文发送之后，无法得知其是否安全、完整地到达目的地。如图10-24所示，UDP报文结构简单，因而具有资源消耗小、处理速度快的优点，当强调传输性能而不是传输的完整性（如对于音频和多媒体应用）时，UDP是最好的选择。在网络中传输的时候，UDP报文是封装在IP数据包中的。

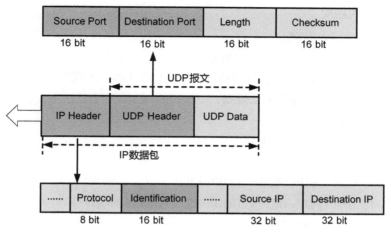

图 10-24　UDP 报文格式

UDP报文的主要字段解释如下。

- UDP报文由报文头和数据组成。UDP报文头很简单，只有8 Byte，由4个字段组成，每个字段的长度都是2 Byte（16 bit）：
  - Source Port和Destination Port分别表示源端口和目的端口；
  - Length表示UDP报文的长度，其最小值是8 Byte，表示仅有UDP报文头，没有UDP数据；
  - Checksum表示校验和，用来检测UDP报文在传输中的正确性，若有错就丢弃。
- UDP报文前面封装的是IP报文头：
  - Protocol表示IP报文携带的数据使用的协议种类，以便目的主机的IP层能知道要将数据报文上交到哪个进程（不同的协议有专门不同的进程处理）。和端口号类似，此处采用协议号，TCP的协议号为6，UDP的协议号为17，ICMP（Internet Control Message Protocol，互联网控制报文协议）的协议号为1，IGMP的协议号为2。
  - Identification是主机发送的每一份数据报的唯一标识，通常每发送一个报文，它的值加1。当IP报文长度超过传输网络的MTU（Maximum Transmission Unit，最大传输单元）时可以进行报文分片，这个标识字段的值被复制到所有数据分片的标识字段中，使得这些分片在达到最终目的地时可以依照标识字段的内容重新组成原先的数据。对一个UDP流来说，主机每发送一个UDP报文，报文中的Identification字段就会加1，通过Identification字段的值就可以确定UDP报文的序号。由于Identification字段的大小为16 bit，因此一个UDP流中UDP报文的序号范围为0～65 535。

2. UDP流匹配

（1）TDE上的流匹配

UDP智能流量分析模块在设备的入端口采集流量时，设备会根据用户下发的ACL规则对经过设备的流量进行匹配，匹配成功的UDP流将被镜像并上传给TAP。目前仅支持如下高级ACL规则，不支持的ACL规则会无法下发，导致TAP收不到匹配成功的业务流。

- rule1：UDP+目的IPv4地址。
- rule2：UDP+目的IPv4地址+UDP目的端口号。
- rule3：UDP+源IPv4地址+目的IPv4地址。
- rule4：UDP+源IPv4地址+目的IPv4地址+UDP目的端口号。

（2）TAP上的流匹配

使能UDP智能流量分析功能后，目前TAP只支持对如下报文进行建流分析：

- 普通IPv4 UDP报文；
- VXLAN报文，其原始报文为IPv4 UDP报文，且内层报文不带VLAN Tag；
- VXLAN报文，其原始报文为IPv4 UDP报文，且内层报文带一层VLAN Tag。

若TDE上送的UDP流不符合上述要求，TAP会将该流丢弃；如果TDE上送的UDP流超过了其处理能力，TAP也会将该流丢弃。

3. UDP流分析

与TCP智能流量分析功能不同的是，UDP智能流量分析功能是基于Block粒度对UDP流进行建流分析的。依据Identification字段可以确定UDP报文的序号，通过对UDP报文序号进行分段，可以将一个UDP流分为多个Block。缺省情况下，智能流量分析模块将Block数设置为256，即表示将UDP流分为256个Block，又由于UDP报文序号范围为0～65 535，那么序号为0～255的UDP报文即属于第一个Block（即Block0），如图10-25所示。

得到匹配成功的UDP流后，TAP将针对收到的第一个UDP Block中包含的所有UDP报文进行分析，依据报文中的五元组信息等关键值形成一条条的流，组成一个流表。得到流表以后，TAP根据TDE后续上送的UDP Block，对流表中的一些关键字段进行统计，根据统计结果可以分析出UDP流信息。

（1）五元组建流

UDP智能流量分析支持对UDP报文按照五元组建流。五元组能够唯一确定一个UDP会话，建流的5个关键值参见表10-7。

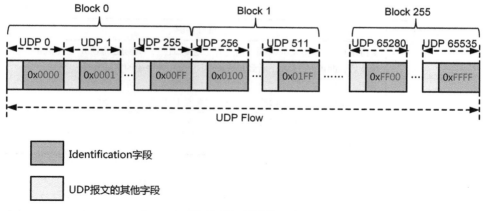

图 10-25　UDP Block

表 10-7　按照五元组建流的 5 个关键值

关键值	说明
SPORT	指定 UDP 流的源端口号
SIP	指定 UDP 的源 IP 地址，目前仅支持 IPv4 地址
DPORT	指定 UDP 流的目的端口号
DIP	指定 UDP 流的目的 IP 地址，目前仅支持 IPv4 地址
Protocol	UDP

（2）流表特征信息

根据首个UDP Block建立智能流量分析流表后，TAP会根据后续的Block内包含的UDP报文统计流表中的字段，分析该流的特征信息。需要注意的是，UDP智能流量分析功能不要求报文往返路径一致，TAP根据UDP Block建立的流表只包含该UDP流的单向信息，双向流特征信息可由TDA汇总所有收到的流分析结果后得到。

可分析的UDP流特征信息参见表10-8。

表 10-8　可分析的 UDP 流特征信息

特征信息	详细内容
报文数量	支持统计该 Block 内 UDP 报文数量，由 TDA 汇总后，通过比较同一条 UDP 流中不同 Block 的报文数量，可以判断是否出现了丢包
报文大小	支持统计该 Block 内 UDP 报文的比特数
时间戳	支持统计 Block 的时间戳，对于同一条 UDP 流，该时间戳随 Block 号的增加而增加。由 TDA 汇总后，可以分析出 UDP 流的时延

续表

特征信息	详细内容
路径	支持统计 UDP 报文的入端口信息并上送到 TDA，全网配置 UDP 智能流量分析功能后，即可在 TDA 上看到相应的 UDP 流在网络中的实际路径 说明 监测网络中的 UDP 流的路径需要全网配置 UDP 智能流量分析功能
流创建时间	支持统计 UDP 智能流量分析流表中流的创建时间
VNI	支持识别报文的 VNI

4. UDP流输出

TAP依据TDE上送的UDP报文建立流表后，还需要把包含流分析结果的UDP智能流量分析流表输出给指定的TDA，才能完成流信息的进一步加工和可视化。UDP智能流量分析功能的流输出与TCP智能流量分析功能的流输出基本一致。

需要注意的是，UDP智能流量分析功能中，在持续收到UDP流的时候，UDP智能流量分析功能是基于Block粒度周期性地对TDA输出流分析结果的，具体过程如下。

- 由于依赖首个UDP Block进行流表生成，首个UDP Block流的分析结果将不会马上输出至TDA，TAP继续对收到的第二个UDP Block进行分析。
- 当TAP收到第三个UDP Block的时候，首个UDP Block流的分析结果将被输出至TDA。
- 当TAP收到第四个UDP Block的时候，第二个UDP Block流的分析结果将被输出至TDA。

这样，每隔一个Block，输出一份UDP Block流的分析结果，直到触发非活跃流的老化条件：当一条UDP流的非活跃时间（从流的最后一个报文流过到当前的时间）超过所设置的非活跃老化时间时，设备认为该流处于非活跃状态（流已经断了），这样就需要把当前的流表强制输出至TDA，并从缓存空间中删除，为后面到来的流提供空间，这个过程称为非活跃流老化。

10.4.4 针对 RoCEv2 的智能流量分析

当前HPC（High Performance Computing，高性能计算）、分布式存储、AI等应用采用RoCEv2网络替代传统的TCP/IP网络，来降低CPU的处理和延迟，提升应用的性能。然而，这些分布式高性能应用的特点是"多对一"的Incast流量模型，对于以太网交换机，Incast流量易造成交换机内部队列缓存的瞬时突发拥塞甚至丢包，将会带来应用时延的增加和吞吐的下降，从而损害分布式应用的性能。因此，针对RoCEv2流量实现的智能流量分析功能，将通过ACL规则为经过设备的RoCEv2流量匹配特征报文，上送至TAP后分析其丢包、时延、吞吐和路径信息，实时监控RoCEv2网络状态。

1. 基本概念

RDMA用于IB网络，是一种直接内存访问技术，它将数据直接从一台计算机的内存传输到另一台计算机，数据从一个系统快速移动到远程系统存储器中，不需要双方操作系统的介入，也不需要经过处理器耗时的处理，最终达到高带宽、低延迟和低资源占用的效果。

RoCE允许应用通过以太网实现远程内存访问的网络协议，是将RDMA技术运用到以太网上的协议。目前RoCE有两个协议版本，RoCEv1和RoCEv2。

RoCEv1是一种链路层协议，允许同一个广播域下的任意两台主机直接访问。

RoCEv2是一种网络层协议，可以实现路由功能，允许不同广播域下的主机通过三层访问。RoCEv2是基于UDP封装的，报文格式如图10-26所示，具体说明如下。

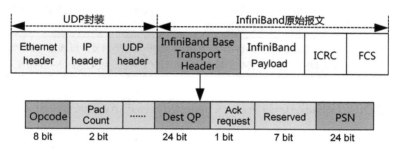

注：QP 即 Queue Pair，队列偶。

图 10-26　RoCEv2 报文格式

- Ethernet header：以太报文头，包括源MAC地址和目的MAC地址。
- IP header：IP报文头，包括源IP地址和目的IP地址。
- UDP Header：UDP报文头，包括源端口号和目的端口号，其中目的端口号为4791。
- InfiniBand Base Transport Header：InfiniBand传输层的头部字段，包含进行智能流量分析的关键字段，具体字段的说明参见表10-9。
- InfiniBand Payload：消息负载。
- ICRC：冗余检测。
- FCS：帧检测。

表 10-9　InfiniBand Base Transport Header 的主要字段

主要字段	说明
Opcode	表示 RoCEv2 的报文类型，指出报文处于什么操作模式，主要包括模式如下。 • ConnectMsg 模式：此时报文用于建立 RoCEv2 连接，简称 CM（Communication Management，通信管理）建链。建链成功后，本端和远端之间才能传递数据报文。 • Send 模式：此时报文用于发给远端，发送端不控制接收端在哪里存储数据。 • Write 模式：此时报文用于写入远端，报文中会指定远端要写入数据的地址、key（关键值）和数据长度。 • Read 模式：此时报文用于远端读取，报文中会指定远端请求读取数据的地址、key 和数据长度。检测吞吐时将对 Send、Write 和 Read 模式的 RoCEv2 报文进行分析。 • ACK（Acknowledge）模式：此时报文用于接收端反馈应答消息，依据 RoCEv2 ACK 报文特有的 ACK Extended Transport Header 的内容，可以将 ACK 报文分为两种：普通 ACK 报文，表示信息成功接收的响应信息；NAK 报文，表示出现了丢包。 此外，ACK 报文与最后一个 Send 报文结合，可以用来检测数据报文的时延
Pad Count	表示有多少额外字节被填充到 InfiniBand Payload 中
Dest QP	Destination Queue Pair（目的 QP 队列），用来标识一条 RoCEv2 流，相当于 RoCEv2 报文中的目的端口 DPORT（Destination port），也是智能流量分析模块用来建立 RoCEv2 流表的关键值
PSN	Packet Sequence Number，表示 RoCEv2 报文的序列号，可通过检测 PSN 是否连续来判断是否存在丢失的数据包，若出现了丢包，就会返回 NAK 报文

CM建链的过程如图10-27所示，ConnectMsg模式下的RoCEv2报文有以下3种类型。

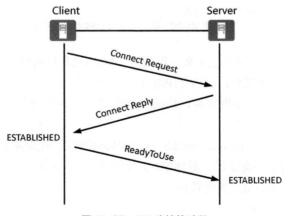

图 10-27　CM 建链的过程

- Connect Request：由客户端发送给服务器，请求建立RoCEv2连接。
- Connect Reply：服务器收到请求后，返回该报文给客户端，客户端收到后即认为与对端已经建立了连接。
- ReadyToUse：客户端认为连接建立后，发送该报文给服务器，服务器收到后，CM建链成功。

📖说明

RDMA建链有两种方式：一种是基于RoCE报文的CM建链；一种是基于TCP报文自定义字段的TCP建链。目前，RoCEv2智能流量分析功能支持对CM建链报文和适用于公有云Fusion storage的TCP建链报文进行建流分析。由于后者的流分析过程与前者基本一致，且属于用户自定义内容，本节只介绍公共的CM建链方式。

2.　RoCEv2流匹配

（1）TDE上的流匹配

RoCEv2智能流量分析模块提供了两种智能流量分析功能：丢包可视和性能可视。RoCEv2网络中，最重要的是需要保证网络流量零丢包，所以丢包可视的RoCEv2智能流量分析功能需要监控经过设备的所有RoCEv2流量。当出现丢包时，根据丢包业务流的基本信息，比如源IP、目的IP、报文入端口等，再结合性能可视的RoCEv2智能流量分析功能，确认该丢包流量的时延、吞吐等高精度流量信息，从而快速准确地定位故障。

性能可视的RoCEv2智能流量分析模块在设备的入端口采集流量时，设备会识别报文的UDP端口号和Opcode字段，同时支持根据用户下发的ACL规则对经过设备的流量进行匹配，匹配通过的RoCEv2流将被镜像并上传给TAP。目前仅支持如下高级ACL规则，不支持的ACL规则会无法下发，导致TAP收不到匹配通过的业务流。

- rule1：RoCEv2+目的IPv4地址。
- rule2：RoCEv2+源IPv4地址。
- rule3：RoCEv2+源IPv4地址+目的IPv4地址。

同时，TDE会根据用户下发的ACL规则，内部下发匹配回程业务流的ACL规则，将往返路径的业务流均上送给TAP，使TAP可以分析出往返方向的高精度流特征信息。

对于丢包可视的RoCEv2智能流量分析模块，由于监测网络中的RoCEv2丢包情况，需要对端口经过的所有RoCEv2流量进行监测，因此不支持用户自定义下发ACL规则匹配特定的RoCEv2流量。使能丢包可视的RoCEv2智能流量分析功能后，TDE会自动下发ACL规则，匹配端口经过的所有RoCEv2流量。

（2）TAP上的流匹配

TAP对上传的RoCEv2流进行分析，目前仅支持对普通IPv4 RoCEv2报文进行分析，TAP会将其他类型报文丢弃，如果超过了其处理能力，报文也将被丢弃。

3. RoCEv2流分析

设备上使能RoCEv2智能流量分析功能后，TDE会自动下发ACL规则匹配RoCEv2报文中的Opcode字段来捕获RoCEv2报文。通过Opcode字段，可以获知报文类型，TAP会依据RoCEv2建链报文中的四元组信息等关键值形成一条条的流，从而组成一个流表。

📖说明

由于流表的生成依赖RoCEv2建链报文，为了保障智能流量分析的效果，请先使能RoCEv2智能流量分析功能，再建立RoCEv2连接。

得到流表以后，TAP根据TDE后续上送的RoCEv2数据报文，对流表中的一些关键字段进行统计，根据统计结果可以分析出RoCEv2流特征信息。

流表中的统计内容支持在设备上查看，同时该统计结果会在流老化后输出至TDA，进行进一步的展示和分析。

（1）四元组建流

RoCEv2智能流量分析支持对RoCEv2建链报文按照四元组建流。四元组能够唯一确定一个RoCEv2会话，建流的4个关键值如表10-10所示。

表 10-10　RoCEv2 建流的 4 个关键值

关键值	说明
ServerIP	指定 RoCEv2 流的服务器 IP 地址，目前仅支持 IPv4 地址
ClientIP	指定 RoCEv2 流的客户端 IP 地址，目前仅支持 IPv4 地址
ClientQP	指定客户端的 QP 值，该值存于从服务器返回的 RoCEv2 流的 Dest QP 字段中
ServerQP	指定服务器的 QP 值，该值存于从客户端发出的 RoCEv2 流的 Dest QP 字段中

（2）流表特征信息

建立RoCEv2智能流量分析流表后，TAP会根据后续的RoCEv2数据报文统计流表中的字段，分析该流的特征信息。建议配置1588v2时钟同步功能，提高RoCEv2智能流量分析功能分析的特征信息的精度。

📖说明

除M-LAG和堆叠场景外，RoCEv2智能流量分析功能需要网络中RoCEv2报文往返方向路径一致。

可分析的RoCEv2流特征信息如表10-11所示。

表 10-11　可分析的 RoCEv2 流特征信息

特征信息	详细内容
丢包	支持分别统计往返方向的 RoCEv2 流中 NAK 报文的数量，若值不为 0，说明发生了丢包。当 RoCEv2 报文出现丢包后，TAP 会记录丢包情况，添加时间戳信息后将丢包信息上送给 TDA
时延	支持分别统计双向报文的往返时延 RTT，该时延为基于双向报文计算的滑动平均时延，精度为纳秒级。
吞吐	支持统计单位时间内 RoCEv2 流的吞吐率。对 RoCEv2 报文来说，只有大流可以计算吞吐率，小流的 RoCEv2 报文无法计算出对应的吞吐信息
路径	支持统计返回方向 RoCEv2 报文的入端口信息并上送到 TDA，全网配置 RoCEv2 智能流量分析功能后，即可在 TDA 上看到相应的 RoCEv2 流在网络中的实际路径。 说明 监测网络中的 RoCEv2 流的路径需要全网配置 RoCEv2 智能流量分析功能

4. RoCEv2流输出

TAP依据TDE上送的RoCEv2报文建立流表后，还需要把包含流分析结果的RoCEv2智能流量分析流表输出给指定的TDA，才能完成流信息的进一步加工和可视化。RoCEv2智能流量分析功能的流输出与TCP智能流量分析功能的流输出基本一致，详细内容请参见第266页的"TCP流输出"部分。

不同的是，RoCEv2智能流量分析功能仅支持以下两种流老化方式。

（1）活跃流的老化

当一条智能流量分析流的活跃时间（从流创建时间到当前的时间）超过所设置的活跃老化时间时，该流的老化为活跃流的老化。

- 该流将被周期性输出到TDA，输出周期正是设置的活跃老化时间。
- 一旦检测到NAK报文数量的值不为0，即说明出现了丢包，当到达活跃老化时间后，TAP还会将流表中NAK报文的统计信息删除，为下一个活跃老化周期内的丢包检测做准备。
- 若流表中的时延或吞吐信息在某个活跃老化周期内的统计信息不再变化，TAP会将该统计信息删除，在下一个活跃老化周期内重新进行统计。

（2）非活跃流的老化

由于网络上的流是短时间阵发的，在短时间内就会产生大量的流，而TAP的缓存空间容量是一定的，当一条RoCEv2智能流量分析流的非活跃时间（从流的最后一个报文流过到当前的时间）超过所设置的非活跃老化时间时，设备认为该流处于非活跃状态（流已经断了），这样就需要把当前的流表强制输出至TDA，并从缓存空间中删除，为后面到来的流提供空间，这个过程称为非活跃流的老化。

这种老化方式主用于短时流量，流量停止则立即输出流表信息，节省内存空间。

5. 路径不一致时的RoCEv2流分析

数据中心网络的接入可靠性，一般通过接入端网关堆叠或M-LAG双活来实现，因此，针对这两种场景下的RoCEv2流也实现了智能流量分析功能。由于对堆叠和M-LAG场景的处理方式基本一致，本节主要介绍接入端为M-LAG双活网关的情况下，RoCEv2智能流量分析功能的实现过程。

如图10-28所示，RoCEv2网络中，全网部署RoCEv2智能流量分析功能，Leaf1与Leaf2、Leaf3与Leaf4均为M-LAG双活网关。从VM1发往VM3的RoCEv2报文路径为：VM1→Leaf1→Spine1→Leaf4→VM3；从VM3返回的RoCEv2报文路径为：VM3→Leaf3→Spine1→Leaf2→VM1。为了保证该RoCEv2的双向报文特征信息均能输出给TDA，需要Leaf2和Leaf1之间进行数据同步，Leaf3和Leaf4之间进行数据同步。以Leaf2和Leaf1为例，该同步过程如下。

在Leaf2上使能RoCEv2智能流量分析功能后，Leaf2会自动下发ACL匹配RoCEv2报文中的Opcode字段来捕获RoCEv2报文。通过Opcode字段，可以获知报文类型。

当匹配到Connect Reply报文后，Leaf2会通过peer-link口（若为堆叠场景，则为堆叠口），将该报文转发给Leaf1。

Leaf1收到Connect Reply报文后，会将该报文和其他建链信息一起处理后同步给Leaf2，这样Leaf1和Leaf2上都可以建立RoCEv2双向流表，并对后续经过的RoCEv2数据报文的丢包、时延、吞吐和路径进行分析。

📖 说明

为了保证不会对报文进行重复分析，RoCEv2智能流量分析功能中，M-LAG成员设备或堆叠成员设备不会对来自peer-link口或堆叠口的RoCEv2报文进行建流或分析。

- 当Leaf2上匹配到ACK模式的RoCEv2数据报文时，Leaf2会通过peer-link口将该ACK报文转发给Leaf1。

- Leaf1根据ACK报文可以检测是否出现丢包，结合Send报文可以对数据报文的时延进行分析。
- Leaf1和Leaf2上的双向流表满足老化条件后，输出至TDA。

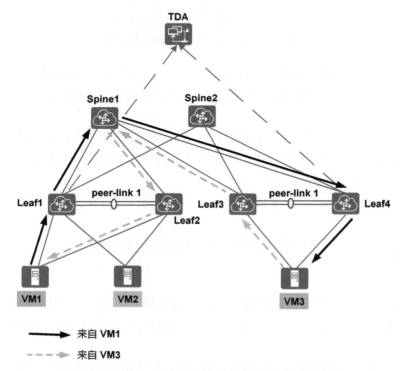

图 10-28　M-LAG 双归接入时的 RoCEv2 智能流量分析

10.4.5　智能流量分析与 FabricInsight 的对接

实际上，在TAP建流分析的过程中，TAP会使用NetStream V9扩展模板定义智能分析流表中的统计字段。流表达到老化条件后，从设备输出到FabricInsight采集器的过程，并不是以流表的形式，而是会由TAP将流表中的统计字段添加到NetStream V9扩展模板中进行封装，封装后的报文经转发芯片进行路由查找转发，最终到达采集器。

如图10-29所示，智能流量分析系统的输出报文是基于UDP封装的，报文中包括NetStream V9格式的NetStream报文头和一条或多条智能流分析结果。对TCP流智能流量分析功能来说，由于其需要与三层远程流镜像功能叠加使用，因此智能流量分析系统输出报文的源IP地址需要设置为远程流镜像功能中的被镜像设备的IP地址。

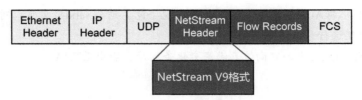

图 10-29 智能流量分析系统的输出报文格式

FabricInsight采集器收到智能流量分析系统输出报文后，会依据报文源地址等报文信息对业务流特征信息进行汇总，并上送给FabricInsight分析器，进行可视化的处理。

特别地，对存在路径不一致组网的TCP流智能流量分析功能来说，FabricInsight会依据智能流量分析系统的输出报文，对其中的单向流表特征信息进行计算，最终得出完备的TCP流特征信息。

10.5 智能运维技术之全流分析

随着SDN设备规模的日益增大，承载的业务越来越多，用户对SDN的运维提出了更高的要求，全面监控整网流量，以便及时检测和分析异常，这对网络运维至关重要。

如下几种传统网络流量监控方式各有特点，但均无法监控整网流量信息。

- NetStream：一种基于接口的统计流量，鉴于CPU的压力，很难实现1∶1采样，不能精确反映流量状态。
- 基于ACL的流量统计：可以精确统计流信息，但需要提前配置ACL。一般用于故障发生后的故障定位，无法实时感知故障。
- 镜像：可以将报文镜像到分析器集中处理，但镜像报文主要为控制面报文，缺乏对转发面报文的检测（如TCP的SYN/FIN报文）。镜像占用ACL资源，如果进行全流镜像，又会造成分析器压力过大。

在这种发展趋势下，CloudEngine系列交换机推出了全流分析。全流分析技术可以实现对全网流量的分析，是实现网络全面监控的重要技术。它借助设备的内置芯片，支持1∶1采样，不影响转发性能；同时，提供关键事件上报能力，减轻远端分析器的处理负担。

10.5.1　全流分析概述

1. 全流分析系统简介

全流分析系统由ADE（Anyflow Data Exporter，全流数据输出器）、ADP（Anyflow Data Processor，全流数据处理器）和ADA（Anyflow Data Analyzer，全流数据分析器）三部分组成，如图10-30所示。

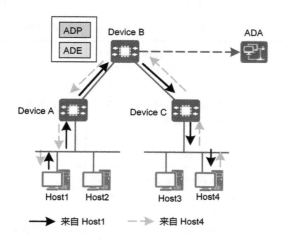

图 10-30　全流分析系统的组成

全流分析系统的工作过程如图10-31所示，ADE由转发芯片的智能分析引擎承担，ADP由设备CPU内置芯片承担，它们共同完成流量采集、分析和异常检测，并将统计信息封装成NetStream V9格式的报文发送给分析器。

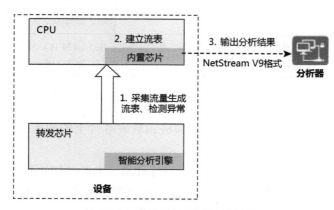

图 10-31　全流分析系统的工作过程

2．流表的建立

全流分析采集的流量字段信息如表10-12所示，根据采集的流量字段建立全流分析流表，以实现流量统计、路径可视、应用访问可视、TCP流量应用侧丢包感知、TCP异常感知功能。

表 10-12　全流分析采集的流量字段信息

采集字段	字段说明	应用场景
流量五元组	源／目的 IP，源／目的端口号，协议号	用于区分不同的流
流开始时间	对于 TCP 报文 :收到 SYN 报文的时间。对于 UDP 报文 :收到首个报文的时间。对于 VXLAN 报文 :设备采集的是 VXLAN 内层报文，该字段含义由内层报文的类型决定，如果是 TCP，表示收到 SYN 报文的时间 ;如果是 UDP，表示收到首个报文的时间	用于计算流持续时间
流结束时间	对于 TCP :收到 FIN 报文的时间。对于 UDP :收到最后一个报文的时间。对于 VXLAN :设备采集的是 VXLAN 内层报文，该字段含义由内层报文的类型决定 :如果是 TCP，表示收到 FIN 报文的时间 ;如果是 UDP，表示收到最后一个报文的时间	用于计算流持续时间
入／出接口	报文入接口和出接口	用于记录流量路径，实现路径可视
统计信息	报文数／字节数	用于流量统计和吞吐量分析
TCP SN	下一个 TCP 报文序列号	用于感知 TCP 流量应用侧丢包
Anomaly Flag	芯片检测到 TCP 报文异常，将特定的标记位置位	用于识别 TCP 异常，如 TCP Reset/TTL 跳变／报文错误等问题

流表的建立分为如下两个阶段。

第一阶段，当流量到达设备后，首先由转发芯片上的智能分析引擎模块处理，处理流程如下：

· 存储空间充足，则建立流表，待流表老化后，上送CPU内置芯片；

· 存储空间不足，为接收到的SYN/FIN报文建立流表并立即上送CPU内置芯片。对于非SYN/FIN报文，则不建立流表。

第二阶段，流量上送到CPU内置芯片后，处理流程如下：

- 存储空间充足，则建立流表，待流表老化后，上送分析器；
- 存储空间不足，为接收到的SYN/FIN报文建立流表并立即上送分析器。对于非SYN/FIN报文，不建立流表，通知分析器有报文丢弃。

为了更好地区分流表，将转发芯片上建立的流表称为"硬件流表"，将CPU内置芯片上建立的流表称为"内置CPU流表"。

3. 流表的输出

（1）原始流输出方式

在流老化时间超时后，每条流的统计信息都输出到分析器。原始流输出方式的优点是分析器可以得到每条流的详细统计信息。

（2）聚合流输出方式

聚合流输出方式是指CPU内置芯片对与聚合关键项完全相同的原始流统计信息进行汇总，从而得到对应的聚合流统计信息。通过对原始流进行聚合后输出，可以明显减少网络带宽。聚合关键项包含源IP地址、目的IP地址、目的端口号、协议类型，只针对会话状态为"正常"的流进行聚合。如图10-32所示，5条会话状态为正常的原始流聚合成2条聚合流。

源IP	源端口	目的IP	目的端口	协议	会话状态	统计信息
3.3.3.2	7823	2.2.2.1	443	TCP	正常	312KB/500Packt
3.3.3.2	11245	2.2.2.1	443	TCP	正常	1MB/1200Packt
3.3.3.2	7424	2.2.2.1	443	TCP	正常	3.5MB/4000Packt
1.1.1.1	8762	2.2.2.1	80	TCP	正常	100KB/150Packt
1.1.1.1	23452	2.2.2.1	80	TCP	正常	200KB/325Packt
1.1.1.1	22321	2.2.2.1	80	TCP	建链失败	0KB/3Packt

流表汇聚

源IP	目的IP	目的端口	协议	统计信息
3.3.3.2	2.2.2.1	443	TCP	3Session/4.8M/5700Packt
1.1.1.1	2.2.2.1	80	TCP	2Session/300KB/475Packt

源IP	源端口	目的IP	目的端口	协议	会话状态	统计信息
1.1.1.1	22321	2.2.2.1	80	TCP	建链失败	0KB/3Packt

图 10-32　流表聚合示意

4. 异常检测

全流分析借助设备内置的智能分析引擎，主动分析TCP异常，并向分析器上报结果。

如图10-33所示，设备智能分析引擎根据预期判断，收到的报文序列号应该是14100，实际收到的报文序列号是15100，可以以此判断出现丢包。设备将此分析结果主动上报给分析器，减轻分析器的分析压力。

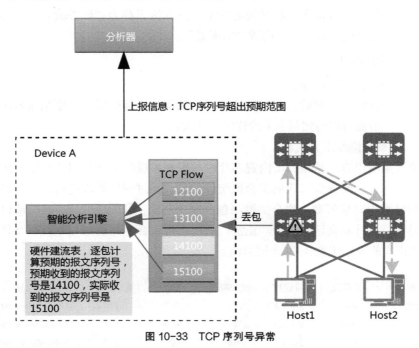

图 10-33　TCP 序列号异常

10.5.2　全流分析与 FabricInsight 的对接

采集全流分析数据，需要下发配置命令到交换机。FabricInsight可通过iMaster NCE-Fabric下发全流分析配置到CloudEngine交换机。交换机根据所下发的配置规则，针对TCP/UDP流量建立流表逐包分析，进行流量统计和异常检测。交换机采集到流的数据后，通过NetStream周期性上报采集到的数据给FabricInsight分析器。

全流分析既可以采集所有流量进行逐包分析，也可以针对指定范围的流量进行逐包分析。

FabricInsight全流分析支持检测的异常类型范围如表10-13所示。

表 10-13　FabricInsight 全流分析支持检测的异常类型范围

异常类型	子类型	异常说明
TCP 建链异常	服务器无响应	TCP 建链时，客户端发出 SYN 报文，服务器侧不响应 SYN+ACK 报文
	服务器未侦听	TCP 建链时，客户端发出 SYN 报文，服务器侧响应 RST 报文
	TCP 建链时延超阈值	TCP 建链时延是指客户端发出的第一个数据报文时间戳减去客户端发出的第一个 SYN 报文时间戳
	SYN 建链失败	FabricInsight 可收到部分 CE 上报的异常流表并在某台 CE 终结
	SYN ACK 建链失败	FabricInsight 可收到所有 CE 上报的正向异常流表，反向异常流表在某台 CE 终结
	Multi-SYN	一个 TCP 会话中发生了多个 SYN 报文
报文异常	报文 TTL 跳变	TCP、UDP 报文传输过程中发生 TTL 跳变异常
	TCP 报文零窗口	TCP 报文零窗口比特位置位
	TCP Reset 报文	TCP RST 比特位置位
	TCP 报文丢包	TCP 会话发生丢包异常
	TCP 报文重传	TCP 会话发生重传异常
	TCP FLAG 异常	如 SYN 和 FIN 同时置位、SYN 和 RST 同时置位等异常情况

10.6　华为数据中心网络智能运维系统

　　本节主要介绍华为数据中心智能运维方案，并重点描述FabricInsight的功能与组网，以及iMaster NCE-Fabric控制器的架构。

10.6.1　智能运维系统架构

　　华为云数据中心智能运维方案架构如图10-34所示，逻辑上分为网络层、控制层和分析层。

　　网络层主要是指数据中心网络设备。这些设备在运行过程中上报指定的镜像报文或性能、日志等信息给分析层做进一步处理和呈现。网络层是分析层的数据来源。

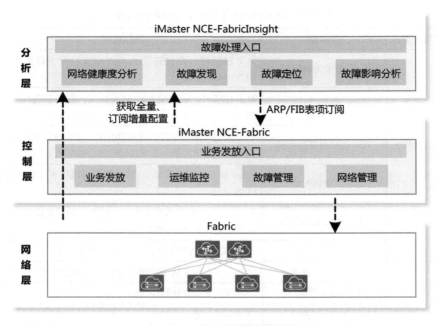

图 10-34　智能运维方案架构示意

控制层主要由iMaster NCE-Fabric控制器组成。iMaster NCE-Fabric与FabricInsight对接，完成运维过程中对配置的自动转换与下发。

分析层主要由FabricInsight承担。FabricInsight基于华为大数据平台构建，接收网络设备以Telemetry方式上报的数据，运用智能算法对上报的数据进行分析、呈现。FabricInsight可辅助用户逐步实现故障主动感知、分钟级故障定位定界的主动智能运维目标。

下面分别介绍智能运维的核心角色：iMaster NCE-FabricInsight分析器、iMaster NCE-Fabric控制器、数据中心交换机。

10.6.2　iMaster NCE-FabricInsight 分析器

FabricInsight网络智能分析平台颠覆了传统聚焦资源状态的监控方式，可实时感知Fabric的状态、应用的行为状态，打破了网络和应用的边界，可从应用视角看清网络，辅助客户及时发现网络与应用的问题，保障应用的持续稳定运行。

FabricInsight网络智能分析平台基于华为自研的大数据分析平台，接收网络设备上报的数据，运用智能算法对网络数据进行分析、呈现。FabricInsight总体架构分为三部分，即数据中心交换机、FabricInsight采集器和FabricInsight分析器。

FabricInsight采用微服务架构，各个业务服务采用多实例部署，具备高可靠性和伸缩性。各个实例之间无状态，外部HTTP请求由消息总线分发到各个节点处理。

1. 数据中心交换机

这里的数据中心交换机以华为CE系列交换机为例，设备需要以Telemetry方式上报两种类型的数据：基于ERSPAN协议镜像的TCP报文（ERSPAN镜像报文）、基于GRPC协议上报的接口流量等性能Metrics数据。

（1）ERSPAN镜像报文

交换机中的转发芯片会识别网络中的TCP SYN、FIN等报文，并将报文通过ERSPAN协议镜像到FabricInsight采集器。由于是转发芯片直接识别并镜像报文，整个过程不经过CPU，所以不会对交换机的稳定性带来影响，不会对原始报文做任何更改，也不会影响原始报文的转发路径。

（2）GRPC性能指标

设备作为GRPC客户端与采集器对接，用户可以通过命令行配置设备的Telemetry采样功能，设备会主动与上送目标采集器建立GRPC连接，并且推送数据至采集器。当前版本支持的采样指标包括设备/单板级的CPU、内存利用率，接口级的收发字节数、收发丢包数、收发错包数等，队列级拥塞字节数，丢包行为数据等。指标明细及对应的设备款型可参考产品规格清单。

2. FabricInsight采集器

FabricInsight采集器负责收集交换机上报的数据，包括ERSPAN镜像的TCP报文、基于GRPC协议上报的性能Metrics数据。对于镜像的TCP报文，FabricInsight采集器会为其打时间戳，并将报文打包发送给分析器进行分析。为了提高报文处理效率，FabricInsight采集器基于Intel DPDK（Data Plane Development Kit，数据面开发套件）实现，因此需要能够支持DPDK的网卡。推荐采用Intel 82599 10GE网卡。

3. FabricInsight分析器

FabricInsight分析器集群接收由采集器上送的数据，包括TCP报文、性能Metrics数据。分析器将对不同的数据类型执行相应的清洗逻辑，比如计算报文的转发路径、转发时延、链路时延等，完成应用交互关系分析，实现应用和网络路径的关联；基于AI算法对部分性能Metrics数据建立动态基线、进行异常检测等，并进行统计分析与呈现。

10.6.3　iMaster NCE-Fabric 控制器

为了应对数据中心网络的运维管理挑战，华为开发了数据中心控制器iMaster

NCE-Fabric。iMaster NCE-Fabric系统是华为自主知识产权开发的新一代面向企业和运营商数据中心市场的SDN控制器，作为网络的集中控制面，实现网络配置自动下发，从而实现业务自动化。华为DCN控制器支撑云网联动和网络自主编排特性，具备可视化、精细化的运维能力，提供高可靠性、开放性。

如图10-35所示，iMaster NCE-Fabric控制器的运维架构主要由四个部分组成：管控析统一入口层、公共服务组件层、统一南向采集服务层、基础设施标准接口层。其中，管控析统一入口层涉及与运维相关的能力，主要由两大部分组成：一是运维监控&故障管理，二是网络管理。这两个部分的运维特性按面向的场景不同，可分为面向传统网管特性和面向SDN场景特性。

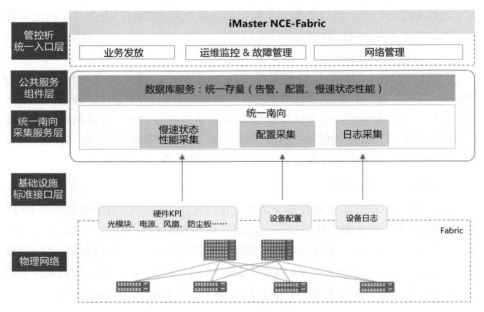

注：KPI 即 Key Performance Indicator，关键性能指标。

图 10-35　控制器运维架构

iMaster NCE-Fabric控制器支持的运维特性包括以下几点。

- 租户运维与监控：网络业务发放后，租户管理员需要为所管理的租户提供运维服务，实时了解资源的使用情况、业务的运行状态等。
- 告警管理：告警管理致力于适配不断演进的复杂网络的监控和运维，能对SDN进行故障监控，提高网络运维效率。
- 日志管理：日志管理支持系统自动记录其运行过程中的安全日志、系统日志和操作日志，同时提供查询日志、导出日志和转储日志的功能。

- 设备管理：设备管理提供对数据中心的网络设备资产统一发现、管理和替换的入口，为数据中心的维护、改造提供数据依据和操作入口。
- 意图验证：意图验证包括Underlay网络检测、设备替换影响分析和设备故障影响分析三个维度的能力。
  - Underlay网络检测：网络检测功能支持对Underlay网络配置进行检测，主要检测网络中交换机之间的路径连通性、网络中是否存在路由黑洞和环路，便于网络管理员尽早发现故障，及时定位处理。
  - 设备替换影响分析：当用户因某些原因需要替换设备时，iMaster NCE-Fabric提供对被替换设备所影响的业务进行分析的功能，统计并展示替换该设备所影响的业务（包括接入业务、出口业务和安全业务）以及业务的详情。替换影响分析功能不仅提高了分析的效率，同时也便于用户制订有效的替换计划，降低或规避因替换设备带来的风险。
  - 设备故障影响分析：Underlay网络中的设备在发生故障时会产生设备告警，iMaster NCE-Fabric通过订阅以及分析设备告警，确定该故障设备所影响的租户总数和EndPort总数。故障影响分析功能便于用户实时监控网络故障，及早感知故障所带来的影响，从而减少故障造成的业务损失。
- 网络监控：网络业务发放后，网络管理员创建租户并分配资源，监控网络访问效率以及管理网络资源运维范围，从而实现网络资源和iMaster NCE-Fabric运维与监控。
- 网络诊断：对网络路径是否中断、VXLAN网络状况及连通是否正常、是否有疑似二层环路情况，进行探测。
- 统计查询：统计交换机流量。
- 下发配置：iMaster NCE-Fabric针对CE数据中心交换机、CE虚拟交换机进行管理及业务发放。

10.6.4　数据中心交换机

　　CE系列是华为面向下一代数据中心和高端园区推出的"云"级高性能交换机，包括业界首款面向AI时代的数据中心交换机CloudEngine 16800系列、面向数据中心和高端园区网络的新一代高性能核心交换机CloudEngine 12800系列，以及高性能的汇聚/接入交换机CloudEngine 7800/CloudEngine 6800/CloudEngine 5800（盒式接入交换机）系列。

那么，这些数据中心交换机如何与iMaster NCE-FabricInsight、iMaster NCE-Fabric配合使用呢？为了进行数据传输，在CE系列交换机上需配置以下功能。

1. 远程流镜像

FabricInsight软件是一个独立运行的软件，没法部署在每台网络设备中，所以FabricInsight软件无法自主获取网络中的TCP流量。CE系列交换机的远程流镜像功能可以很好地解决这一问题：将流经交换机的TCP特征报文复制一份，发送给FabricInsight；FabricInsight对TCP流量进行分析和计算，得出业务流的真实路径、大小、时延，并主动感知Fabric内可能存在的故障。该功能的详细介绍请参见10.2节。

2. Telemetry

Telemetry技术是一项从物理设备或虚拟设备上远程高速采集性能数据的网络监控技术。相比于传统的网络监控技术，Telemetry通过推模式高速且实时地向采集器推送网络设备的各项高精度性能数据指标，提高了采集过程中设备和网络的利用率。通过在CE系列交换机上配置Telemetry技术，设备将采样数据上报给FabricInsight采集器进行存储，FabricInsight分析器对采集器中存储的采样数据进行分析后，将决策结果发送给iMaster NCE-Fabric控制器。该控制器基于决策结果，将网络需要调整的配置下发给网络设备。调整的配置下发生效后，新的采样数据又会被上报给采集器，此时分析器可以分析调优后的网络效果是否符合预期，从而实现网络业务流程的闭环。该功能的详细介绍请参见10.3节。

3. 智能流量分析

一个典型的智能流量分析系统由CE系列交换机与FabricInsight构成。其中，CE系列交换机中包含两个重要的组成部分：TDE和TAP。通过在CE系列交换机上配置智能流量分析功能，能够对指定的业务流进行深度分析，在设备侧即可获知一系列业务流的高精度性能指标数据。

FabricInsight采集器收到智能流量分析系统输出报文后，会依据报文源地址等报文信息对业务流特征信息进行汇总，并上送给FabricInsight分析器，进行可视化的处理。该功能的详细介绍请参见10.4节。

4. 全流分析

全流分析系统由ADE、ADP和FabricInsight分析器三部分组成。通过在CE系列交换机上配置全流分析，设备会针对TCP/UDP流量建立流表逐包分析，进行流量统计和异常检测。采集到流的数据后，通过NetStream向FabricInsight分析器周期性上报采集到的数据。该功能的详细介绍请参见10.5节。

10.7　未来之路

SDN时代，数据中心网络故障零容忍，因此需要网络智能管控系统，可以及时发现和预警故障，减少业务中断时间，逐步完成网络智能自治。

华为iMaster NCE-FabricInsight网络智能分析平台与iMaster NCE-Fabric网络管理控制系统联动，提供从应用到物理网络的自动映射和可视化运维，可实现一键操作下发配置以及大数据分析问题的智能闭环，提高业务发布和运维效率。相比传统"后知后觉"型运维手段，智能运维方案实现了质的飞跃。

随着人工智能时代的到来，智能运维领域的天地依然广阔，也面临着更多要突破的难点。首先是无人化，现阶段智能运维仍需要管理员介入，未来要实现无人化，质量问题是最大的挑战，只有好的运维质量才能为智能运维助力。其次是智能化，现阶段以发现故障、解决故障为目标导向。在未来，运维要专注业务的运行状态，探索运维的需求，定义并实现运维场景，进一步提升智能运维的广度和深度。

10.7.1　数据中心云化架构对运维的新要求

越来越多的企业和组织将业务系统部署在云数据中心，以期获得更快的业务部署、调整以及伸缩效率，获得更好的SLA。但在运维层面上，资源依然有限，迫使运维人员面对更大规模的网络和越来越复杂的业务配置以及安全策略，同时也面对网络虚拟化和其他新技术对传统运维手段和理念的冲击。在云数据中心时代，提高运维效率，保证业务高可靠、高质量运行，是运维团队面临的最大挑战。

1. 保障高运维质量

高运维质量是运维的最基础目标，而在运维人员面前的，是从几十、上百的设备，向几万、几十万数量级演进，海量硬件设备的使用将给硬件故障的快速定位和故障隔离带来巨大挑战。同时，为了适应云化业务的部署要求，数据中心网络普遍采用虚拟化技术和SDN相关技术，这也加剧了运维的难度。小故障频发逐渐成为一种"新常态"，导致难以保证用户SLA。

2. 提高运维效率

虚拟化技术和众多开源技术的引入使得运维变得越来越复杂，IT和网络之间的界线越来越模糊，传统人工运维模式处理速度慢、出错概率高。此外，在大规模云化环境下，传统人均维护50～100台设备，需要投入大量人力，效率低、成本高。

3. 避免运维的"不可知性"

为了提高资源的利用率，云架构下的资源是共享而非独占的，这与传统网络不同，同时也给运维带来了新需求和新挑战，即运维人员往往并不知道业务系统具体运行在哪个硬件上，故障定位变得困难。为了解决这种不可知性，要求运维系统完成更加全面的系统监控，从而实现可知性。

4. 传统架构和云架构的统一运维

企业的业务上云是一个长期过程，传统和云化两种架构可能长期共存，这导致运维工具差异大，也给运维人员带来了更大的挑战。如何实现两种架构统一、集中的维护管理，是运维系统面临的新课题。

5. 运维人员从"运维管理"转变成"运维研发"

理想的运维系统，其故障隔离和故障修复等都是自动化的，尽量避免基于人工来完成，这已经完全颠覆了传统的运维模式。因此，运维工作需要基于实际业务，构建自动化运维模型和运维关注点，要求运维部门具备一些定制化开发能力，同时运维系统也需要开放可定制接口。

10.7.2 运维目标：闭环自愈的智能系统

数据中心网络的理想运维形态，是一种能让网络按照既定的策略长期平稳运行，实现故障自动发现、自动排障的闭环自愈的智能系统。图10-36给出了这种系统的一个运维模型。

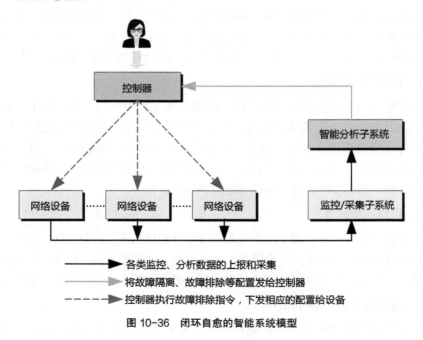

图 10-36 闭环自愈的智能系统模型

这种闭环自愈的实现方式主要如下。网络设备部署业务后，主动采集、分析设备的网络状态、业务流质量等一系列参数，将其按照一定的协议格式，推送给智能运维系统的监控/采集子系统。监控/采集子系统每时每刻会收到网络中海量的运维信息，将这些信息按照内部既定的模型进行分类、存储，方便智能分析子系统取用。智能分析子系统基于AI算法对各类运维参数进行高速运算，分析其中的故障点或故障趋势，并根据智能算法识别出最佳的故障隔离、故障消除方法，将这个方法转换为指令发送给控制器。控制器收到智能分析子系统的指令后，将指令转换成设备的具体配置，下发给指定设备，实现故障隔离甚至故障清除。

整个过程在理想状态下甚至不用管理员介入，上述系统在最快的时间内发现故障，自动执行相关动作消除网络故障，保证业务平稳运行。整个过程完成后，管理员可以查看此过程的日志细节。

将上述模型进一步细化，它主要包括4个关键组成部分，即网络自动化平台（控制器）、网络设备、网络监控平台和智能分析平台，如图10-37所示。

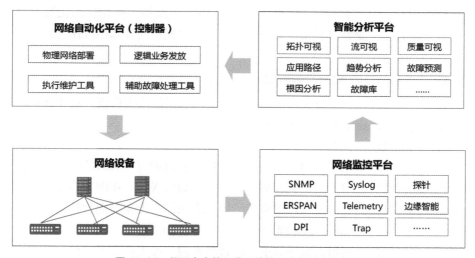

图 10-37　闭环自愈的运维系统的 4 个关键组成部分

10.7.3　智能运维系统的发展方向

从更长远来看，未来的数据中心智能化运维主要有以下几个发展方向。

1. 网络与IT融合的全系统智能运维

网络与IT，在传统网络中是由独立的两个团队来维护的，各司其职。数据中心实现云化后，网络与IT的边界越发模糊，例如虚拟交换机需部署在IT掌控的服务器上，虚拟网络的边界已经下沉到服务器内部，不可再通过服务器网线来天然隔离出网络团队和IT团队。出现的故障有可能是网络的故障，也可能是IT的故障，需要双方团队共同合作才能顺利定位故障、排除故障。因此未来的智能运维系统必须支持网络、IT全资源。

2. 运维系统与业务系统融合的全生命周期管控

从上一节来看，用户可使用统一的入口来实现业务部署和故障运维。未来，这些功能可能以不同App的方式呈现在用户界面上，有业务部署、巡检、智能流分析、自动故障定位等。业务部署的信息可以与维护子系统在内部实现同步，维护子系统不仅可以读取设备配置信息，分析每一次配置变更的具体配置变化点，还能实时同步网络中物理机、虚拟机、容器等的信息，做到流量端到端运维。一些依赖于额外配置命令的高级运维能力，可以由系统自动下发配置和删除配置，管理员几乎不用输入什么命令行。

运维系统与业务系统融合后，最大的特点就是可对业务进行全生命周期自动化管理，包括上线、监控、升级、变更、扩容、下线等，都在自动化管理范围内，极大地提高了业务部署和运维的效率。整个过程中的日志还可作为故障分析的来源。

3. 基于AI的故障预防、发现与自愈

利用大数据关联分析与机器学习技术赋予运维系统人工智能，提供从故障预防到故障定位再到故障闭环的智能保障能力。

（1）主动故障预防

人工零配置：根据华为的相关统计，数据中心内超过50%的故障是由配置变更中的人工操作失误引发的，例如配置错误、规划错误等。在庞大的数据中心变更操作，稍不留神就会引发一连串事故。因此未来的全生命周期管控过程中，要实现人工零配置，将人的不稳定因素排除在外。

主动运维分析：利用大数据技术，结合强大的、可更新升级的故障特征库进行跨数据领域的关联分析，可提前发现隐患、预测故障。还可以与业务执行系统集成联动，在用户发觉问题前就将其解决，避免对业务造成影响。

（2）敏捷故障发现

主动故障预防无法百分之百地发现故障，此时运维系统就必须在故障出现时，以最短时间感知和发现。为此，需要建立全网、多方位、多手段、多指标的复合监控体系，覆盖IaaS、PaaS、SaaS的故障感知能力。

（3）智能故障定位

云时代由于分布式和微服务化软件架构的流行，业务调用关系愈发复杂，这给出现故障后的快速定位带来了很大的挑战。判断一个运维系统好坏的重要标准，就是其感知故障、定位故障的效率和准确性。一方面，要根据业务流的每一个环节，调用各个环节的监控点数据来快速定位故障点；另一方面，要不断构建庞大的专家诊断系统，判定故障根因，并提供最佳的排障方法。

（4）自动故障修复

云数据中心规模的扩大带来了故障数量的增加。根据华为数据中心的运维经验，一个较大规模的云数据中心，如果不进行故障的自动化归类和处理，每日各种级别的故障单就可能有上千个。因此，迫切需要运维系统能够识别出常见故障，并由相关的故障自愈策略进行匹配。当故障发生时，自动执行闭环策略，对于常见故障，无须人工干预即可自动闭环解决。

数据中心网络运维是一个持续发展和研究的课题，从某种意义上说，它结合了大数据、人工智能、自动化控制理论、软件工程等复杂理论，并且随着业务的日新月异而不断向前迭代。建议在网络运维中，记住以下几点。

- 故障发生时，恢复业务永远是第一位的。
- 构建属于企业自己的应急预案，并定期进行应急演练，让运维人员将应急流程和操作印刻在脑海中。
- 绝大多数故障源于配置变更，所以变更过程控制很关键。
- 不要轻易放过任何一个小问题和疑似问题，它们往往就是故障的征兆。
- 问题总结和回溯很重要，要形成故障总结和自我批评的机制。
- 人的能力和效率是有限的，人的操作总会出错，因此要尽量对工作实现工具化。
- 在对网络进行规划设计时，要考虑后期的可维护性，尽量实施模块化、标准化的业务配置，避免采用冷门配置。

第 11 章
数据中心网络的开放性

数据中心是由多组织、多厂商共同推动和建设的，因此从转发层到控制层都必须采用统一的标准（协议）、接口来完成多种系统的对接。本章介绍数据中心内控制器的南向、北向开放性，这种开放性适用于对接多种业务平台和网络设备。本章还介绍转发器（网络设备）的北向开放性和互联互通开放性，这种开放性适用于对接多种控制系统和其他厂商的设备。

11.1 数据中心网络生态

随着数据中心网络产业的蓬勃发展，越来越多的组织和厂商参与其中，或相互合作，或相互竞争，共同推动产业技术不断革新。在为用户提供不断改进的服务的同时，也造就了欣欣向荣的数据中心网络产业和生态。

数据中心网络解决方案涉及云平台/应用层、控制器层和转发器层。在层与层之间，以及同一层的不同设备之间，都存在配合的问题。为了使得各层、设备之间可以默契配合，共同完成数据中心网络的工作任务，需要采用统一的标准（协议）、接口来完成对接。一个开放的数据中心网络生态需要构建从控制器层到转发器层的全开放能力。

控制器的开放性指的是SDN控制器北向通过标准API，与容器平台、云管理平台、虚拟化平台以及各种第三方应用/平台进行对接，南向能够对转发器以及第三方VAS设备进行纳管。华为iMaster NCE-Fabric的开放性能力如表11-1所示。

表 11-1 华为 iMaster NCE-Fabric 的开放性能力

支持的北向容器平台	支持的北向云管理平台	支持的北向虚拟化平台	支持的南向第三方设备
开源 Kubernetes 主线版本、Redhat Openshift 平台	华为 FusionSphere、Redhat OpenStack、社区 OpenStack、中国移动 OpenStack、Mirantis OpenStack	VMware vSphere、Microsoft System Center	F5 负载均衡、Check-Point 防火墙、Fortinet 防火墙、Palo Alto 防火墙、Radware 负载均衡

转发器的开放性指的是数据中心交换机北向通过标准API，可以与网络控制器、网络编排器、云管理平台、GitHub项目进行对接，南向通过标准认证中的网络协议能够与第三方网络设备进行互联互通。华为数据中心交换机的开放性能力如表11-2所示。

表 11-2　华为数据中心交换机的开放性能力

支持的北向网络控制器	支持的北向网络编排器	支持的北向云管理平台	支持的北向GitHub 项目	支持的南向标准认证
VMware NSX、开源 OpenFlow 控制器	VMware vRNI	Microsoft Azure	Ansible、Puppet	泰尔实验室认证、IPv6 Ready 认证、Tolly 实验室认证

下面详细介绍控制器开放性和转发器开放性的相关内容。

11.2　控制器的开放性

11.2.1　控制器的北向开放性

控制器的北向开放性可以分为4个部分：对接容器平台的开放性；对接云管理平台的开放性；对接虚拟化平台的开放性；对接第三方应用/平台的开放性。

1. 对接容器平台的开放性

SDN控制器通过SDN API Server Watcher与容器平台对接，支持容器通过L2桥接（VLAN）模式、路由（BGP）模式接入虚拟化Overlay网络，实现容器网络的自动化、可视化、智能运维。安全控制器通过管理下一代防火墙，为容器提供南北向负载均衡和安全服务。

SDN API Server Watcher需要支持与开源Redhat OpenShift、Kubernetes、FusionStage2.0对接，提供Network、Gateway、Subnet等基础网络业务的发放，提供容器IPAM（IP Address Management，IP地址管理）功能。SDN API Server Watcher 监控Kubernetes API Server的server、PoD等业务对象，调用SDN控制器（SDN Controller）北向API 完成对SDN 虚拟化网络的自动化配置。

vSwitchCNI 插件需要支持容器桥接模式、路由模式接入虚拟化网络，主要用于负责PoD的虚拟化网卡的创建、绑定以及挂接vSwitch，完成服务器侧 BGP路由的配置。

SDN控制器与各组件的联合解决方案架构如图11-1所示。

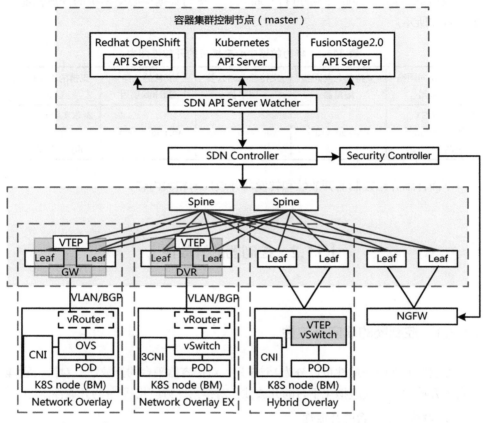

注：K8S 指 Kubernetes。

图 11-1　SDN 控制器与各组件的联合解决方案架构

2. 对接云管理平台的开放性

OpenStack是开源云管理平台的典型代表，在私有云数据中心中占有很大的市场份额，大量的第三方云管理平台都是基于原生OpenStack进行二次开发的，因此SDN控制器需要支持与OpenStack的对接，为OpenStack提供端到端的SDN解决方案。

OpenStack中的Neutron组件采用的是插件架构，它通过提供标准API，实现开源社区/第三方服务对虚拟网络的管理，同时允许供应商扩展新的插件以提供更为先进的网络功能。

数据中心SDN与OpenStack集成的方案采用硬件交换机作为VXLAN的VTEP，避免了虚拟交换机作为VXLAN的VTEP时对CPU资源的消耗，提高了CPU资源的利用率。数据中心SDN与OpenStack的集成方案包括Network Overlay、Hybrid Overlay两种实现方式。

- Network Overlay方式：VXLAN的VTEP全部部署在硬件交换机上。虚拟机和物理终端均采用OpenStack社区标准的层次化绑定方案，通过硬件交换机接入VXLAN。
- Hybrid Overlay方式：VXLAN的VTEP分别部署在硬件交换机和虚拟交换机上。物理终端通过硬件交换机接入VXLAN，虚拟机通过虚拟交换机接入VXLAN。

数据中心SDN与OpenStack集成方案的组件架构如图11-2所示。

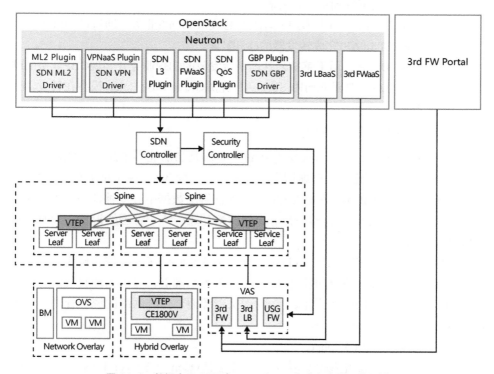

图 11-2　数据中心 SDN 与 OpenStack 集成方案的组件架构

SDN控制器遵从OpenStack社区定义的标准API，并通过在OpenStack的Neutron组件中添加以下插件，完成与OpenStack云管理平台的对接，进而实现对网络设备的配置部署以及可视化监控，说明如下。

- SDN ML2 Driver：用于感知Neutron port事件，通过调用SDN控制器北向RESTful API完成物理机、虚拟机接入侧的网络配置。
- SDN VPN Driver：用于感知云管理平台发放的VPN业务，通过调用SDN控制器北向RESTful API完成Service Leaf与华为防火墙之间的互联配置，同时将VPN业务下发到华为防火墙。
- SDN L3 Plugin：用于感知Neutron vRouter、Network、EIP、SNAT事件，通过调用SDN控制器北向RESTful API完成转发器的路由网关配置、华为防火墙的NAT配置、Service Leaf与第三方负载均衡/防火墙之间的互联配置。
- SDN FWaaS Plugin：用于感知云管理平台发放的防火墙业务，通过调用SDN控制器北向RESTful API完成Service Leaf与华为防火墙之间的互联配置，同时将安全策略下发到华为防火墙。
- SDN QoS Plugin：用于感知云管理平台发放的QoS业务，通过调用SDN控制器北向RESTful API完成转发器的QoS配置。
- SDN GBP Driver：用于感知云管理平台发放的GBP业务并实现GBP业务的映射，通过SDN控制器北向RESTful API完成Group Base Policy模型在转发器上的配置。

3. 对接虚拟化平台的开放性

VMware vSphere、Microsoft System Center是当前业界主流的虚拟机管理平台，提供了计算虚拟化、存储虚拟化的能力，是一种基于vSwitch网络虚拟化的方案。但是，基于vSwitch网络虚拟化的方案无法解决数据中心多种计算资源（如物理机、异构虚拟化平台、容器平台）之间网络互通、统一管理的诉求，同时无法纳管现有网络。

数据中心SDN与VMware vSphere、Microsoft System Center联合解决方案的组件架构参见图11-3，在原有虚拟化服务器接入的基础上，提供物理服务器、传统网络的接入，完成对虚拟化资源池、物理机资源池、传统网络的统一管理，实现网络设备和计算资源的有机连接。

（1）对接VMware vSphere

VMware vSphere 虚拟化解决方案主要包括vCenter Server和ESXi 虚拟化平台两个组件，参见图11-4。vCenter Server组件用于实现对虚拟化集群的统一管理、网络业务的统一发放，ESXi 虚拟化平台组件用于提供基础计算虚拟化（vCompute）、存储虚拟化（vStorage）和网络虚拟化（vNetwork）的能力。

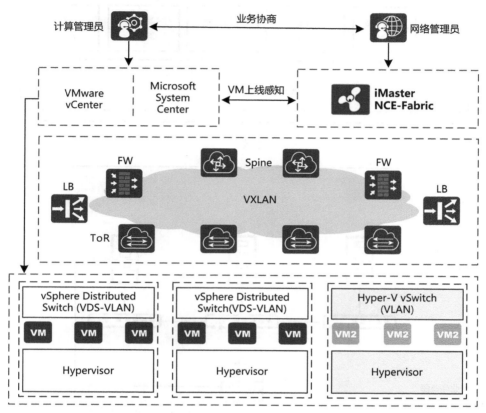

图 11-3　数据中心 SDN 与 VMware vSphere、Microsoft System Center
联合解决方案的组件架构

VMware vSphere 虚拟化解决方案通过vCenter Server实现对虚拟机的管理与控制，但是它不支持对物理网络设备的管控，因此无法实现对虚拟机资源和物理网络设备的统一管理、统一运维以及对网络业务的自动化发放。数据中心SDN与VMware vSphere的联合解决方案可以有效地解决这些问题。

数据中心SDN与VMware vSphere联合解决方案的组件架构如图11-5所示。SDN控制器通过Open API与VMware vSphere 虚拟机管理平台中的vCenter Server对接，根据从vCenter Server 感知到的虚拟机相关事件，自动下发业务配置给Fabric侧的网络设备，从而实现虚拟资源与网络设备的统一管理。同时，SDN控制器通过业务链功能，实现虚拟机到VAS设备的引流。

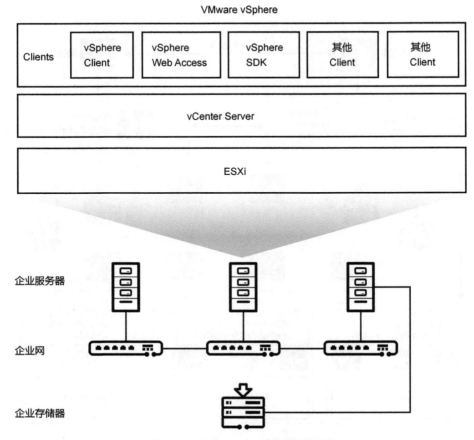

图 11-4 VMware vSphere 虚拟化方案

（2）对接Microsoft System Center

Microsoft System Center数据中心解决方案提供对基础架构进行配置、监控以及自动化发放业务的能力，支持业务端到端的备份以及IT服务的部署。网络虚拟化通过网络控制器控制服务器内的Hyper-V Switch，实现VM的vNIC配置自动化，部署并配置虚拟 Firewall、虚拟 SLB及虚拟Gateway的业务；管理服务器的物理网卡（provision NC），下发NIC team配置。

如图11-6所示，Microsoft System Center数据中心解决方案通过网络控制器实现对虚拟机的管理与控制，但是不支持对物理网络设备的管控，因此无法实现对虚拟机资源和物理网络设备的统一管理、统一运维以及对网络业务的自动化发放。数据中心SDN与Microsoft System Center联合解决方案可以有效解决这些问题。

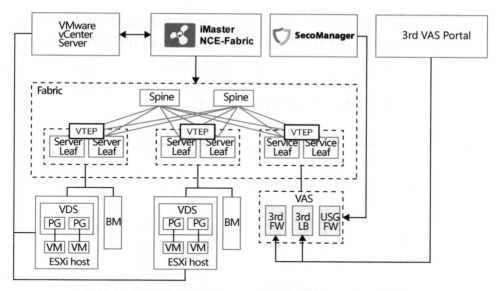

图 11-5　数据中心 SDN 与 VMware vSphere 联合解决方案的组件架构

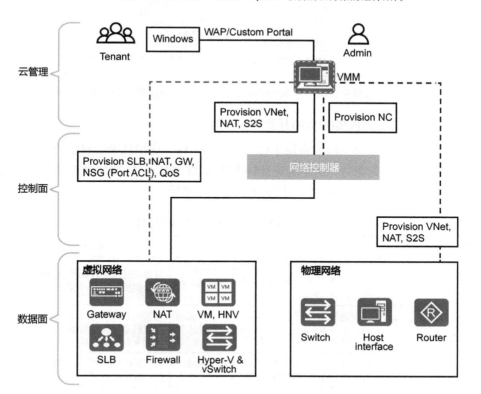

注：HNV 即 Hyper-V Network Virtualization，Hyper-V 网络虚拟化。

图 11-6　Microsoft System Center 数据中心解决方案

数据中心SDN与Microsoft System Center联合解决方案的组件架构如图11-7所示。SDN控制器通过Open API与Microsoft System Center 虚拟机管理平台中的网络控制器对接，根据从网络控制器感知到的虚拟机相关事件，自动下发业务配置给Fabric侧的网络设备，从而实现虚拟资源与网络设备的统一管理。同时，SDN控制器通过业务链功能，实现虚拟机到VAS设备的引流。

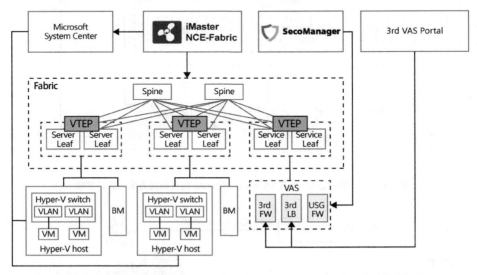

图 11-7　数据中心 SDN 与 Microsoft System Center 联合解决方案的组件架构

4. 对接第三方应用/平台的开放性

除了支持与业界主流的容器平台、云管理平台、虚拟化平台对接外，SDN控制器还通过提供如表11-3所示的各种标准化的北向接口，实现与第三方应用/平台（如云管理平台、SDN控制器、网关平台等）的对接。

表 11-3　SDN 控制器提供的标准化北向接口

支持的北向接口	说明	应用场景
OpenStack Neutron 业务模型接口	负责 Network、Subnet、Port、vRouter、Floating IP、安全组、QoS 业务的创建、删除、查询、更新	对接云管理平台标准网络模型，实现虚拟机与 VAS 设备的互联互通
SDN 控制器 VPC 业务模型接口	负责逻辑网络资源（Logical Port、Logical Switch、Logical Router、Logical VAS、外部网关等）的配置与管理	对接云管理平台非标准网络模型，实现机架出租、数据中心多出口等场景下业务的发放
运维类接口	负责物理拓扑与逻辑拓扑的查询、网络业务流量的统计、端口转发报文的 ERSPAN	对接运维监控平台，实现对网络拓扑、流量的管理与监测
网络安全类接口	负责业务链业务的发放，以及网络L4 ~ L7 服务的部署	对接VAS平台,实现NAT、防火墙、VPN、负载均衡等业务的发放

11.2.2　控制器的南向开放性

SDN控制器南向通过标准的OpenFlow协议、OVSDB协议、NETCONF协议、BGP EVPN协议纳管华为的路由器、防火墙以及交换机设备，通过RESTful API纳管第三方VAS设备（如Fortinet防火墙、Check Point防火墙、F5负载均衡、Palo Alto防火墙、Radware负载均衡），并通过PBR引流策略实现网络设备到第三方VAS设备的引流。

控制器的南向开放性如图11-8所示。控制器PBR引流如图11-9所示。

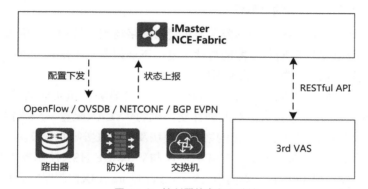

图 11-8　控制器的南向开放性

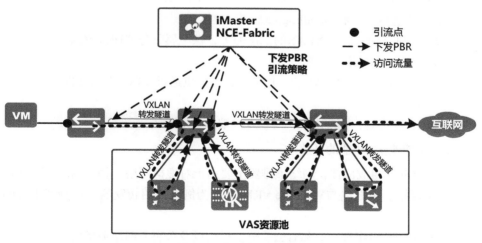

图 11-9　控制器 PBR 引流

| 11.3 转发器的开放性 |

11.3.1 转发器的北向开放性

转发器的北向开放性可以分为4个部分：对接网络控制器的开放性；对接网络编排器的开放性；对接云管理平台的开放性；对接GitHub项目的开放性。

1. 对接网络控制器的开放性

作为SDN的核心部件，控制器主要负责对网络物理设备和虚拟资源的统一管理，实现网络业务配置向转发器的自动下发。下面以与VMware NSX控制器对接为例，介绍转发器与控制器平台的对接。

NSX控制器是NSX的控制面，通常按3节点部署，负责管理虚拟交换机（NSX-vSwitch）、边界路由器及硬件交换机的VXLAN配置。NSX控制器包括API模块、交换机管理模块、逻辑网络管理模块及目录服务等业务模块。

数据中心交换机通过标准OVSDB协议与VMware NSX控制器对接，接受VMware NSX控制器的纳管。数据中心SDN与VMware NSX控制器联合解决方案的组件架构如图11-10所示，具体介绍如下。

- NSX控制器：控制面，统一纳管NSX-vSwitch、ESG（Edge Service Gateway，边缘服务网关）和CloudEngine系列交换机。
- 数据中心交换机：VXLAN的二层网关，裸金属服务器通过数据中心交换机接入VXLAN隧道。
- NSX-vSwitch：VXLAN的二层网关，虚拟机通过NSX-vSwitch接入VXLAN隧道。
- ESG：路由器，实现虚拟机与物理终端的三层互通。

2. 对接网络编排器的开放性

作为SDN的组成部件，网络编排器主要用于对虚拟网络、物理网络的安全进行可视化运维。下面以与VMware vRNI对接为例，介绍转发器与控制器平台的对接。

VMware vRNI实现了对私有云、分支机构以及公有云网络业务的统一管理、分析以及故障定位。它可以管理并扩缩 VMware NSX控制器集群，支持对VDS流分析、NSX防火墙、微分段业务的设计、部署与发放，能够分析虚拟机之间的流量路径，并完成对AWS（Amazon Web Service，亚马逊网络服务）VPC、安全组及防火墙策略的故障分析与定位。

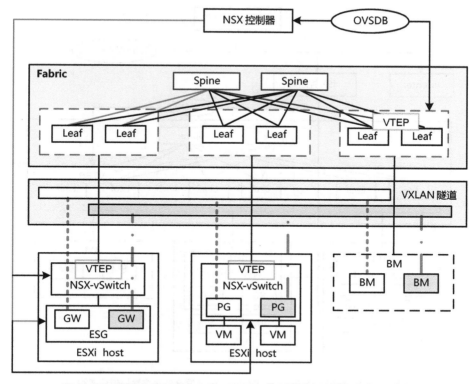

图 11-10　数据中心 SDN 与 VMware NSX 控制器联合解决方案的组件架构

数据中心SDN与VMware vRNI联合解决方案的组件架构如图11-11所示,数据中心交换机通过SSH(Source Shell,安全外壳)接口、SNMP接口向VMware vRNI上传各项业务信息。

SSH接口用于上传设备的当前配置、路由表、MAC表、FIB表及QoS策略信息。

SNMP接口用于上传接口的收发数据统计、接口出入双方向丢包统计、系统错误信息、状态信息。

3. 对接云管理平台的开放性

作为SDN的组成部件,云管理平台主要用于对虚拟网络、物理网络应用进行云化部署、运行与管理。下面以与Azure Stack对接为例,介绍转发器与云管理平台的对接。

Azure Stack是微软公有云Azure的扩展,集成了基础设施层和平台层的混合云解决方案。Azure Stack基础设施层提供计算虚拟化、网络虚拟化、存储虚拟化管理、业务部署及运维,平台层支持企业业务在私有云与公有云之间的无缝部署、迁移。

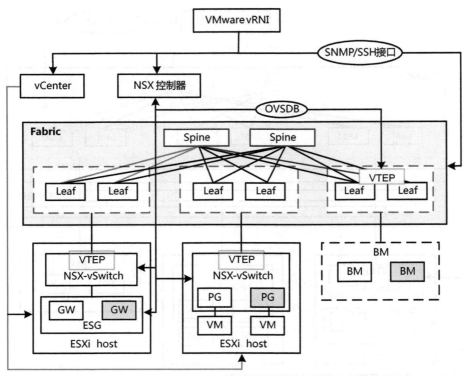

图 11-11　数据中心 SDN 与 VMware vRNI 联合解决方案的组件架构

数据中心SDN与Azure Stack联合解决方案的组件架构如图11-12所示。数据交换机支持Azure Stack所需的DCB（Data Center Bridging，数据中心桥接）、RoCE协议，接受 Azure Stack方案的纳管，能够完成Azure Stack集群部署、运行所需的Underlay网络配置。

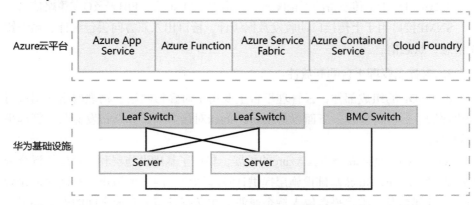

注：BMC 即 Baseboard Management Controller，基板管理控制器。
图 11-12　数据中心 SDN 与 Azure Stack 联合解决方案的组件架构

4. 对接GitHub项目的开放性

GitHub是一个面向开源及私有软件项目的托管平台。目前CloudEngine交换机已完成了多个GitHub开源项目，开放并标准化了各类接口，以供第三方应用进行集成。

（1）GitHub项目：HuaweiSwitch/CloudEngine-Ansible

CloudEngine系列交换机基于Ansible 框架开源了交换机管理、配置基础Playbook 库源码，包括AAA认证模块、ACL模块、BGP模块、DHCP模块、EVPN模块、NetStream模块、VRF模块及VXLAN模块。

（2）GitHub项目：HuaweiSwitch/Puppet

CloudEngine系列交换机基于Puppet框架开源了二三层接口模块、VLAN模块、CAR和Diffserv模块、QoS模块、SSH模块、Telnet模块。

（3）GitHub项目：HuaweiSwitch/OVSDB

CloudEngine系列交换机基于Open vSwitch 2.5.0 框架实现了ovsdb-server、ovsdb-client、ovs-pki、vtep-ctl、huaweiswitch-key 5个子项目，向第三方控制器提供通过OVSDB协议管理CloudEngine系列交换机的能力。其中，ovsdb-server为OVSDB的标准实现，用于存储控制器通过OVSDB通道发送的配置信息；ovsdb-client提供ovsdb-server与控制器的通道；ovs-pki、vtep-ctl、huaweiswitch-key为辅助工具，提供控制器与CloudEngine系列交换机交互所需的密钥管理及OVSDB 查询能力。

11.3.2　转发器互联互通的开放性

转发器必须遵循国际标准协议才能实现与第三方设备的互联互通。目前，CloudEngine系列交换机通过了泰尔实验室认证、IPv6 Ready认证、Tolly实验室认证，确认 CloudEngine系列交换机遵循IETF 国际标准，支持包括BGP、Ethernet、IPv4&IPv6、VXLAN、MPLS、FCoE在内的2000多项标准协议。

1. 泰尔实验室认证

泰尔实验室官方认证 CloudEngine系列交换机支持VXLAN、EVPN VXLAN、VXLAN over IPv6、NetStream等数据中心特性，支持与Cisco设备OSPF、BGP对接。

2. IPv6 Ready认证

IPv6 Ready 官方认证 CloudEngine系列交换机支持IPv6 RFC 1981、RFC 2460、RFC 2474、RFC 3168、RFC 4191、RFC 4291、RFC 4443、RFC 4861、RFC 4862、RFC 5095系列标准，支持数据中心网络向IPv6平滑演进。

3. Tolly实验室认证

Tolly实验室官方认证 CloudEngine系列交换机支持标准OpenFlow1.3协议，支持通过OpenFlow协议与第三方控制器对接（测试使用Ryu控制器），支持VXLAN、NVGRE硬件网关，支持TRILL、EVN、FCoE、FCF、DCB、VS和ISSU等特性。

第 12 章
热点技术一瞥

本章重点介绍数据中心领域几种热门的技术，分别是容器、混合云和确定性IP网络。读者通过本章的内容可以了解它们的基本概念、业界已有的技术方案、应用场景以及发展趋势。

| 12.1 容器 |

12.1.1 容器技术

容器是一种操作系统虚拟化技术，可以基于共享宿主机操作系统内核提供相互隔离的操作系统运行环境，其技术架构如图12-1所示。每个容器包括独立的MNT NS（MNT NameSpace，即文件系统空间）、UTS NS（UTS NameSpace，即host name & domain name空间）、IPC NS（IPC NameSpace，即进程间通信空间）、PID NS（PID NameSpace，即进程空间）、NET NS（NET NameSpace，即网络协议栈空间）、USER NS（USER NameSpace，即用户&组空间）。容器通过vNIC挂载到vSwitch，vSwitch通过pNIC（Physical Network Interface Card，物理网卡）接入网络。

容器技术的发展可分为两个阶段：容器单机模式阶段和容器集群模式阶段。

在容器单机模式阶段，主要是基于UNIX或者Linux系统开发了多种操作系统的隔离技术，奠定了单个容器技术虚拟化技术的基础，使得UNIX或者Linux具有提供相互隔离的完整的操作系统环境的能力。操作系统隔离技术主要包括以下几种。

- chroot：也称为chroot Jail，最早在1979年的UNIX version 7上开发了chroot。chroot通过将一个进程及其子进程的根目录切换到一个特定的文件系统目录（并限制该进程及其子进程只能访问该指定的目录），从而为每个进程提供独立的文件系统空间。

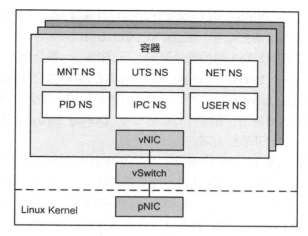

图 12-1　容器技术架构

- FreeBSD Jail：2000年托管服务提供商R&D Associates为了能够在共享的FreeBSD系统上为客户提供独立、干净的服务运行环境，开发了FreeBSD Jail。FreeBSD Jail能够将基于FreeBSD的计算系统分割成多个独立的mini FreeBSD系统，mini FreeBSD系统间相互隔离。mini FreeBSD系统有独立的文件系统，以及独立的普通用户、管理员用户和网络空间。

- Solaris Container：也称Solaris Zones，是Solaris系统上一个独立的虚拟服务器，同时支持x86、SPARC架构。每个Solaris Container有独立的主机名、虚拟网卡或物理网卡，以及独立的存储空间。

- OpenVZ：即Open Virtuozzo，是Virtuozzo公司在2005年发布的开源容器平台。OpenVZ也被称为VPS（Virtual Private Server，虚拟专用服务器）或者VE（Virtual Environment，虚拟环境），每个OpenVZ包含独立的文件系统、用户及用户组、进程树、网络设备和IPC对象。

- LXC（Linux Containers，Linux容器）：LXC是在开源Linux系统上，基于Cgroup和Linux NameSpace实现的开源容器引擎。与FreeBSD Jail、Solaris Container、OpenVZ基于UNIX系统不同，LXC基于Linux内核开发，更易于在业界推广。

- Docker：Docker最初是Dotcloud公司的所罗门·海克斯（Solomon Hykes）发起的内部项目，在2013年开源。Docker在0.9版本之前，使用LXC作为容器执行引擎，0.9版本之后使用Libcontainer作为执行引擎。Docker基于Linux的Cgroup和NameSapce技术，提供容器镜像的打包、管理和容器生命周期管理功能。

- Kubernetes：Kubernetes是Google开源的容器编排系统，主要提供容器集群管理、容器集群的扩缩容，通过CNI（Container Network Interface，容器网络接口）提供容器跨主机的网络服务。当前由Linux基金会管理该项目。
- Docker Swarm：Docker Swarm是Docker公司在2014年发布的容器编排系统，主要功能包括Docker集群管理、容器集群的扩缩容、服务发现、负载均衡以及跨主机的容器网络。相对于Kubernetes，Docker Swarm无法灵活地支持自定义接口，平台开放性有限。
- Mesos：Mesos最早在2009年发布，定位是分布式集群管理平台。随着容器技术的发展，在2014年Mesos开始支持容器集群。相对于Swarm和Kubernetes，Mesos的平台更加庞大，适合超大规模的集群系统（10W+）部署。

由于容器更加灵活和高效，软件应用逐渐从虚拟机向容器迁移。容器集群技术的发展解决了单机容器单点失效的问题，为容器大规模应用提供了计算、存储、网络的统一编排能力，加速了容器技术的发展。主要的容器平台有Google的Kubernetes、Docker公司的Docker Swarm和美国伯克利大学的Mesos。经过数年的发展，Kubernetes 成了容器平台的事实标准。

12.1.2　业界主流容器网络方案

基于容器的Web-App-DB 典型三层架构如图12-2所示。Client通过URL访问到前端LB（ingress）集群。LB Pod集群根据业务分类进行L7负载分担，转发请求到Web 前端对应的service集群，Web集群的Pod根据业务逻辑，访问后端的App集群对应的Kubernetes service。Kubernetes service 完成NAT及负载均衡后，实际业务流量转换为Pod之间直接交互的东西向流量。

同样的处理流程，App集群对应的Pod访问DB集群服务时，App访问的是DB的service，通过Kubernetes service，NAT、LB业务转换为Pod之间的东西向流量。

针对上述业务场景，Kubernetes网络的典型需求包括：

- 打通Pod间东西向流量网络，提供东西向负载均衡或NAT；
- 解决service与Pod之间互访、南北向负载均衡以及client访问容器集群的问题。

为此，Kubernetes社区定义了Kubernetes网络的3个原则。

- 所有容器都可以在不用NAT的情况下同其他的容器通信。
- 所有节点都可以在不用NAT的情况下同所有容器通信（反之亦然）。
- 容器看到的地址和其他容器看到的地址是同一个。

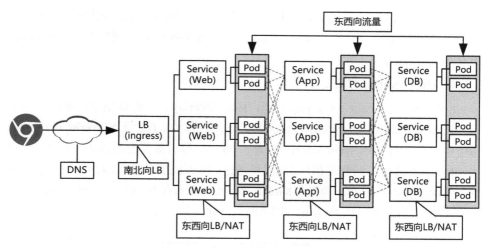

图 12-2　Web-App-DB 典型三层架构

如图12-3所示，以Pod1和node1为例说明上述的3个原则。

- Pod1能够直接访问Pod2、Pod3和Pod4（不通过NAT）。
- Pod1能够直接访问node1和node2（不通过NAT）。
- node1能够直接访问Pod1、Pod2、Pod3和Pod4（不通过NAT）。

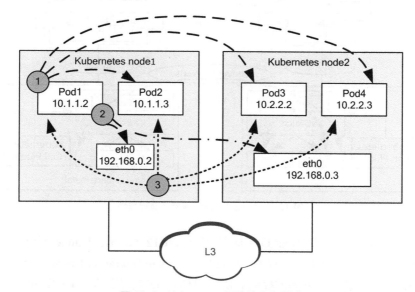

图 12-3　Kubernetes 网络的 3 个原则

Kubernetes社区则定义了集群内部的Pod之间、Pod与Host之间 IP 直接互访的基础原则，明确定义了东西向网络需求，但是没有定义具体的网络实现方案。常见开源方案包括Contiv、Calico、Flannel及华为的CNI-Genie，大致可以划分为3种不同类型的方案：Host Overlay方案、Network Overlay L2桥接方案及Network Overlay L3路由方案。

1. Host Overlay方案

以物理机接入Fabric Overlay为例，Host Overlay方案的典型架构如图12-4所示。物理服务器内的vSwitch作为Pod网关，同时作为VTEP接入Overlay/Underlay网络中，作为容器网络的Underlay网络。同一物理服务器内的Pod间流量，通过vSwitch 直接转发；跨物理机Pod间流量通过vSwitch之间的VXLAN隧道转发。同时，开源或者容器平台厂商提供Kubernetes API Server Watcher、Kubernetes CNI Plugin组件，完成容器网络Overlay网络的自动化发放。

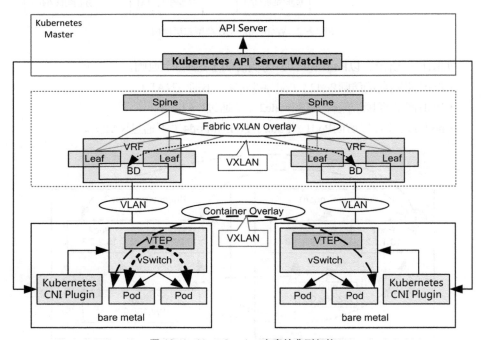

图 12-4　Host Overlay 方案的典型架构

Flannel是业界典型的Host Overlay方案，如图12-5所示，Flannel不负责IP地址的分配，需要由第三方组件ETCD（Editable Text Configuration Daemon，分布式键值存储系统）实现。Flannel的控制面使用ETCD，配置每个节点上的路由表。数据面使用tunnel模式进行转发（例如VXLAN、GRE）。每个Host上驻留一个Flanneld进程，当这个新的Host加入集群中时，Flanneld 向ETCD 申请 IP地址段，并获取其他 Host上的IP地址段信息。

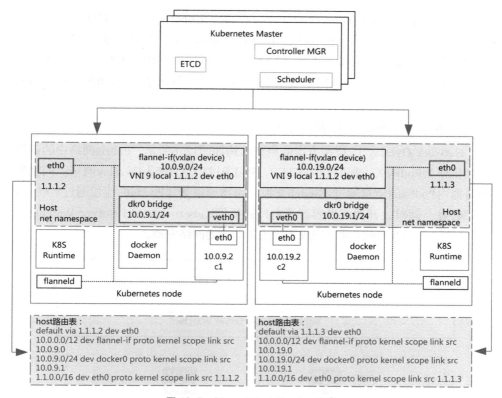

图 12-5　Flannel Host Overlay 方案

由于每个Host使用不同的IP地址段，所以如果容器迁移到其他 Host，IP地址将被改变。Flannel对网络的管理以Pod为最基本的单位，IP地址分配以Pod为单位，Subnet的分配以node（Host/VM）为单位，也就是说，同一个node上的所有Pod必须使用相同的Subnet，Pod 无法跨node进行部署。

Flannel Host Overlay方案的工作过程简述如下。

- Kubernetes node的Flannel向ETCD注册，信息包含：Subnet 10.0.9.0/24、10.0.19.0/24。
- Kubernetes node定期向ETCD查询网络信息，若发现新增了一个子网，则将子网和对应的IP信息更新到本机的路由表。
- Kubernetes的container要访问10.0.19.0/24网段时，先发送一个目的IP为10.0.19.2的报文，根据本地路由表路由到本地VXLAN隧道进行封装转发。Kubernetes的目的node收到VXLAN报文，然后解封装，根据本地路由表转发到具体的Pod。

以Flannel为代表的Host Overlay方案实现了Kubernetes标准的网络模型，支持Pod之间跨Kubernetes node通信。但在数据量大、高并发的集群应用场景下，vSwitch转发性能成了关键。基于Kubernetes开源架构的Network Overlay方案，通过硬件交换机来进行VXLAN报文的封装和解封装，解决了vSwitch转发性能的瓶颈问题。

2. Network Overlay L2桥接方案

Network Overlay L2桥接方案的典型架构如图12-6所示。Fabric网络中的硬件交换机作为Pod网关，同时作为VTEP，Pod通过VLAN接入Overlay网络。同物理服务器内Pod间的流量通过vSwitch交换，跨物理服务器Pod间的流量通过VXLAN三层转发。同时，开源或者容器平台厂商提供Kubernetes API Server Watcher、Kubernetes CNI Plugin组件，完成容器服务器侧的网络发放。

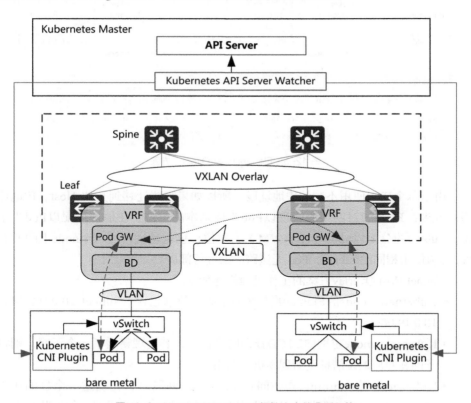

图12-6　Network Overlay L2 桥接方案的典型架构

Contiv是业界典型的L2桥接方案，如图12-7所示，其包括部署在Kubernetes Master节点的Netmaster（即图12-6中的Kubernetes API Server Watcher）组件及部

署在Kubernetes node上的Netplugin（即Kubernetes CNI Plugin）。Netmaster 监控 Kubernetes API Server，为Pod分配VLAN、IP地址并存储于ETCD中。Netplugin实现了Kubernetes采用的CNI网络模型。Contiv使用json-rpc将端点从Netplugin分发到 Netmaster。Netplugin处理来自 Pod的Up/Down事件，同时配置vSwitch。

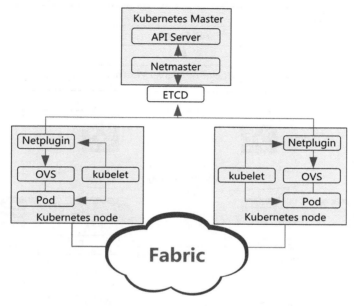

图 12-7　Contiv L2 桥接方案

3.　Network Overlay L3路由方案

Network Overlay L3路由方案的典型架构如图12-8所示。Pod网关部署在物理服务器内的vRouter上，硬件交换机作为VTEP，将物理服务器接入Overlay网络中。物理服务器通过EBGP 向Overlay VRF发布Pod路由。同物理服务器内Pod间的流量通过vRouter交换；跨物理服务器Pod间的流量通过VXLAN L3转发互通，硬件交换机主要提供大规格的VXLAN IRB（Integrated Routing and Bridging，整合选路程及桥接）路由规格。同时，开源或者PaaS 厂商提供Kubernetes API Server Watcher、Kubernetes CNI Plugin组件，完成容器服务器侧的Pod网络发放、路由配置。

Calico是业界典型的开源L3路由方案，如图12-9所示，其组件包括Calico controller、Felix和BGP Client。Calico controller（Kubernetes API Server Watcher）通过监听API Server，感知service、Pod、ingress等对象，完成IP分配并存储在 ETCD中。BGP Client通过开源BGP项目BIRD实现，主要负责实现BGP，通过RR

把本地Pod的路由发布出去，同时学习其他 Kubernetes node上的Pod路由。vRouter功能则是基于Linux OS 自身的路由功能实现。Felix即Kubernetes CNI Plugin，部署在每一个Kubernetes node上，通过监听ETCD数据库，感知Pod、service对象事件，完成Pod vNIC的创建、IP的设置、Linux内核路由表和安全策略的更新。

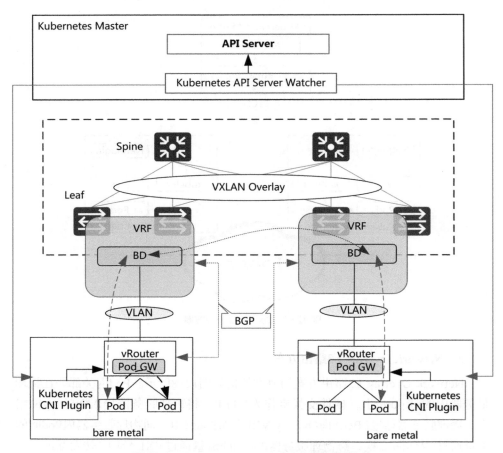

图 12-8　Network Overlay L3 路由方案的典型架构

　　容器网络的3种方案——Host Overlay方案、Network Overlay L2桥接方案及Network Overlay L3路由方案的特性对比如表12-1所示。总体来说，Host Overlay方案的容器网络与L1 完全解耦、转发性能低，适合PaaS平台独立部署场景；Network Overlay L2桥接方案部署简单、转发性能高，但是部署规模受限，适合容器虚拟化比例较小（如数据库）的场景；Network Overlay L3路由方案转发性能高、易于横向扩展，适合中大规模集群部署场景。

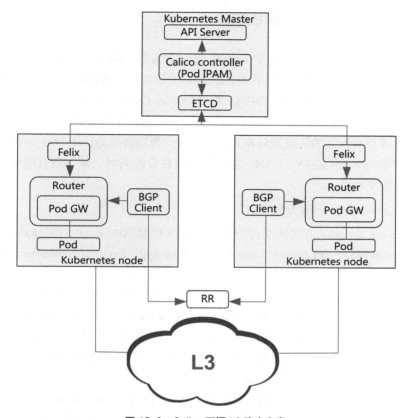

图 12-9　Calico 开源 L3 路由方案

表 12-1　容器网络 3 种方案的特性对比

维度	Host Overlay 方案的特性	Network Overlay L2 桥接方案的特性	Network Overlay L3 路由方案的特性
网络性能	vSwitch 作为 VTEP，转发性能低	硬件交换机作为 VTEP，转发性能高	硬件交换机作为 VTEP，转发性能高
组网规模	大规模组网，vRouter 集群可水平扩展	较小，受限于广播域	大规模组网
组网要求	三层互通	二层互通	三层互通
设备依赖	无	需要物理交换机支持大 MAC 表项规格、大 ARP 表项规格、大三层接口规格	需要物理交换机支持大主机路由规格
适用场景	容器作为 PaaS 平台独立部署	平均每台物理服务器上承载的容器数量小于 20，小规模集群	平均每台物理服务器上承载的容器数量大于等于 20，中大规模集群

12.1.3 华为 SDN 容器网络方案

华为SDN容器网络方案包括Network Overlay方案、Network Overlay Extension方案和Hybrid Overlay方案。Network Overlay方案支持开源Kubernetes主线版本、开源vSwitch和开源Kubernetes CNI 插件。Network Overlay Extension方案支持开源Kubernetes主线版本及第三方商品容器平台集成，通过华为用户态vSwitch 替换开源OVS，提供高性能的转发及分布式防火墙和负载均衡能力。Hybrid Overlay方案通过用户态vSwitch支持VXLAN，提供高性能转发的同时，兼容现有网络设备，可以保护历史投资。

1. Network Overlay方案

Network Overlay方案的交付组件包括SDN控制器iMaster NCE-Fabric、AC Kubernetes插件AC API Server Watcher、FabricInsight、Security Controller、数据中心交换机和NGFW，如图12-10所示。

Network Overlay方案支持容器L2桥接模式、L3路由（EBGP）模式接入Fabric。AC API Server Watcher通过监听Kubernetes API Server，感知Kubernetes集群的Pod、service、node事件，调用SDN控制器iMaster NCE-Fabric自动化配置Fabric侧的网络。SDN控制器iMaster NCE-Fabric支持物理网络、容器逻辑网络、容器应用网络的可视，支持容器间连通性检测。

方案中，智能运维系统 FabricInsight通过在Fabric侧的流量采集，支持跨Kubernetes node的容器之间流量的可视，容器间流量异常中断定位，容器间流量拥塞、丢包定位，容器间突发流量识别。Security Controller&NGFW为Kubernetes的service、ingress业务提供南北向NAT和负载均衡服务。

Network Overlay方案支持Kubernetes开源主线版本，支持与第三方Kubernetes平台对接，支持开源Kubernetes网络插件(如Calico、Contiv）及开源OVS。

2. Network Overlay Extension方案

Kubernetes开源网络方案中，service和ingress业务所需要的NAT及负载均衡功能由Linux的iptable实现，在大规模容器集群应用场景中，由iptable实现NAT及负载均衡功能存在效率低下、转发能力弱的问题。针对上述问题，在Network Overlay方案的基础上，Network Overlay Extension方案引入了高性能软件交换机CloudEngine 1800V（图中简称 CE1800V）及与之配套的vSwitch CNI Plugin。CloudEngine 1800V 高性能软件交换机是用户态vSwitch，提供高性能的NAT 替代开源iptable实现的NAT，提供高性能的负载均衡（vLB）功能替代开源iptable提供的负载均衡功能，同时还提供高性能的分布式防火墙（dFW）、支持Kubernetes开源标准安全策略，如图12-11所示。

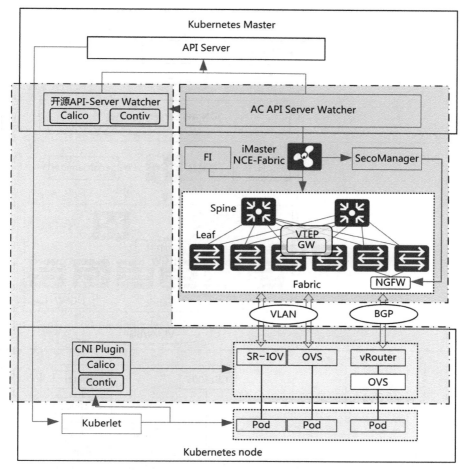

图 12-10 Network Overlay 方案

Network Overlay Extension方案支持容器L2桥接模式、L3路由（EBGP）模式接入Fabric。SDN API Server Watcher 监听Kubernetes API Server，感知Kubernetes集群的Pod、service、node事件，分配对应网络资源（Subnet、GW及VLAN），调用SDN控制器iMaster NCE-Fabric 自动化配置Fabric侧的网络。CE18v CNI Plugin纳管 vSwitch，配置容器网vNIC、vSwitch端口、NAT、防火墙及负载均衡策略。SDN控制器iMaster NCE-Fabric支持物理网络、容器逻辑网络、容器应用网络的展示，支持容器间连通性检测。

方案中，智能运维系统 FabricInsight通过在Fabric侧及vSwitch的流量采集，支持容器之间流量的可视，容器间流量异常中断定位，容器间流量拥塞、丢包定位，容器间突发流量识别。Security Controller&NGFW为Kubernetes的service、ingress业务提供南北向NAT和负载均衡服务。

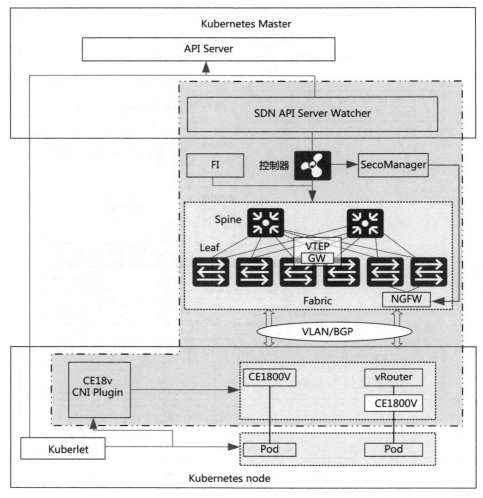

图 12-11　华为 Network Overlay Extension 方案

Network Overlay Extension方案支持开源Kubernetes主线版本，支持Redhat OpenShift平台，同时也支持华为FusionStage平台。

3. Hybrid Overlay方案

Hybrid Overlay方案使用CloudEngine 1800V 做 VXLAN的VTEP，在兼容现有网络设备的同时，依然可以具备高性能的转发、分布式防火墙、负载均衡等能力，如图12-12所示。Hybrid Overlay方案支持Pod通过用户态vNIC接入Fabric。SDN API Server Watcher通过监听Kubernetes API Server，感知Kubernetes集群的Pod、service、node事件，调用SDN控制器iMaster NCE-Fabric 自动化配置Fabric侧的网络。CE18v CNI Plugin纳管CloudEngine 1800V，配置容器网络vNIC、vSwitch

端口、NAT、防火墙及负载均衡策略。SDN控制器iMaster NCE-Fabric支持物理网络、容器逻辑网络、容器应用网络的展示，支持容器间连通性检测。

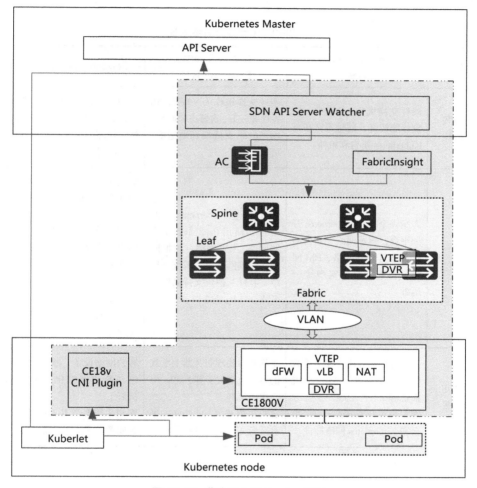

图 12-12　华为 Hybrid Overlay 方案

　　方案中，智能运维系统 FabricInsight通过在Fabric侧及vSwitch侧的流量采集，支持容器之间流量的可视，容器间流量异常中断定位，容器间流量拥塞、丢包定位，容器间突发流量识别。

　　Hybrid Overlay方案支持开源Kubernetes主线版本，支持Redhat OpenShift平台，支持华为FusionStage平台。

　　最后简单总结一下华为的3种容器方案，3种方案均完全兼容Kubernetes开源平台，同时能实现容器网络、BM网络、物理网络的统一运维。Network Overlay方案是全硬件的容器网络方案，而Network Overlay Extension方案和Hybrid Overlay方案则加入了华为研发的高性能vSwitch CloudEngine 1800V。三者的具体比较参见表12-2。

表 12-2　3 种容器方案对比

维度	Network Overlay 方案	Network Overlay Extension 方案	Hybrid Overlay 方案
方案特性	硬件交换机作为 VTEP，转发性能较好，同时兼容开源 Kubernetes 平台和组件	硬件交换机作为 VTEP，转发性能较好，容器虚拟网络、物理网络支持端到端运维、可视	用户态 vSwitch 作为 VTEP，支持智能网卡；容器虚拟网络、物理网络支持端到端运维、可视
客户价值	方案完全兼容 Kubernetes 开源平台，容器网络完全自动化部署且容器网络、BM 网络、物理网络可实现统一运维	完全兼容 Kubernetes 开源平台和商用 PaaS 平台；容器网络、BM 网络、虚拟网络、物理网络可实现统一运维；软件交换机支持高性能 dFW、vLB、NAT	完全兼容 Kubernetes 开源平台和商用 Kubernetes CNI 插件；容器网络、BM 网络、虚拟网络、物理网络可实现统一运维；软件交换机支持 dFW、vLB、NAT；兼容原有网络设备，保护历史投资
适用场景	平均每台物理服务器上承载的容器数量小于 20，小规模集群；客户采用开源 Kubernetes 平台和 Kubernetes 网络插件	平均每台物理服务器上承载的容器数量大于等于 20，中大规模集群；客户采用开源 Kubernetes 平台或者方案认证容器平台	客户网络设备，或者现网网络与新建虚拟化网络混合部署；客户采用开源 Kubernetes 平台或者方案认证容器平台

12.2　混合云

12.2.1　混合云技术

在介绍混合云技术之前，读者需要理解两个概念：私有云和公有云。

私有云是一个组织或者企业在自有数据中心或者托管数据中心中建设的满

足特定业务场景需求的云计算基础设施。私有云以服务化的形式提供池化（虚拟化）的计算资源、存储资源及网络资源。业界主流私有云平台包括VMware的vSphere/vCenter、OpenStack、Microsoft的System Center及Azure Pack/Stack等，根据RightScale 2017年的调查报告，企业采用私有云的比例见图12-13。

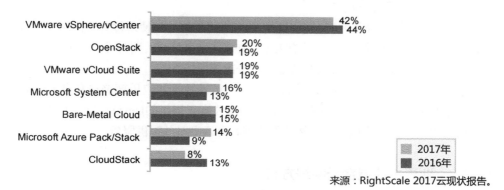

来源：RightScale 2017云现状报告。

图 12-13　企业采用私有云的比例

公有云是由云服务提供商（如AWS、Azure、Google）建设的云计算基础设施，为用户提供按需付费的计算、存储、网络服务。

混合云是一种集成了私有云和公有云的计算、存储、网络的IT基础设施，包括私有云、公有云、互连网络及云管理平台4个部分。混合云通过在私有云和公有云之间共享计算、存储和网络资源，满足组织或者企业将敏感数据和应用部署在私有云、将非敏感数据和应用部署在公有云的需要。同时可以充分利用公有云的灵活性、可伸缩性、全球可获得性，减少基础设施的投资，获得较好的成本效益。

混合云技术的简单架构如图12-14所示。

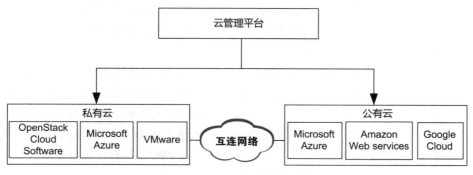

图 12-14　混合云技术的简单架构

混合云的典型应用场景包括以下几类。

（1）业务快速全球部署场景

随着企业业务的快速增长，企业需要向新地域的用户提供服务，利用公有云全球分布的数据中心资源，可以快速地在新地域部署业务。

（2）短期突发业务场景

对于不可预测的业务波峰，可以利用公有云可伸缩、按使用付费的特性，将高峰业务对基础设施的需求迁移到公有云上，在满足业务需求的同时可以减少投资。

（3）金融等行业核心数据与普通应用分离部署场景

金融等行业的安全合规要求较高，关键、敏感数据和应用部署在私有云，非关键应用和业务基于公有云部署。企业可利用公有云提供的DevOps开发平台，完成金融应用的开发、测试工作，然后部署到私有云上对外提供服务。

12.2.2　业界主流混合云网络方案

公有云提供商提供的混合云网络方案包括VPN和专线两种模式。VPN方案无SLA保障，但部署简单、成本低，适合对时延、带宽要求不高的业务。专线方案通常与宽带运营商合作，提供低时延、高带宽的网络服务，适合对安全、时延和带宽有严格要求的业务。当前主流混合云方案提供商AWS、Azure、Google的混合云网络方案简述如下。

1.　AWS公有云专线方案和VPN方案

（1）AWS公有云专线方案

AWS专线服务（AWS Direct Connect）通过租户托管在AWS Direct Connect Location的网关与AWS Direct Connect Endpoint物理直连，实现专线用户互通。AWS公有云专线方案通过VLAN区分不同的业务，支持私有云和公有云通过BGP路由实现三层互通。支持私有云上的业务通过专线访问AWS提供的公共服务（如S3存储）。专线网络不支持精细的QoS控制器，不支持组播和广播业务。

（2）AWS公有云VPN方案

AWS VPN服务由公有云侧的Virtual Private Gateway和私有云侧租户自己的Customer Gateway组成。AWS Virtual Private Gateway支持软件VPN网关、硬件VPN网关两种形式，仅支持IPSec VPN，可以通过CloudHub实现公有云与多个私有云站点的三层互通。AWS的VPC服务通过Virtual Private Gateway与私有云数据中心的VPN网关建立IPSec VPN通道，实现公有云VPC与私有云数据中心的三层互通。

2.　Azure公有云专线方案和VPN方案

（1）Azure公有云专线方案

微软公有云Azure的专线方案 ExpressRoute支持通过VLAN区分不同的业务，支持私有云通过专线访问Azure公有云上的所有服务，支持通过BGP动态路由实现公有云与私有云之间的三层互通。Azure公有云专线方案中：用户私有云数据中心的"local edge router"，此设备为用户所有，可以部署在私有云数据中心，也可以部署在Azure公有云合作接入POP（Point Of Presence，运营商接入点）；ExpressRoute circuit 指的是用户私有云到Azure公有云接入POP之间的专线；Microsoft edge router是Azure公有云部署在POP的路由设备；Azure公有云上的ExpressRoute Gateway与私有云Gateway之间通过BGP发布路由，实现私有云与Azure公有云之间的三层互通。

（2）Azure公有云VPN方案

Azure VPN服务通过在Azure公有云上的VPN Gateway与私有云的VPN网关之间的互联网建立IPSec VPN隧道，实现公有云和私有云之间的三层互通。Azure VPN服务支持站点到站点（site to site）及多站点（multi-site）之间的三层互通。私有云侧的VPN网关支持软件VPN网关和硬件VPN网关两种方式。

3.　Google公有云专线和VPN方案

（1）Google公有云专线方案

Google硬专线 Dedicated Interconnect服务，物理上用户私有云数据中心与公有云的边界路由器建立物理链路，业务上通过公有云的CloudRouter与用户私有云边界路由器之间运行BGP进行互通，使得私有云可以访问公有云上的任何一个私有网段。CloudRouter是Google公有云提供的一个分布式路由器。

（2）Google公有云VPN方案

Google的Cloud VPN网关与私有云数据中心VPN网关通过互联网建立IPSec VPN隧道，支持站点到站点的VPN。Google的Cloud VPN提供99.9%的SLA 保障。Cloud VPN网关采用用户自服务的方式部署。

4.　公有云厂商混合云网络方案简析

公有云厂商的混合云网络方案可以归纳为如图12-15所示的模型。

VPN互通方案：私有云与公有云通过互联网互通，私有云平台统一发放私有云内部业务VPC及与公有云互联的VPN网关，公有云以自服务的形式提供公有云侧业务VPN及VPN网关配置管理。

专线互通方案：私有云侧首先需要用户将私有数据中心接入公有云专线的POP（可能是公有云自有POP，也可能是公有云合作伙伴的POP）。POP用户路由器可以是用户自有设备或者租用的设备。私有云管理平台提供对DC-GW业务的自动化配置，公有云平台提供公有云侧专线网关的自服务配置。公有云专线 POP的网络配置、运维通常由公有云专线通过工单进行操作。

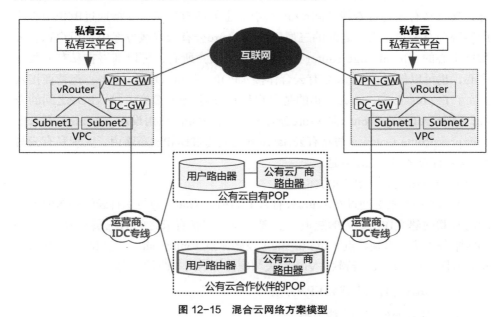

图 12-15　混合云网络方案模型

　　总体来说，VPN互通方案和专线互通方案各有优劣。VPN互通方案可以快速部署，部署相对简单且成本低，但是网络的SLA 无法得到有效保证。专线互通方案可以保证网络的SLA，但是如果使用公有云自有POP，就不能同时支持不同的公有云厂商。

　　此外，当前的混合云方案普遍只提供了基础互联互通能力，针对运维管理、业务发放、安全策略等问题，没有很好的解决方案，在一些能力上还存在缺失，列举如下：

- 私有云和公有云网络的业务模型统一、集中管理发放；
- 私有云与公有云网络虚拟化及业务端到端自动开通；
- 私有云和公有云之间的流量可视、流量调优及故障定位；
- 私有云与公有云之间的统一安全策略。

12.2.3　华为混合云 SDN 方案

　　华为混合云SDN方案通过意图引擎提供统一业务模型，支持公有云、私有云网络业务统一发放、管理；通过在DC-GW与DC-vGW之间建立VXLAN隧道，实现网络虚拟化，支持网络业务的动态发放；通过意图引擎与SDN控制器iMaster NCE-Fabric实现全局流量调优、故障诊断；通过DC-GW和DC-vGW的微分段、虚拟防火墙能力，提供统一的安全策略模型，以及统一私有云、公有云的安全策略。根据具体业务不同，分为如下场景。

（1）私有云和公有云间通过IPSec VPN三层互通，业务自动化如图12-16所示。

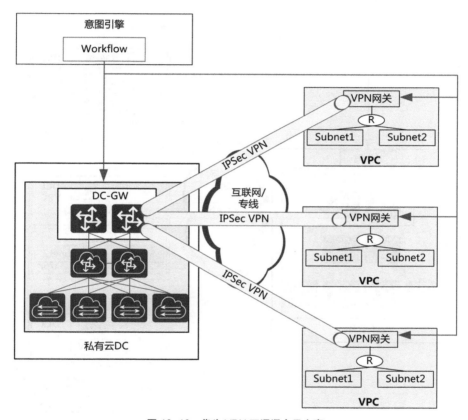

图 12-16　华为 VPN 互通混合云方案

意图引擎通过Workflow对接公有云（AWS、Azure、Google）VPN网关北向API，支持公有云VPN网关的创建、删除、路由管理，实现公有云与私有云VPN网关业务的端到端自动化。

DC-GW支持多点VPN，可实现私有云数据中心与多个公有云之间的VPC三层互通，以及公有云VPC通过私有云VPC中转互通。

（2）私有云和公有云VPC VXLAN三层互通，如图12-17和图12-18所示。

　　DC-vGW支持公有云（AWS、Azure、Google）部署，提供VXLAN隧道、IPSec隧道、防火墙、QoS等基础转发能力。iMaster NCE-Fabric支持云化部署实现DC-vGW的管理。意图引擎通过Workflow对接公有云北向API实现DCI VPC、云化iMaster NCE-Fabric、DC-vGW的管理及业务发放，在私有云与公有云VPC之间建立VXLAN隧道，实现私有云与公有云VPC三层互通。

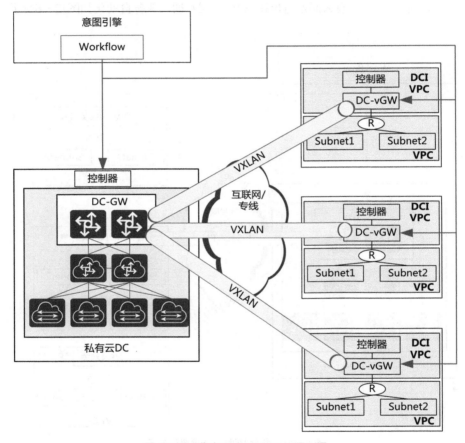

图 12-17　华为 VPC VXLAN 三层互通

　　华为混合云SDN方案通过意图引擎实现混合云网络的统一业务管理，简化了混合云网络管理运维，降低了用户学习、运维的成本；通过支持主流的公有云、私有云平台及混合云管理平台，满足客户业务多样化的需求；通过业界标准的VXLAN实现网络虚拟化及业务调优，提高了业务部署效率；通过分布式防火墙、微分段，实现了私有云业务、公有云业务的统一安全模型，提高了业务的安全性。

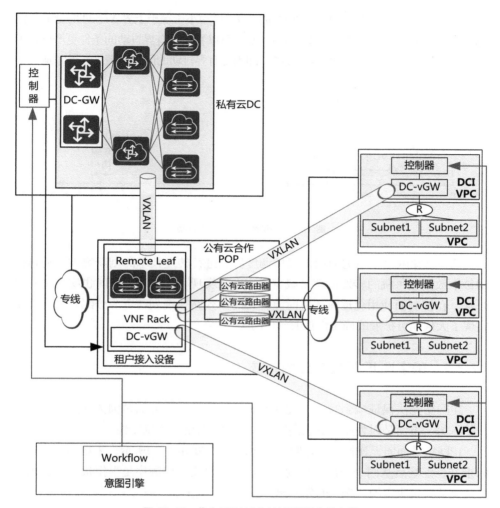

图 12-18　华为 VPN VXLAN 互通混合云方案

| 12.3　确定性 IP 网络 |

确定性IP网络是一种新颖的采用DIP（Deterministic IP，确定性IP）技术的三层网络技术架构。

确定性在业界有两种概念：一种是有界时延，另一种是有界抖动。如图12-19所示，有界时延是指时延小于等于上界T，即时延的范围是$0\sim T$，抖动的范围也是

$0\sim T$。有界抖动是指时延为T且存在少量抖动，抖动小于等于上界Δt，即时延的范围是$(T-\Delta t/2)\sim(T+\Delta t/2)$，抖动的范围是$0\sim\Delta t$。可以看出，有界抖动的条件更严格。因为有界抖动的时延小于等于上界$T+\Delta t/2$，即满足有界抖动的同时也满足有界时延。

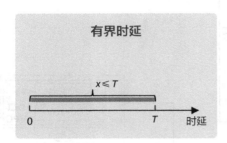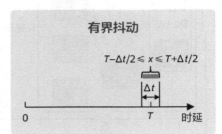

图 12-19　有界时延和有界抖动

确定性IP网络在数据面引入周期调度机制进行转发技术的创新突破，通过控制每个数据包每跳的转发周期来减少微突发，实现有界抖动，同时也实现了有界时延。在控制面使用免逐流逐跳时隙编排的高效路径规划与资源分配算法，真正实现了大规模可扩展的确定性低时延IP网络。

12.3.1　确定性 IP 网络产生的背景

IP网络无法保证端到端报文转发时延的确定性，一方面是因为IP网络自身的缺陷，另一方面是因为业务发包突发大大加剧了时延的不确定性。

IP网络是面向无连接的统计时分复用网络。如图12-20所示，来自不同入接口的报文，汇聚后从同一个出接口发出，出接口报文输出顺序是根据报文到达出接口队列的时机决定的，先到的先发出，后到的后发出。

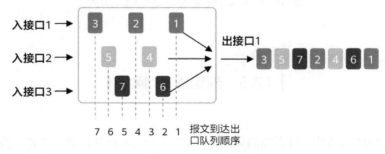

图 12-20　IP 统计复用

面向连接与面向无连接有所区别。面向连接可以把一批报文识别成一个用户，从而能基于用户做统计时分复用处理。而面向无连接没有用户，或者说每个报文就是一个用户，它们得到调度的机会都是均等的。

　　同步时分复用与统计时分复用也有所区别。同步时分复用为每个用户划分固定的时间片，每个用户使用的带宽是完全确定的。而统计时分复用不做固定的时间片划分，根据用户的流量使用情况动态地划分时间片，每个用户使用的带宽是不确定的、变化的。

　　采用面向无连接的统计时分复用网络的好处是，充分利用网络带宽，节省运营商的网络投资；劣势是报文转发的时延不确定。如图12-21所示，虽然绝大多数报文的转发时延会集中在一定范围内，但总会存在同一时刻突发的报文较多而导致少量报文转发时延变长、形成长尾效应的情况。

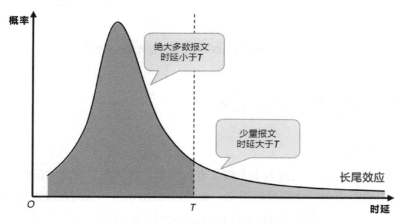

图 12-21　IP 网络转发时延长尾效应

　　如图12-22所示，秒级流量曲线是一条平稳的线，偶尔会出现个小突发；百毫秒级流量曲线是一条始终微微抖动的线，偶尔出现较为厉害的抖动；毫秒级流量曲线是一条剧烈抖动的脉冲式曲线，其常态为剧烈抖动，会出现上一毫秒流量速率冲到秒级流量速率的5倍以上、下一毫秒流量速率下落成零的现象。

　　IP网络接口不同时间级别流量突发情况出现的原因如下。第一，IP网络承载的业务种类繁多，绝大多数业务的报文发送时间不规律，导致多个业务的报文按一定概率在出接口处发生碰撞冲突。碰撞较严重，时延就变得较大；碰撞不严重，时延就相对较小。

　　第二，有的业务发包量变化激烈，存在发包量为零或突发量很大的情况，一旦这种类型的多个业务发生碰撞冲突，时延就变得非常大。

　　为了在现有IP网络基础之上提供确定性承载能力，满足工业互联网、5G垂直行业的确定性承载需求，华为提出了确定性IP网络。

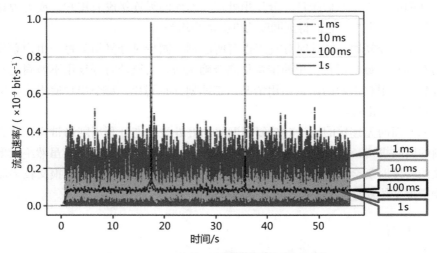

图 12-22　IP 网络接口不同时间级别流量突发情况

12.3.2　确定性 IP 网络关键技术

1. 边缘整形

边缘整形是指对一条流的多个报文进行整形，将其放入合适的门控队列中。只有门控队列打开时，才能发送报文。如图12-23所示，一条流在较短的时间内来了4个报文，而每个周期只为这条流预留了3个报文的位置，当前时间可进入的第一个门控是门控3，则报文1、2、3进入门控3，报文4进入门控4。

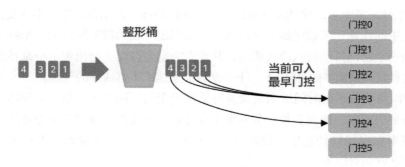

图 12-23　边缘整形技术

2. 门控调度

如图12-24所示，门控调度是由8个门控和门控控制列表组成的，通过门控控制列表可以定时控制门控打开或关闭。

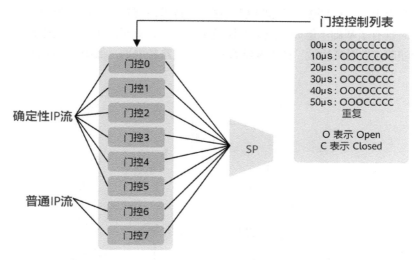

图 12-24　门控调度

确定性IP流使用6个门控，每隔10 μs轮流打开一个门控，打开到门控5后，下个10 μs转到打开门控0，如此循环往复。普通IP流使用的两个门控，永远处于打开状态。8个门控配置为SP（Strict Priority，严格优先级）调度，当确定性IP门控队列打开时有数据包，则优先发送。

3. 周期映射

如图12-25所示，报文经过入口PE进行边缘整形后，在出接口T0周期发出。到P1设备后，T0周期内的3个报文都会放入P1出接口的T2周期发送。如此每一跳都做类似的周期映射转发处理，直到报文从出口PE发出。

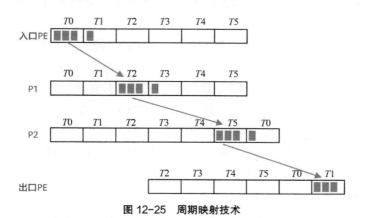

图 12-25　周期映射技术

4. SRv6显式路径规划

边缘整形、门控调度、周期映射，这几项技术使得报文经过整个网络端到端的确定性时延有了基础。但如果流量路径是不确定的，就无法实现确定性时延。要想真正地使确定性时延生效，还需要结合SRv6显式路径规划，如图12-26所示。

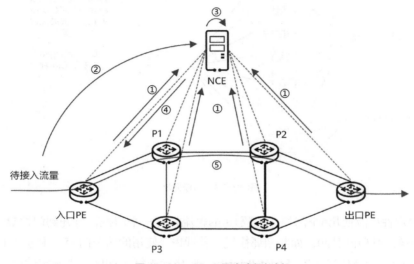

图 12-26　SRv6 显式路径规划

SRv6显式路径规划主要包含如下几个步骤。

步骤① NCE（Network Cloud Engine，网络云化引擎）获取网络中各设备信息、设备连接方式、支持确定性IP转发能力的接口和支持确定性IP转发的带宽能力。

步骤② NCE上配置一条流接入网络，需明确流的网络入口、网络出口、速率、突发度、时延抖动等要求。

步骤③ 判断NCE计算网络中是否存在一条路径，使经过这条路径的各设备出接口的剩余确定性带宽满足要求，且这条路径端到端的时延和抖动也满足要求。如果存在此路径，则允许这条流接入网络，并占用对应资源。

步骤④ NCE下发流识别信息、整形信息、SRv6显式路径信息到网络入口转发设备。

步骤⑤ 这条流的报文进入网络，按照规划的显式路径进行转发。端到端转发时延和抖动就可以满足此流的要求。

5. 双发选收

双发选收，顾名思义就是报文在入口PE复制成两份，通过两条路径转发，到出口PE时选收成一份，然后发出。

如图12-27所示，流量通过入口PE、P1、P2，到达出口PE，共经过3条链路，入口PE-P1、P1-P2、P2-出口PE。网络总会存在一定的故障率，每条链路的可靠性按照0.99999计算，则这条流经过3条链路的可靠性，就是3条链路可靠性的乘积，即为0.99999×0.99999×0.99999≈0.99997。在单路径链路中，流量的可靠性有一定程序的降低，故当流量的可靠性要求比较高时，可以通过双发选收的方式来提升整体的可靠性。

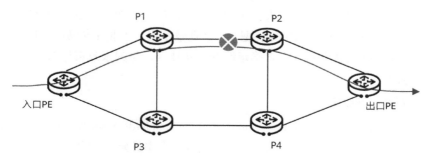

图 12-27　单路径链路故障

如图12-28所示，这条流通过两条路径，到达出口PE。经过路径入口PE、P1、P2到达出口PE为路径1，可靠性为0.99997。经过路径入口PE、P3、P4到达出口PE为路径2，可靠性的计算方法同路径1，也为0.99997。而双发选收，两条路径只要有任意一条路径正常，流量端到端转发就正常，所以双发选收的可靠性计算为1-(1-0.99997)×(1-0.99997)=1-0.00003×0.00003=1-0.0000000009=0.9999999991。可以看到，通过双发选收，极大地提高了流量转发的可靠性。

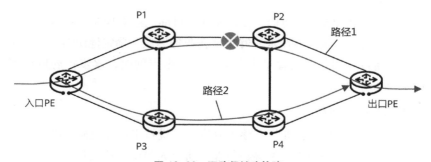

图 12-28　双路径链路故障

确定性IP网络通过边缘整形、门控调度、周期映射、SRv6显式路径规划、双发选收多个技术协调配合，使一条流的报文无论什么时候到达网络入口设备、经过多少跳中间设备转发、到达出口设备并发出，都可实现抖动有界且微小、时延有界、可靠性高。

12.3.3　确定性 IP 网络未来展望

1. 国家政策导向

2020年7月，国家发展改革委等13个部门联合发文《关于支持新业态新模式健康发展　激活消费市场带动扩大就业的意见》，提出"加快数字产业化、产业数字化发展，推动经济社会数字化转型"。产业数字化、工业互联网IT/OT融合，会产生很多对网络的新诉求，探索确定性网络新技术，是国家政策导向的一个技术发展新方向。

2. 行业标准制定

2020年9月，CCSA（China Communications Standards Association，中国通信标准化协会）TC3（Technical Committee 3，技术工作委员会3，即网络与业务能力技术工作委员会）WG1（Work Group 1，工作组1，即网络总体及人工智能应用工作组）召开第61次会议，通过了《电信网络的确定性IP网络总体架构和技术要求》和《电信网络的确定性IP网络控制面技术要求》的标准立项工作。

2021年4月，CCSA TC3 WG2（Work Group 2，工作组2，即网络信令协议与设备工作组）召开第48次会议，通过了《电信网络的确定性IP网络设备技术要求》的标准立项工作。

确定性IP网络标准的立项通过，标志着确定性IP网络得到了行业内运营商、通信公司的广泛认可，是对确定性IP网络发展的一个极大推动。

3. 关键技术突破

对于确定性IP网络总体架构、技术原理，目前已经实现关键技术突破，并在部分行业中通过测试验证该技术能够满足新业务诉求。确定性IP网络下一步的发展方向是，通过商用部署支撑新业务运营，再由点到面，逐步扩展应用到多行业、多客户的网络中。

4. 理念共识的形成

国家政策上有引导，行业标准逐步制定，关键技术已经突破，随着技术知识的推广传播，确定性IP网络最终会在行业内所有人员中形成共识，促进确定性IP网络的全面应用。

第 13 章
智能无损网络助力智能世界 2030

联合国2019年的一份报告显示，到2030年全球将有85亿人口，65岁以上的人超过12%，25岁以下的人口比例持续下降。人口老龄化和劳动力不足成为当下社会发展的挑战。另外，2014年世界石油大会上，埃克森美孚公司预计2030年前全球能源消耗会以每年1.7%的速度增长。报告显示，自18世纪以来，人类能源消耗增长了22倍，其中化石能源占比很高，可持续发展的能源是人类所面临的共同难题。因此低碳化、电气化、智能化是可持续发展的必由之路。根据预测，2030年可再生能源占比将超过50%，电气出行将成为主流，电动汽车销量占比将超过50%，同时AI将深刻改变我们的生活，家用智能机器人使用率将超过18%。

在这个背景下，ICT产业同样也面临着智能化的变革，2021年后的十年，联接数量将达到千亿级，每人的宽带速度将达到10 Gbit/s，算力将实现100倍提升，存储能力将实现100倍提升，可再生能源的使用将超过50%。围绕信息和能量的产生、传送、处理和使用，技术需要不断演进。

13.1 迈向智能世界 2030

本书第一作者曾经在HAS2021大会上提出未来十年ICT产业的九大挑战，具体如下：

- 定义5.5G，支撑未来千亿规模的多样性联接；
- 在纳米尺度上驾驭光，实现光纤容量指数级增长；
- 走向产业互联，必须优化网络协议；
- 通用算力远远跟不上智能世界的需求，必须打造超级算力；
- 从海量多模态的数据中高效地进行知识提取，实现行业AI的关键突破；
- 突破冯·诺依曼瓶颈，构建百倍密度增长的新型存储；
- 将计算与感知结合，实现多模交互的超现实体验；
- 通过连续性的健康监测，实现主动健康管理；
- 构建智慧能源互联网，实现绿色发电、绿色储电和绿色用电。

智能世界中，如果联接决定广度，那么计算就决定强度。根据预测，到2030年，算力需求将增长100倍，但当前单核CPU性能已从每年提升50%下降到每年提升10%，且通用计算在特定领域效率低下，如何打造超级算力是一个巨大的挑战。而超级算力需要一个智能无损的数据中心网络作为基础。在上述众多挑战中，对数据中心网络来说，最重要的就是算力的持续膨胀需要一个强大的算力中心，而数据中心也正向算力中心演进。

13.2 智能世界 2030 对数据中心的要求

2016年人机围棋大战AlphaGo的胜利向全世界强势宣告，以AI（Artificial Intelligence，人工智能）为代表的第四次工业革命来临了。AI正在以前所未有的速度深刻改变人类社会生活，改变世界。华为预测，到2025年，企业对AI的采用率将达到86%，越来越多的企业将AI视为数字化转型的下一站。数字化过程将产生大量的数据，这些数据正成为企业核心资产。华为GIV（Global Industry Vision，全球产业展望）预测，2025年新增的数据量将达到180 ZB。然而数据的增长不是目的，从中提取出来的知识和智慧才具有永恒的价值。但是由于这些数据中非结构化数据（如原始采集的语音、视频、图片等未加工数据）比例的持续提高，在未来将达到95%以上，如采用人工处理，则由于数据量巨大而远超全人类的处理能力，当前大数据分析处理方法也束手无策。而基于机器运算进行深度学习的AI算法，可以完成海量无效数据的筛选和有用信息的自动重组，从而给人们提供更加高效的决策建议和更加智慧化的行为指引。利用AI助力决策、重塑商业模式与生态系统、重建客户体验的能力，将是数字化转型计划取得成功的关键推动力。与云计算时代相比，AI时代数据中心的使命正从聚焦业务快速发放向聚焦数据高效处理进行转变，如图13-1所示。

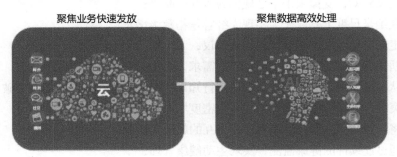

图 13-1　AI 时代的企业转变

　　AI发展的三个核心要素是：算法、算力和数据。2012年深度学习算法的突破引爆人工智能产业发展。而深度学习算法严重依赖海量的样本数据和高性能的计算能力。以无人驾驶技能的AI训练为例，其一天采集的数据接近P级，如果采用传统的硬盘存储和普通CPU来处理，则至少需要1年的时间才可能完成训练，这在实际应用中几乎不可行。为了提升AI数据处理的效率，对承载AI应用的数据中心提出了更高的要求。首先，AI应用需要数据中心提供一个高性能的分布式存储服务承载海量的数据；其次，AI算法也需要数据中心提供一个高性能的分布式计算服务来进行海量的数据计算。

　　如图13-2所示，当前存储介质SSD的访问性能相比传统分布式存储HDD已提升了100倍，采用NVMe接口协议的SSD（简称NVM介质），访问性能相比HDD甚至可以提升10 000倍。在存储介质的时延已大幅降低的情况下，网络的时延占比已从原来的小于5%上升至65%左右，这意味着，宝贵的存储介质有一半以上的时间是空闲通信等待。如何降低网络时延成为提升IOPS（Input/Output Operations Per Second，每秒读写次数）的核心。

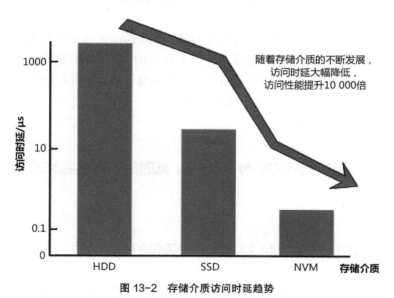

图 13-2　存储介质访问时延趋势

　　当前AI应用已采用GPU（Graphics Processing Unit，图形处理单元）甚至专用的AL芯片，计算速度相比传统CPU提升为其100～1000倍之多。同时AI应用的计算量也呈几何级数增长，以一个大型语音识别应用分布式训练场景为例，当前训练任务量可以达到约20 exaFLOPS，计算量超过3亿个参数（4 Byte），这需要多个处理器通过并行计算才能完成。如图13-3所示，理论上，随着GPU节点数的增加，处理同样任务的计算时间将大幅减少，然而节点间的通信时间却随着节点的增加而不断上升，最终将导致昂贵的GPU处理器有大半时间在等待模型参数的通信同步。另外，每次训练任务需要迭代百万次，通信时延的增长也放大了百万倍。

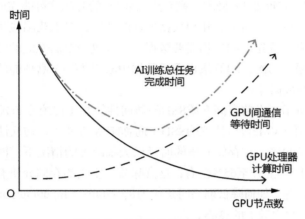

图 13-3　AI 训练完成时间曲线图

可见，业务的诉求驱动了存储介质和计算处理器高速向前的发展，而伴随分布式节点间的通信激增，通信时延占比已上升至50%以上，阻碍了计算和存储效率的提升。只有将数据中心中的通信时延降低到与计算和存储时间接近的量级，才能进一步推动AI数据处理效率的有效提升。

| 13.3　智能时代 DCN 的诉求：低时延、零丢包和高吞吐 |

13.3.1　低时延的 RDMA 技术需要零丢包的网络传输

传统的数据中心通常采用以太网技术组成多跳对称的网络架构，使用TCP/IP协议栈进行传输。然而传统TCP/IP网络虽然经过30年的发展技术日臻成熟，但其与生俱来的技术特征限制了AI计算和分布式存储的应用。

限制一：TCP/IP协议栈处理带来数十微秒的固定时延。

TCP/IP协议栈在接收/发送报文时，内核需要做多次上下文切换，每次切换将会带来5～10 μs的时延，另外还需要至少3次的数据复制，并依赖CPU进行协议封装，这导致仅仅协议栈处理就带来数十微秒的固定时延，使得在AI数据运算和

SSD分布式存储等微秒级系统中，协议栈时延成为最明显的瓶颈。

限制二：TCP/IP协议栈处理导致服务器CPU负载居高不下。

除了存在固定时延较长的问题，TCP/IP网络需要主机CPU多次参与协议栈内存复制。网络规模越大，网络带宽越高，CPU在收发数据时的调度负担越大，导致CPU持续高负载。按照业界测算数据，每传输1 bit数据需要耗费1 Hz的CPU，那么当网络带宽达到25 Gbit/s以上（满载）时，对绝大多数服务器来说，至少一半的CPU能力将不得不用来传输数据。

为了降低网络时延和CPU占用率，服务器端发展出了RDMA。RDMA是一种直接内存访问技术，它将数据直接从一台计算机的内存传输到另一台计算机，数据从一个系统快速移动到远程系统存储器中，无须双方操作系统的介入，不需要经过处理器耗时的处理，最终达到高带宽、低时延和低资源占用率的效果。

如图13-4所示，RDMA的内核旁路机制允许应用与网卡之间进行直接数据读写，规避了TCP/IP的限制，将协议栈时延降低到接近1 μs；同时，RDMA的内存零拷贝机制，允许接收端直接从发送端的内存读取数据，极大地减少了CPU的负担，提高了CPU的效率。举例来说，40 Gbit/s的TCP/IP流能耗尽主流服务器的所有CPU资源；而在使用RDMA的40 Gbit/s场景下，CPU占用率从100%下降到5%，网络时延从毫秒级降低到10 μs级以下。

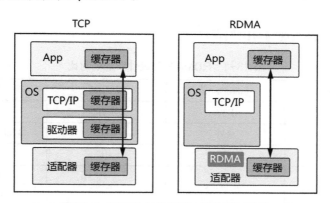

图 13-4　RDMA 与 TCP/IP 工作机制对比图

根据某知名互联网厂商的测试数据，采用RDMA可以将计算的效率同比提高6～8倍，而服务器内1 μs的传输时延也使得SSD分布式存储的时延从毫秒级降低到微秒级成为可能，所以在最新的NVMe接口协议中，成为主流的网络通信协议栈。因此，在AI运算和SSD分布式存储追求极致性能的网络大潮中，RDMA替换TCP/IP协议级成为大势所趋。

目前RDMA有3种不同的硬件实现，分别是InfiniBand、iWarp（Internet Wide

Area RDMA Protocol，互联网广域远程直接内存访问协议）、RoCE。

- InfiniBand是一种专为RDMA设计的网络，从硬件级别保证可靠传输，具有极高的吞吐量和极低的延迟。但是InfiniBand交换机是特定厂家提供的专用产品，采用私有协议，而绝大多数现网都采用IP以太网络，所以对于需要广泛互联的AI计算和分布式存储系统，采用InfiniBand无法满足互通性需求。同时封闭架构也存在厂商锁定的问题，对于未来需要大规模弹性扩展的业务系统，如被一个厂商锁定，则风险不可控。业界普遍将InfiniBand用于小范围的传统HPC的独立集群中。

- iWarp，一种允许在TCP上执行RDMA的网络协议，需要支持iWarp的特殊网卡，支持在标准以太网交换机上使用RDMA。但是由于TCP的限制，性能稍差。

- RoCE，一种允许应用通过以太网实现远程内存访问的网络协议，是将RDMA技术运用到以太网上的协议。它同样支持在标准以太网交换机上使用RDMA，只需配置支持RoCE的特殊网卡，网络硬件侧无要求。目前RoCE有两个协议版本，RoCEv1和RoCEv2：RoCEv1是一种链路层协议，允许在同一个广播域下的任意两台主机直接访问；RoCEv2是一种网络层协议，可以实现路由功能，允许不同广播域下的主机通过三层访问，基于UDP封装。

以上3种硬件实现的对比如表13-1。

表 13-1　RDMA 3 种硬件实现的对比

对比项	InfiniBand	iWarp	RoCE
标准组织	IBTA	IETF	IBTA
性能	最好	稍差	与 InfiniBand 相当
成本	高	中	低
网卡厂商	Mellanox	Chelsio	Mellanox Emulex

虽然InfiniBand的性能最好，但是由于InfiniBand作为专用的网络技术，无法继承用户在IP网络上运维的积累和平台，企业引入InfiniBand需要重新招聘专门的运维人员，而且当前InfiniBand只有很少的市场空间（不到以太网的1%），业内有经验的运维人员严重缺乏，网络一旦出现故障，甚至无法及时修复，OPEX极高。因此，基于传统的以太网来承载RDMA，也是RDMA大规模应用的必然。为了保障RDMA的性能和网络层的通信，使用RoCEv2承载高性能分布式应用已经成为一种趋势。

然而，由于RDMA在提出之初，是承载在无损的InfiniBand网络中的，RoCEv2协议缺乏完善的丢包保护机制，对网络丢包异常敏感。

TCP丢包重传是广为熟悉的机制，是精确重传，发生重传时会去除接收端已接收到的报文，减少不必要的重传，做到丢哪个报文重传哪个。然而，在RDMA协议中，每次出现丢包，都会导致整个包中的所有报文都重传。并且RoCEv2协议是基于无连接协议的UDP，相比面向连接的TCP，UDP更加快速、占用CPU资源更少，但其不像TCP那样有滑动窗口、确认应答等机制来实现可靠传输，一旦出现丢包，RoCEv2协议需要依靠上层应用的检查，在检查到丢包后再重传，会大大降低RDMA的传输效率。

因此RDMA在无损状态下可以满速率传输，而一旦发生丢包重传，性能会急剧下降。如图13-5所示，当丢包率大于0.001时，网络有效吞吐率急剧下降；当丢包率升至0.01时，RDMA的吞吐率下降为0。要使得RDMA吞吐率不受影响，丢包率必须保证在10^{-5}（十万分之一）以下，最好为零丢包。

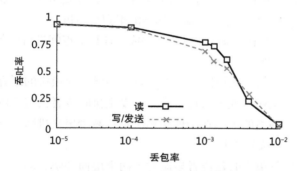

图 13-5　RDMA 网络丢包率对吞吐率的影响曲线

13.3.2　智能无损网络的目的：低时延、零丢包和高吞吐

在通过RDMA构建网络降低时延的同时，需要明白所谓时延不是指网络轻负载情况下的单包测试时延，而是指满负载下的实际时延，即流完成时间。如图13-6所示，详细分析网络时延构成，可分为静态时延和动态时延两类。

静态时延包括数据串行时延、光电传输时延和设备转发时延。这类时延由转发芯片的能力和传输的距离决定，同时这类时延往往有确定的规格，目前业界普遍为纳秒级或者亚微秒级，在网络总时延占比小于1%。当前个别厂家宣称的芯片转发时延只有几百纳秒，就是指单包静态时延；但真正对网络性能影响比较大的是动态时延，占比超过99%。

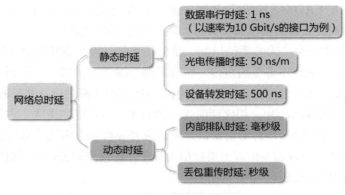

图 13-6　网络时延构成

动态时延包括内部排队时延和丢包重传时延，这类时延由网络拥塞和丢包引起。AI时代流量在网络中的冲突越来越剧烈，例如：

- 分布式存储业务中，应用请求读取文件时，会并发访问多个服务器的不同数据部分，每次读取数据时，流量都会汇聚到交换机；
- 高性能计算业务中，每次并行计算完成，计算节点间进行任务同步结果时，数据同样会汇聚到交换机。

对于以上两种场景，无论网络是否是轻载网络，交换机的缓存容量都会成为瓶颈，容易造成报文排队或者丢包。而一旦发生排队或者丢包，则时延往往达到秒级，所以低时延网络的关键在于低动态时延：减少报文排队，保证高吞吐；尽量确保零丢包，不造成重传时延。

动态时延可以从单流时延或者多流时延两个层面理解，即：一条流必然包括多个包，流的传输完成时间取决于最后一个包的传输完成时间，任何一个包被拥塞，都会导致流的完成时间增加；而对于分布式架构，一个任务包括多条流，任务完成时间取决于最后一条流的传输完成时间，即任何一个流被拥塞，都会导致任务完成时间延长。

无论是为了打破数据中心网络"拖后腿"的现状还是保障RDMA的性能，零丢包、低时延、高吞吐成为AI时代数据中心网络的三个核心诉求。

基于上述诉求，云数据中心网络解决方案推出了智能无损网络解决方案，为AI时代的分布式高性能应用提供具有以下特征的智能无损数据中心网络环境。

- 零丢包：不造成重传时延，保证分布式高性能应用的高效稳定。
- 低时延：减少算芯片和存储介质的等待时间，提高计算和存储的效率。
- 高吞吐：满足高性能服务器对带宽的需求，减少报文排队，确保分布式高性能应用中大数据传输的吞吐。

| 13.4　低时延、零丢包和高吞吐的数据中心网络的实现 |

本节主要从三个场景来介绍如何实现低时延、零丢包和高吞吐的数据中心网络。三个场景分别是小缓存场景下的零丢包、分布式架构场景下的拥塞控制和数据中心Clos架构下的拥塞控制。

13.4.1　实现小缓存下的零丢包需要拥塞控制

由上一节可知，为了实现低时延、高带宽、低CPU占用率的网络，可以采用RoCEv2协议代替传统的TCP/IP，然而想利用RDMA真正的性能，突破数据中心的网络性能瓶颈，势必要为RDMA搭建一个零丢包的网络环境。

如图13-7所示，缓存空间存在于芯片中，芯片上的所有端口共用该芯片的缓存空间。在拥塞的情况下，数据包以队列的形式先暂存在端口分配的缓存里，交换机再按一定的规则把数据包调度出队，进行转发。如果缓存装不下，还会按一定规则做报文丢弃，这时就造成了报文丢包，这是以太网常见的现象。实际上，根据报文在网络中传输时是否需要零丢包传输，可以将业务划分为无损业务（需要零丢包传输的业务）和有损业务（允许丢包传输的业务）。显然，RDMA需要无损的网络。

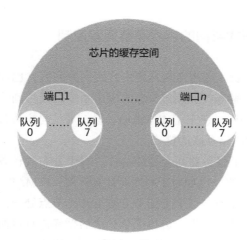

图 13-7　芯片的缓存空间分配

在传统以太网模式下，要想实现零丢包传输，最主要的手段就是依赖大缓存，缓存就像湖泊，流量就像长江，湖泊可以在汛期吸纳长江洪峰，这样才不至于洪灾泛滥。缓存可在瞬时流量激增时进行存储，不至于出现网络丢包的现象。然而数据中心网络的主流交换芯片一般采用大带宽、小缓存的设计，如1.28 TB容量的Trident2芯片只有14.4 MB的缓存、3.2 TB容量的Trident3芯片缓存是32 MB、12.8 TB容量的Tomahawk3芯片缓存是64 MB。网络端口速率从千兆比特/秒发展到万兆比特/秒、再到25 Gbit/s甚至100 Gbit/s，服务器的全速率发送能力增加为原来的100倍，而交换芯片缓存容量与此同时仅增大2～3倍。

如果用同样的全速率发送流量模型进行测试，会发现25G网络下"多对一"导致的拥塞丢包现象比万兆网络更明显，相应地，对业务和应用的优化要求或丢包率容忍度要求会更高。以256个25G端口Tomahawk3为例，如果255个端口同时向1个端口发送流量（255对1），64MB的缓存只能支撑40 μs，不到0.1 ms。

现在部分数据中心的汇接交换机，采用的是Broadcom公司推出的Jericho系列芯片，可以达到900 Gbit/s的带宽，并具有4 GB的缓存。然而缓存也不是越大越好，如果缓存较大，可能会在拥塞时造成保存在缓存中的包很多，使网络时延过大、吞吐量率过低。同时对于一些传输协议的机制，比如TCP传统的滑动窗口机制，在长时间得不到对端反馈的情况下会认为出现了丢包，从而进行报文重传，再次造成拥塞。

可见拥塞丢包并不是通过增大缓存就能避免的，往往过大的缓存会导致排队和高时延。因此，在承载RDMA的无损网络环境中，需要实现的是较小缓存下的零丢包，也就是需要引入网络拥塞控制机制。

13.4.2 应对分布式架构的挑战需要拥塞控制

随着云计算的普及，应用架构从集中式走向分布式，已经成为业界的共识。据统计，互联网、金融等行业超过80%的应用系统已迁移到分布式系统上；以海量的PC平台替代小型机，带来了成本低廉、易扩展、自主可控等优势，同时也带来了可靠性，以应对网络互联的挑战。

分布式架构带来了服务器间大量的协作。对于分布式计算，协作的方式一般采用MAP/REDUCE过程。比如对于高性能计算应用，在MAP阶段，把一个大的计算任务分解为多个子任务，每个子任务分发给计算节点处理；在REDUCE阶段，搜集多个计算节点的处理结果，进行汇总；之后循环往复这两个过程。需要注意的是，在REDUCE阶段，网络中的流量会呈现Incast特征。

传统流量包括点对点流量Unicast、点对多点流量Broadcast/Multicast。而Incast指的是多点对一点的流量，匹配REDUCE阶段。具体来说，Incast是指一种多对一的通信模式，如图13-8所示，Incast通常发生在一个Client节点同时向后端的多个

Server节点发起数据请求时：在某些情况下，Server集群会同时响应这些请求，那么在某一段时间内会出现大量的Server节点向同一个Client节点发送数据的情况，从而在短时间内使Client节点接收的流量激增。短时间内的流量激增会导致Client节点所对应交换机的出口处发生拥塞，交换机出端口的缓存溢出，出现丢包现象。Server节点感知到丢包之后需要重传之前的数据包，导致时延增大、吞吐率降低。同时，Client节点上的应用可能需要等到接收完全部的数据才发送下一个请求，导致时延进一步增大。

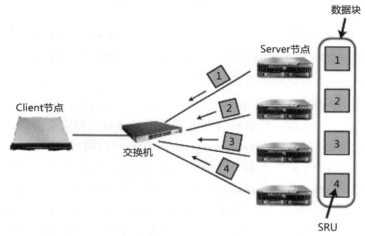

注：SRU 即 Server Request Unit，服务器请示单元。

图 13-8　Incast 原理

综上所述，分布式架构造成的Incast突发流量进一步加剧了网络拥塞，将导致网络流量的丢包损失、时延损失和吞吐损失，使应用性能受到严重影响，需要引入网络拥塞控制。

13.4.3　数据中心 Clos 架构需要拥塞控制

图13-9显示了当今数据中心流行的Clos网络架构：Spine-Leaf网络架构。Clos网络通过等价多路径实现无阻塞性和弹性，交换机之间采用三级网络，使其具有可扩展、简单、标准和易于理解等优点。除了支持Overlay层面技术之外，Spine-Leaf网络架构的另一个优点是，它提供了更为可靠的组网连接，因为Spine层面与Leaf层面是全交叉连接，任一层中的单交换机故障都不会影响整个网络结构。

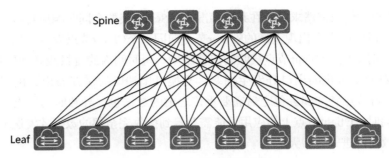

图 13-9　Spine-Leaf 网络架构

然而，由于Clos网络架构中的many-to-one流量模型和all-to-all流量模型，数据中心中无法避免地常常出现Incast现象，这是造成数据中心网络丢包的主要原因。

1. many-to-one流量模型下的拥塞

如图13-10所示，leaf1、leaf2、leaf3、leaf4和spine1、spine2、spine3形成一个无阻塞的Clos网络。假设服务器上部署了某分布式存储业务，在某段时间内，server2上的应用需要从server1、server3、server4处同时读取文件，会同时访问这几个服务器的不同数据部分。每次读取数据时，流量从server1到server2、从server3到server2、从server4到server2，形成一个many-to-one流量模型，即为3对1。整网无阻塞的情况下，只有leaf2向server2的方向出端口方向产生了一个3对1的Incast现象，此处的缓存是瓶颈。无论该缓存有多大，只要many-to-one持续下去，最终都会溢出，即出现丢包。

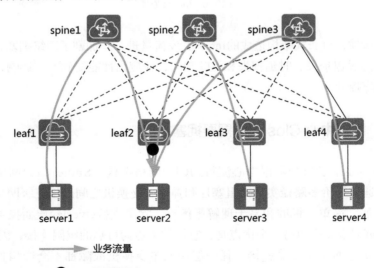

图 13-10　many-to-one 流量模型示例

一旦丢包，业务性能指标（吞吐和时延）将会进一点受影响并恶化。增加缓存可以缓解问题，但不能彻底解决问题，特别是随着网络规模的增加、链路带宽的增长，增加缓存来缓解问题的效果越来越有限。同时，大容量芯片增加缓存的成本越来越高，越来越不经济。

要在many-to-one流量模型中实现无损网络，达成无丢包损失、无时延损失、无吞吐损失，唯一的途径就是引入拥塞控制机制，目的是控制从many侧到one侧的流量、确保其不超过one侧的容量，如图13-11所示。

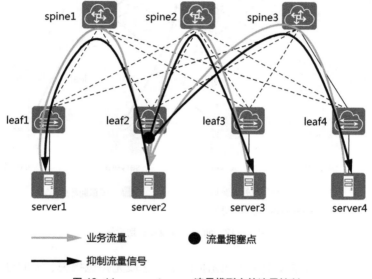

图 13-11　many-to-one 流量模型中的流量控制

为了保证不出现由于缓存溢出而丢包的现象，交换机leaf2必须提前向源端发送信号以抑制流量，同时交换机必须保留足够的缓存以在源端抑制流量之前接纳报文，这些操作由拥塞控制机制完成。当然，这个信号也可以由服务器server2分别发给server1、server3和server4。

因为信号有反馈时延，为了确保不丢包，交换机必须有足够的缓存，以在源端抑制流量之前容纳排队的流量；同时，由于缓存机制没有可扩展性，这意味着除了拥塞控制机制之外，还需要链路级流量控制。

2.　all-to-all流量模型中的拥塞

在图13-12中，leaf1、leaf2、leaf3和spine1、spine2、spine3形成一个无阻塞的Clos网络。假设服务器上部署了某分布式存储业务，server1与server4是计算服务器，server2与server3是存储服务器。当server1向server2写入数据、server4向server3

写入数据时，流量从server1到server2、从server4到server3，两个不相关的one-to-one形成一个all-to-all，即为2对2。整网无阻塞，只有spine2向leaf2的方向出端口方向是一个2对1的Incast流量，此处的缓存瓶颈是无论该缓存有多大，只要all-to-all持续下去，最终都会溢出，即出现丢包。一旦丢包，吞吐和时延性能将会进一步受影响并恶化。

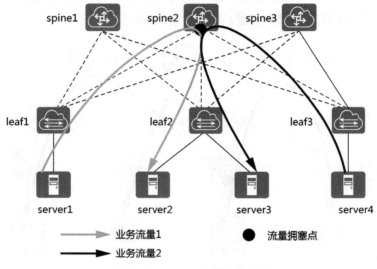

图13-12   all-to-all流量模型示例

要在all-to-all流量模型中实现无损网络，达成无丢包损失、无时延损失、无吞吐损失，需要引入负载分担，目的是控制one侧与另一个one侧之间的流量不会在交换机上形成交叉。如图13-13所示，负载分担可使流量从server1到spine1到server2、从server4到spine3到server3，整网无阻塞。

事实上，报文转发、统计复用就意味着有队列、有缓存，不会存在完美的负载分担而不损失经济性。如果采用大缓存吸收拥塞队列，则成本非常高且在大规模或大容量下无法实现，如图13-12所示，若单纯使用大缓存保证不丢包，spine2的缓存必须是所有下接leaf节点的缓存总和。

为了整网不丢包，除了适当扩大缓存以外，还得有流量控制机制以确保点到点间不丢包。如图13-14所示，all-to-all流量模型下，采用的是"小缓存交换机芯片+流量控制"机制，由小缓存的spine2向leaf1和leaf3发送流量控制信号，让leaf1和leaf3控制流量的发送速率，缓解spine2的拥塞。

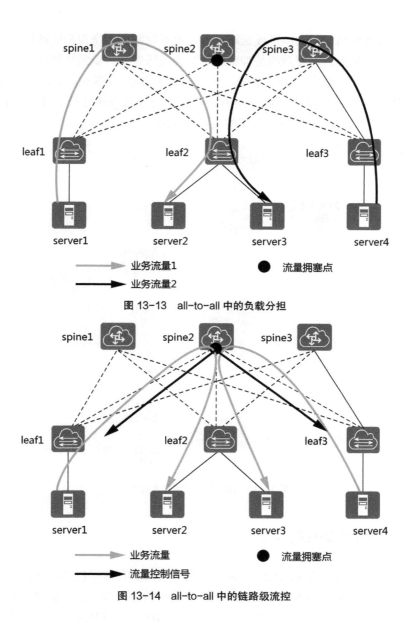

图 13-13　all-to-all 中的负载分担

图 13-14　all-to-all 中的链路级流控

13.5　智能无损网络的前世：经典拥塞控制技术

实际上，在某段时间内，对网络中的资源（链路容量、交换节点中的缓存和处理机等）需求大于可用时，就会形成拥塞。拥塞控制就是防止过多的数据注入网络中造成拥塞从而使交换机或链路过载。流量控制和拥塞控制的区别在于：流量控制是端到端的，需要做的是抑制发送端的发送速率，以便接收端可以及时接收；拥塞控制是一个全局性的过程，涉及所有的主机、交换机，以及与降低网络传输性能有关的所有因素。在现网中，二者需要配合应用才能真正解决网络拥塞。图13-15所示为本章下面要介绍的技术关系图。

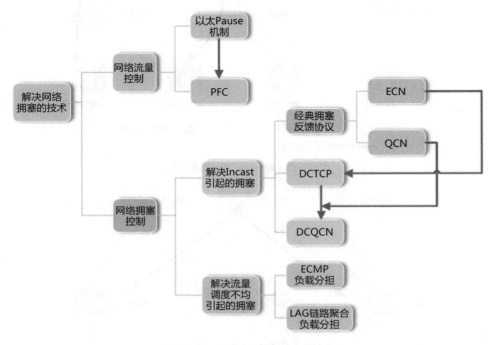

图 13-15　经典拥塞控制技术的关系

13.5.1　网络流量控制技术

谈及无损网络，必须从交换机说起。现在市面上有形形色色不同架构的交换机，如果这些交换机的入口端和出口端缺少统一的协调的话，那么将很难用这些交换机去搭建一个无损的网络环境。而承担协调任务的正是流量控制，也称为链路级流控。流量控制所要做的就是抑制上行出口端发送数据的速率，以便下行入口端来得及接收，防止交换机端口在拥塞的情况下出现丢包。流量控制机制主要有以太PAUSE机制、基于优先级的流量控制等。

1. 以太PAUSE机制

通过以太PAUSE帧实现的流控（IEEE 802.3 Annex 31B）是以太网的一项基本

功能。当下游设备发现接收能力小于上游设备的发送能力时，会主动发PAUSE帧给上游设备，要求暂停流量的发送，等待一定时间后再继续发送数据。

如图13-16所示，端口A和端口B接收报文，端口C向外转发报文。如果端口A和端口B的收包速率之和大于端口C的带宽，那么部分报文就会缓存在设备内部的报文缓存中。当缓存的占用率达到一定程度时，端口A和端口B就会向外发送PAUSE帧，通知对端暂停发送一段时间。PAUSE帧只能阻止对端发送普通的数据帧，不能阻止发送MAC控制帧。

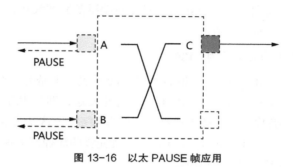

图 13-16　以太 PAUSE 帧应用

以上的描述有个先决条件，那就是端口A和端口B工作在全双工模式下，并且使能流控功能，同时对端的端口也要开启流控功能。需要注意的是，有的以太网设备只能对PAUSE帧做出响应，但是并不能发送PAUSE帧。

以太PAUSE机制的基本原理不难理解，比较容易忽视的一点是——端口收到PAUSE帧之后，停止发送报文的时长由什么决定？如图13-17所示，PAUSE帧中包含表示时间参数的字节。

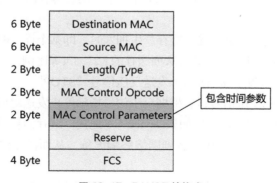

图 13-17　PAUSE 帧格式

PAUSE帧的目的MAC地址是保留的MAC地址0180-C200-0001，源MAC则是发送PAUSE帧的设备的MAC地址。

MAC Control Opcode域的值是0x0001。其实，PAUSE帧是MAC控制帧的一种，其他类型的MAC控制帧使用不同的Opcode值。因此，通过Opcode，交换机可以识别收到的MAC控制帧是否是PAUSE帧。

MAC Control Parameters域需要根据MAC Control Opcode的类型来解析。对于PAUSE帧而言，该域是个2 Byte的无符号数，取值范围是0~65 535。该域的时间单位是pause_quanta，每个pause_quanta相当于512 bit时间。收到PAUSE帧的设备通过简单的解析，就可以确定停止发送的时长。对端设备出现拥塞的情况下，本端端口通常会连续收到多个PAUSE帧。只要对端设备的拥塞状态没有解除，相关的端口就会一直发送PAUSE帧。

2. 基于优先级的流量控制：PFC

基于以太PAUSE机制的流控虽然可以预防丢包，但是有一个不容忽视的问题：PAUSE帧会导致一条链路上的所有报文停止发送，即在出现拥塞时，会将链路上所有的流量都暂停。在服务质量要求较高的网络中，这显然是不能接受的。

PFC（Priority-based Flow Control，基于优先级的流控制）也称为Per Priority Pause，是对PAUSE机制的一种增强。

PFC允许在一条以太网链路上创建8个虚拟通道，并为每条虚拟通道指定一个优先等级，允许单独暂停和重启其中任意一条虚拟通道，同时允许其他虚拟通道的流量无中断通过。这一方法使网络能够为单个虚拟链路创建零丢包类别的服务，使其能够与同一接口上的其他流量类型共存。

如图13-18所示，Device A发送接口分成了8个优先级队列，Device B接收接口有8个接收缓存，两者一一对应（报文优先级和接口队列存在着一一对应的映射关系），形成了网络中8个虚拟化通道，缓存大小不同使得各队列有不同的数据缓存能力。

当Device B的接口上某个接收缓存产生拥塞时，即某个设备的队列缓存消耗较快，超过一定阈值（可设定为端口队列缓存的1/2、3/4等比例），Device B即向数据进入的方向（上游设备Device A）发送反压信号"STOP"。

Device A接收到反压信号，会根据反压信号指示停止发送对应优先级队列的报文，并将数据缓存在本地接口。如果Device A本地接口缓存消耗超过阈值，则继续向上游反压，如此一级级反压，直到网络终端设备，从而消除网络节点因拥塞造成的丢包。

"反压信号"实际上是一个以太帧，其报文格式如图13-19所示，各字段的说明如表13-2所示。

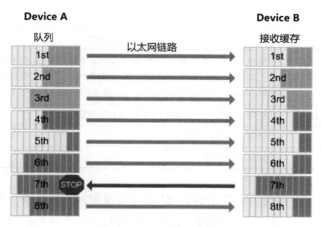

图 13-18　PFC 的工作机制

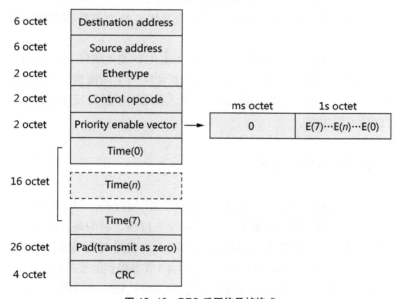

图 13-19　PFC 反压信号帧格式

表 13-2　PFC 帧各字段的说明

项目	说明
Destination address	目的 MAC 地址，取值固定为 01-80-c2-00-00-01
Source address	源 MAC 地址
Ethertype	以太网帧类型，取值为 88-08
Control Opcode	控制码，取值为 01-01

续表

项目	说明
Priority enable vector	反压使能向量。其中 E(n) 和优先级队列 n 对应，表示优先级队列 n 是否需要反压。当 E(n)=1 时，表示优先级队列 n 需要反压，反压时间为 Time(n)；当 E(n)=0，则表示该优先级队列不需要反压
Time(0) ~ Time(7)	反压定时器。当 Time(n)=0 时表示取消反压
Pad	预留。传输时为 0
CRC	循环冗余校验

总而言之，设备会为端口上的8个队列分别设置PFC门限值，当队列已使用的缓存超过PFC反压触发门限值时，向上游发送PFC反压通知报文，通知上游设备停止发包；当队列已使用的缓存降低到PFC反压停止门限值以下时，向上游发送PFC反压停止报文，通知上游设备重新发包，从而最终实现报文的零丢包传输。

由此可见，PFC中流量暂停只针对某个或几个优先级队列，不针对整个接口，每个队列都能单独暂停或重启，不影响其他队列上的流量，真正实现多种流量共享链路。而对非PFC控制的优先级队列，系统则不进行反压处理，而是在发生拥塞时直接丢弃报文。

13.5.2　网络拥塞控制技术

与流量控制技术着重于交换机之间链路级的流量控制、只着眼于本交换机入端口的拥塞现象不同，拥塞控制是一个全局性的过程，目的是让网络能承受现有的网络负荷。网络拥塞从根源上可以分为两类：一类是对网络或接收端处理能力过度订阅导致的Incast型拥塞，可产生在如13.4.3节中提到的采用many-to-one流量模型的数据中心网络，其根因在于多个发送端同时往同一个接收端发送报文产生了多对1的Incast流量；另一类是由流量调度不均引起的拥塞，比如13.4节中提到的采用all-to-all流量模型的数据中心网络，其根因在于流量进行路径选择时没有考虑整网的负载分担，使多条路径在同一个交换机处形成交叉。

1. 解决Incast流量引起的拥塞问题

解决Incast现象引起的拥塞问题，往往需要交换机、流量发送端、流量接收端协同作用，并结合网络中的拥塞反馈机制来调节整网流量，才能达到缓解拥塞、解除拥塞的效果，这其中存在着多种协议和算法。下面介绍业界主流的几种拥塞控制技术。

首先是经典的拥塞反馈协议ECN（Explicit Congestion Notification，显式拥塞通知）和QCN（Quantized Congestion Notification，量化拥塞通知）。ECN是指流量接收端感知到网络上发生拥塞后，通过协议报文通知流量发送端，使得流量发送端降低报文的发送速率，从而从早期就避免拥塞而导致丢包，实现网络性能的最大利用。它有如下优势：

- 所有流量发送端能够早期感知中间路径拥塞，并主动放缓发送速率，预防拥塞发生；
- 在中间交换机转发的队列上，对于超过平均队列长度的报文进行ECN标记，并继续进行转发，不再丢弃报文，避免了报文的丢弃和报文重传；
- 由于减少了丢包，发送端不需要经过几秒或几十秒的重传定时器进行报文重传，改善了时延敏感应用的用户感受；
- 与没有部署ECN功能的网络相比，网络的利用率更好，不再在过载和轻载之间来回震荡。

根据RFC 791的定义，IP报文头ToS（Type of Service，服务类型）域由8个比特组成，其中3 bit的Precedence字段标识了IP报文的优先级，Precedence在报文中的位置如图13-20所示。

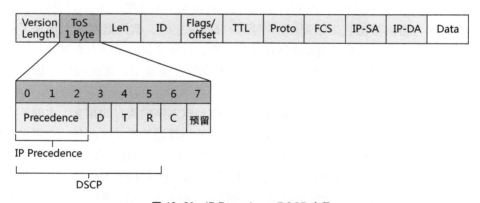

图 13-20　IP Precedence/DSCP 字段

bit 0～2表示Precedence字段，代表报文传输的8个优先级，按照优先级从高到低顺序取值为7、6、5、4、3、2、1和0。优先级7和6一般用于承载各种协议报文，用户级应用仅能使用0～5。而bit 0～5为IP报文的DSCP，bit 6～7为ECN字段。协议对ECN字段进行了如下规定：

- ECN字段为00，表示该报文不支持ECN；
- ECN字段为01或者10，表示该报文支持ECN；
- ECN字段为11，表示该报文的转发路径上发生了拥塞。

因此，中间交换机通过将ECN字段置为11，就可以通知流量接收端本交换机是否发生了拥塞。

在CE系列交换机中，ECN功能是与WRED（Weighted Random Early Detection，加权随机早期检测）功能相结合应用的，应用这两个功能后，交换机会对收到的报文队列进行识别。

- 当实际队列长度小于报文丢包的低门限值时，对报文不做处理，直接进行转发。
- 当实际队列长度处于报文丢包的低门限值与高门限值之间时：
  - 若设备接收到ECN字段为00的报文，按照概率进行丢包处理；
  - 若设备接收到ECN字段为01或者10的报文，按照概率将ECN字段修改为11后转发报文；
  - 若设备接收到ECN字段为11的报文，对报文不做处理，直接进行转发。
- 当实际队列长度大于报文丢包的高门限值时：
  - 若设备接收到ECN字段为00的报文，对报文进行丢包处理；
  - 若设备接收到ECN字段为01或者10的报文，将ECN字段修改为11后转发报文；
  - 若设备接收到ECN字段为11的报文，对报文不做处理，直接进行转发。

这样，当流量接收端收到ECN字段为11的报文时，就知道网络上出现了拥塞。这时，它向流量发送端发送协议通知报文，告知流量发送端存在拥塞。流量发送端收到该协议通知报文后，就会降低报文的发送速率，避免网络中拥塞的加剧。

当网络中拥塞解除时，流量接收端不会收到ECN字段为11的报文，也就不会往流量发送端发送用于告知其网络中存在拥塞的协议通知报文。此时，流量发送端收不到协议通知报文，则认为网络中没有拥塞，从而会恢复报文的发送速率。

CN（Congestion Notification，拥塞通知）算法来自于IEEE 802.1Qau，被用来降低CCF（Congestion Controlled Flow，受拥塞控制的流）由于拥塞而丢包的可能性。为达到避免网络拥塞的目的，以太网交换机和服务器均需支持CN。该技术的基本原理如下：

- 当网桥发现拥塞时，就发送拥塞通知给其上游；
- 拥塞通知最终会被传递到网络中能够限制自己发送速率的终端（即数据源）；
- 终端在收到拥塞通知后，根据收到的拥塞通知降低自己的发送速率，从而消除拥塞，进而避免因拥塞而导致的丢包；
- 终端还会周期性地尝试增加报文的发送速率，如果拥塞已经消除，增加报文的发送速率并不会引起拥塞，也就不会再收到拥塞通知，报文的发送速率最终得以恢复到拥塞之前的值,以充分利用网络带宽。

由CP算法和RP算法两部分组成。

- CP算法:发生拥塞的交换机对在发送缓存中正被发送的帧进行取样,并产生一个CNM(Congestion Notification Message,拥塞通知消息)给被取样的帧的源。CNM中包含在该CP(Congestion Point,拥塞节点)上的拥塞程度的信息。

- RP算法:数据源基于收到的CNM的信息对自己的发送速率进行限制,同时数据源也会逐渐增大其发送速率来进行可用带宽的探测,或者恢复由于拥塞而"损失"的速率。

(1)CP算法

根据IEEE 802.1Qau标准,CP算法可由一台有输出队列的交换机进行承载,支持监测队列的拥塞程度,产生拥塞通知消息。简单地说,可以认为CP就是一个拥塞监测点,是产生拥塞的候选点。

CP根据自己的发送缓存队列以及QCN算法来计算每个CCF的状态。它不维护关于CCF或者RP的任何信息,可以从CCF中的任意一个数据包中找到CCF以及RP(Reaction Point,反应点)的信息;它根据自己的发送缓存状态独立地决定是否需要发送CNM。

CP的缓存区拥塞点检测机制如图13-21所示。CP算法的目标是将缓存区的利用率维持在一个理想值Q_{eq}(一般设置为物理缓存区的20%)上。CP算法会计算一个拥塞反馈值F_b,并且根据拥塞程度,以一定概率对输入的数据包进行采样,读取实时队列的长度,并向该数据包的源地址发送一个包含F_b的CNM。F_b的计算过程如下:

$$Q_{off} = Q - Q_{eq}$$
$$Q_\delta = Q - Q_{old}$$
$$F_b = -(Q_{off} + w \cdot Q_\delta)$$

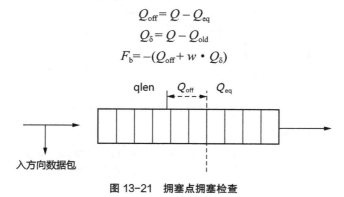

图 13-21　拥塞点拥塞检查

其中,Q为实时的队列大小,Q_{old}是上一次发送CNM时的队列大小,Q_{off}表示的是当前队列大小超过期望值的程度,Q_δ表示当前队列大小超过上次拥塞时队列大小的程度，实际上即为当前速率与上次拥塞时速率的偏差。w是一个非负常量（标准中提到在模拟时取值为2）。qlen表示报文的长度，F_b在发送CNM之前会被数值化为一个6 bit的值，如果该值小于0，表示有拥塞；否则没有拥塞，不会发送CNM。

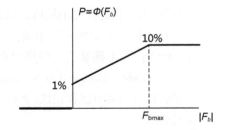

图13-22　发送 CNM 的概率 P 与 F_b 的关系

出现拥塞时，发送CNM的概率P与F_b的关系如图13-22所示，可见F_b越大，发送CNM的概率就越高。

（2）RP算法

由于CP发生拥塞时，发送端可以根据拥塞通知消息中的F_b降低发送流量的速率，但是不发生拥塞时，F_b并不能帮助RP指导应该按照什么样的幅度增大发送流量的速率，因此发送端需要依靠一套本地机制来确定增大发送速率的时间和方式。

RP算法用于控制CCF的发送速率，同时会接收拥塞通知信息，并且将其用于计算CCF的发送速率。RP算法涉及的几个基本概念如下。

当没有定时器，仅有字节计数器可用时，RP算法的工作过程如图13-23所示。

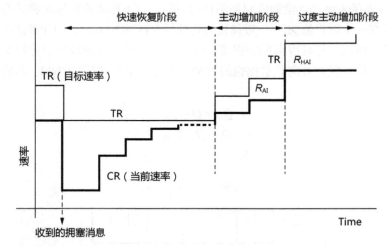

注：CR（Current Rate，当前速率）为 RL（Rate Limiting，速率限制器）限制后的当前发送速率；
　　TR（Target Rate，目标速率）为在收到最后一个 CNM 消息之前的发送速率，是 CR 调整的目标速率；
　　AI 即 Active Increase，表示主动增加阶段；
　　HAI 即 Hyper-Active Increase，表示过度主动增加阶段。

图 13-23　RP 算法的工作过程

一是降低速率过程。

只有当收到CNM时，RP才会降低发送速率。在收到CNM后，TR被更新为CR，CR会按照如下公式调整速率：

$$CR=CR \cdot (1-G_d \cdot |F_b|)$$

其中G_d是一个常量，其取值需要保证$G_d \cdot |F_{bmax}|=0.5$，因此速率最多降低到原来值的一半。

二是增大速率过程。

增大速率的过程包括两个阶段：快速恢复阶段和主动增加阶段。

每当速率被降低时，字节计数器就被重置，同时进入快速恢复阶段。该阶段包括5个周期，每个周期相当于RL发送150 KB需要的时间。每个周期结束时，TR不变，CR按照如下公式更新：

$$CR=0.5 \times (CR+TR)$$

这样可以恢复此前减少的带宽。

在快速恢复的5个周期执行完后，字节计数器进入主动增加阶段。该阶段用于发现多余的可用带宽。此时RP将探测周期设置为50 Frame（也可以设置为100 Frame）探测一次，在每个周期完成后，RP按如下方式调整TR和CR：

$$TR=TR+R_{AI}$$

$$CR=0.5 \times (CR+TR)$$

其中R_{AI}是一个常量（标准中给出的是5 Mbit/s）。

由于字节计数器的速率增加与RL的当前发送速率呈反比，因此如果CR很小，则字节计数器采样的时间会很长，最终将导致速率增加缓慢。因此在RP算法中引入了一个定时器。定时器的工作类似于字节计数器，当接收到CNM信息时进入快速恢复阶段，周期为T，5个周期后进入AI阶段，此时周期变为$T/2$。定时器和字节计数器共同决定了RL速率的增加，两种机制工作时互不干扰。

定时器和字节计数器工作遵循以下规则。

- 如果两者都在快速恢复阶段，则RL处于快速恢复阶段。此时周期先结束的负责按照快速恢复阶段的算法进行速率更新。
- 如果其中一个处于主动增加阶段，则速率限制器就处于主动增加阶段。此时周期先结束的负责按照主动增加阶段的算法更新速率。
- 如果两者都处于主动增加阶段，则速率限制器处于过度主动增加阶段。此时如果定时器或者字节计数器的第i个周期结束了，则TR和CR按照如下公式更新：

$$TR=TR+i \cdot R_{HAI}$$

$$CR=0.5 \times (CR+TR)$$

其中，R_{HAI}是一个常量（在标准的模拟中被设置为50 Mbit/s）。在收到一个CNM

后，至少需要经过50 ms或者发送了500 Frame之后，速率限制器才能进入HAI状态。

除了拥塞反馈协议，针对数据中心还有了两种拥塞控制协议：DCTCP（Data Center Transmission Control Protocol，数据中心传输控制协议）和DCQCN（Data Center Quantized Congestion Notification，数据中心网络量化拥塞通知）。

TCP是按照端到端设计的可靠的流传送协议，并不直接感知报文在转发设备上传送的状态。TCP将网络路径中的所有转发设备看作黑盒，只要感知没有在规定的时间收到ACK，则认为报文被丢弃，并进行报文重传，以保证数据可靠性，但这样会存在一系列如下问题。

- 丢包导致TCP重传，该重传定时器的时间较长，通常从几秒到几十秒不等，对时延敏感的应用来说，影响用户感受。
- 丢包之后，根据RFC 793的规定，所有TCP流会下调发送性能，让拥塞得到缓解，但此时的网络利用率无法达到最优。
- 在拥塞缓解之后，TCP又继续扩大发送性能，直到发现丢包，不断重复上述问题过程。

显然，TCP的种种不足已经不能满足云数据中心对时延、吞吐和网络利用率的要求。因此，针对目前商用的缓存较小的交换机，利用ECN算法，设计了DCTCP，目标是实现高突发数据源容忍度、低时延和高吞吐。DCTCP中存在以下三种角色。

第一，交换机：进行简单的标记。DCTCP采用非常简单的主动队列管理机制，当队列缓存占用超过某一阈值K时，到达的数据包被标记上CE标志，若小于K，则不进行标记。这样，只需要设置K的低阈值和高阈值，并基于实时的队列占用情况，而不是平均的队列长度进行标记，就可以体现队列的实时拥塞情况。

第二，接收端：进行ECN回传。DCTCP接收端和普通TCP接收端对待CE标志的处理方式不同。普通TCP接收端收到被标记CE的数据包后，会对之后一系列ACK包设置ECN标志位，直到接收端收到来自发送端的确认收到拥塞通知的消息。DCTCP接收端则精确传达哪个数据包经历了拥塞。实现精确传达的最简单的方式就是当且仅当数据包中携带有CE标志时，才会对每一个数据包进行回应，并设置ECN标志位。

第三，发送端：速率控制器。在发送端会对数据包被标记的概率α进行估计，每经历一个数据窗RTT，就更新一次，α也相当于估计了队列缓存大于阈值K的概率。α的计算公式如下：

$$\alpha=(1-g) \cdot \alpha+g \cdot F$$

其中，F是在最后一个数据窗中被标记数据包的分数，g（取值范围为 [0, 1]）是权重值。当α趋于0时，说明拥塞概率低，当α趋于1时，说明拥塞概率高。

当接收到携带ECN标志的ACK包时，传统的TCP会把cwnd（Congestion Window，拥塞窗口，报文的发送窗口，可以控制报文发送速率）减半，而DCTCP会根据拥塞概率 α 进行cwnd的调整，使cwnd大小的变化更合理，调整公式如下：

$$cwnd=cwnd \cdot (1-\alpha/2)$$

数据中心部署了满足高吞吐、超低时延和低CPU开销的RDMA协议后，需要找到一个拥塞控制算法可以满足在该环境中保证有效运行，使网络零丢包可靠传输，因此提出了DCQCN。DCQCN算法融合了QCN算法和DCTCP算法，只需可以支持WRED和ECN的数据中心交换机（市面上大多数交换机都支持），其他的协议功能在端节点主机的NIC上实现。DCQCN可以提供较好的公平性，实现高带宽利用率，保证低的队列缓存占用率和较少的队列缓存抖动情况。

与DCTCP类似，DCQCN算法也由3个部分组成。

第一，CP（Congestion Point，拥塞点），通常在交换机上实现。

CP算法与DCTCP相同，如果交换机发现出端口队列超出阈值，在转发报文时就会按照一定概率给报文携带ECN拥塞标记（将ECN字段置为11），以标示网络中存在拥塞。标记的过程由WRED功能完成。

WRED功能按照一定的丢弃策略随机丢弃队列中的报文。它可以区分报文的服务等级，为不同的业务报文设置不同的丢弃策略。WRED在丢弃策略中设置了丢包的高/低门限以及最大丢弃概率，该丢弃概率就是交换机对到达报文标记ECN的概率，被标记的概率与出口队列长度的关系如图13-24所示。同时做出如下规定。

- 当实际队列长度低于报文丢包的低门限值时，不丢弃报文，丢弃概率为0。
- 当实际队列长度高于报文丢包的高门限值时，丢弃所有新入队列的报文，丢弃概率为100%。
- 当实际队列长度处于报文丢包的低门限值与高门限值之间时，随机丢弃新到来的报文。随着队列中报文长度的增加，丢弃概率线性增长，但不超过设置的最大丢弃概率。

第二，NP（Notification Point，通知点），通过接收端设备实现。接收端NP收到报文后，发现报文中携带ECN拥塞标记（ECN字段为11），则知道网络中存在拥塞，因此向源端服务器发送CNP（Congestion Notification Packet，拥塞通知包），以通知源端服务器进行流量降速。

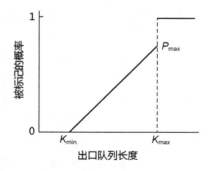

图 13-24　报文被标记的概率与出口队列长度的关系

NP算法说明了CNP应该产生的时间和方式：如果某个流被标记的数据包到达，并且在过去的N微秒的时间内没有相应CNP被发送，此时NP立刻发送一个CNP。NIC每N微秒最多处理一个被标记的数据包并为该流产生一个CNP报文。

第三，RP，通过发送端设备实现。

当发送端RP收到一个CNP时，RP将降低当前速率R_c，并更新速率降低因子α，和DCTCP类似，并将目标速率设为当前速率，更新速率过程如下。

$$R_T = R_c$$
$$R_c = R_c \cdot (1-\alpha/2)$$
$$\alpha = (1-g) \cdot \alpha + g$$

如果RP在K（μs）内没有收到CNP拥塞通知，那么将再次更新α，此时$\alpha = (1-g) \cdot \alpha$。注意$K$必须大于$N$，即$K$必须大于CNP产生的时间周期。进一步，RP增加它的发送速率，该过程与QCN中的RP算法过程相同。

2. 解决流量调度不均引起的拥塞问题

负载分担指的是网络节点在转发流量时，将负载（流量）分摊到多条链路上进行转发。要在网络中存在多条路径的情况下，比如all-to-all流量模型下，实现无损网络，达成无丢包损失、无时延损失、无吞吐损失，需要引入该机制。数据中心中常用的负载分担机制为ECMP和LAG。

（1）ECMP负载分担

ECMP实现了等价多路径负载均衡和链路备份的目的。

ECMP应用于多条不同链路到达同一目的地址的网络环境中。当多条路由的优先级和度量都相同时，这几条路由就称为等价路由，多条等价路由可以实现负载分担。当这几条路由为非等价路由时，就可以实现路由备份。如果不使用ECMP转发，发往该目的地址的数据包只能利用其中的一条链路，其他链路处于备份状态或无效状态，在动态路由环境下，相互的切换需要一定的时间。而ECMP可以在该网络环境下同时使用多条链路，不仅增加了传输带宽，并且可以无时延、无丢包地备份失效链路的数据传输。

当实现ECMP负载分担时，路由器将数据包的五元组（源地址、目的地址、源端口、目的端口、协议）作为哈希因子，通过哈希计算生成HASH-KEY值，然后根据HASH-KEY值在负载分担链路中选取一条成员链路对数据包进行转发。当五元组相同时，路由器总是选择与上一次相同的下一跳地址发送报文。当五元组不同时，路由器会选取相对空闲的路径进行转发。

如图13-25所示，Router A已经通过接口GE1/0/0转发到目的地址10.1.1.0/24的第1个报文P1，随后又需要分别转发报文到目的地址10.1.1.0/24和10.2.1.0/24。转发过程如下。

- 当转发到达10.1.1.0/24的第2个报文P2时，发现此报文的五元组与到达10.1.1.0/24的第1个报文P1的五元组一致。之后到达该目的地的报文都从GE1/0/0转发。
- 当转发到达10.2.1.0/24的第2个报文P2时，发现此报文的五元组与到达10.1.1.0/24的第1个报文P1的五元组不一致。选取从GE2/0/0转发，并且之后到达该目的地的报文都从GE2/0/0转发。

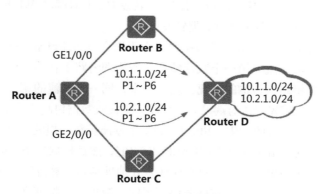

图 13-25　负载分担组网

正常情况下，路由器采用主路由转发数据。当主链路出现故障时，主路由变为非激活状态，路由器选择备份路由中优先级最高的路由转发数据。这样，也就实现了主路由到备份路由的切换。当主链路恢复正常时，由于主路由的优先级最高，路由器重新选择主路由来发送数据。这样，就实现了从备份路由回切到主路由。

（2）LAG负载分担

随着网络规模的不断扩大，用户对骨干链路的带宽和可靠性提出越来越高的要求。在传统技术中，常用更换高速率设备的方式来增加带宽，但这种方案需要付出高额的费用，而且不够灵活。

采用链路聚合技术可以在不进行硬件升级的条件下，通过将多个物理接口捆绑为一个逻辑接口，达到增加链路带宽的目的。在实现增大带宽的目的的同时，链路聚合采用备份链路的机制，可以有效地提高设备之间链路的可靠性。

LAG是指将若干条以太网链路捆绑在一起所形成的逻辑链路。每个聚合组唯一对应着一个逻辑接口，这个逻辑接口称为聚合接口或Eth-Trunk接口。

如图13-26所示，Device A与Device B之间通过三条以太网物理链路相连，将这三条链路捆绑在一起，就成为一条逻辑链路。这条逻辑链路的最大带宽等于原先三条以太网物理链路的带宽总和，从而达到增加链路带宽的目的；同时，这三条以太网物理链路相互备份，有效地提高了链路的可靠性。

图 13-26 Eth-Trunk 连接两个设备

Eth-Trunk接口可以作为普通的以太网接口来使用，实现各种路由协议以及其他业务。它与普通以太网接口的差别在于：转发时，LAG需要从Eth-Trunk成员接口中选择一个或多个接口来进行数据转发。

因此，在使用Eth-Trunk转发数据时，由于聚合组两端设备之间有多条物理链路，会出现同一数据流的第一个数据帧在一条物理链路上传输，而第二个数据帧在另外一条物理链路上传输的情况。这样一来，同一数据流的第二个数据帧就有可能比第一个数据帧先到达对端设备，从而产生接收数据包乱序的情况。

为了避免这种情况的发生，Eth-Trunk采用逐流负载分担的机制，这种机制把数据帧中的地址通过哈希计算生成HASH-KEY值，然后根据这个数值在Eth-Trunk转发表中寻找对应的出接口，不同的MAC或IP地址哈希计算得出的HASH-KEY值不同，从而出接口也就不同，这样既保证了同一数据流的帧能在同一条物理链路上转发，又实现了流量在聚合组内各物理链路上的负载分担。

13.6 智能无损网络的今生：华为解决方案

由上一节内容可知，随着追求无损网络的步伐不断迈进，目前积累了许多优秀的网络流量和拥塞控制技术，然而这些技术在提升网络性能的同时存在着不容忽视的缺陷。智能无损网络通过解决传统技术的问题，不断优化基于RoCEv2的无损网络技术，最终实现智能无损数据中心网络。

智能无损网络基于开放以太网和支持RoCEv2的网卡，通过独特的AI芯片和iLossLess智能无损算法，可以使得以太网同时满足低成本、零丢包和低时延的诉求。

华为智能无损网络基于开放以太网进行技术创新，使网络在零丢包的情况下，尽可能提升网络的吞吐率，降低网络的时延，最大化网络的交换性能。网络架构如图13-27所示，它的关键组件包括如下3个部分。

第一个部分是基于AI芯片实现独创iLossLess智能无损算法的CloudEngine交换机。

智能无损网络通过内嵌AI芯片的CloudEngine交换机，基于Clos组网模型构建Spine-Leaf两级智能架构：边缘网络级智能和核心计算级智能结合，全局智能和本地智能协同，共同打造业界唯一的AI-Ready的无损低时延Fabric网络。

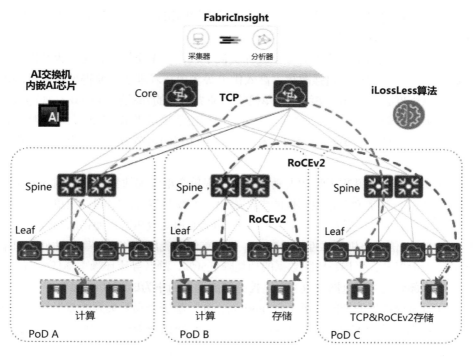

图 13-27　智能无损网络解决方案的网络架构

（1）边缘网络级智能

ToR内嵌专用网络智能芯片，对网络状态实时检测，对网络参数进行优化，根据本地流量状态实现交换队列水线的智能调整，在最佳的时刻给予发送端最快的反馈，实现发送速率的调整，实现网络零丢包基础上的高吞吐率。

（2）核心计算级智能

智能无损网络推出了业界首款面向AI时代的数据中心交换机：CloudEngine 16800（如图13-28所示）。该交换机具有内嵌AI芯片、单槽48×400GE高密端口，创新性地率先将AI技术引入数据中心交换机，助力客户加速智能化转型。

CloudEngine 16800内嵌AI芯片，使得交换机具备本地分析和实时决策能力，能够对全网流量进行实时的学习训练，根据不同业务流量模型的特点，

图 13-28　CloudEngine 16800 数据中心交换机

动态生成最优的网络参数设置，实现全局最优的网络自优化，从而逐步走向零丢包、零故障的自动驾驶网络。

CloudEngine 16800全面升级了硬件交换平台，在正交架构、无背板基础上，突破超高速信号传输、超强散热、高效供电等多项技术难题，使得单槽位可提供业界最高密度48端口400GE线卡，单机提供业界最大的768端口400GE交换容量，交换能力高达业界平均水平的5倍，满足AI时代流量倍增需求。同时，单比特功耗下降50%，更加绿色节能，1台CloudEngine 16800每年可节省32万度电，减少碳排放259余吨。

该交换机采用磁吹灭弧和大励磁技术实现单个电源模块独立双路输入的毫秒级快速切换。双路输入智能切换的电源模块，大幅节省机房空间，使单位空间的供电效率提升95%。采用新型碳纳米导热垫和VC相变散热器，使得散热效率较业界平均提升4倍，整机可靠性提升20%。业界首创混流风扇和磁导率马达使整机散热效率大大提升，平均每比特数据的功耗降低50%，静音导流环噪声降低6 dB。

第二部分是实现全网全流实时监控并智能调度的华为FabricInsight软件。

通过全局部署的智能分析平台FabricInsight，基于全局采集到的流量特征和网络状态数据，结合AI算法，从全局的视角，实时修正网卡和网络的参数配置，以匹配应用的需求。

第三部分是支持RoCEv2的智能网卡。

使用以太网承载RDMA技术，智能无损网络借助RoCEv2协议，让以太网技术作为统一融合网络技术，承载网络、存储、计算流量，实现三网合一，将极大地节省建网成本，提高统一维护能力。

华为将这些技术结合起来，提供了一个完整的智能无损数据中心网络解决方案——智能无损网络，该方案可以助力AI训练效率提高40%、分布式存储IOPS提高30%、故障定位时间从小时级到分钟级，使CapEx降低90%。

13.6.1　智能无损网络的 iLossLess 智能无损算法

智能无损网络的iLossLess智能无损算法是基于以下几种优秀的传统拥塞控制技术，并对传统技术的缺陷不断优化后，结合AI算法，形成的一种智能无损网络拥塞控制技术的算法集合。

第一种技术是网络流量控制技术。PFC允许在一条以太网链路上创建8个虚拟通道，并为每条虚拟通道指定一个优先等级，允许单独暂停和重启其中任意一条虚拟通道，同时允许其他虚拟通道的流量无中断通过。

第二种技术是网络拥塞控制技术。该技术可解决Incast流量引起的拥塞问题。

该技术还可解决流量调度不均引起的拥塞问题，采用逐流负载分担，支持等价多路径ECMP负载分担和链路聚合LAG负载分担，可以将负载（流量）分摊到多条链路上进行转发。

1. 传统技术存在的问题

（1）PFC引起的线头阻塞和死锁

PFC是一种有效避免丢包的流量控制技术，但由于它本质上是对以太PAUSE机制的一种增强，所以也会暂停一部分流量。这一技术应该作为最后的手段使用，否则频繁触发PFC会导致线头阻塞甚至死锁的问题。

当交换机的某个出口发生拥塞时，数据被缓存到备用出口，同时调用PFC，由于PFC会阻止特定优先级的所有流量，所以流向其他端口的流量也有可能会被阻隔，这种现象被称为HOLB（Head-Of-Line Blocking，线头阻塞）。如图13-29所示，flow1、flow2、flow3具有相同的优先级，走相同的队列。造成拥塞的是flow1和flow3，flow2在转发过程中并不存在拥塞。然而当下游端口缓存到达PFC门限后，向上游端口发送的PFC反压信号会让上游端口停止发送所有对应优先级的队列，这样，对于flow2就带来了HOLB。

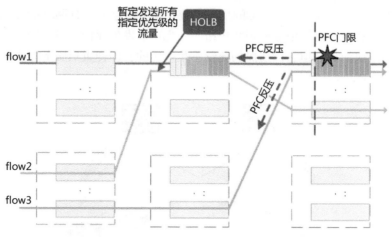

图 13-29　PFC 线头阻塞

线头阻塞可能会引起上游的额外阻塞。由于PFC隔离了所有流，包括那些发往没有拥塞路径的流。这使得所有流必须在上游交换机处排队，产生的队列延时反过来又会引起上一个上游交换机的阻塞。如果上游交换机的缓存被填满，一个新的PFC信息会被调用并发送到网络，循环往复，造成更多的线头阻塞和拥塞现象，这被称为拥塞扩散。

为了避免线头阻塞，很有必要尽早识别引起拥塞的流，并提供针对流特征（一般引起拥塞的流通常是大流）的拥塞缓解技术。但除了HOLB，PFC还存在死锁问题。

PFC死锁，是指当多个交换机之间因为环路等原因同时出现拥塞，各自端口缓存消耗超过阈值，而又相互等待对方释放资源，从而导致所有交换机上的数据流都永久阻塞的一种网络状态。

正常情况下，当一台交换机的端口出现拥塞并触发PFC反压帧触发门限时，数据进入的方向（即下游设备）将发送PFC反压帧，上游设备接收到PFC反压帧后停止发送数据，如果其本地端口缓存消耗超过阈值，则继续向上游反压。如此一级级反压，直到网络终端设备在反压帧中指定的暂停时间内暂停发送数据，从而消除网络节点因拥塞造成的丢包。

但在以下两种异常场景下，会出现PFC死锁情况。

场景1：网络存在循环缓存区依赖形成PFC死锁

特殊情况下，例如发生链路故障或设备故障时，BGP路由重新收敛期间可能会出现短暂环路，导致出现一个循环的缓存区依赖。如图13-30所示，当4台交换机都达到PFC门限，都同时向对端发送PAUSE反压帧，这个时候该拓扑中所有交换机都处于停流状态，由于PFC的反压效应，整个网络或部分网络的吞吐量将变为零。即使在无环网络中形成短暂环路时，也可能发生死锁。虽然经过修复，短暂环路会很快消失，但它们造成的死锁不是暂时的，即便重启服务器中断流量，死锁也不能自动解除。

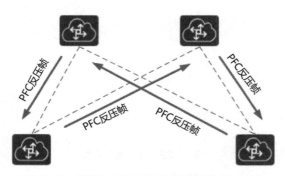

图13-30　网络存在循环缓存区依赖形成PFC死锁

场景2：服务器网卡故障引起PFC风暴导致PFC死锁

服务器网卡故障引起其不断发送PFC反压帧，网络内PFC反压帧进一步扩散，导致出现PFC死锁，最终将导致整网受PFC控制的业务的瘫痪。图13-31示出了服务器网卡故障引起PFC风暴从而导致PFC死锁的情况。

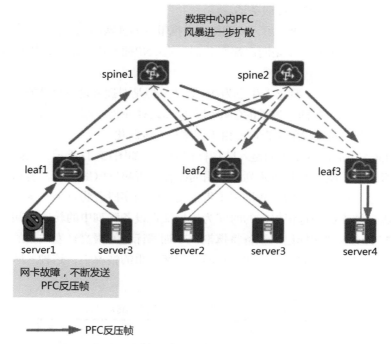

图 13-31 服务器网卡故障引起 PFC 风暴形成 PFC 死锁

（2）DCQCN引起的拥塞控制环路延时

DCQCN目前是RDMA网络应用最广泛的拥塞控制算法，应用了DCQCN后，网络的处理流程如图13-32所示。

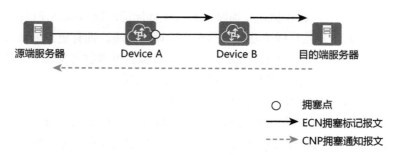

图 13-32 DCQCN 处理流程

转发设备Device A发现出端口队列缓存超出阈值，即认为出现了拥塞，在转发报文时就会按照一定概率给报文携带ECN拥塞标记（ECN字段置为11），以标示网络中存在拥塞。

转发设备Device B收到报文后，发现报文的目的地址不是本机，则不对报文进行处理，正常转发给目的端服务器。

目的端服务器收到报文后，发现报文中携带ECN拥塞标记（ECN字段为11），得知网络中存在拥塞，于是向源端服务器发送CNP拥塞通知报文，以通知源端服务器进行流量降速。

从这里可以看出，拥塞发生点为Device A，但是对拥塞进行反馈的设备却是网络尾部的目的端服务器，过长的CNP拥塞反馈路径使得源端服务器流量不能及时降速，从而导致转发设备缓存可能由于拥塞进一步恶化。

DCQCN中的ECN采用的是入队列标记方式。如图13-33所示，入队列标记方式是指报文在入队列时判断队列已使用的缓存是否超过ECN门限，若超过，则在入队列的报文中打上ECN拥塞标记（将报文的ECN字段置为11）。这样，目的端服务器收到携带ECN标记报文的时间为该报文在设备队列中的转发时间（从设备给报文打上ECN拥塞标记到设备将携带ECN拥塞标记的报文转发出去的时间）与该报文在网络中转发的时间之和。在网络拥堵严重的情况下，这种入队列标记方式容易造成队列拥堵恶化。

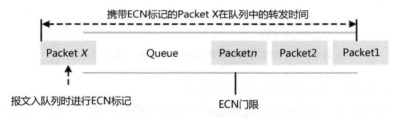

图 13-33　传统 ECN 拥塞标记方式

DCQCN中过长的CNP拥塞反馈路径和入队列标记的ECN机制使得DCQCN控制回路时延过大，并且数据中心一般具有大规模的网络，拥有更多的跳数，因此DCQCN控制回路的RTT会更长，在ECN标记生效前很难吸收突发流量，甚至导致拥塞加剧，最终引发整网因PFC流控而暂停流量的发送。

（3）逐流负载分担引起的等价多路径冲突

LAG、ECMP通常采用的是逐流负载分担机制。这种机制将数据包的特征字段（比如源MAC地址、目的MAC地址、IP五元组信息等）作为哈希因子，通过哈希计算生成HASH-KEY值，然后根据HASH-KEY值在负载分担链路中选取一条成员链路对数据包进行转发。这样的做法很简便，但未考虑路径本身是否拥塞。

对于具有相同特征字段的数据包，由于其HASH-KEY值相同，因此会选取相同的成员链路进行转发，很容易发生多个流被散列到相同的路径上的情况，从而导致链路过载，造成某个物理链路负载过大，甚至出现拥塞而导致报文被丢弃，从而影响应用的FCT（Flow Completed Time，流完成时间）、吞吐量等性能，即使此时其他物理链路负载较轻，带宽利用率低。如图13-34所示，flow2虽然应用了ECMP功能，将30 Gbit/s带宽的流量分散到不同的链路进行转发，但是选择链路时没有考虑到一条成员链路上已经存在大流，致使出现了拥塞，与此同时，其他链路的负载较轻，显然整网的带宽利用率较低。

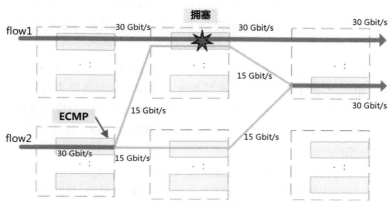

图 13-34　逐流负载分担

高性能计算和分布式存储应用下的数据中心网络，会同时存在时延敏感、短暂存在的小流和大带宽、吞吐敏感、存活时间长的大流。通常小于10%的流是大流，但它占据了超过80%的流量。网络不希望大流发生等价多路径冲突，因为那样造成网内拥塞的概率会大很多。然而逐流负载分担不会考虑负载分担链路中各成员链路的利用率，按静态哈希方式对个数众多的流进行分担时，势必会形成各链路成员的流的数量大体相当，但流的总带宽却失衡的情况，造成链路负载严重不均。同时，当大流和小流静态哈希到同一条路径时，大流会产生拥塞挤掉小流，导致应用性能严重下降。

2. 网络流量控制：PFC应用优化

当前数据中心常用的流控机制PFC本身存在线头阻塞等问题，会造成部分流量的拖尾现象严重（单个任务时延过大），因而造成整体任务完成时间的严重拉长。

如果想解决PFC引起的问题，那么应用PFC时就需要在保障各种场景零丢包的情况下尽量减少PFC的触发次数。智能无损网络提出了两个要求：确保需要无丢包传输队列的剩余缓存空间足够，交换机内部不会在PFC生效前发生丢包，同时有足够的缓存可以吸收突发流量，不会因突发拥塞而丢包；一旦出现PFC死锁现象，可以迅速响应，避免损失，并且可以对易出现死锁的流量类型进行监控，预防死锁出现。

（1）无损队列缓存空间优化功能

对于智能无损网络来说，报文在以太网中的无丢包传输是通过PFC机制实现的。设备为端口上的8个队列设置各自的PFC门限值。当队列已使用的缓存超过PFC反压帧触发门限值时，则向上游发送PFC反压通知报文，通知上游设备停止发包；当队列已使用的缓存降低到PFC反压帧停止门限值以下时，则向上游发送PFC反压停止报文，通知上游设备重新发包，从而最终实现报文的无丢包传输。

智能无损网络将需要无丢包传输的业务视为无损业务（比如RoCEv2流量承担的高性能分布式应用的业务），将不需要无丢包传输的业务视为有损业务（比如TCP流承担的普通业务），并支持用户为这些业务划分相应的优先级和队列，使无损队列应用PFC功能，保障无丢包传输。设备支持基于802.1p优先级的PFC和基于DSCP优先级的PFC。

- 基于802.1p优先级的PFC：设备将报文中的802.1p优先级值与端口队列一一对应，即优先级值为0对应0号队列、优先级值为1对应1号队列，以此类推。
- 基于DSCP优先级的PFC：设备根据配置的DiffServ域将报文中的DSCP优先级映射为内部优先级，内部优先级与端口队列一一对应。

那么使能PFC功能的802.1p优先级或由DSCP优先级映射的内部优先级即为无损优先级，该优先级对应的队列即为无损队列。未使能PFC功能的上述优先级即为有损优先级，对应的队列为有损队列。

了解了无损队列的概念后，显然我们需要一种技术确保无损队列的缓存空间足够，使得拥塞发生时不会出现层包现象。

- 在入端口发往上游设备的PFC反压信号生效前，有缓存，则可以暂存无损队列的流量，确保无损队列不丢包。
- 在无损队列出现突发流量时（比如Incast型流量），无损队列的缓存够用，甚至可以占用一部分有损队列的缓存，使无损队列不会因为缓存溢出丢包。

实际上，缓存空间存在于芯片中，芯片上的所有端口共用该芯片的缓存空间。在拥塞的情况下，数据包以队列的形式暂存在端口分配的缓存里，交换机再按一定的规则把数据包调度出队，进行转发。如果缓存空间容量不够，还会按一定规则做报文丢弃。在智能无损网络中，为了确保无损队列的无丢包转发，通过无损队列缓存空间优化功能，这也称为VIQ（Virtual Input Queue，虚拟输入队列）功能，为无损队列设置了Headroom缓存空间，如图13-35所示。

具体来说，芯片中的缓存可以分为静态缓存（Static Buffer）和动态缓存（Dynamic Buffer）两种。

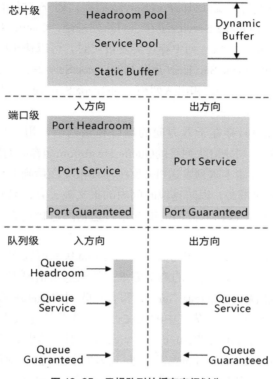

图 13-35　无损队列的缓存空间划分

静态缓存具有独占性（空闲时也不给其他端口/队列用），是在芯片上的Packet缓存中单独划分出来的一块区域，用于划分端口级的Port Guaranteed缓存，然后划分给队列级的Queue Guaranteed缓存。该缓存以独占的方式存在，即某端口/队列从该缓存空间中分得的静态缓存，即使空闲时也不能被其他端口/队列使用。

对队列来说，Queue Guaranteed用于保证队列最基本的转发能力；分为入队列的Queue Guaranteed和出队列的Queue Guaranteed。它确保队列抢占不到Queue Service缓存时，也能转发一部分的报文。

动态缓存具有共享性（空闲时可以给其他端口/队列用），分为Service Pool和Headroom Pool两个相互独立的部分。Service Pool的空闲缓存不能由Headroom Pool使用，Headroom Pool的空闲缓存也不能由Service Pool使用。但是对Pool本身而言，所有端口/队列的Service/Headroom Pool缓存共享上一级的Service/Headroom Pool缓存。假设端口级的Port Service缓存大小为80 KB，队列1和队列2的Queue Service缓存大小均为60 KB。若某一时刻，队列1中的报文已经占用了50 KB的Queue Service缓存空间，则队列2最多还可以占用30 KB的Queue Service缓存空间。

Service Pool用于划分端口级的Port Service缓存，划分完成后，将划分后的Port Service缓存再划分给Queue Service缓存。对队列来说，Queue Service缓存用于保证队列的突发转发能力。当队列中存在突发报文时，可以使用Queue Service的缓存，它分为入队列的Queue Service和出队列的Queue Service。只有待转发的报文小于入队列剩余的Queue Service和出队列剩余的Queue Service，该报文才能进入队列进行转发，否则该报文被丢弃。

Headroom Pool只存在于入方向的端口和队列中，用于划分端口级的Port Headroom缓存，然后划分给队列级的Queue Headroom缓存。对队列来说，Queue Headroom缓存用于存储本队列发送PFC反压通知报文之后到上游设备停止发包之前这段时间内收到的报文，以防这段时间内的报文被丢弃，只有无损队列才有该缓存。由于PFC反压是根据入方向的缓存是否达到阈值触发的，所以该缓存空间仅需存在于入方向。

可见，通过Queue Service和Queue Headroom基本可以满足本节"网络流量控制：PFC应用优化"部分所提的两个要求。然而通常情况下，芯片上只有一个Service Pool，无损队列的Queue Service和有损队列的Queue Service共用同一个Service Pool。这时，当有损队列中的报文过多，占用了绝大部分的Service Pool时，无损队列由于没有足够的Queue Service进行报文转发，就会出现丢包。同时，无损队列的Queue Headroom也需要进行合理划分，否则没有足够的缓存来存储本队列发送PFC反压通知报文之后到上游设备停止发包之前这段时间内收到的报文。与此同时，缓存空间的设定还与PFC和ECN门限强相关。

使能VIQ功能后，可以通过自动或手工方式对缓存和门限进行设置。

首先，支持根据现网流量模型，可通过后台的AI算法对芯片级的共享缓存进行划分，设置合理的Service Pool和Headroom Pool。同时基于Headroom Pool和无损队列的Service Pool，为各无损队列划分队列级的缓存空间，从而在最大程度上保证无损队列的不丢包转发。

其次，自动模式下，可以为无损队列自动设置最优的Service Pool门限，确保其可以占用足够的Service Pool缓存，吸收突发流量；手动模式下，可以将Service Pool分为有损队列的Service Pool和无损队列的Service Pool，为无损队列划分一个有损队列无法占用的Service Pool。当然，若现网中存在突发的大量有损流量，可能会导致有损流量丢包，因此通常情况下，建议用户使用自动模式的无损队列的缓存空间优化功能。

最后，自动模式下，还会根据现网流量，为设备配置动态的PFC反压帧触发门限，根据剩余的缓存动态为各个队列设置PFC门限。

（2）PFC死锁检测功能

由PFC死锁的各个场景可知，一旦出现PFC死锁，若不及时解除，将威胁整网的无损业务。智能无损网络为每个设备提供了PFC死锁检测功能，通过以下几个流程对PFC死锁进行全程监控，当设备在死锁检测周期内持续收到PFC反压帧时，将不会响应。

流程一：死锁检测。

图13-36示出了死锁检测流程。Device2的端口收到Device1发送的PFC反压帧后，内部调度器将停止发送对应优先级的队列流量，并开启定时器，根据设定的死锁检测和精度开始检测队列收到的PFC反压帧。

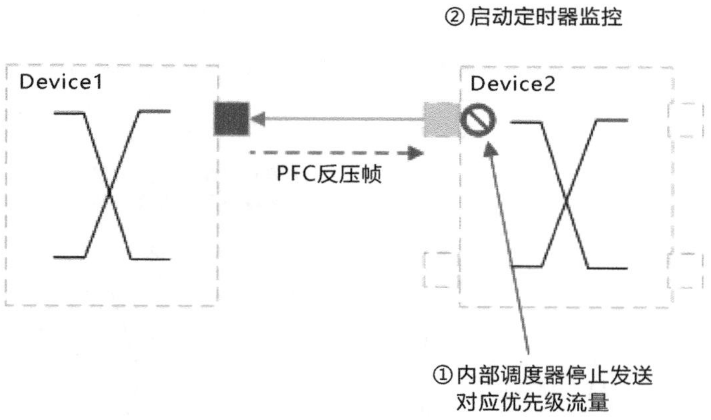

图 13-36　死锁检测流程

流程二：死锁判定。

图13-37示出了死锁判定流程。若在设定的PFC死锁检测时间内，该队列一直处于PFC-XOFF（即被流控）状态，则认为出现了PFC死锁，需要进行PFC死锁恢复处理流程。

流程三：死锁恢复。

图13-38示出了死锁恢复流程。在PFC死锁恢复过程中，会忽略端口接收到的PFC反压帧，内部调度器会恢复发送对应优先级的队列流量，也可以选择丢弃对应优先级的队列流量，在恢复周期后再恢复PFC的正常流控机制。若下一个死锁检测周期内仍然判断出现了死锁，那么将进行新一轮周期的死锁恢复流程。

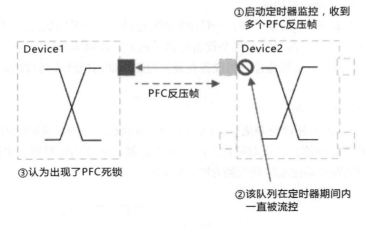

图 13-37 死锁判定流程

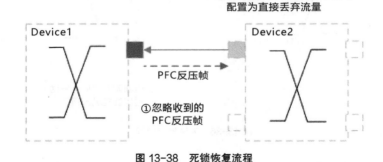

图 13-38 死锁恢复流程

流程四:死锁控制。

若上述死锁恢复流程没有起到作用,仍然不断出现PFC死锁现象,那么用户可以配置在一段时间内出现多少次死锁后,强制进入死锁控制流程。比如设定一段时间内,PFC死锁触发了一定的次数之后,认为网络中频繁出现死锁现象,存在极大风险,此时进入死锁控制流程,设备将自动关闭PFC功能(如图13-39所示),需要用户手动恢复。

(3)PFC死锁预防功能

PFC死锁检测功能是指,在死锁检测周期内持续收到PFC反压帧时,设备可以通过不响应反压帧的方式去解除PFC死锁现象。然而这种事后解锁的方式只能应对极低概率出现PFC死锁的场景,一些由于多次链路故障等原因出现环路的网络,在PFC死锁恢复流程后瞬间又会进入PFC死锁状态,网络的吞吐将受到很大影响。

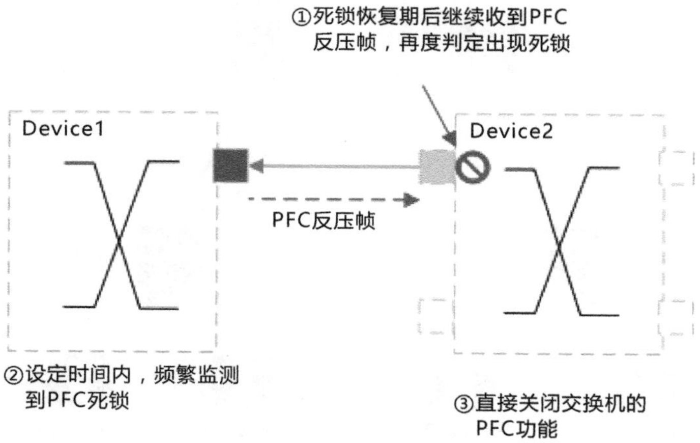

①死锁恢复期后继续收到PFC
反压帧，再度判定出现死锁

Device1　　　　　　　　　　　　Device2

PFC反压帧

②设定时间内，频繁监测
到PFC死锁

③直接关闭交换机的
PFC功能

图 13-39　频繁出现死锁可关闭 PFC 功能

　　PFC死锁预防正是针对数据中心网络典型的Clos组网的一种事前预防的方案，通过识别易造成PFC死锁的业务流，修改队列优先级，改变PFC反压的路径，让PFC反压帧不会形成环路。

　　如图13-40所示，对于一条业务流Server1—Leaf1—Spine1—Leaf2—Server4，这种正常的业务转发过程不会引起PFC死锁。然而，若Leaf2与Server4间出现链路故障，或者Leaf2因为某些故障原因没有学习到Server4的地址，都将导致流量不从Leaf2的下游端口转发，而是从Leaf2的上游端口转发。这样Leaf2—Spine2—Leaf1—Spine1就形成了一个循环依赖缓存区，当4台交换机的缓存占用都达到PFC反压帧触发门限，都同时向对端发送PFC反压帧，停止发送某个优先级的流量，将形成PFC死锁状态，最终导致该优先级的流量在组网中被停止转发。

　　PFC死锁预防功能中定义了PFC上联端口组，用户可以将一个Leaf设备上与Spine相连的接口（如图13-41中的interface1与interface2）都加入PFC上联端口组，一旦Leaf2设备检测到同一条业务流从属于该端口组的接口内进出，即说明该业务流是一条高风险的钩子流，易引起PFC死锁的现象。

　　如图13-42所示，Device2识别到一条从Device1发来的走队列a的流量为钩子流。此时Device2会修改该流的优先级并修改其DSCP值，使其从队列b转发。这样的话，若该流在下游设备Device3引起了拥塞，触发了PFC门限，则会对Device2的队列b进行反压，让Device2停止发送队列b对应优先级的流量，不会影响队列a，避免了形成循环依赖缓存区的可能，从而预防了PFC死锁的发生。

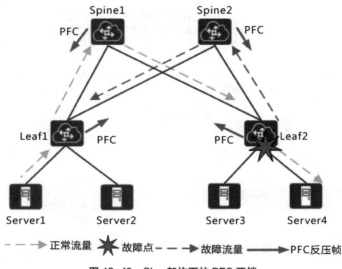

图 13-40 Clos 架构下的 PFC 死锁

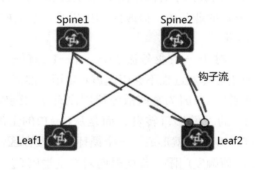

图 13-41 PFC 钩子流

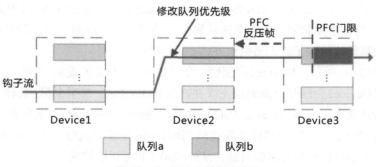

图 13-42 PFC 死锁预防原理

3. 网络拥塞控制：DCQCN应用优化

由13.5.1节可知，网络流量控制是端到端的，只能解决瞬时的流量拥塞情况，但是想要整网中长期无拥塞，需要引入全局性的网络拥塞控制。智能无损网络基于DCQCN协议，创新性地使用AI算法，可以对ECN门限进行动态调优并解决了DCQCN本身控制环路延时的限制问题，对DCQCN的应用进行了优化，和PFC技术结合，可以保障长久和瞬时突发流量的无拥塞状态。

（1）动态ECN门限功能

了解ECN门限的功能，首先看PFC门限和ECN门限的关系：PFC门限是入方向的队列缓存阈值，ECN门限是出方向的队列缓存阈值。实际上，如果出方向一直不拥塞，入方向是不太可能拥塞的，因为报文到达后会被马上转发。所以发生拥塞时，可以通过先触发ECN门限通知源端服务器降低报文发送的速率，让拥塞缓解，避免过多地触发PFC。

下面以图13-43为例，介绍PFC门限和ECN门限的作用。

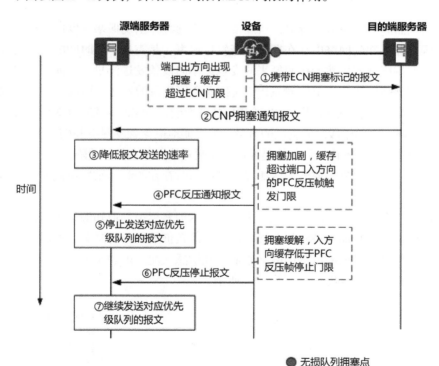

图 13-43　PFC 门限和 ECN 门限减缓拥塞的原理

- 当设备的无损队列出现拥塞，队列已使用的缓存超过ECN门限时，设备在转发报文中打上ECN拥塞标记（将ECN字段置为11）。

- 目的端服务器收到携带ECN拥塞标记的报文后，向源端服务器发送CNP拥塞通知报文。源端服务器收到CNP拥塞通知报文后，降低报文发送速率。
- 当设备的无损队列拥塞加剧，队列已使用的缓存超过PFC反压帧触发门限时，设备向源端服务器发送PFC反压通知报文。源端服务器收到PFC反压通知报文后，停止发送对应优先级队列的报文。
- 当设备的无损队列拥塞缓解，队列已使用的缓存低于PFC反压帧停止门限时，设备向源端服务器发送PFC反压停止报文。源端服务器收到PFC反压停止报文后，继续发送对应优先级队列的报文。

📖 说明

本节中后续讨论的所有"PFC门限"均指PFC反压帧触发门限，即PFC-XOFF，PFC反压帧停止门限PFC-XON不在本节的讨论范围内。取值上，PFC-XON应该小于PFC-XOFF，确保已占用的缓存减少（拥塞已缓解）后再停止反压。

由上面的介绍中可以看出，从设备发现队列缓存出现拥塞触发ECN标记，到源端服务器感知到网络中存在拥塞降低发包速率，是需要一段时间的。在这段时间内，源端服务器仍然会按照原来的发包速率向设备发送流量，从而导致设备队列缓存拥塞持续恶化，最终触发PFC流控而暂停流量的发送。因此，需要合理设置ECN门限，使得ECN门限和PFC门限之间的缓存空间能够容纳ECN拥塞标记之后到源端降速之前这段时间发送的流量，尽可能地避免触发网络PFC流控。

然而传统方式的ECN门限值是通过手工配置的，存在如下缺陷。

首先，静态的ECN取值无法兼顾网络中同时存在的时延敏感小流和吞吐敏感大流。

ECN门限设置偏低时，可以尽快触发ECN拥塞标记，通知源端服务器降低报文发送的速率，从而维持较低的缓存深度（即较低的队列时延），对时延敏感小流有益。但是，过低的ECN门限会影响吞吐敏感大流，限制了大流的带宽，无法满足大流业务的高吞吐率，如图13-44所示。

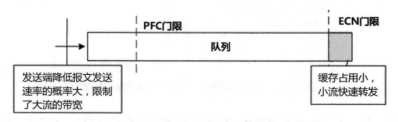

图 13-44　ECN 门限偏低的影响

ECN门限设置偏高时，可以延长触发ECN拥塞标记的时间，保障队列的突发吸收能力，满足吞吐敏感大流的流量带宽。但是，在队列拥塞时，由于缓存较大，会带来队列排队，引起较大的队列时延，对时延敏感小流无益，具体如图13-45所示。

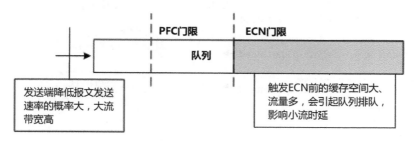

图 13-45　ECN 门限偏高的影响

其次，固定的ECN门限值无法应对Incast场景下的突发流量。

配置静态ECN时，为了保障无丢包，往往需要根据接入的最大链路带宽来设置ECN门限，然而对于高性能分布式应用，同一个交换机中的上下行队列容易出现N对1的Incast场景，ECN门限需要与PFC门限、缓存空间大小相配合，才能满足无丢包、低时延、高吞吐的需求。

以一个HPC高性能计算为例，在每次任务完成同步结果时，会出现图13-46所示的N对1的流量模型，此时全网无阻塞，只有leaf2向server2方向的出端口产生了一个3对1的Incast现象，在leaf2交换机的出端口处形成了拥塞，易产生丢包。

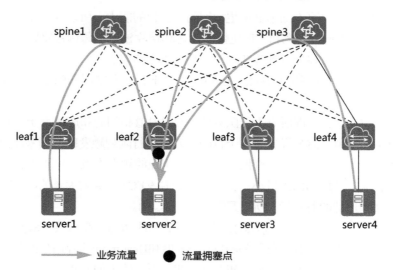

图 13-46　N 对 1 流量模型示例

为了避免拥塞丢包，leaf2上引入了拥塞控制机制：PFC功能和ECN功能，此时无损队列的PFC门限、ECN门限和缓存的关系如图13-47所示。

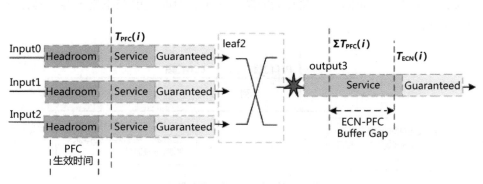

注：T 即 Threshold，阈值。

图 13-47　N 对 1 场景下 leaf2 中无损队列缓存

从图13-47中可以更清晰地获知队列缓存的作用。

- Guaranteed：用于保证队列最基本的转发能力，为每个优先级队列（包括无损和有损队列）提供最小可用缓存空间。为了使各队列不被其他队列占用，各个门限都不能低于Guaranteed的缓存大小。

- Service：用于保证队列的突发流量转发能力，当Guaranteed的缓存已不够用时，每个队列都可以使用Service中的缓存。Service的大小是扣除Guaranteed缓存和Headroom缓存后的剩余缓存。

- Headroom：用于保证在PFC生效期间不丢包的能力，所以其大小应该大于等于PFC生效时间，与PFC反压帧的发送和接收延迟、传输链路距离和链路带宽等有关，可以通过计算获取一个相对固定的值。

为确保无丢包及不影响吞吐，在N对1场景下，缓存空间和门限需要满足如下的配置要求。

- $\sum T_{\mathrm{PFC}}(i) > T_{\mathrm{ECN}}$，即所有上行队列的PFC门限值相加的和应该大于下行队列的ECN门限值，这样设置有两个目的：确保下行队列触发ECN拥塞标记之前，不会触发所有上行PFC流控，减少PFC流控的触发次数；由于下行队列的流量较大，若ECN门限过小，会导致频繁触发ECN，导致大量的CNP拥塞通知报文和过低的吞吐量，所以只需小于$\sum T_{\mathrm{PFC}}(i)$。

- $T_{\mathrm{OUT\text{-}Service}} > \sum(T_{\mathrm{PFC}}(i) + T_{\mathrm{HDRM}}(i))$，即下行队列的动态缓存门限（Service缓存门限）需要大于所有上行队列的PFC门限值和Headroom缓存门限的和，这样设置是为了确保所有上行触发PFC流控前，下行队列的缓存空间足够，不出现丢包。

- ECN-PFC Buffer Gap（ECN与PFC的缓存间隔大小）的取值需要合适，尽量确保其在从标记ECN到源端降速的时间差内（也即ECN的生效时间），流量不会触发PFC，可以让ECN优先解决拥塞，避免或降低PFC的触发。因而这个ECN-PFC Buffer Gap将影响PFC触发的频率。

可见，ECN门限的设置十分复杂，不仅与现网流量模型相关，而且与缓存空间、PFC门限之间相互影响、相互联系，传统的静态ECN门限配置显然很难满足要求。依据AI算法，智能无损网络提供了如下动态ECN门限功能。

通过对转发的网络流量进行分析，根据大小流占比的芯片状态数据（如队列深度、队列发送速率、芯片缓存利用率等）来动态调整无损队列的ECN门限值，在尽量避免触发网络PFC流控的同时，尽可能地兼顾时延敏感小流和吞吐敏感大流。小流占比高时，设置低ECN门限，保证多数小流的低时延性。大流占比高时，设置高ECN门限，保证多数大流的高吞吐量。图13-48示出了ECN门限设置和大小流的占比关系。

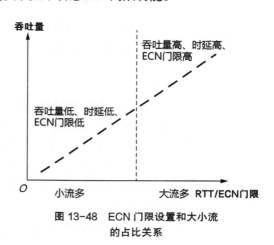

图 13-48 ECN 门限设置和大小流的占比关系

为了尽可能地保证无损业务不丢包转发，设备将根据从转发芯片实时获取的网络流量N对1的Incast值（N越大说明Incast值越大，对缓存产生的突发压力越大）来动态调整无损队列的ECN门限，在尽量避免触发网络PFC流控的同时，提高网络对Incast突发流量的承受力。Incast值高时，设置低ECN门限，保证队列低时延性，同时拉大ECN与PFC之间的缓存间隔（ECN-PFC Buffer Gap），减少PFC流控的触发。Incast值低时，设置高ECN门限，缩小ECN与PFC之间的缓存间隔，以保证队列的高吞吐量。图13-49示出了ECN门限设置和Incast值的关系。

通过VIQ功能和动态ECN门限功能的综合作用，面对复杂多样的流量模型，智能无损网络可以提供智能化的缓存空间和门限的设置方式，保证在不丢包的情况下尽量减少PFC的触发次数，最终实现：确保无损队列的剩余缓存空间足够，不会在PFC生效前在交换机内部发生丢包，同时有足够的缓存可以吸收突发流量，不会因突发拥塞而丢包；确保ECN的门限与PFC门限的取值合适，在保障吞吐和时延的前提下，在触发PFC反压使流量暂停发送之前，先触发ECN使流量降速发送，缓解拥塞，减少PFC触发次数。

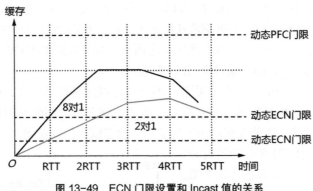

图 13-49　ECN 门限设置和 Incast 值的关系

（2）AI ECN门限功能

无损队列的动态ECN门限功能可以根据网络流量N对1的Incast值、大小流占比来动态调整无损队列的ECN门限，在尽量避免触发网络PFC流控的同时，尽可能地兼顾时延敏感小流和吞吐敏感大流。然而现网中的流量场景复杂多变，动态ECN门限功能并不能一一覆盖所有流量场景，无法帮助无损业务达到最优性能。而结合了AI算法的无损队列的AI ECN门限功能可以根据现网流量模型进行AI训练，对网络流量的变化进行预测，并且可以根据队列长度等流量特征调整ECN门限，进行队列的精确调度，保障整网的最优性能。

如图13-50所示，设备会对现网的流量特征进行采集并上送至AI业务组件。AI业务组件将根据预加载的流量模型文件智能地为无损队列设置最佳的ECN门限，保障无损队列的低时延和高吞吐量，从而让不同流量场景下的无损业务性能都能达到最佳。

设备内的转发芯片会对当前流量的特征进行采集，比如队列缓存占用率、带宽吞吐、当前的ECN门限配置等，然后通过Telemetry技术将网络流量实时状态信息推送给AI业务组件。

AI业务组件收到推送的流量状态信息后，将根据预加载的流量模型文件对当前的流量进行场景识别，判断当前的网络流量状态是否是已知场景。如果是已知场景，AI业务组件将从积累了大量的ECN门限配置记忆样本的流量模型文件中，推出与当前网络状态匹配的ECN门限配置。如果是未知的流量场景，AI业务组件将结合AI算法，在保障高带宽、低时延的前提下，对当前的ECN门限不断进行实时修正，最终计算出最优的ECN门限配置。

最后，AI业务组件将符合安全策略的最优ECN门限下发到设备中，调整无损队列的ECN门限。

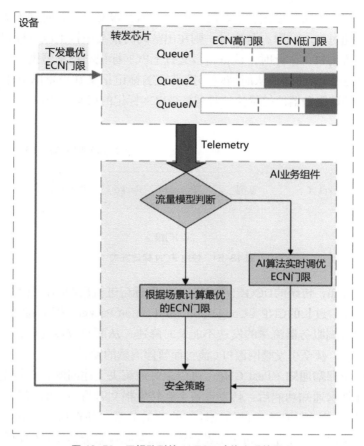

图 13-50　无损队列的 AI ECN 功能实现的原理

对于获得的新的流量状态，设备将重复进行上述操作，从而保障无损业务的最佳性能。

无损队列的AI ECN门限功能可以根据现网流量模型进行AI训练，对网络流量的变化进行预测，并且可以根据队列长度等流量特征调整ECN门限，进行队列的精确调度，保障无损业务的最优性能。

同时，与拥塞管理技术（队列调度技术）配合使用时，无损队列的AI ECN门限功能可以实现网络中TCP流量与RoCEv2流量的混合调度，在保障RoCEv2流量无损传输的同时实现低时延和高吞吐量。

（3）Fast ECN和Fast CNP功能

快速ECN拥塞标记（Fast ECN）可以很好地解决上述传统方式中的问题。它采用出队列标记方式进行ECN，从而缩短了从设备给报文打上ECN标记到设备将携带ECN标记的报文转发出去的时间。Fast ECN在报文出队列时判断队列已使用的缓存是否超过ECN门限，若超过，则在出队列的报文中打上ECN标记（将报文的ECN字段置为11）。此时，设备给报文打上ECN标记与设备将携带ECN标记的报文转发出去同步进行，从而缩短了携带ECN标记报文在设备队列中的转发时间，使得目的端服务器能够尽快地收到携带ECN标记的报文。图13-51示出了快速ECN标记方式。

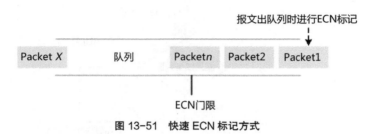

图 13-51　快速 ECN 标记方式

从前文可知，传统的DCQCN中对ECN拥塞标记进行反馈的设备是网络尾部的目的端服务器。过长的CNP（Congestion Notification Packet，拥塞通知包）拥塞反馈路径使得源端服务器流量的发送不能及时降速，从而导致转发设备缓存可能进一步拥塞恶化，甚至引发整网因PFC流控而暂停流量的发送。

快速CNP拥塞通知（Fast CNP）可以很好地解决上述问题。在转发设备上使能快速CNP拥塞通知功能后，转发设备会在转发报文时将报文的信息记录在流表表项中，建立流的源地址、目的地址间的映射关系，并在后续收到携带ECN拥塞标记的报文时，基于学习到的流表表项信息向源端服务器发送CNP拥塞通知报文，缩短了拥塞反馈路径，从而及时调整源端服务器的流速，缓解转发设备缓存的拥塞。

简单来说，快速CNP拥塞通知功能采用中间设备代替目的端服务器发送CNP报文。快速CNP拥塞通知方式的处理流程如图13-52所示。

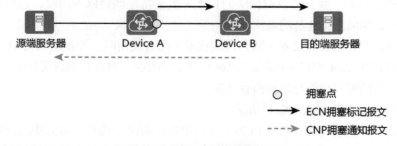

图 13-52　快速 CNP 拥塞通知方式

- 转发设备Device A发现端口存在拥塞，因此在转发报文时给报文携带ECN拥塞标记（ECN字段置为11），以标示网络中存在拥塞。
- 转发设备Device B收到携带ECN拥塞标记的报文后，发现报文中ECN字段为11，得知网络中存在拥塞，因此向源端服务器发送CNP拥塞通知报文，以通知源端服务器进行流量降速。
- 与此同时，转发设备Device B发现报文的目的地址不是本机，将报文转发给目的端服务器。

如图13-52所示，对于目的端服务器，收到携带ECN拥塞标记的报文，也会向源端发送CNP拥塞通知报文。对于Device A发出的同一份ECN拥塞标记报文，若Device B和目的端服务器都进行响应并向源端服务器发送CNP拥塞通知报文，则会引起源端服务器的流量降速过度。此时可以通过如下方法进行解决：关闭目的端服务器对ECN拥塞标记报文的响应功能，使得目的端服务器收到ECN拥塞标记报文后，不向源端服务器发送CNP拥塞通知报文；在Device B上设置发送CNP拥塞通知报文的聚合时间，这样Device B收到下游发送的CNP拥塞通知报文时，会判断与其上一次发送CNP拥塞通知报文的时间差，若小于聚合时间，则丢弃从下游收到的CNP拥塞通知报文。

4. 网络拥塞控制：负载均衡技术优化

由前文可知，网络拥塞可以分为Incast流量引起的拥塞和流量调度不均引起的拥塞。

实际上无损数据中心网络中流量调度不均的原因主要有两个：一是通过报文特征字段进行流量选择的简单粗暴的逐流负载分担方式，容易引起等价多路径冲突；二是网络中小流和大流交替分布，大流容易把小流堵住，大流产生的等价多路径冲突后果更严重。

AI Fabric针对上述两个问题也提出了解决文案，结合后台AI算法，使全网流量可以真正做到负载均衡。

（1）动态负载分担

传统的静态哈希方式的逐流负载分担，可以看作基于Flow的负载分担。Flow是指一组具有相同特征字段的数据包。为避免报文乱序，同样的流选择相同路径，不管流的带宽大小如何，如图13-53所示。

图 13-53　基于流的负载分担

然而，智能无损网络里相当一部分的流是突发流量，其特征是：同样的流，但由一段段的突发组成。显然，当两个突发之间的时间间隔大于路径间的时延差时，就可让新的一段突发重新选路而不会引起乱序。

一段突发称为"Flowlet"，Flowlet内的各个报文时间间隔会小于路径间的时延差，因此该段突发仍会选择同样的路径，以保证Flowlet内的各报文顺序不乱，如图13-54所示。

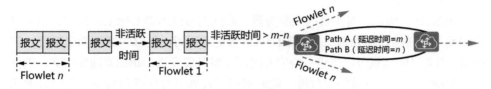

图 13-54   Flowlet 示意

对应智能无损网络里的大流，就可以利用Flowlet识别，将大流"切割"成多个"小流"，防止大流对所选链路的带宽冲击，以Flowlet来选路，更加平衡各链路间的负载，如图13-55所示。

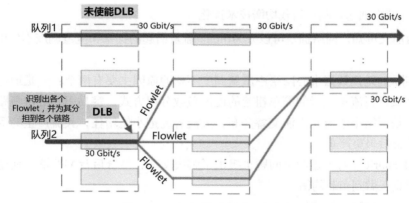

图 13-55   大流"切割"成多个小流

转发芯片需要记录各个Flowlet所选择的成员链路，以便该Flowlet后面的报文仍选择同样的链路发送出去，确保顺序不乱。因此，转发芯片需要支持Flowlet流表的学习和老化，并记录各个Flow的不同报文间的进入时间戳，以便区分出不同的Flowlet。

与此同时，为了度量各个链路的拥塞状况，转发芯片需要基于各端口的缓存长度、端口带宽利用率等，来量化出各端口的"质量"。每当为Flowlet选链路时，选择"质量"最好、拥塞最轻的链路来发送Flowlet报文，如图13-56所示。

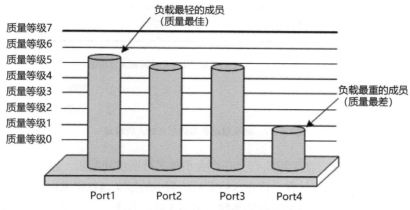

图 13-56 转发芯片基于链路质量选路

负载分担这种根据拥塞程度来"动态"选择链路的方式，使得各链路利用更均衡，从而能提升应用的FCT、吞吐量等性能。

智能无损网络里，高性能计算应用一般都是小流，谈不上Flowlet。分布式存储应用的大流也不一定出现能分割成多个Flowlet的时间间隔（可通过网卡配合"切分"出Flowlet）。对这些分布式应用的流量，基于Flowlet的负载分担就退化为基于Flow的动态负载分担。为了更好地使负载均衡，需要基于RDMA流量的IB.BTH头字段参与哈希学习Flow动态负载。

（2）无损队列的大小流区分调度

在设备上，每个接口的出方向都拥有8个队列，其队列索引分别为0～7，其中0号队列优先级最低，7号队列优先级最高。通常情况下，设备按照队列优先级的高低顺序对不同队列中的报文进行PQ（Priority Queue，优先队列）调度，按照FIFO（First In First Out，先进先出）的策略对同一队列中的报文进行转发。

队列中转发报文的识别参数（例如报文的速率、长度等）大小不一，高于识别参数的报文称为大流，低于识别参数的报文称为小流。

如图13-57所示，在无损队列存在大流、小流混合的情况下，当队列发生拥塞时，会因为大流引起的过深的队列长度使得小流的队列时延加大，从而导致时延敏感小流的流FCT大大增加。更严重时，大流会把队列堵满，后面的小流会因为进入不了队列而丢包。

无损队列的大小流区分调度功能可以很好地解决上述问题。使能无损队列的大小流区分调度功能后，设备会根据大流识别参数，来区分队列中的大流和小流，优先调度小流的报文，使得小流的时延不受大流的影响，从而保障小流的FCT。

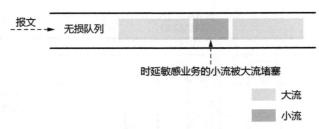

图13-57 时延敏感业务的报文被大流堵塞

如图13-58所示,在无损队列上开启大小流区分调度功能后,设备按照如下方式对队列中的报文进行处理。首先,将无损队列中的报文信息记录在流表表项中,并基于流表表项内容按照大流识别参数识别出大流。其次,对识别出的大流,降低优先级,到低优先级队列进行转发;对于小流,仍然保持其在原始优先级的队列进行转发。最后,后续进入队列的报文,若为已识别出的大流,则降低优先级,在低优先级队列中进行转发;若不是已识别出的大流,则重复上面的步骤进行处理。

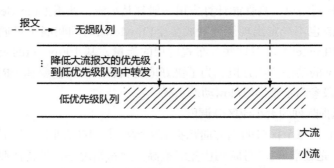

图13-58 无损队列大小流区分调度实现原理

13.6.2 智能无损网络的应用

智能无损网络目前主要应用于以下业务场景。

1. 高性能计算场景:HPC

构建高性能计算系统的主要目的就是提高运算速度,使其达到每秒万亿次级别的计算速度。这类机群主要解决大规模科学问题的计算和海量数据的处理,如科学研究、气象预报、计算模拟、军事研究、生物制药、基因测序、图像处理等。这些场景主要有以下特点。

- HPC并行计算把单个任务拆分为多个子任务并行处理,以提高计算效率,因此随着服务器计算能力的不断提升,网络性能的压力也随之加大,计算节点间的通信等待时间占任务总时长比重过高，影响并行计算总的任务完成时间。智能无损网络需要重点保障HPC场景的低时延效果，减少任务完成时的通信等待时间。

- HPC并行计算时，由于服务器工作模式基本类似，流量模型大多为N对N的Incast流量；每次任务同步结果时，流量模型是N对1的Incast流量。
- HPC场景大多使用CPU芯片进行计算，服务器规模较大，通常使用100GE接入Leaf交换机，由于更注重低时延的效果，可以采用单归接入。

2. 分布式存储场景

传统的网络存储系统采用集中的存储服务器存放所有数据，存储服务器成为系统性能的瓶颈，也是可靠性和安全性的焦点，不能满足大规模存储应用的需要。分布式网络存储系统采用可扩展的系统结构，将数据分散存储在多台独立的设备上，利用多台存储服务器分担存储负荷，被广泛应用于前后端网络。分布式存储场景主要有以下特点。

- 分布式存储场景中，一个文件被分发到多个服务器的存储中，以进行文件的读写加速和冗余备份。随着存储性能的不断提升，网络压力也随之加大，影响分布式存储系统吞吐性能的提升，智能无损网络需要重点保障分布式存储场景的高吞吐效果。
- 应用将原始数据和备份数据写入多个服务器时，会产生1对N的Incast流量；应用请求读取文件时，会并发访问多个服务器的不同数据部分，每次读取数据汇聚到交换机时的流量模型为N对1的Incast流量。
- 由于业界在分布式存储系统中大多采用标准字节的流量进行通信，所以网络中相同大小的流量较多。
- 分布式存储系统内有计算节点和存储节点，节点数量按业务的需要部署，通常情况下计算和存储的节点数量按3：1部署。存储性能主要依赖于NVMe固态硬盘，对计算性能的要求不高，服务器数量规模在几十到几千不等，一般使用25GE接入Leaf交换机。为了保障吞吐性能，建议采用M-LAG双归接入。

3. 人工智能场景：分布式AI训练

AI是研究、开发用于模拟、延伸和扩展人的智能的技术科学。AI应用包括机器人、语音识别、图片识别、自动驾驶、智能推荐等。AI中最重要的就是深度学习算法。深度学习算法是计算密集的迭代式浮点运算，通过多层的神经网络对大量样本进行特性提取，并通过参数的不断调整、不断学习，先训练，后推理。为了提高深度计算的能力，通常采用分布式节点进行AI训练，分布式AI训练性能可以用加速比来衡量，其中加速比指N个节点整体性能相对单个节点性能乘以N倍的百分比。人工智能场景主要有以下特点。

- 分布式AI训练每轮迭代同步结果时的流量模型为N对1的Incast流量，每个迭代期间的突发流量数量和参数数量正相关。随着计算能力和存储性能的提高，AI训练的压力激增，网络设备对Incast流量的承受度也需要提高。
- AI场景对计算性能要求很高，主要使用GPU芯片甚至专门的AI芯片进行计算，服务器规模相对较小。
- 大规模场景下，分布式AI训练性能受限于网络传输次数和时延，需要平衡好吞吐量（带宽）和时延之间的关系，通过提高吞吐量和降低时延保证加速比。

13.7　智能无损网络的未来：拥抱变化，走在前沿

13.7.1　AI 时代新浪潮对数据中心网络的新诉求

随着越来越多的企业利用AI助力决策、重塑商业模式与生态系统、重建客户体验，计算机存储作为AI发展的核心驱动也迎来了一个又一个新浪潮。

AI时代，计算的发展是全方位的，无论是处理器、处理器通信模式乃至计算架构，都在经历着日新月异的变化。

1. 大规模AI计算需要高性能计算网络

13.2节已经介绍过，随着CPU发展为GPU，计算性能得到极大的提高，然而GPU间的通信时间却随着GPU节点数量的增加而不断增加，最终将导致昂贵的GPU有大半时间在等待模型参数的通信同步。造成这一现象的主要原因之一是小规模AI计算中通常采用PS（Parameter Server，参数服务器）模式，如图13-59所示，网络中少量节点会用作PS，聚合、计算其他worker服务器同步过来的参数（梯度），造成Incast现象。

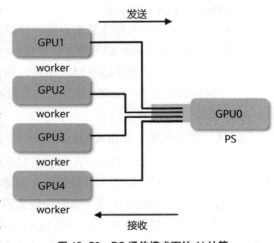

图 13-59　PS 通信模式下的 AI 计算

　　为了避免出现Incast现象，目前大规模AI计算一般采用Ring-allreduce模式进行GPU间的通信，如图13-60所示。在Ring-allreduce体系结构中，每次迭代，每个工作设备都会读取并计算模型中属于自己的那一部分，将梯度发送到环上的后继邻居节点，并从环上的上一个邻居节点接收梯度。对于具有N个worker的环，所有worker都需要收集到经过其他worker的$N-1$个梯度信息之后，才能够计算新模型的梯度。

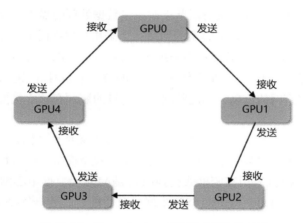

图 13-60　Ring-allreduce 通信模式下的 AI 计算

　　Ring-allreduce可以确保每个主机上可用的上行和下行网络带宽得到充分利用，而不像PS模型存在大量空闲等待的GPU。Ring-allreduce还可以实现深层神经网络中较低层的梯度计算与高层梯度的传输并行，从而进一步减少训练时间。但是显然，这种汇聚和同步机制基于服务器GPU的计算结果，时间开销与服务器节点数目相关，当服务器节点规模较大时，将会造成较大的时延。

　　在这种情况下，一些小流较多的、时延敏感的业务，比如HPC，对网络的性能提出了要求：能通过交换机侧的在网计算进行信息的汇聚和同步，提升通信性能，构建高性能的计算网络，从而可以减少服务器规模的影响，加快计算完成时间。

2. CPU的多核化需要大容量网络

　　摩尔定律问世40余年来，人们已看到半导体芯片制造工艺水平以一种令人目眩的速度在提高，Intel微处理器的最高主频（CPU Clock Speed，CPU内核工作的时钟频率）甚至超过了4 GHz。虽然主频的提升一定程度上提高了程序运行效率，但越来越多的问题也随之出现，耗电、散热都成为阻碍设计的瓶颈所在，芯片成本也相应提高。当单独依靠提高主频已不能实现性能的高效率时，多核化成了提高CPU性能的唯一出路。

　　基于多核处理器，在应用开发中利用并行编程技术，可以实现最佳的性能和最大的吞吐量，极大地提高了应用程序的运行效率。目前CPU核数已发展到超过100，根据阿姆达尔定律，1 MHz的计算将产生1 Mbit/s的吞吐率，而对于一个64核的2.5 GHz服务器，就需要满足100 Gbit/s的吞吐率。

高吞吐率驱动了服务器网卡速率的发展，目前甚至已经出现了200G的网卡。市场调研机构Dell'Oro Group的调查显示，25G、50G、100G类型的网卡市场占比在逐年增大。

基于AI时代使用大规模服务器节点对海量数据处理的需求，随着服务器网卡速率的飞速发展，急需一个大容量的网络：当采用100G网卡的时候，5万台服务器就需要整网5 Pbit的交换容量；当采用200G网卡的时候，5万台服务器需要整网10 Pbit的交换容量。图13-61所示为一个典型的数据中心网络三层Clos架构，核心交换机处会汇聚整网的流量，因此整网交换容量的瓶颈在核心交换机处，可以按照以下公式计算：

$$整网交换容量=核心交换机数量×核心交换机单机容量$$

部分互联网企业的数据中心中，全网采用盒式交换机，设备数量大，管理复杂度高。核心交换机采用高密框式交换机将是AI时代数据中心网络的趋势。智能无损网络推出的CloudEngine 16800系列AI交换机，正是一个400GE高密框式交换机。

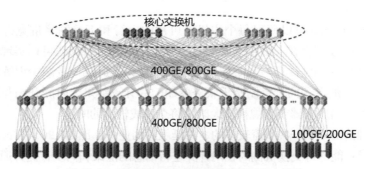

图13-61　大规模高速率服务器下的数据中心网络

需要注意的是，一个大容量的网络，必然意味着大规模、高速率的网络，若只依赖大容量交换机，那么在缓存有限的情况下，网络中会出现不可忽略的动态时延。因此，大容量网络也必须是一个低时延、高带宽的高性能网络。

3. 计算Serverless化需要高性能容器网络

传统服务器虚拟化技术是把一台物理服务器虚拟化成多台逻辑服务器，这种逻辑服务器被称为虚拟机。通过服务器虚拟化，理论上可以有效地提高服务器的利用率，降低能源消耗，降低客户的运维成本。但是传统虚拟化技术每个实例都要虚拟出一套OS的硬件支持，当一台终端设备开启多个虚拟机的时候，这些硬件虚拟无疑是重复的，且占用了大量终端设备的资源。

　　容器技术应运而生，如图13-62所示，容器技术不是在OS外建立虚拟环境，而是在OS内的核心系统层打造虚拟执行环境，通过共享Host OS的做法，取代每一个Guest OS的功用。容器也因此被称为OS层的虚拟化技术。这种轻量级的容器技术可更高效地使用终端设备的内核和硬件资源，并且提高服务器的启动速度。

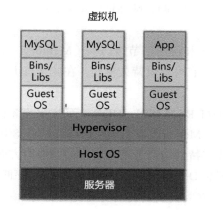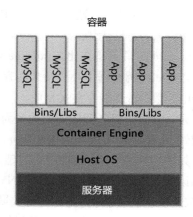

图 13-62　虚拟化技术和容器技术的对比

　　Serverless计算是一种新兴的软件架构模式，让企业采用一种以应用为中心的Serverless计算方法，管理API和SLA，而不需要配置和管理基础设施。Serverless并不意味着无服务器，事实上，服务器依然存在，但服务提供商负责配置和扩展运行环境所需要的全部底层资源。从部署运维形态角度来说，Serverless具有无须关注底层执行环境的优势。

　　容器的轻量级、快速启动和易打包非常适合构建Serverless架构要求的大规模集群分布式系统，承载数据中心内的AI应用。而容器技术更多地关注"轻量化"本身，主要定义了基本的网络连通性，其他方面仍然不够成熟。为了更好地服务Serverless架构下的大规模集群分布式系统，计算Serverless化需要的是一个具有低时延、高吞吐特征的高性能容器网络。

　　在过去的很长一段时间内，CPU的发展速度是普通机械硬盘的几十万倍，这对低速的存储介质磁盘来说，网络时延带来的影响相对不明显。然而AI时代，高性能分布式应用的出现促进了存储的飞速发展，网络时延的影响也凸显出来。

4. SCM介质的出现需要极低时延网络

　　SSD在企业级存储得到广泛应用，相比传统的HDD，它的延迟显著减小，性能和可靠性都有显著提高。SSD存储介质和接口技术一直不断向前发展和演进。

直到NVMe出现才统一了接口协议标准，正如13.2节所介绍的，对于采用NVMe接口协议的SSD（简称NVM介质），其访问性能相比HDD甚至可以提升10 000倍。NVM的出现虽然使接口标准和数据传输效率得到了跨越式的提升，但是存储介质目前主流还是基于NAND Flash存储器实现。

Intel/Micron发布的3D XPoint首次将NVMe和SCM（Storage Class Memory，储存级内存）结合，Intel发布的Optane（傲腾）SSD 900P最高连续读取速度为2500 MB/s，连续写入速度为2000 MB/s。实践证明，NVMe和SCM介质配对时才会显现更大的存储优势。

SCM同时具备持久化（Storage Class）和快速字节级访问（Memory）的特点。以Intel傲腾数据中心级持久内存为例，它可提供持久模式，在此状态下，即使断电，数据依然能存在SCM中。

另一方面，服务器传统架构多为CPU+DRAM+SSD+HDD，而SCM的综合性能则处于DRAM（Dynamic Random Access Memory，动态随机存储器）与SSD之间，如图13-63所示，其性能、时延及成本特性均介于二者之间：在性能方面，SCM读取速度低于内存，但远高于NVME SSD；在低延迟方面，SCM比内存低2～3个数量级，但仍比SSD高2～3个数量级，SCM介质的访问时延普遍小于1 μs。这使得企业通过扩展内存提升业务运行效率成为可能，同时获得成本优势。然而现有的跨CPU间内存访问受限于网络时延，无法充分发挥SCM介质优点，这对网络的极低时延提出了要求。

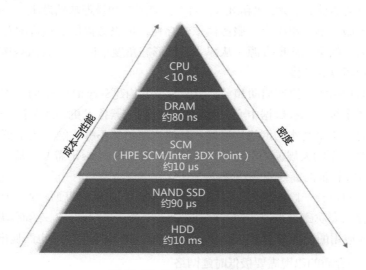

图13-63　存储介质性能金字塔

5. 存储主流Server SAN需要低时延、高带宽网络

Server SAN简单来说是由多个独立的服务器直连存储组成的一个存储资源池，因此有着良好的性价比和扩展性，资源池之间可实现高速互联，通过软件进行统一管理。Server SAN可以用标准的X86服务器、高速通用网络来实现，省去了专用设备和网络成本，为企业提供了一个更高的性价比。同时，Server SAN架构集合了hyperscale、融合和闪存等技术优势，计算和存储可以共享网络。

Server SAN存储目前主要在互联网公司应用，如Amazon、Facebook、Google、Alibaba、Baidu、Tencent等互联网公司，但Server SAN也已经逐渐进入了企业的数据中心应用场景。

Server SAN的网络相比于传统存储网络具有更高的要求，如在时延和带宽上，要能够配合存储的需求，加快处理器到存储服务器的访问速度。同时，大型的网络企业更多地还是希望能够利用现有的低成本的网络技术，来解决网络传输过程中遇到的性能瓶颈问题。

6. Memory Fabric需要高性能网络

AI时代，计算海量数据依赖于GPU等异构计算，需要大量的内存资源。然而随着CPU核数的快速增长，DRAM的增速却较慢，分配给每个CPU核的内存数量在持续减少。与此同时，实际使用的内存和分配的内存之间也一直存在着30%的差值。

如图13-64所示，重新引入了Resource Disaggregation（资源解构）DCN的概念，在传统的DCN中联结"CPU+RAM+DISK+GPU+…"的单机，然后通过网络联结多机的分布式系统结构，解构为通过一个统一的网络连接方式来实现的"$n *$ CPU+$m *$ GPU+…+$x *$ Memory+$y *$ Storage"统一架构。

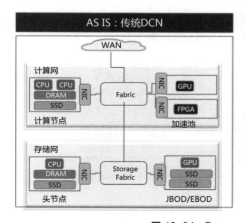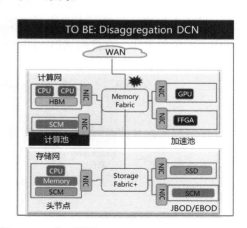

图13-64　Resource Disaggregation DCN

同时，SCM介质的出现将内存架构从传统的DRAM演进为HBM（High Bandwidth Memory，高带宽存储器）+SCM的二级架构，这些都支撑了Memory Fabric（内存资源池）的构建，大幅提升了应用性能。

基于Memory Fabric，为了消除基于内存引起的延时，最简单、最高效和最具成本效益的策略就是部署IMC（In-Memory Computing，内存计算）平台。根据Gartner公司预测，IMC将在2021年成为主流，其基于跨分布式计算集群的大规模并行处理，共享集群中的所有可用内存和CPU能力。与直接在基于磁盘的数据库上构建的应用程序相比，IMC平台的处理速度可提高1000倍或更多。

为了支撑Memory Fabric，对高性能网络的构建提出了要求：一方面，需要一个具有大规模"确定性时延"的网络，即网络性能可预测，保障网络极低时延；另一方面，需要高带宽网络，保障内存资源池的高吞吐。

13.7.2　智能无损网络的发展方向：构建 Everthing over RDMA 新生态

随着AI时代新浪潮的涌动，计算和存储的飞速发展对低时延、高吞吐的高性能网络的需求将一直伴随整个AI时代的前进。与此同时，从云计算时代发展到AI时代，企业应用云化已经进行得如火如荼，应用从专网发展到通用应用、云上应用，已经是个不争的事实。在13.3节中已经提到过，通过RDMA协议代替TCP/IP将有效降低时延和CPU利用率。可以预测，为了为用户带来极速体验，为了让网络跟上计算和存储的飞速发展，通用应用、云上应用都将会采用RDMA协议来承载，最终构建一个Everthing over RDMA的新生态。

如图13-65所示，面对AI时代的发展趋势，AI Fabric将致力于攻克从专网到通用应用再到云上应用的技术难点，通过使用低成本的以太网承载RDMA的RoCE协议，助力大规模AI计算、CPU的多核化、计算Serverless化、存储的Server SAN化和内存的资源池化，支撑构建Everything over RDMA的新生态。

图 13-65　智能无损网络应用拓展

1．专网应用发展现状

目前RDMA主要用在专网中，比如AI Fabric当前主打的三大专网应用为分布式存储、AI人工智能和HPC高性能计算。一般专网应用的服务器节点规模较小，任务并行度低，Incast主要由多个独立的任务冲突造成，关注的是平均时延。

因此，在专网应用中，AI Fabric致力于实现PoD内和PoD间的无丢包、高吞吐和降低平均时延，目前通过内嵌AI芯片的CloudEngine交换机、支持RoCEv2的智能网卡和智能分析平台FabricInsight提供了下列功能，具体内容见13.6节和13.7节查看。

- 网络流量控制：AI Fabric基于PFC功能，提供了VIQ、PFC死锁监控和避免功能，解决瞬时拥塞的情况。
- 网络拥塞控制：AI Fabric提供了动态ECN门限功能，可以根据大流与小流占比、Incast并发程度、链路带宽等动态调整ECN门限，并且通过Fast ECN和Fast CNP功能解决DCQCN控制回路时延的问题，先于PFC功能缓解网络拥塞状况，降低平均时延。同时通过动态负载分担和大小流区分调度功能，结合后台AI算法，使全网流量可以真正做到负载均衡。
- 智能运维：基于FabricInsight平台，交换机通过RoCEv2智能流量分析功能和Telemetry功能，让网络流量和状态可视，可以实现1 min内进行故障发现和处理。

2．通用应用发展目标

当应用发展到通用应用，业务将聚焦于在线数据密集型服务，如大数据计算、在线搜索等，需要对高速率涌进的请求立即做出回答。对此，时延是一个关键问题，终端的用户体验高度依赖于系统的响应，即使是一个低于1 s的适度时延也会影响用户体验。

为了处理时延问题，在线数据密集型服务将单个请求同时分配在大规模服务器上，对于一个在线搜索业务，服务器数量一般可以达到1万台以上的规模，任务并行度很高。Incast现象除了由多个独立的任务冲突造成之外，还会由单个任务分解的多个子任务冲突造成，整体JCT（Job Completion Time，任务完成时间）容易受尾部时延影响。

因此，在通用应用中，基于现有的方案和能力，AI Fabric将更多地致力于解决尾部时延的问题，构造一个具有确定性时延的网络，尽可能降低大规模通用应用的时延，提高应用吞吐量，保障通用应用性能，主要包括如下功能。

- AI ECN功能：可以根据队列长度等流量特征调整ECN门限，进行队列的精确调度，并且与AI算法相结合，根据现网流量模型进行AI训练，对网络流量的变化进行预测，保障整网的最优性能。

- 主动拥塞控制：AI Fabric将从以网卡为中心的被动拥塞控制，转向以网络为中心的主动拥塞控制方法，解决全网拥塞问题，释放网卡资源。通过对网络状态进行识别，根据网络中的并发流速率，基于AI芯片，主动控制发送端的流量发送速率，支撑构建确定性时延网络。值得注意的是，AI ECN等被动拥塞控制功能和主动拥塞控制功能并不是两类互斥的技术，它们存在优势互补，通过结合使用，才能满足大规模在线密集型计算的业务需求。
- 在网计算：在通用应用中，为了进一步提高应用性能，AI Fabric还将提供以太网交换机侧的在网计算功能，交换机在收到服务器集合通信报文后并不是直接转发，而是先缓存报文，对报文进行内部计算后，用本地计算结果替换集合通信报文中的数据，再转发出去。对于具有大规模服务器的通用应用，让交换机承担信息的汇聚和同步的职责，将极大地减小网络时延。

3. 云上应用发展目标

一旦RDMA业务从通用发展到云上，由于使用云作为决策源和信息源的系统先天性地拥有一大部分不可避免的时延，这给数据中心的内部响应期限带来更大的压力，除了保证低时延和高吞吐以外，还需要提供日常运维性能管理和SLA监测。

因此，AI Fabric除了大力发展上述技术以外，还将致力于提供监控和管理网络性能及流量、故障自恢复的技术。

- RoCE动态调优：通过网络全流可视，对关键业务流进行智能调控和实时调优。
- RoCE故障运维：基于RoCEv2智能流量分析功能，通过FabricInsight，可以实现1 min故障发现、3 min故障定位、5 min故障自恢复。

在Everthing over RDMA的新生态下，智能无损网络通过从专网应用发展到云上应用，为每个阶段的业务提供无丢包、低时延、高吞吐的高性能网络，从而紧跟计算和存储的飞速发展的步伐，接受新技术对数据中心网络的考验。

以人工智能为引擎的第四次技术革命正将我们带入一个万物感知、万物互联、万物智能的智能世界。随着HPC、AI和分布式存储等高性能分布式应用的日益广泛，低时延、高吞吐量、无丢包的网络对实现所需的业务结果至关重要，传统网络对性能的影响成为瓶颈。AI时代的数据中心网络必须具有容错能力，并且提供大规模网络的低时延能力，这可以为企业带来巨大的潜在好处。传统的无损网络技术，如InfiniBand和传统的融合以太网，已经不再是支持AI应用的唯一解决方案，实际上也不再是最佳的选择。智能无损网络将RoCEv2、iLossLess拥塞控制等新兴技术与智能调度和实时监控相结合，为构建大规模的低时延、高吞吐、无丢包的以太网数据中心提供了性价比更高的方案。

作为一个面向AI时代的智能无损数据中心网络解决方案，其将不断创新并拥抱新技术、新概念，为高性能分布式应用带来极速体验。

第 14 章
云数据中心网络解决方案的组件

华为提供了建设云数据中心的成熟方案和组件。本章重点介绍以下组件及其功能特点：CloudEngine数据中心交换机、CloudEngine虚拟交换机、HiSecEngine系列防火墙、iMaster NCE-Fabric数据中心SDN控制器、SecoManager数据中心安全控制器。

14.1 CloudEngine 数据中心交换机

本节主要介绍华为CloudEngine数据中心交换机，它是构建云数据中心网络解决方案的基石，承担着网络中最重要的流量转发工作。从大的分类上看，CloudEngine数据中心交换机可以分为物理（硬件）交换机和虚拟（软件）交换机。下面首先介绍CloudEngine数据中心的物理交换机。

14.1.1 简介

CloudEngine数据中心交换机是华为推出的专门面向数据中心场景的高性能交换机。在云计算时代，数据中心网络面临着多种多样的挑战，CloudEngine数据中心交换机旨在提供构建弹性、虚拟、敏捷、智能和高品质网络的能力，为用户构建云数据中心网络提供坚实的基础。

在本书的第3章中，我们已经总结了当前云数据中心网络面临的几个挑战：大数据需要大管道、网络需要池化与自动化、安全需要服务化部署以及网络需提供可靠基石、数据中心网络运维需要智能化。下面主要介绍CloudEngine数据中心交换机是如何应对其中一些挑战的。

1. 应对大数据需要大管道

随着大数据、智慧城市、移动互联网、云计算等业务的快速发展，网络流量每年呈指数增长，这就要求数据中心交换机的网络容量可弹性扩展，以应对未来可见的网络容量的扩展需求。同时，服务器接入带宽已经普遍提升到10GE，并且在向25GE的方向发展，网络普遍采用100GE端口作为上行接口，并很快要演进到400GE上行。CloudEngine数据中心交换机支持从25 Gbit/s、100 Gbit/s 到400 Gbit/s的平滑演进，可以满足用户未来对于网络扩容的诉求。关于25 Gbit/s、100 Gbit/s到400 Gbit/s的演进，我们将在14.1.2节进行详细介绍。

2. 应对网络需要池化与自动化

云数据中心需要构建大资源池，网络也需要进行资源池化，以满足对计算资源、存储资源的弹性调度需求。同时，云计算时代业务更新迅速，网络的自动化部署能力影响着业务能否弹性上线。

针对网络资源池化，云数据中心网络逐渐从传统网络向虚拟网络演进，这就要求数据中心交换机支持丰富的虚拟化技术。虚拟化技术可分为设备虚拟化和网络虚拟化两个维度，设备虚拟化主要体现在对网络中单节点的可靠性、链路利用率等维度的优化上，如CloudEngine数据中心交换机支持的VS（设备一虚多，一台物理设备虚拟成多台逻辑设备）、CSS/iStack（设备多虚一，具体见第4章）及M-LAG（跨设备链路聚合，具体见第4章）。网络虚拟化主要体现在通过在传统物理网络之上构建一层虚拟的Overlay网络来实现对业务服务的逻辑网络和物理网络解耦，实现网络资源的灵活分配和资源池化。网络虚拟化的典型技术如CloudEngine数据中心交换机支持的VXLAN BGP EVPN技术，本书第7章对该技术进行了详细介绍。同时，随着IPv4地址的枯竭，向IPv6的演进也势在必行，CloudEngine数据中心交换机支持基于IPv6的VXLAN技术，对于IPv6 环境下VXLAN的应用及IPv4 VXLAN 如何演进到IPv6，我们将在14.1.2节中进行讲解。

针对网络的自动化部署，也可以分两个维度进行分析。由于云数据中心网络的物理网络和逻辑网络是解耦的，网络的自动化部署可以分为物理网络业务（如接口、IP、路由等）自动化部署和逻辑网络业务（如VXLAN、租户VRF等）自动化部署。针对物理网络业务的自动化部署，对数据中心交换机来说，一般会要求交换机摒弃传统的手工配置下发的模式，通过外部工具调用交换机接口进行配置的自动化下发，CloudEngine数据中心交换机提供了基于Python的ZTP功能，通过调用设备的RESTCONF接口，对设备进行自动化的配置下发。针对逻辑网络业务的自动化部署，当前普遍会通过SDN控制器或一些第三方工具对逻辑网络进行编排。对交换机本身来说，首先，需要开放 API，以对接各类管理设备；其次，需要支持一些标准的网络模型，如标准的NSH和Segment Routing等。CloudEngine数据中心交换机支持标准的NSH、Segment Routing，同时开放API支持和各类SDN控制器（如华为iMaster NCE-Fabric、VMware）及第三方工具（如Devops）对接。

3. 应对网络需提供可靠基石

高可靠性更多强调的是物理的稳定性。就云数据中心网络而言，主要包括设备级高可靠、网络层高可靠以及控制器的高可靠。针对数据中心交换机，其主要关注的是设备的可靠性及对网络层高可靠方案的支持。

设备级高可靠主要体现为单设备硬件设计的高可靠及软件设计的高可靠，针对硬件设计的高可靠，CloudEngine数据中心交换机采用的是全正交架构，背板零走线，同时采用了严格的前后风道设计，支持信元交换和VOQ机制实现无阻塞交换。同时，传统的双主控、双电源、转控分离等硬件可靠性机制也应用于CloudEngine数据中心交换机上。针对软件设计的高可靠，CloudEngine数据中心交换机支持丰富的可靠性和安全性特性，如CPU防攻击、GR（Graceful Restart，优雅重启）、BFD快速检测等。

高可靠的网络方案主要包括交换网络的高可靠设计和分布式网络方案，为计算、存储以及L4～L7业务设备提供可靠的网关。交换网络的高可靠设计主要体现为冗余接入、网络无环化、ECMP、单节点的可靠性等。冗余接入当前主要是通过虚拟机框类技术或跨设备链路聚合技术来实现，无环化和ECMP主要依赖Underlay网络的路由设计及Overlay网络的VXLAN技术，单节点可靠性可以通过虚拟机框类技术来支持。另外，由于当前普遍采用VXLAN BGP EVPN构建逻辑网络，设备也需要支持分布式VXLAN网关为计算存储 VAS设备提供可靠的网关。数据中心交换机需要支持上述这些技术来支撑网络方案的高可靠设计。CloudEngine数据中心交换机支持最大128路 ECMP负载分担，同时支持堆叠/iStack、M-LAG以及VXLAN BGP EVPN分布式网关。

4. 应对数据中心网络运维需要智能化

随着云数据中心网络的规模、流量及网元数量的激增，网络的运维也在朝着智能化的方向演进。CloudEngine数据中心交换机对此进行了以下探索。

- 亚秒级的高精度订阅式采集：在传统网络中，网络信息的采集一般通过SNMP来实现，采集轮询周期通常在分钟级，且一次采集任务需要多次交互，效率较差。分钟级的轮询周期无法识别一些微突发的流量及丢包，影响了一些对网络敏感的业务，比如视频、在线游戏等。所以当前基于gRPC接口的Telemetry技术被应用到数据中心网络信息采集上，Telemetry技术支持亚秒级的采集轮询周期，且可以将多次任务合并处理，效率较高。CloudEngine数据中心交换机支持Telemetry技术，我们将在技术亮点部分对Telemetry技术进行详细介绍。
- 全路径探测及实时监控：在路径探测方面，传统数据中心网络针对链路故障、丢包等问题，往往采用Ping、Trace等探测手段人工进行故障定位和排查，而通过和SDN控制器配合，CloudEngine数据中心交换机可以实现全路径探测功能，由控制器模拟业务报文下发给交换机，进行全网的路径探测，并输出全网路径热力图，快速定位故障并了解网络状况。另外，针对真实的业务报文，也可以通过IPCA技术进行真实业务故障的精准定位，并与控制器配合实现可视化的实时监控。

14.1.2 技术亮点

除了传统 TCP/IP协议栈的一些技术，如二三层路由交换、网络管理运维等基础技术外，CloudEngine数据中心交换机支持或正在规划一些面向未来2～10年数据中心网络发展趋势的关键技术，如以太网400GE标准、新一代数据中心网络监控技术Telemetry技术等。本节中不再赘述传统的TCP/IP协议栈，而将重点对上述一些读者不太熟悉的技术或标准进行说明。

14.1.2.1 25GE、100GE、400GE 演进

以太网的发展经历了1 Mbit/s、10 Mbit/s、100 Mbit/s（FE）、1 Gbit/s（GE）、10 Gbit/s（10GE）到40 Gbit/s（40GE）、100 Gbit/s（100GE）的迅速变迁。但随着大数据、智慧城市、移动互联网、云计算等业务的快速发展，网络流量已经呈指数增长。对带宽持续增长的渴求驱使着相关标准化组织在完善当前标准的同时，向着更高的目标挺进。

当前主流数据中心网络的物理组网普遍采用Spine-Leaf架构，如图14-1所示，通常以10GE接口作为接入侧与服务器对接，Leaf侧的上行链路则普遍采用40GE接口。

在为了适应业务需求量的增大，将主干交换机迁移至100GE时，服务器的性能可以轻松跟上。随着服务器终端性能的不断提升，一台中端x86的服务器的网络吞吐量可以轻松达到20 Gbit/s，高端服务器更是倍级增长，能够达到40 Gbit/s、50 Gbit/s甚至80 Gbit/s。数据中心服务器接入侧速率的提高变得刻不容缓，25GE标准方案应运而生。

1. 25GE标准

25GE标准方案的诞生可以称得上是一波三折。在2014年的IEEE（Institute of Electrical and Electronics Engineers，电气电子工程师协会）北京会议中，微软率先提出了25GE的立项需求，用于特定ToR与Server互联场景，但 IEEE大会以25GE会分散业界投资、不利于行业发展为理由拒绝了25GE标准的立项需求。由于25GE方案能够解决服务器网卡从10 Gbit/s迁移至40 Gbit/s 带来的CPU 性能匹配、PCIe位

宽匹配等一系列问题，微软、高通等厂商自主成立了25GE以太网联盟，投入25GE
方案的研究。IEEE不希望25GE 游离组织标准而成为事实标准，在同年 7 月通过
了25GE项目。随着网络的发展，事实证明25GE规范能够经济高效地扩展网络带
宽，为新一代的服务器和存储解决方案提供更好的支撑，将来会覆盖更多的互联
场景。

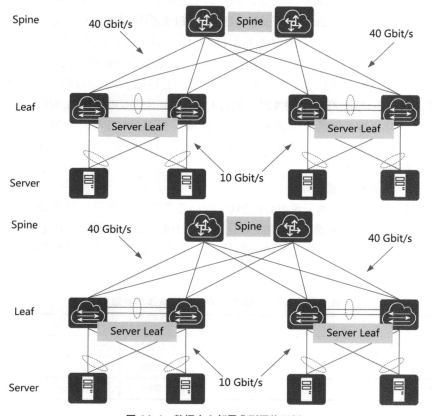

图 14-1　数据中心部署典型网络示例

25GE标准技术在将来主要应用于下一代数据中心里的服务器接入，我们将从
以下几个方面来解读为什么下一代数据中心网络的接入速率是25 Gbit/s，而不是已
有的40 Gbit/s。

（1）技术实现的天然优势

提及25GE标准技术，就必须提到SerDes（串行器/解串器）。SerDes被广泛
地应用在各种电路与光纤通信技术中，从计算机内部使用的PCIe 到网卡、交换机
内部芯片之间的互联，全部采用SerDes连接。可以说，所有的高速器件都是使用

SerDes的串行组件连接。SerDes接收传输的数据并串行化，然后接收端的解串器重构比特的串行流，转换为最终接收器的数据。一个交换机端口所需的SerDes连接数量称为"通道数（Lane）"。

经过多年的技术发展，SerDes速度可以达到25 Gbit/s，也就是说，从25 Gbit/s网卡出来，经过交换机传输到另一端的25 Gbit/s网卡，端到端的所有连接全都只需要使用一条25 Gbit/s速率的SerDes连接通道即可，而40GE端口则是采用QSFP（Quad Small Form-factor Pluggable，四通道SFP光模块接口）封装类型，利用4个并行的10GE链路构成（每个10GE利用12.5 GHz SerDes），需要4个SerDes通道。

另外，在汇聚层和骨干层已经逐渐成为主流端口的100GE端口，在前期的探索中已经有了成熟的IEEE 100 Gbit/s以太标准，它包括了4个通道的25 Gbit/s 电子信号，通过在4根光纤或者铜缆对上运行4个25 Gbit/s的通道（IEEE 802.3bj）来实现，为25GE标准方案的诞生奠定了一定的基础。而且100GE端口通过一条QSPF28转 SFP28的一分四线缆，即可转换成4个25GE端口，从端口匹配来比较，相较于40GE 也有明显优势。

（2）交换机性能提升

如表14-1所示，如果说40GE是10 Gbit/s速率时代的产物，那么25GE则是技术上的大势所趋，单通道的25GE相比现有的10GE解决方案，将性能提升了2.5倍。同时，相对于机架服务器连接的40GE解决方案而言，25GE 拥有更高的端口密度。

表 14-1　25GE 标准与 40GE 标准技术参数对比

标准	技术参数				
	通道	SerDes/（Gbit·s^{-1}）	封装类型	接头类型	光纤数/条
25GE	1	25	SFP28	DLC	2
40GE	4	10	QSFP+	MPO	8

（3）现有拓扑平滑演进，降低成本

资本支出（CapEx）是采用任何新数据中心技术都需重点考虑的因素之一。企业最关心数据中心部署的一个方面是布线。很多工程师认为数据中心管理中最复杂、最困难的部分就是布线，大多数工程师在安装一次线缆后都希望不再触碰它们。

40GE交换机上使用的是QSFP+封装类型的光模块，机柜内部或者相邻机柜的连接可以采用QSFP+的DAC（Direct Attach Cable，直连线缆），而更远的连接就必须使用QSFP+光模块配合MPO（Multi-fiber Push-On/Pull-Off，并行光纤插拔）光线缆进行传输，QSFP+光模块普遍采用12芯光纤，相比10GE接口，两芯LC

（Lucent Connector，LC型连接器）接口光纤的成本大大提高，而且完全不能兼容。如果考虑基于现有10GE升级到40GE的话，则全部的光纤线缆都要废弃，并采用MPO光缆进行重新布线。

25GE交换机上使用的是SFP28封装类型的光模块，与10GE SFP封装类型的光模块一样，仅采用单通道连接，可以兼容现有拓扑的LC连接头类型的光纤。相较于从10GE升级到40GE而言，如果是升级到25GE的话，支持从10GE以太网无缝迁移，无须重新规划拓扑以及重新部署走线，设备升级或更换为25GE光模块后，可以即插即用，省心省力。

相较于机架服务连接的40 Gbit/s解决方案，25GE标准方案不仅可以利用当前10GE的拓扑平滑演进，还可以大幅度降低ToR和线缆的采购支出，减少了电力、散热和占地空间的需求。

前面谈到，当前主流数据中心主要基于10GE/40GE网络架构，但为了适应AI计算、云数据中心等业务的规模部署，下一代数据中心架构正在向25GE/100GE网络架构演进，一些业内互联网巨头更是已经实现了25GE/100GE的规模部署，可以说整个数据中心网络边缘得到了重新定义，有人说25GE/100GE的时代来临了。接下来介绍将率先在25GE/100GE网络架构中得到规模部署的100GE标准方案。

2. 100GE标准

提到100GE标准，就得说一说光模块的标准化组织。在光模块产业刚起步的时代，产业链较为混乱，每家厂商有各自的封装结构类型，尺寸外观也是五花八门。IEEE作为一个官方组织，IEEE 802.3工作组对光模块标准的统一起到了关键作用。区别于官方组织IEEE，MSA（Multi-Source Agreement，多源协议）算是一个非官方组织形式，作为产业内企业联盟行为，针对不同光模块的标准形成一致协议，定义统一的光模块结构封装（封装类型、外观尺寸、引脚分配等）。

IEEE 早在2006年就成立了以研究下一代高速以太网100GE标准为目标的工作组，并于2012年发布了关于100GE的多个标准。为了满足不同距离的100GE上行场景的需求，IEEE与MSA定义的100GE标准超过了10种，如表14-2所示。下面就数据中心网络中主流的几种标准进行介绍。

表 14-2 100GE 光模块标准应用综合比较

标准	制定机构	连接器	光纤类型	传输距离
100GBASE-SR10	IEEE 802.3	24 芯 MPO	多模光纤，中心波长850 nm	多模（OM2）光纤：30 m 模（OM3）光纤：100 m 多模（OM4）光纤：150 m

续表

标准	制定机构	连接器	光纤类型	传输距离
100GBASE-LR4	IEEE 802.3	LC	单模光纤，中心波长 1295.56 ~ 1309.14 nm	单模（G.652）光纤：10 km
100GBASE-ER4	IEEE 802.3	LC	单模光纤，中心波长 1295.56 ~ 1309.14 nm	单模（G.652）光纤：40 km
100GBASE-SR4	IEEE 802.3	8/12 芯 MPO	多模光纤，中心波长 850 nm	多模（OM3）光纤：70 m 多模（OM4）光纤：100 m
100G PSM4	MSA	12 芯 MPO	单模光纤，中心波长 1310 nm	单模（G.652）光纤：500 m
100G CWDM4	MSA	LC	单模光纤，中心波长 1310 nm	单模（G.652）光纤：2 km

表14-2中的100GBASE系列标准都是由IEEE 802.3制定的，标准规则如表14-3所示，该系列标准命名如图14-2所示。

表 14-3　100GBASE 系列命名规则

模块	含义	详细描述
XXX	速率	速率标准，此处表示 100GE
m	传输距离	PMD 类型，表示传输距离
	KR	表示传输距离为 10 cm 级，为背板之间的信号传输距离，K 即 backplane
	CR	表示传输距离为米级，C 即 copper，高速线缆连接
	SR	表示传输距离为 10 m 级，S 即 short，短距离传输，一般为多模光纤
	DR	表示传输距离为 500 m
	FR	表示传输距离为 2 km
	LR	表示传输距离为 10 km，L 即 long
	ER	表示传输距离为 40 km，E 即 Extended
	ZR	表示传输距离为 80 km
n	通道数量	表示 100GE 占用的 SerDes 通道数量
	4	表示占用 4 个 SerDes 通道，即 4×25GE
	10	表示占用 10 个 SerDes 通道，即 10×10GE

光纤的传输特性和光模块的制造成本决
定了不同的应用场景，多模常用于短距离传
输，单模常用于长距离传输。由前面总结可
知，IEEE的100GBASE系列标准足以覆盖长
短距离的数据中心传输，SR4和LR4是IEEE
定义的最为常用的标准规范。但在大部分的
数据中心内部互联场景中，SR4支持的距离
过短，LR4的成本过高。MSA提出的PSM4和
CWDM4标准则完美地解决了中距离传输场景中的成本问题。

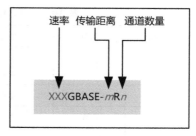

图 14-2 100GBASE 系列标准命名规则

CWDM4是通过光学器件MUX和DEMUX将4条并行的25 Gbit/s通道波分复用
到一条100 Gbit/s光纤链路上，这一点与LR4类似，区别如下。

（1）通道间隔不同

CWDM4定义的是20 nm的通道间隔，而LR4则定义了4.5 nm的LAN-WDM 间
隔。通道间隔越大，对光学器件的要求越低，成本也随之降低。

（2）激光器不同

CWDM4使用的是DML（Direct Modulated Laser，直接调制激光器），是单个
激光器。而LR4使用的EML（Electro-absorption Modulated Laser，电吸收调制激
光器）是由DML和EAM（Electric Absorption Modulator，电吸收调制器）组成的
器件。

（3）控温要求不同

由于LR4的通道间间隔为4.5 nm，激光器需要放置TEC（Thermo-Electric
Cooler，热电制冷器，又称半导体制冷器）Driver 芯片。

总结以上3点，100GBASE-LR4标准的光模块成本相较于100G CWDM4成本更
高。除CWDM之外，PSM4 也是中距离传输的一种选择方案。PSM4规范定义了8
根单模光纤（4根发送，4根接收）的点对点 100 Gbit/s链路，每个通道以25 Gbit/s
的速率发送，每个信号方向使用4个相同波长且独立的通道。

由于CWDM4使用了波分复用器，所以光模块成本相较于PSM4而言较高。但
在收发信号时，只需要两根单模光纤，远少于PSM4要求的8根单模光纤。随着传
输距离的增加，PSM4的成本随之增加。

完整的光模块解决方案不仅包括光模块的光电接口标准，还需要配套的结构
封装。如表14-4所示，最早被提出应用的是封装格式CFP（Centum Form-factor
Pluggable Transceiver，100G封装可插拔光模块），但由于尺寸问题，随着光模块
集成度的提高，CFP 得以演进到CFP2、CFP4，再到盛行的QSFP28，光模块的总
体发展呈现出高速率、高密度、低成本、低功耗的趋势。

表 14-4　100GE 光模块封装格式的演进趋势

封装格式	功耗	通道×速率	对比
CFP	32 W	10×10 Gbit/s 或 4×25 Gbit/s	尺寸大、功耗高、传输距离远
CFP2	12 W	4×25 Gbit/s	尺寸大、功耗高、传输距离远
CFP4	6 W	4×25 Gbit/s	尺寸较小、功耗较低
QSFP28	3.5 W	4×25 Gbit/s	尺寸小、功耗低

经过几代的发展，100GE光模块的发展已趋于成熟。针对一些新技术应用和新的发展方向，MSA不断提出新的100G标准并形成规范，推动相关产业链的持续发展。对于网络，更高带宽、更低时延是我们面临的永无止境的挑战。随着相关技术的引入，传统的模拟光传输系统已经演进到数字光传输，芯片工艺的精进以及芯片处理能力的提升都使400GE成为可能。

3. 400GE标准

400GE标准仍然由IEEE 802.3负责制订，自2013年起，IEEE就实现了400GE标准的立项，启动了学习小组，阶段性地对400GE的规格进行探讨。经过多次技术竞争和方案分析会议，400GE和200GE标准IEEE 802.3 bs正式发布，其中关键技术在于层次化结构定义、FEC规范以及物理光接口传输机制。400GE标准主要采用的物理层技术方案和传输距离如表14-5所示。

表 14-5　400GE 标准主要采用的物理层技术方案和传输距离

标准	传输距离	编码方式
400GBASE-SR16	100 m	16×25 Gbit/s NRZ
400GBASE-DR4	500 m	4×100 Gbit/s PAM4
400GBASE-FR8	2 km	8×50 Gbit/s PAM4
400GBASE-LR8	10 km	8×50 Gbit/s PAM4

其中，基于多模光纤的SR16基本无人问津，基于PAM4电信号调制技术的DR4、FR8和LR8成为瞩目的焦点。区别于之前100GE标准普遍采用的NRZ信号传输技术（采用高、低两种电平分别表示数字逻辑信号1和0），PAM4信号采用4个不同的信号电平进行传输，每个时钟周期可以传输2 bit的逻辑信息（即00、01、10、11）。因此，在同样的波特率条件下，PAM4的传输效率是NRZ信号的2倍。正是因为PAM4高效的传输效率，IEEE将其规范为400GE标准的电信号标准。

前面我们提到，SerDes速度可以达到25 Gbit/s，通过PAM4调制可以使对应比特率为50 Gbit/s，所以通常将IEEE 802.3 400GE/200GE接口中的编码技术称为50 Gbit·s^{-1}/lane PAM4编码技术。如图14-3所示，以封装格式为CFP8的400GE光模块为例来说明其架构。

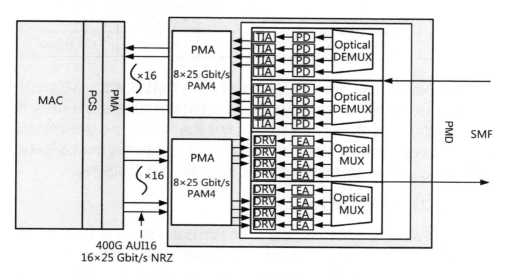

图 14-3 CFP8 封装格式的 400GE 光模块

数据经过400GE MAC、PCS和PMA 后，通过16×25 Gbit/s接口（400G AUI16）送到400GE光模块。

- 首先，经过PMA子层进行速率和码型转换，从16 Lane转换为8 Lane，速率为25 Gbit/s（PAM4编码，实际为50 Gbit/s）。
- 在经过PMA完成速率和码型转换后，进入PMD子层。PMD子层进行电/光和光/电转换，分别由发射机和接收机完成。
- 发射方向：由8个发射机进行电光转换，在通过光学器件MUX将8个通道的并行的信号波分复用到一条400G链路，物理媒介为单模光纤。
- 接收方向：光纤首先通过光学器件DEMUX，将光纤上合波的8个波长分波到接收机上，进行光电转换，并在完成后送给PMA子层。

发展的过程总是相似的，如表14-6所示，由于CFP8封装的光模块尺寸大、功耗高，不适合在数据中心网络中应用，所以QSFP以及QSFP-DD封装方式得到应用。基于QSFP-DD或者QSFP封装形式的400GE光模块，在电层通路方面采用CDAUI-8、PAM4编码方式，在光层通路方面可以采用56 Gbit/s 激光器（4×100 Gbit/s PAM4编码方式）或者较为成熟的28 Gbit/s 激光器技术（8×50 Gbit/s）。

表 14-6　400GE 光模块封装格式综合比较

封装格式	外观尺寸 /mm	功耗 /W	电接口通道	光接口通道
CFP8	107.5 × 41.5 × 12.5	12 ~ 18	16 × 25 Gbit/s 8 × 56 Gbit/s	8 × 56 Gbit/s
QSFP	107.8 × 22.6 × 13.0	12 ~ 15	8 × 56 Gbit/s	8 × 56 Gbit/s
QSFP–DD	89.4 × 18.4 × 8.5	7 ~ 10	8 × 56 Gbit/s	4 × 100 Gbit/s

相较于400GE标准，200GE 虽然起步较晚，但从目前情况来看，各厂家均比较倾向于电接口采用4×56 Gbit/s PAM4方式，光器件即可采用现有的28 Gbit/s 器件。从应用的角度来看，200GE光模块的实现难度低，在数据中心场景中的应用可能早于400GE，为自身的定位保留了时间窗的可能。但随着单波100GE技术研究的不断深入，短距 400GE光模块在数据中心场景中将会受到更多的青睐。

14.1.2.2　IPv6 VXLAN

IPv4协议在过去二三十年中支撑了互联网的迅猛发展，实现了全球千万企业、几十亿人的互联。而IPv4地址由于地址空间不足，当前已被耗尽，严重制约了全球互联网的应用及发展。IPv6作为替代 IPv4的下一代协议，以其巨大的地址空间、良好的安全性、灵活的使用方式获得越来越多的瞩目，逐渐成为运营商及企业的普遍应用。在IPv4 向IPv6的演进过程中，平滑过渡是一个关键的诉求。

构建云数据中心的VXLAN技术是在基础 IP网络上构建一张虚拟网络。建立VXLAN的基础网络称为Underlay网络，而VXLAN所承载的业务网络（虚拟网络）称为Overlay网络。通过在Underlay网络、Overlay网络上部署相应的IPv4/IPv6组合，可以实现IPv4 向IPv6的平滑演进，如图14-4所示。

IPv4 向IPv6的平滑演进通常包括以下方面：

· 基于已有的IPv4网络实现向IPv6业务的迁移；

· 在新IPv6网络上承载原有IPv4业务的运行；

· IPv4或IPv6孤岛之间的互联。

1.　基于已有的IPv4网络实现向IPv6业务的迁移

基于已有的IPv4网络实现向IPv6业务的迁移，采用的是IPv6 over IPv4的VXLAN模型，即通过IPv4网络来传输IPv6报文。例如，图14-5所示的IPv4网络，因为需要新增 IPv6业务，原本已有的网络已无法支撑新业务的运行。考虑到新建网络的高成本等问题，利用已有的IPv4网络承载IPv6业务成了最理想的选择。

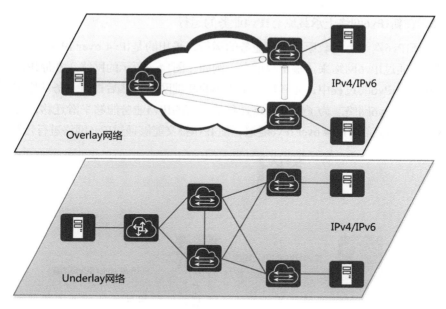

图 14-4　VXLAN 示意

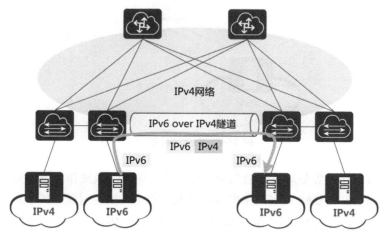

图 14-5　IPv6 over IPv4

　　在边界节点上部署IPv4/IPv6双栈协议，同时部署IPv6 over IPv4隧道，就能够让IPv6报文经过IPv4网络进行传输。IPv6报文在边界节点被封装成IPv4报文头（原IPv6报文作为数据部分），封装后的IPv4报文在基础 IPv4网络中进行转发。报文转发至隧道对端边界节点后，剥去 IPv4报文头，然后将解封装后的原IPv6报文发送至目的地址。

2. 在新IPv6网络上承载原有IPv4业务的运行

在新IPv6网络上承载原有IPv4业务的运行，采用的是IPv4 over IPv6的VXLAN模型，即通过IPv6网络来传输IPv4报文。例如，图14-6所示的网络，在原IPv4基础网络升级为IPv6的过程中，先新建一个IPv6的基础网络，然后再将业务从原IPv4网络迁移至新IPv6网络。为了保证网络迁移后原有的IPv4业务能够平滑迁移，可以在IPv6基础网络上部署IPv4 over IPv6隧道，使 IPv4报文能够通过IPv6网络进行传输。

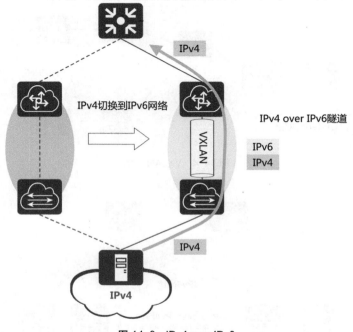

图 14-6   IPv4 over IPv6

IPv4报文在边界节点被封装为IPv6报文头（原IPv4报文作为数据部分），封装后的IPv6报文在基础 IPv6网络中进行转发。报文转发至对端边界节点后，剥去IPv6报文头，然后将解封装后的原IPv4报文发送至目的地址。

3. IPv4或IPv6 孤岛之间的互联

IPv4或IPv6 孤岛之间穿越不同协议网络的互联如图14-7所示，可分为两种情况：一种是两端为IPv4 孤岛，需要穿越中间的IPv6网络互联；另一种是两端为IPv6 孤岛，需要穿越中间的IPv4网络互联。无论哪种情况，都可以使用VXLAN隧道实现互联。原理类似，就是在中间网络的入节点对报文进行重新封装，然后把封装过的报文通过中间网络转发到出节点，在出节点对报文进行解封装后，再将恢复后的报文转发到目的地。

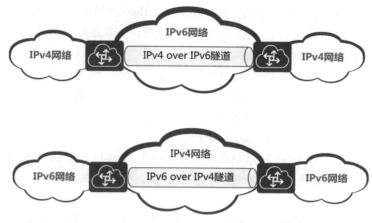

图 14-7　IPv4 或 IPv6 孤岛通过 VXLAN 实现互联

| 14.2　CloudEngine 虚拟交换机 |

1. 组件定位

华为CloudEngine 1800V（简称 CE1800V）虚拟交换机是华为针对企业和行业数据中心虚拟化环境推出的一款智能软件交换机产品。

在数据中心和云计算的应用场景中，传统虚拟网络主要由虚拟网卡和虚拟桥接器（能力由Linux Bridge模块提供）组成，提供虚拟机、外部物理网络之间的互通能力。但用户希望虚拟化产品不仅要有更高的交换性能，而且要具备VXLAN接入能力等高级功能，而基于Linux Bridge模块提供的网桥模式无法完全满足用户需求，因此CloudEngine 1800V应运而生。

CloudEngine 1800V是基于OVS开源项目实现的虚拟交换机，采用用户态转发方式，具备更高的转发性能。CloudEngine 1800V在服务器中运行，作为VXLAN的NVE节点，可以对虚拟机产生的数据报文进行VXLAN封装，使虚拟机具备接入VXLAN的能力。

2. 产品架构

CloudEngine 1800V产品架构如图14-8所示。

CloudEngine 1800V作为虚拟交换机，是虚拟机管理程序 Hypervisor中内置的组件，两端分别连接着物理网卡和多块虚拟网卡，对内提供虚拟机的虚拟接入端口，对外与服务器物理网卡相连。CloudEngine 1800V以软件的形式为虚拟机提供基本的二三层网络转发功能，通过虚拟交换机可以实现虚拟机之间的互通，以及虚拟机与External Network的互通。

在开源OVS中，转发模块和控制模块结合在一起。而CloudEngine 1800V为了提升灵活性和转发能力，研发了转发面CAP并从OVS中分离出来，为了获得设备告警和下发业务配置的能力，又研发了VCTL（Virtual Control，虚拟控制面）。因此CloudEngine 1800V可以分成以下3个模块。

- OVS：基于开源OVS提供标准OpenFlow协议接口，与SDN控制器进行交互，对控制器下发的流表进行管理和查找，实现DVR三层转发和VXLAN转发等能力。
- VCTL：CloudEngine 1800V研发的控制/管理面，提供OVSDB接口，实现SDN控制器对CloudEngine 1800V进行业务配置；提供RPC接口作为CloudEngine 1800V对iMaster NCE-Fabric的私有扩展，与SDN控制器建立连接。
- CAP：CloudEngine 1800V研发的转发面，基于DPDK进行优化，使流量按照OpenFlow流表进行高性能转发。

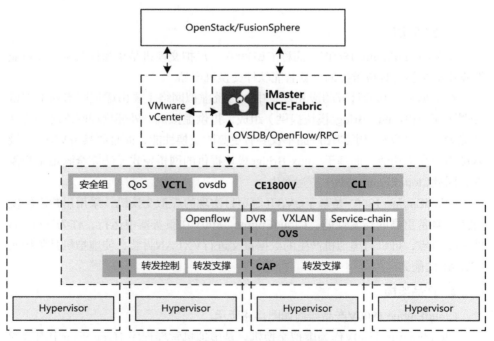

图 14-8 CloudEngine 1800V 产品架构

3. 功能特性

CloudEngine 1800V除了具备较高的转发性能之外，还支持安全组功能、兼容多种云平台和虚拟化平台、支持自动化部署、支持共网卡、支持分布式DHCP等主要功能。

（1）支持高性能转发

开源OVS具有内核态和用户态两种转发架构，其中内核态架构转发能力低，如图14-9所示。CloudEngine 1800V为了获得更高的转发性能，采用用户态转发方式。

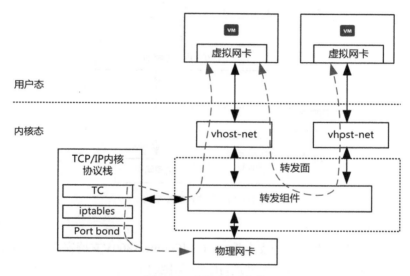

图 14-9　内核态转发架构

在内核态转发中，虚拟交换机转发组件在内核中，虚拟机后端网卡驱动vhost-net以及物理网卡驱动也在内核中。一方面，报文的收发在内核中完成，部分转发业务需要通过内核TCP/IP协议栈进行交互完成；另一方面，在内核中使用的CPU/内存资源有限，报文在内核协议栈中处理路径长、过程复杂，因此转发性能相对较弱。

在用户态转发中，如图14-10所示，虚拟交换机的转发面组件在操作系统的用户态中。一方面，虚拟交换机直接与用户态的虚拟机后端网卡驱动进行交互，不再使用内核态网卡驱动和协议栈，报文的收发均在用户态中完成；另一方面，用户态虚拟交换机基于DPDK，通过大页内存、轮询、CPU绑核、避免系统调用、报文零拷贝等技术大幅度提高了网卡的报文收发效率，因此转发性能更高。

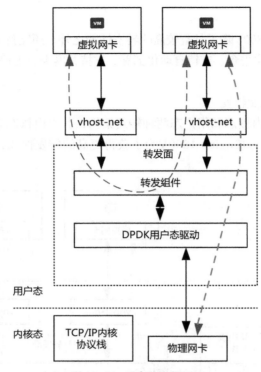

图 14-10 用户态转发架构

（2）支持安全组功能

为了提高虚拟机和网络的安全性，CloudEngine 1800V支持安全组功能。安全组是对进出虚拟机端口的网络报文进行限制的虚拟防火墙。

用户可以在云平台上创建安全组。配置好安全组规则后，SDN控制器会从云平台获取安全组相关信息，并将这些信息下发给CloudEngine 1800V，CloudEngine 1800V收到安全组信息后，将这些信息翻译成ACL策略，应用在对应的接口上，只有匹配了安全组规则的报文才能通过。

CloudEngine 1800V是集成了安全组功能，与开源Iptable实现的OVS安全组的对比如表14-7所示。

表 14-7 CloudEngine 1800V 安全组和开源 Iptable 实现的 OVS 安全组的对比

对比项	CloudEngine 1800V 安全组	开源 Iptable 实现的 OVS 安全组
针对虚拟机端口的访问控制能力	支持	支持
基于协议、端口、安全组、网段的过滤规则能力	支持	支持

续表

对比项	CloudEngine 1800V 安全组	开源 Iptable 实现的 OVS 安全组
基于连接状态跟踪（会话）的安全组能力	在 CloudEngine 1800V 网桥内支持，使用用户态进程内存，不占用系统资源，查找性能较高，最多支持 50 万会话数	只在内核态 vSwitch 上能支持，并且需要使用 Linux Bridge 和内核态 vSwitch 串联，占用系统资源，查找性能较低，默认最多支持 6.4 万会话数
IP/MAC 防欺骗能力	支持	支持
安全组规格	每台 vSwitch 支持配置 1000 个安全组，每个安全组支持配置 1000 条规则	受限于 Linux 内核内存大小，默认支持最多 64 000 条规则
日志能力	支持本地日志，或者通过 Syslog 将记录会话和流统计信息发到日志服务器上	没有日志能力，问题定位困难，没有运维能力

（3）兼容多种云平台和虚拟化平台

为了适配多种环境，CloudEngine 1800V能兼容多种云平台和虚拟化平台。

- 云平台：OpenStack、redhat OpenStack、华为FusionSphere。
- 虚拟化平台：开源CentOSKVM、redhat RHEL KVM、华为FusionSphere（NFVIKVM）。

（4）支持自动化部署

CloudEngine 1800V支持通过以下多种方式部署，满足不同用户的习惯和需求。

- CPS系统：在FusionSphere平台上统一部署管理CloudEngine 1800V。
- iDeploy工具：华为部署工具，支持统一部署管理CloudEngine 1800V。
- Puppet/Ansible：主流的商业自动化运维工具，支持统一部署管理CloudEngine 1800V。

（5）支持共网卡能力

服务器上往往不会有很多网卡，当用户对管理、存储、数据等业务要求不高，但对成本控制要求高时，用户可设置CloudEngine 1800V使用共享网卡。共享网卡分为两种模式。

- vSwitch虚拟子接口：vSwitch将网口虚拟出多个接口，分别作为CloudEngine 1800V管理、存储、数据等网口。当网卡支持DPDK时，可以选择该模式，该模式下可以保证高性能，但是可靠性稍低。
- Linux VLAN子接口：Linux操作系统本身的功能，即将网口虚拟出多个接口，分别作为CloudEngine 1800V管理、存储、数据等网口。当网卡不支持DPDK时，只能选用该模式。该模式下可以保证高可靠性，但是无法保证性能。

（6）支持分布式DHCP

随着网络规模的扩大和网络复杂度的提高，网络配置变得越来越复杂，再加上计算机数量剧增且位置不固定（如移动便携机或无线网络），引发了IP地址变化频繁以及IP地址不足的问题。为了使网络可以动态合理地分配IP地址给主机使用，需要用到DHCP。

开源OVS采用集中式DHCP，但是集中式DHCP需要额外部署服务器，且服务器的压力比较大。CloudEngine 1800V作为虚拟交换机，支持部署分布式DHCP Server功能，具有更好的性能。分布式DHCP Server部署如图14-11所示。

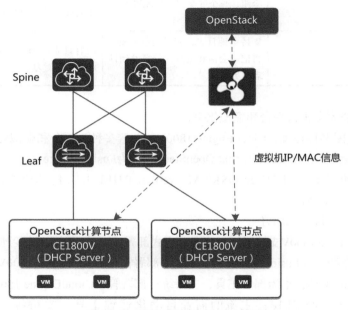

图 14-11　分布式 DHCP Server 部署

分布式DHCP和集中式DHCP的对比如表14-8所示。

表 14-8　分布式 DHCP 和集中式 DHCP 的对比

对比项	分布式 DHCP	集中式 DHCP
DHCP 服务器	DHCP 服务器部署在每个计算机节点上，不需要额外的服务器	需要部署在额外的两台服务器上形成主备 DHCP 服务器
DHCP 流量	DHCP 请求报文在本计算节点上处理，消除了网络中的 DHCP 广播报文，流量路径最优	DHCP 请求报文需要经过网络发送到 DHCP 服务器上

对比项	分布式 DHCP	集中式 DHCP
DHCP 地址池规模 （4000 ~ 96 000）	每个计算节点上的 DHCP 服务器最多只需要分担 20 个子网	DHCP 服务器上最多需要集中承担 9.6 万个子网
DHCP 运维	需要定位到每个计算节点上分别维护，无法集中处理	DHCP 服务器集中部署，天然支持集中管理
DHCP 可靠性	DHCP 发生故障时，仅影响本计算节点	DHCP 故障时，影响全网

虚拟机上线后，OpenStack控制节点会根据虚拟机所在网络的网段信息为虚拟机分配一个IP地址，SDN控制器可以从OpenStack获取到虚拟机IP和MAC的对应关系，CloudEngine 1800V部署了DHCP Server功能后，SDN控制器会将虚拟机IP和MAC对应的信息发送给CloudEngine 1800V，当收到虚拟机的DHCP请求报文后，会查询SDN控制器下发的IP和MAC对应信息，当存在虚拟机MAC对应的IP信息时，会通过DHCP offer报文应答，将该IP地址发送给虚拟机，再经过DHCP 确认流程后，IP地址即可分配成功。

| 14.3　HiSecEngine 系列防火墙 |

14.3.1　简介

新时代，智能手机、Pad等终端除了方便人们随时随地上网之外，已被更多地应用到移动办公中；移动应用程序、Web2.0、社交网站应用于互联网的方方面面；云计算使业务得以快速部署开展，并随需而变……这些 ICT上的变革、变化极大地提升了企业的沟通效率。

然而，网络接入方式越来越灵活多样，无论从计算、存储到传输，还是在本地、管道或者云端，业务流量都在快速增长，导致带宽消耗增加，现有设备普遍性能不足，信息爆炸给当前企业的IT系统带来了极大的压力和挑战。从企业信息安全的角度考虑，移动办公使得企业网络边界变得模糊，黑客能够更方便地通过移动终端入侵企业IT系统。传统的安全网关通常只能通过IP和端口进行安全防护控制，难以完全应对层出不穷的应用威胁和Web 威胁……信息安全问题日益复杂。

华为HiSecEngine系列高端下一代防火墙定位于保护云服务提供商、大型数据中心以及大型企业园区的网络业务安全,可提供高达T级的处理性能,集成NAT、VPN、虚拟化、多种安全特性,可靠性高达99.999%,能帮助企业满足网络和数据中心环境中不断增长的高性能处理需求,降低机房空间投资和每Mbit/s的总体拥有成本。

14.3.2 应用场景

14.3.2.1 数据中心边界防护

IDC是基于互联网提供的一整套设施与相关维护服务体系。它可以实现数据的集中式收集、存储、处理和发送。数据中心通常由大型网络服务器提供商建设,为中小型企业或个人客户提供服务器托管、虚拟域名空间等服务。

数据中心的网络结构通常具有以下特征。

- 主要针对数据中心内的服务器进行保护,使用的安全功能需要根据服务器类型综合考虑。
- 数据中心的核心功能是对外提供网络服务,保证外网对数据中心服务器的正常访问极其重要,这不仅要求边界防护设备拥有强大的处理性能和完善的可靠性机制,还要在发生网络攻击时不影响正常的网络访问。
- 数据中心可能部署有多家企业的服务器,更容易成为黑客的攻击目标。
- 数据中心流量复杂,如果流量可视度不高,则不能进行针对性的配置调整。

基于以上特征,HiSecEngine系列防火墙作为数据中心的边界网关,典型的应用场景如图14-12所示,介绍如下。

- 通过SLB和智能DNS功能对访问同一个服务器组的多个服务器的流量进行均匀、合理的分配,保证流量较平均地分配到各个服务器上,避免出现一个服务器满负荷运转、另一个服务器空闲的情况。
- 基于IP地址和应用进行限流,使服务器稳定运行,也避免网络出口拥塞,影响网络服务。
- 开启入侵防御功能,使服务器免受入侵以及蠕虫、木马等病毒危害。
- 开启DDoS及其他攻击防范功能,避免服务器受到外网攻击导致瘫痪。
- 部署日志网管系统(需要单独采购),记录网络运行的日志信息。日志信息可以帮助管理员进行配置调整和风险识别。
- 采用双机热备部署,提高系统的可靠性。单机故障时可以将业务流量平滑切换至备机上运行,保证服务器业务持续无间断地运行。

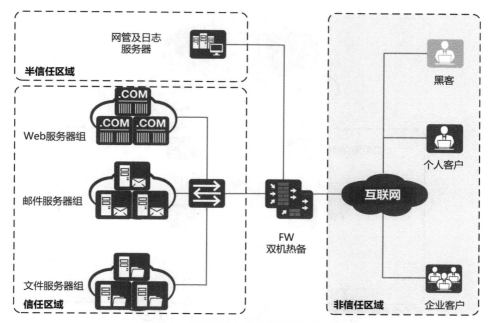

图 14-12　数据中心边界防护典型部署

14.3.2.2　广电网络和二级运营商网络

本节主要介绍HiSecEngine系列防火墙在广电网络和二级运营商网络中如何进行网络安全防护。

广电网络和二级运营商网络当前发展较快，为越来越多的用户提供网络服务，一般具有以下业务特征。

- 多出口链路，租用ISP（Internet Service Provider，因特网服务提供方）价格不同，链路流量分配不均。
- P2P种子资源占用大量公网带宽，带宽利用率下降严重。
- 需要进行URL溯源。

基于以上特征，HiSecEngine系列防火墙在广电网络和二级运营商网络中典型的应用场景如图14-13所示。

- 通过基于应用、路由、用户、时间、链路等多维度分类的智能选路，降低无谓的带宽消耗。
- P2P内网加速，节省公网带宽资源。
- 多对一NAT服务器发布，节省内部资源，提升带宽利用率，降低带宽租赁费用。
- 通过日志系统，对NAT地址、URL地址等信息进行溯源。

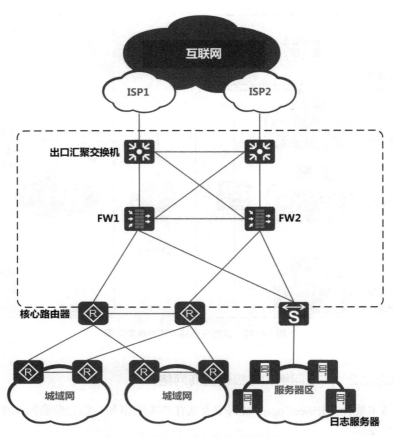

图 14-13　广电网络和二级运营商网络典型部署

14.3.2.3　大中型企业边界防护

本节主要介绍如何将HiSecEngine系列防火墙作为大中型企业的出口网关，对企业的网络安全进行防护。

大中型企业一般是指员工人数在500人以上的企业，通常具有以下业务特征。

- 对可靠性要求较高，需要边界设备支持持续大流量运行，即使链路、设备发生故障也不能影响网络运转。
- 企业人员众多，业务复杂，出口流量较大，配备有多个出口，且流量构成丰富多样。
- 对外提供网络服务，例如公司网站、邮件服务等。
- 容易成为DDoS攻击的目标，而且一旦攻击成功，业务损失巨大。

基于以上特征，HiSecEngine系列防火墙作为大中型企业的出口网关，典型的应用场景如图14-14所示。

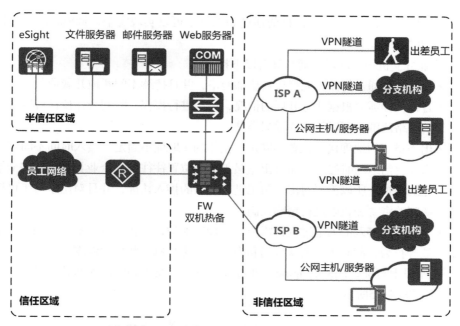

图 14-14 大中型企业边界防护典型部署

- 通过ISP选路、智能选路和透明DNS等功能合理分配多条出口的链路带宽，保证用户流量的健康、高效转发，避免流量绕道转发和单条链路出现拥塞的情况。
- 针对内外网之间的流量部署带宽策略，控制流量带宽和连接数，避免网络拥塞，同时也可辅助进行DDoS攻击的防御。
- 在HiSecEngine系列防火墙与出差员工、分支机构间建立VPN隧道，使用VPN保护公司业务数据，使其在互联网上安全传输。
- 开启DDoS攻击防御功能，抵抗外网主机对内网服务器进行的大流量攻击，保证企业业务的正常开展。
- 部署日志网管系统（需要单独采购），记录网络运行的日志信息，可以帮助管理员进行配置调整、NAT溯源和风险识别。
- 采用双机热备部署，提高系统的可靠性。单机故障时可以将业务流量从主机平滑切换至备机上运行，保证企业业务持续无间断地运行。

14.3.2.4 VPN实现分支机构互联与移动办公

现代企业为了在全球范围内开展业务，通常都在公司总部之外设立了分支机构，或者与合作伙伴进行业务合作。分支机构、合作伙伴、出差员工都需要远程接入企业总部网络开展业务，目前通过VPN技术可以实现安全、低成本的互联接入和移动办公。

企业分支机构互联场景通常具有以下特征。

- 分支机构通常都需要无缝接入总部网络，并且持续不间断地开展业务。
- 合作伙伴需要根据业务开展的情况，灵活进行授权，限制合作伙伴可以访问的网络范围、可以传输的数据类型。
- 出差员工的地理接入位置不固定，使用的IP地址不固定，接入时间不固定，需要灵活地随时接入。而且出差员工所处位置往往不受企业其他信息安全措施的保护，所以需要对出差员工进行严格的接入认证，并且对出差员工可以访问的资源和权限进行精确控制。
- 所有远程接入的通信过程都需要进行加密保护，防止窃听、篡改、伪造、重放等行为，同时还需要从应用和内容层面防止机密数据的泄露。

基于以上特征，HiSecEngine系列防火墙作为企业的VPN接入网关，典型的应用场景如图14-15所示。

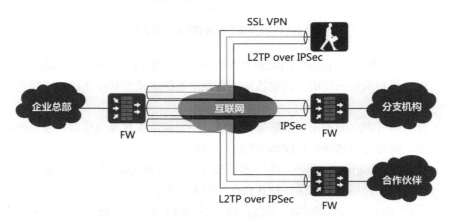

图14-15　企业分支机构互联与移动办公典型部署

- 对于拥有固定VPN网关的分支机构和合作伙伴，使用IPSec或者L2TP（Layer 2 Tunneling Protocol，二层隧道协议）over IPSec建立静态永久隧道。当需要进行接入账号验证时，建议使用L2TP over IPSec。
- 对于地址不固定的出差员工，可使用SSL VPN（Secure Sockets Layer VPN，基于安全套接层的虚拟专用网）技术，无须安装VPN客户端，只需使用网络浏览器即可与总部建立SSL VPN隧道，方便快捷。同时可以对出差员工可访问的资源进行精细化控制，或者使用L2TP over IPSec与总部建立IPSec隧道。

- 在上述隧道中，通过IPSec加密算法或者SSL（Secure Sockets Layer，安全套接层）加密算法，对网络数据进行加密保护。
- 对通过VPN隧道接入的用户进行接入认证，保证用户的合法性，并且基于用户权限进行访问授权。
- 部署入侵防御、DDoS攻击防范，避免网络威胁经由远程接入用户穿过隧道进入公司总部，同时防止机密信息的泄露。

14.3.2.5　云计算网关

云计算技术目前存在多种应用方式，最为典型的方式是由网络服务提供商为网络用户提供硬件资源和计算能力，网络用户只需使用一台终端通过网络接入云端，就可以像操作家庭计算机一样运行自己保存在云端的资源。

云计算的核心技术是通过服务器的集群为大量网络用户提供相互独立且完整的网络服务，其中涉及多种虚拟化技术。FW作为云计算网关，典型的应用场景如图14-16所示。

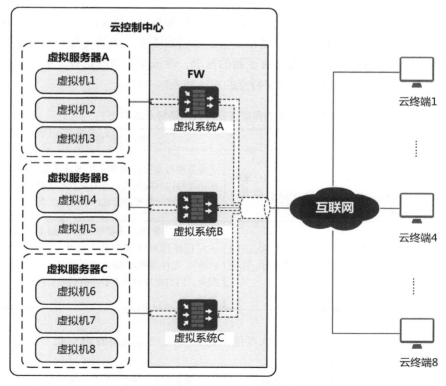

图 14-16　云计算典型部署

通过虚拟系统功能，可以将一台物理设备划分为多台相互独立的逻辑设备。每台逻辑设备都可以拥有自己的接口、系统资源以及配置文件，可以独立地进行流量的转发和安全检测，所以被称为虚拟系统。

虚拟系统从逻辑上相互隔离，所以每一个云终端都拥有一个独享的防火墙设备。由于这些虚拟系统共用同一个物理实体，所以当需要虚拟系统之间进行报文转发时，转发效率非常高。FW在此场景中主要负责进行虚拟服务器之间的数据快速交换，以及在云终端接入云服务器的通信过程中进行网络安全的防护，为云计算方案提供增值的安全业务。

14.3.3　强大的内容安全防护

基于深度的应用和内容解析，提供完善的应用层安全防护能力，是下一代防火墙产品的最大优势。

14.3.3.1　精确的访问控制

传统的安全策略是根据五元组（源地址、目的地址、源端口、目的端口、协议类型）的包过滤规则来控制流量在安全区域间的转发。但随着互联网技术的不断发展，新时代网络对网络安全有了新的需求，对流量的访问也有了更精细化的控制策略。传统网络与新时代网络特点的对比如表14-9所示。

表 14-9　传统网络与新时代网络特点的对比

传统网络的特点	新时代网络的特点
用户等于 IP（例如市场部 =192.168.1.0/24），用户的区分只能通过网段或安全区域的划分来实现。如果用户的 IP 地址不固定，则无法将用户与 IP 地址关联	企业管理者希望将用户与 IP 地址动态关联起来，从而能够以可视化方式查看用户的活动，根据用户信息来审计和控制穿越网络的应用程序和内容
应用等于端口，例如浏览网页的端口为 80，FTP的端口为 21。如果想允许或限制某种应用，直接允许或禁用端口就能解决问题	大多数应用集中在少数端口（例如 80 和 443），应用程序越来越 Web 化（例如 Web QQ、Web Mail）。允许访问 80 端口将不仅仅只是允许浏览网页，同时也可使用多种多样的基于网页的应用程序

针对新时代网络的特点，防火墙越来越需要用户与应用的识别能力，以确保流量控制更精细、更可视。

FW的安全策略不仅可以完全替代传统安全策略的功能，还进一步实现了基于用户和应用的转发控制，可以更好地适应新时代网络的特点，满足新时代网络的需求。

如图14-17所示，制定安全策略1允许市场部的用户浏览网页，制定安全策略2阻止市场部的用户使用即时通信和游戏应用，制定安全策略3禁止研发部员工浏览网页。

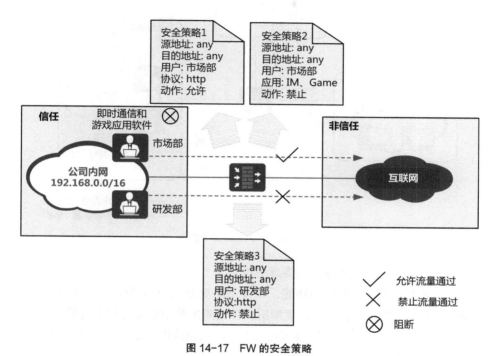

图 14-17　FW 的安全策略

与传统的安全策略相比，FW 的安全策略体现了以下优势。

- 能够通过"用户"来区分不同部门的员工，使网络的管理更加灵活和可视。
- 能够有效区分协议（如http）承载的不同应用（如网页即时通信、网页游戏等），使网络的管理更加精细。

14.3.3.2　强大的入侵防御

入侵防御功能是通过分析网络流量实现对入侵行为（包括缓存区溢出攻击、木马、蠕虫、僵尸网络等）的检测，并以一定的响应方式实时地制止入侵行为，保护信息系统和网络架构免受侵害，如图14-18所示。

FW的入侵防御功能可以通过监控或者分析系统事件，检测应用层攻击和入侵，并通过一定的响应方式，实时地制止入侵行为。

（1）支持针对不同流量配置不同的防护措施

通过安全策略，网络管理员可以针对不同流量制定细粒度的防护策略，对不同的网络环境采取不同级别的保护。

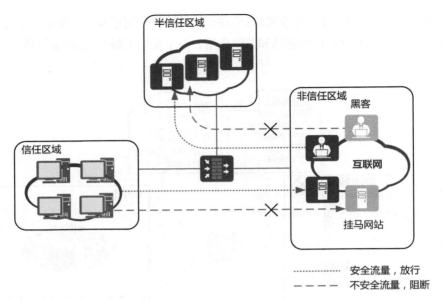

图 14-18　入侵防御场景

（2）支持对应用层报文进行深度解析

通过强大的报文深度识别功能，以及不断更新的应用特征库，FW 可以对数千种常见的应用程序进行报文深度解析，并检测出其中携带的攻击流量和入侵流量。根据基于应用的安全策略，FW 可以对不同的应用程序做出不同的响应动作，方便管理员灵活部署入侵防御功能。

（3）支持进行报文分片重组和 TCP 流重组之后再进行威胁检测

针对网络攻击利用 IP 报文分片和 TCP 流乱序重组等技术躲避威胁检测的行为，FW 支持将 IP 分片报文重组还原为原始报文后再进行检测，还支持对 TCP 流进行重组、按照流序号还原为正序流后再进行检测。

（4）支持海量的签名库，支持自定义签名

FW 自带的签名库可以识别出数千种应用层攻击行为。通过签名库的不断升级，还可以持续获取最新的识别和防护能力。网络管理员还可以根据自己掌握的流量信息自定义签名，使得 FW 的入侵防御功能更加完善。

14.3.3.3　精细的流量管理

网络业务飞速发展，但是网络带宽不可能无限扩展，所以必要时管理员需要对流量的带宽占用进行管理，尽量保证高优先级的网络业务，减少低优先级网络业务占用带宽。

目前网络管理员在管理网络带宽时经常遇到以下问题。

- P2P流量在网络中建立了大量连接，占用了绝大部分网络带宽。
- 由于遭受DDoS攻击，普通主机无法正常访问企业所提供的服务。
- 无法为某些特殊业务保证稳定的带宽或连接数。
- 超负荷的业务流量导致设备运行效率低下，影响网络的体验。

针对以上问题，FW提供的流量管理技术可以实现以下功能。

- 基于IP地址、用户、应用、时间分配、带宽和连接数，降低P2P流量的带宽占用，只向特定用户开放P2P的下载权限。
- 基于安全区域（带宽管理）或接口（QoS）限定最大带宽，即使发生DDoS攻击，也可以保证内网服务器和设备本身的正常运行。
- 通过给不同的应用分配不同的最大带宽，实现带宽的合理分配，保证特殊业务的需求。FW强大的应用识别能力可以实现精细化的带宽管理。

FW提供了灵活的带宽分配方式，通过引入带宽策略和带宽通道，每个带宽通道代表一个带宽/连接数范围，每个带宽策略可以给一类流量分配一个带宽通道，从而实现以下分配方式。

- 多个带宽策略共享带宽通道，带宽策略中的各流量通过抢占的方式使用带宽通道的带宽/连接数资源，使得网络资源得到充分利用。同时还可以限制其中每个IP或用户的最大带宽，既可以保证全局流量不拥塞，又可以保证单台主机不会因为其他主机占用带宽过多而导致无法上网。
- 一个带宽策略独享带宽通道。通常用于保证特殊业务或主机的流量带宽不受其他流量的影响，使高优先级业务可以正常运行。

14.3.3.4　完善的负载均衡

为满足网络发展的需要，许多企业通常在网络出口部署多条链路来分担其出口流量的压力。此外，日益增长的网络业务量对企业服务器造成了巨大的压力，单台服务器已经无法满足业务的访问需求，此时最好的办法就是把单台服务器扩容为多台，协同处理访问此服务的业务流量。多条链路如何分担出口流量？服务器之间如何协同处理业务呢？ FW支持的出站负载均衡和入站负载均衡功能可以帮助管理员在网络规划时合理地解决这些问题。

1. 出站负载均衡

企业在网络出口部署多条链路后，通常会以等值负载分担的方式来分担出接口流量，虽然在一定程度上提升了网络的稳定性和可靠性，但是等值负载分担只是把流量在每条链路上进行简单的平分，不能很好地解决以下问题。

- 如何保证访问特定ISP网络的流量从相应的出接口转发出去，而不是从其他的ISP网络绕道转发？
- 当某个服务在多个ISP部署时，如何保证内网用户访问此服务的流量能均衡到各个ISP链路，而不会有连接某个ISP的链路出现拥塞的情况？
- 访问外网服务器时，如何保证用户流量能够从时延最小的路径转发？如何保证高速链路能够转发更多的流量，而低速链路能合理利用，且不出现拥塞？

FW支持的ISP选路、透明DNS和智能选路等出站负载均衡功能能够轻松解决以上问题，满足各种多出口链路负载均衡场景的应用。

出站负载均衡如图14-19所示。

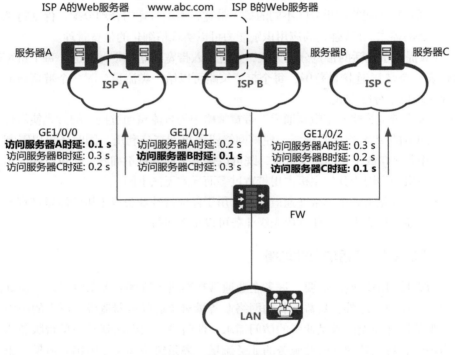

图 14-19   出站负载均衡

（1）ISP选路

当企业从不同的ISP获得多个出口链路时，管理员先将每个ISP内的网络地址分别写入不同的ISP地址文件中，然后将ISP地址文件导入设备，并指定对应ISP地址文件的下一跳或出接口等参数，从而批量生成到多个ISP网络的静态路由。用户的访问流量按照该静态路由，被分别转发到对应ISP网络，保证了访问特定ISP网络的流量从相应的出接口转发出去，而不是从其他的ISP网络绕道转发。

（2）透明DNS

透明DNS会修改内网客户端的DNS请求报文的目的地址，将这些报文按照权重（比例）重新分配到各个ISP的DNS服务器上。这样内网用户的上网流量会被均衡到各个ISP链路，保证各条链路得到充分利用且不会发生拥塞，从而提升内网用户的上网体验。

（3）智能选路

智能选路可以针对远端主机进行时延探测，能够计算出流量从不同链路转发的具体时延，并且可以根据时延大小选择最佳路径，从而实现业务的快速转发。此外，管理员还可以根据链路性能的不同，手动设置每条链路的路由权重，以及根据链路确定的物理带宽比例，使业务流量按照规划的大小从不同的链路转发，实现链路带宽的合理利用。

2. 入站负载均衡

入站负载均衡如图14-20所示，主要是对外网用户访问内网多个服务器的流量进行均匀、合理的分配，保证流量较平均地分配到各个服务器上，避免出现一个服务器满负荷运转、另一个服务器空闲的情况。FW支持的入站负载均衡功能包括服务器负载均衡和智能DNS。

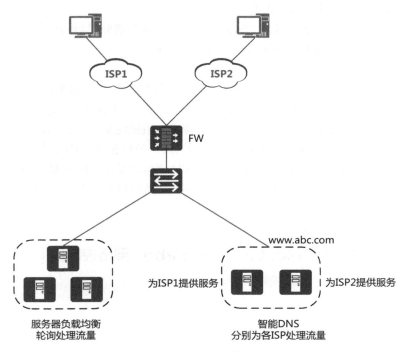

图 14-20　入站负载均衡

（1）服务器负载均衡

服务器负载均衡就是将本应由一个服务器处理的业务分发给多个服务器来处理，以此提高处理业务的效率和能力。这些处理业务的服务器组成服务器集群，对外体现为一台逻辑服务器。对用户来说，他们访问的就是这台逻辑服务器，而不知道实际处理业务的是其他服务器。由FW决定如何分配流量给各个服务器，这样做的好处显而易见：如果某个服务器损坏了，FW将不再分配流量给它；如果现有服务器集群还需要扩容，直接增加服务器到集群中即可。这些内部的变化对用户来说是完全透明的，非常有利于企业对网络进行日常运维和后续调整。

服务器负载均衡功能可以保证流量较平均地分配到各个服务器上，避免出现一个服务器满负荷运转、另一个服务器空闲的情况。FW还可以根据不同的服务类型调整流量的分配算法，满足特定服务需求，提高服务质量和效率。这些算法介绍如下。

- 简单轮询算法：将客户端的业务流量依次分配到各个服务器上。
- 加权轮询算法：将客户端的业务流量按照一定权重比依次分配到各个服务器上。
- 最小连接算法：将客户端的业务流量分配到并发连接数最小的服务器上。
- 加权最小连接算法：将客户端的业务流量分配到加权并发连接数最小的服务器上。
- 会话保持算法：将同一客户端的业务流量全部分配到同一台服务器上，通过基于源IP的哈希计算实现此目的。
- 加权会话保持算法：将同一客户端的业务流量全部分配到同一台服务器上，权重比高的服务器将分配到更多的业务流量。

（2）智能DNS

智能DNS是指在企业内网存在DNS服务器的情况下，FW对来自不同ISP的用户的DNS请求进行智能的回复，使用户能够获得最适合的解析地址，即与用户属于同一ISP网络的地址。用户发起实际访问流量（数据流量）时会以此地址为目的地址，这样就可以保证用户的流量能够直接通过自身所在ISP网络，转发到企业为该ISP网络专门提供服务的Web服务器上，这样就保证了用户的流量无须绕道其他ISP网络到达Web服务器，因此可以确保用户的Web访问时延最小、业务体验最优。

14.4　iMaster NCE-Fabric 网络控制器

14.4.1　简介

iMaster NCE-Fabric是新一代面向企业和运营商数据中心的SDN控制器，是华为云数据中心网络解决方案（以下简称"Cloud Fabric解决方案"）的核心部件。

如图14-21所示，iMaster NCE-Fabric可以对云数据中心网络进行集中管控，提供从应用到物理网络的自动映射、资源池化部署和可视化运维，协助客户构建以业务为中心的网络业务动态调度的能力。iMaster NCE-Fabric使用标准的网络协议管控网络资源，通过标准化的南向接口与计算资源对接，实现计算与网络资源的协同，既可以独立承担业务呈现/协同的工作，也支持通过标准化的北向接口开放能力与业界主流云平台无缝对接，使得客户可以根据自身业务的发展，灵活部署和调度网络资源，让数据中心网络更敏捷地为云业务服务。

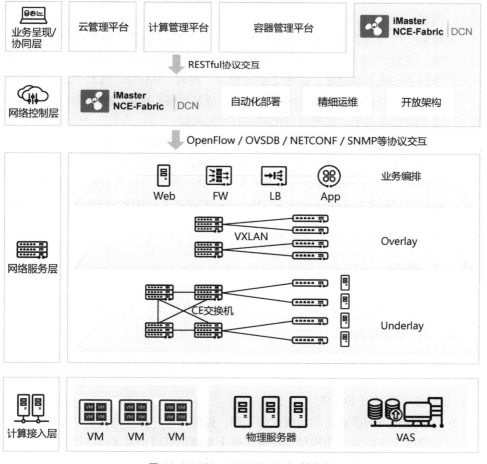

图 14-21　iMaster NCE-Fabric 的定位

图14-21整体展示了Cloud Fabric解决方案的全景，iMaster NCE-Fabric位于网络控制层，当iMaster NCE-Fabric北向不对接云平台、独立进行业务发放管理时，

iMaster NCE-Fabric 也充当了业务呈现/协同层。基于开放和高可靠分布式集群架构，iMaster NCE-Fabric可与业界主流云平台、计算管理平台无缝对接，提供自动化部署、精细运维和多数据中心容灾能力。

iMaster NCE-Fabric基于开放平台设计，通过支持北向对接云平台，南向对接物理交换机、虚拟交换机、防火墙，东西向对接计算管理平台，实现了对网络资源的管理控制及计算、存储等资源的协同发放，以此来构建"高效、简单、开放"的数据中心。

- 高效：iMaster NCE-Fabric实现了物理网络、虚拟网络和业务统一可视化，用户只需要在可视化界面上创建业务模型即可快速开通业务、自动化部署网络。
- 简单：用户可直接在iMaster NCE-Fabric上进行基于业务模型的图形化拖拽、增加、删除、批量处理等操作来调配逻辑网络资源，而无须进行大量命令的手工输入和记忆，简化了部署要求。同时，iMaster NCE-Fabric对物理资源和虚拟资源进行统一可视化管理，通过对网络资源、网络拓扑、网络路径等的直观展示，实现对云化网络的可视可控。
- 开放：iMaster NCE-Fabric北向通过标准RESTful接口实现与业界主流的OpenStack云平台和应用无缝对接；东西向支持和计算管理平台VMware vCenter、Microsoft System Center异构，达到网络与计算资源协同的效果；南向通过标准OpenFlow、OVSDB、NETCONF、SNMP、BGP EVPN等协议管理物理网络设备和虚拟网络设备。

14.4.2 架构

本节将介绍iMaster NCE-Fabric控制器的物理部署架构及软件逻辑架构。

1. 物理部署架构

为了保障网络业务的高可用性，iMaster NCE-Fabric的商用部署需要采用集群部署方案。

集群部署具备以下优势。
- 在多台集群的节点之间均衡业务处理，提供高可靠性和高性能。
- 即使某个集群节点出现单点故障，整个集群仍可以正常工作，可靠性高。
- 可以灵活扩容以增强整个集群的性能，具有良好的可扩展性。

如图14-22所示，iMaster NCE-Fabric集群可安装在多个物理服务器或虚拟服务器（又称为集群节点）上。

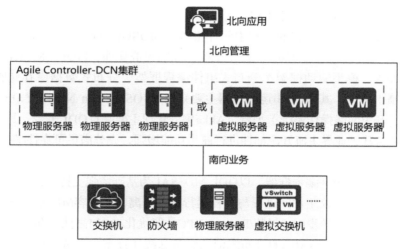

图 14-22　iMaster NCE-Fabric 系统框架

2. 软件逻辑架构

iMaster NCE-Fabric控制器构建于华为统一控制器平台架构之上，总体架构分为：分布式系统基础服务层、系统工程面、系统管理面以及系统业务面，如图14-23所示。

图 14-23　iMaster NCE-Fabric 控制器系统架构

（1）分布式系统基础服务层

提供SDN分布式编程的基础中间件服务，如OSGi（Open Service Gateway initiative，开放服务网关协议）运行容器、Akka集群管理、MDF（Model Driven Framework，模型驱动框架）分布式组件编程框架、分布式数据库存储服务、分布式锁服务等，其中OSGi运行容器主要来自ONOS（Open Network Operating System，开源网络操作系统）平台、Akka集群管理主要来自ODL平台，其他分布式基础服务基于业界主流开源部件进行商用功能增强，充分满足可靠性/性能/安全性要求。

MDF分布式组件编程框架，以ODL MD-SAL为基础增强支持组件化、服务化架构，保证业务协议组件间进程与线程运行调度隔离，在兼容MD-SAL接口的基础上增强提供了同异步RPC封装/Routed-RPC性能优化/DOM高性能存储等。MDF中还集成提供了基于Kafka的分布式消息服务总线和分布式事务管理能力，保证SDN业务对高性能、高可靠性的严苛要求。

（2）系统工程面

提供iMaster NCE-Fabric控制器集群系统的安装、部署、扩容、减容、软件版本升级服务。

（3）系统管理面

为SDN业务提供系统管理的能力，包括配置管理、安全管理、用户AAA管理、业务性能监控与故障管理等。

（4）系统业务面

此平面是SDN控制器业务实现的关键平面，支持南向网络资源的收集与统一抽象呈现，通过北向开放接口支持用户SDN业务下发，包含如下各层。

- 北向接口层：负责接入协议的接入处理以及北向接口的开放安全管理，并提供iMaster NCE-Fabric自主业务发放页面。
- 网络服务层：部署DCN SDN解决方案所需要的各种服务应用，为用户提供网络级业务能力，如DCN业务发放、Neutron、SFC、DCN OAM等关键组件。
- 网络基础服务层：基于开源ONOS CORE增强构建，为上层App提供标准/抽象的SDN核心资源管控服务，包括Topo、Device、Link、Host、报文收发等。
- 网元管控层：为上层提供抽象网元服务能力DAL（Device Abstraction Layer，设备抽象层），并通过网元驱动层和网元设备驱动插件，完成设备的驱动模型适配与转换。
- 南向协议层：支持完备的标准DCN SDN南向协议，包括配置管理类协议

JSON-RPC、OVSDB、NETCONF、SNMP等；设备控制类协议OpenFlow以及流量数据收集型协议sFlow等。

14.4.3 功能特性

iMaster NCE-Fabric支持丰富的网络管理、精细运维、池化管理等功能特性。

1. 多Fabric网络管理

iMaster NCE-Fabric支持多种Overlay组网类型的Fabric，可满足不同用户在网络转发性能、服务器接入类型和VXLAN隧道封装点等不同应用场景的需求。另外一套iMaster NCE-Fabric支持不同Fabric组网同时部署，充分满足降成本、易运维和平滑演进的需求。

2. 多业务灵活编排

iMaster NCE-Fabric通过对物理网络的抽象化和资源池化，可对业务进行灵活编排。

在不同的应用场景下，iMaster NCE-Fabric可在不同的管理界面中下发业务。

- 在云网一体化场景下，管理员通过云平台操作业务配置，由云平台将配置下发给iMaster NCE-Fabric统一处理，同时iMaster NCE-Fabric界面上也能够基于其逻辑网络模型展示通过云平台下发的业务。
- 网络虚拟化场景下，管理员可直接通过iMaster NCE-Fabric界面实现支持基于逻辑网络+应用的业务编排。

面对不同的用户业务编排诉求，iMaster NCE-Fabric可实现数据中心业务的灵活自动化编排部署。

（1）海量的租户和应用可快速上线

iMaster NCE-Fabric可支持分钟级新租户的创建和海量应用上线，配置可动态快速调整，业务编排与拓扑解耦，极大地缩短了业务上线周期。

（2）海量的策略可自动调整

海量租户和应用的安全策略可批量下发、动态迁移，既可实现租户和应用的安全隔离，又可实现安全策略的自动调整。

（3）安全池形态可多样化部署

硬件VAS和软件资源可以灵活部署并进行统一池化管理，iMaster NCE-Fabric既支持纳管华为VAS设备，也支持在网络虚拟化场景下纳管第三方VAS资源（CheckPoint防火墙、Palo Alto防火墙、F5负载均衡器、Fortinet防火墙等），并按需扩缩容和调度资源，可满足不同场景对成本、性能的差异化需求，并满足资源利用率合理均衡的使用要求。

在使用iMaster NCE-Fabric进行自主业务下发时，iMaster NCE-Fabric的SFC可支撑灵活的业务编排，SFC可灵活指定业务流按顺序通过业务功能节点，无须受限于物理拓扑。

3. 多维度精细运维

iMaster NCE-Fabric提供Overlay网络全方位的精细可视化运维能力，以解决物理设备与虚拟设备混杂、网络与IT设备运维边界模糊、物理网络与逻辑网络需解耦运维的问题。精细运维主要体现在以下几个方面。

- 全网资源可视：iMaster NCE-Fabric对物理资源和虚拟资源统一管理，监测全网物理网络设备和虚拟网络设备的资源状态，及时了解所有网元的运行情况。同时，iMaster NCE-Fabric从租户维度监测网络运行状态，所有租户、各租户配额、各租户流量均可视，从而能充分了解租户的运行情况。

- 三层拓扑互视：iMaster NCE-Fabric可支持物理网络、逻辑网络、应用网络的互视。首先，iMaster NCE-Fabric支持显示应用网络所使用的逻辑网络资源和物理网络资源，即从上往下映射，方便用户及时进行扩容或减容的资源调整。其次，iMaster NCE-Fabric支持针对某个物理资源（设备、链路、端口），展示其承载的租户、应用信息，即从下往上映射。当物理网络变更时，iMaster NCE-Fabric可以快速识别影响了哪些租户和应用，从而判定影响范围并提前通知对应的租户或应用。最后，iMaster NCE-Fabric支持显示逻辑网络所使用的物理网络资源和逻辑网络承载的应用，业务和网络情况可统一整体把控。当Underlay网络资源变化（重启、断链等）时，iMaster NCE-Fabric可以自动刷新对应的逻辑网络、应用网络。

- 业务路径可视：iMaster NCE-Fabric可基于应用和逻辑展示业务的物理真实路径，在物理网络与逻辑网络解耦的情况下方便快捷地定位网络故障点，快速发现并修复业务流异常中断。iMaster NCE-Fabric的业务路径可视功能可基于五元组进行过滤并分跳详细展示路径信息，可按需精细掌控业务路径。业务路径可视包括单路径探测（查看VM之间业务流的实际物理路径）、多路径探测（查看NVE设备间的多条实际物理路径）和连通性探测（探测VM之间、VM和BM之间以及VM/BM和外网之间的连通性）。

- 环路检测：由于Fabric网络中可能存在VXLAN和VLAN的环路，iMaster NCE-Fabric通过流量收集、事件关联等机制，可自动检测网络中是否存在环路、定位至环路的具体位置并对环路进行修复，避免客户组网不当或受到网络攻击时对流量业务的影响。

- 一键式应急：当网络中的设备或端口发生故障时，使用一键式应急功能可进行设备的复位、主备倒换和端口的关闭等。一键式应急的含义即用户在 iMaster NCE-Fabric界面上对原子模板进行编排，模板中选择设备或端口以及执行的动作，编排完成后，运行该原子模板即可对设备或端口执行相应的动作。

4. 多个数据中心池化管理

iMaster NCE-Fabric不仅支持管理单个数据中心，也可扩展到管理物理区域位置不同的多个数据中心，进一步扩大数据中心业务的规模和范围，打破传统数据中心间的物理距离限制，使得客户可将分散在多个物理区域之间的数据中心网络资源拉通共享，实现灵活的资源调配和最大化的资源利用。另外，iMaster NCE-Fabric 也支持主备集群容灾部署，当控制器主集群发生故障时，可进行人工或自动容灾切换，最大限度地保障业务的流畅运行，提升数据中心的可靠性。

iMaster NCE-Fabric对多个数据中心的管理可区分为单控制器集群拉远管理多个数据中心、主备控制器集群管理以及多套控制器独立部署，再通过上层应用拉通的方式。

- 单控制器集群拉远管理多个数据中心：如图14-24所示，一套iMaster NCE-Fabric控制器管理多个数据中心，这些数据中心Overlay层的配置由这套控制器集群统一下发。该场景可支撑跨数据中心业务集群和资源的弹性扩展。为了提高业务的可用性，iMaster NCE-Fabric也支持跨同城或异地数据中心部署主备业务，计算资源和外网跨数据中心形成主备，当主用数据中心出现故障时，备用数据中心可接管流量转发和处理，保障业务的顺畅运行。

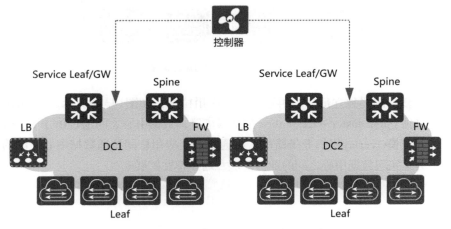

图 14-24　单控制器集群拉远管理多个数据中心

- 主备控制器集群管理：如图14-25所示，异地部署两套iMaster NCE-Fabric控制器集群，且集群都处于运行状态，角色分为主用和备用。其中主控制器集群可处理业务，北向接收第三方系统/UI的业务请求，南向负责设备的管理，处理业务产生的数据；备控制器集群运行接收、存储主控制器集群数据库的同步数据但不处理业务（温备状态）。当主控制器集群出现故障时，可由管理员人工完成主备倒换或通过预先配置的策略由系统自动完成倒换，确保业务的流畅运行。

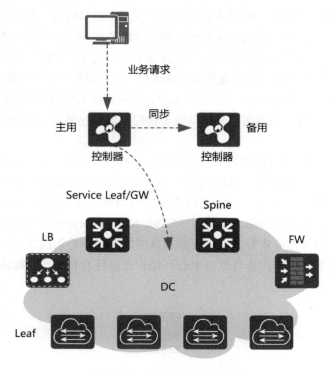

图 14-25　主备控制器集群管理

- 多套控制器独立部署，再通过上层应用拉通：如图14-26所示，不同DC部署独立的iMaster NCE-Fabric控制器集群，数据中心之间通过BGP EVPN协议交换Overlay层的业务路由，再通过上层应用协同拉通数据中心之间的业务，实现数据中心之间的业务三层互通和弹性扩展。

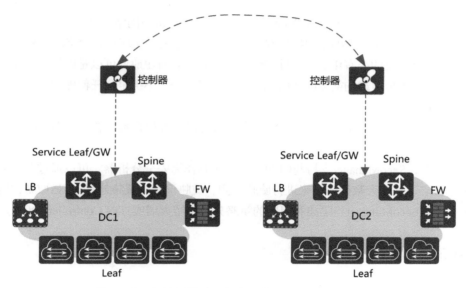

图 14-26　多套控制器独立部署，再通过上层应用协同拉通

| 14.5　SecoManager 安全控制器 |

14.5.1　简介

　　SecoManager是一款针对传统网络和数据中心网络推出的安全控制器。SecoManager可实现安全业务的编排和管理，以及网络与安全深度协同，抵御威胁。

　　SecoManager在云数据中心解决方案中，作为安全控制器，实现基于应用的自主安全业务发放。SecoManager提供应用内及应用间的安全策略配置，实现了网络的可视化，提高了网络的可维护性。通过与SDN Controller-DCN的联动，SecoManager可以为解决方案提供以下安全能力。

- 安全策略服务：SecoManager可支持实施VPC内、VPC间及VPC到External Network的安全策略，同时提供了入侵防御和防病毒检测能力。
- SNAT服务：租户网络用户使用的是私有IP地址，不能直接访问互联网。通过SNAT技术，将用户的私有IP地址转换为指定的公有IP地址，实现对互联网的访问。

- EIP服务：实现External Network可以主动访问租户网络。通过EIP技术，将一个公有IP地址绑定到租户网络的私有IP地址上，实现租户网络的各种资源通过固定的公有IP地址对外提供服务。这个私有IP地址可以是虚拟机的IP地址或虚拟负载均衡器的北向地址，也可以是一个不绑定到任何虚拟机的浮动IP地址。
- IPSec VPN服务：IPSec VPN采用IPSec协议实现租户数据在互联网上的安全传输。

同时，SecoManager支持与CIS的联动。CIS作为安全分析器，可以通过获得流量、日志，基于大数据分析来进行威胁检测、威胁识别、威胁处置。CIS威胁识别后，通过SecoManager将隔离和阻断的策略分发到防火墙或SDN Controller-DCN。

14.5.2 架构

1. 解决方案逻辑分层

在云数据中心解决方案中，SecoManager和SDN Controller-DCN联合部署，总体逻辑分层如图14-27所示。

（1）管理和编排层

在云数据中心解决方案云网一体化场景中，计算和网络业务由云平台统一发放，云平台通过RESTful接口与SDN Controller-DCN对接，传递业务指令。

在云数据中心解决方案网络虚拟化场景中，计算由VMM平台下发，与网络侧的SDN Controller-DCN联动。

（2）控制层

在云网一体化场景中，SDN Controller-DCN收到云平台的指令后，将其翻译成网络逻辑模型，负责对CE交换机下发L2～L3业务，同时将VPC相关信息同步给SecoManager，由SecoManager给防火墙下发L4～L7业务。

在网络虚拟化场景中，SDN Controller-DCN将网络创建好后，如果VMM中有VM上线，则选择一个由SDN Controller-DCN下发的网络标签来接入对应的网络，同时SDN Controller-DCN会在具体上线的ToR接口上下发接入配置，保证L2～L3业务正常。如果有L4～L7业务需求，则将VPC同步给SecoManager，由SecoManager继续配置L4～L7业务。

（3）数据面

由数据中心交换机和防火墙等网络设备组成，其中交换机网络抽象成Fabric资源池，防火墙设备抽象成VAS资源池，分别接收 SDN Controller-DCN和SecoManager的业务配置指令，为租户业务提供各类具体的网络服务。

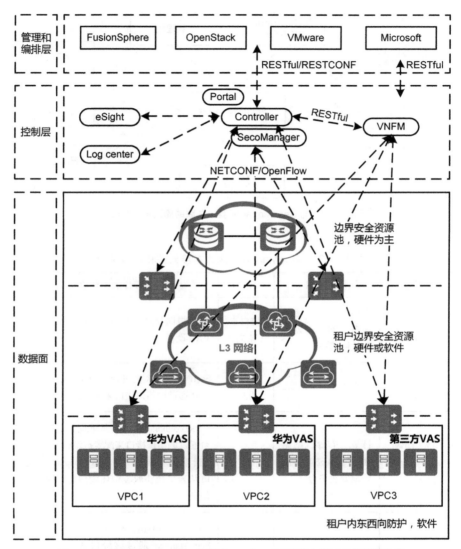

图 14-27　SecoManager 和 SDN Controller-DCN 联合部署总体逻辑分层

2. 周边系统

与 SecoManager 直接关联的周边系统或部件如图14-28所示。SecoManager 周边对接系统和接口说明如表14-10所示。

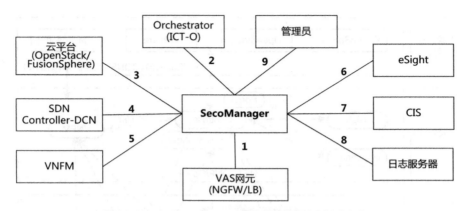

图 14-28 与 SecoManager 直接关联的周边系统或部件

表 14-10 SecoManager 周边对接系统和接口说明

周边系统	系统作用	接口	接口的主要功能
VAS 网元（NGFW/LB）	提供 L4 ~ L7 增值服务，网元有硬件和软件两种	接口 1（南向）	通过南向协议对接华为和第三方 FW/LB 等 VAS 设备
Orchestrator（ICT-O）	协同器	接口 2（北向）	SecoManager 对外开放北向业务接口，OrchestraToR 通过调用该接口来配置或编排安全业务
云平台（Open Stack/Fusion Sphere）	计算、存储、网络和安全等云业务的管理发放平台	接口 3（北向）	• SecoManager 对外开放北向业务接口，云平台通过调用该接口来配置或编排安全业务。 • 云平台开放接口，SecoManager 通过该接口从云平台获取虚拟环境信息和网络拓扑等信息
SDN Controller-DCN	负责网络业务的发放和管理	接口 4（东西向）	• SDN Controller-DCN 开放接口，SecoManager 通过该接口从 SDN Controller-DCN 获取虚拟环境信息和网络拓扑等信息。 • SDN Controller-DCN 开放接口，SecoManager 通过该接口向 SDN Controller-DCN 下发引流指令，将业务流引到指定的 VAS 设备进行业务处理
VNFM	对服务器上运行的软件 VAS 进行生命周期管理	接口 5（东西向）	VNFM 对外开放接口，SecoManager 通过该接口与 VNFM 进行协同，实现 VNF（VAS）的自动化部署以及 VNF 生命周期的管理

续表

周边系统	系统作用	接口	接口的主要功能
eSight	网络运维平台	接口 6 （东西 向）	•SecoManager 通过该接口将 VAS 资源、告警、运维信息等信息同步给 eSight。 •SecoManager 集成 eSight 的 UI，跳转到 eSight 进行运维管理
CIS	大数据安全分析系统，基于大数据进行威胁分析和安全策略的调优分析	接口 7 （东西 向）	SecoManager 通过该接口与 CIS 进行协同，实现安全策略的自动化部署和调优
日志服务器	日志和报表管理	接口 8 （东西 向）	•SecoManager 通过该接口将日志信息上报给日志服务器。 •SecoManager 集成 LogCenter 的 UI，跳转到 LogCenter 进行日志和报表管理、查看
管理员	负责对 SecoManager 系统和业务进行管理，可分为基础设施管理员和租户管理员	接口 9 （Portal 接口）	SecoManager 分别为租户管理员和基础设施管理员提供对应的 portal（Tenant portal 和 Admin portal），这些管理员通过登录 portal 来对系统和业务进行管理

3. 系统架构

SecoManager的总体系统架构主要分为6层，具体介绍见表14-11，如图14-29所示。

表 14-11　SecoManager 各层介绍

名称	职责
安全领域控制器应用层	提供面向解决方案的安全服务编排
服务接口层	提供面向租户的基础服务编排，为应用层提供更方便的编排接口
安全管理编排层	提供控制编排能力和东西向协同能力。 •控制编排：提供安全服务编排相关的控制编排框架能力。 •东西向协同：提供安全服务协同的框架能力
安全策略管理层	提供安全网元功能级别的抽象模型，屏蔽不同厂商、不同版本的差异
安全部件管理层	负责将安全配置下发到具体的网元，该层提供灵活的设备插件框架，不同厂商的产品可基于该插件框架开发插件进行对接支持
平台适配层	适配 SDN 控制器的统一软件平台封装分布式 DB、消息中间件和集群部署等系统支持能力以及北向、南向云平台对接等公共组件功能

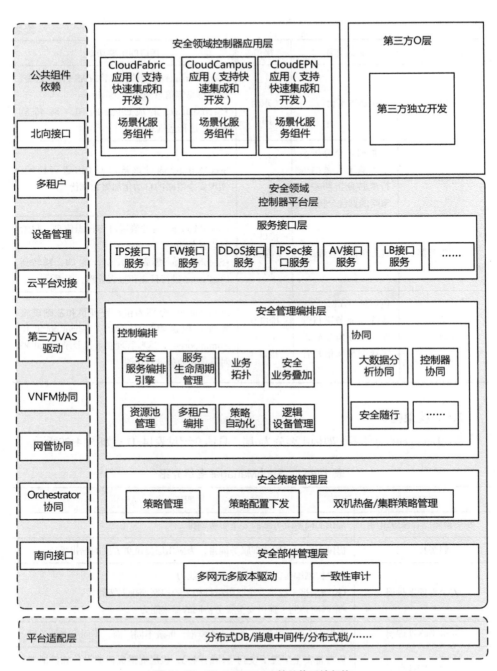

图 14-29　SecoManager 的总体系统架构

14.5.3 功能特性

14.5.3.1 高安全性

SecoManager通过用户管理、角色管理（授权、分权、分域）、用户登录管理和一系列安全措施来保证系统的安全。同时，SecoManager提供完备日志功能，可进一步完善安全解决方案。

1. 集群部署

为了保障网络业务的高可用性，SecoManager的商用部署需要采用集群部署方案。

集群部署具备以下优势：

· 在多个集群节点之间均衡业务处理，提供高可靠性和高性能；
· 即使某个集群节点出现单点故障，整个集群仍可以正常工作，可靠性高；
· 可以灵活扩容以增强整个集群的性能，具有良好的可扩展性。

2. 系统安全

（1）第三方软件使用安全

使用的第三方软件必须确保是新版本，且修复了已知漏洞，避免安全隐患。

（2）完善认证机制

管理员登录必须输入账号、密码和验证码。密码需要满足复杂度要求，若连续输入错误的密码，则账号会被锁定，防止暴力破解密码。

（3）会话过期机制

管理员登录后，如果超过规定时间没有进行操作，管理员将会被强制下线。

（4）安全的访问通道控制

管理员只能通过HTTPS方式访问SecoManager。SecoManager与客户端之间采用HTTPS协议通信。

3. 数据安全

（1）数据安全策略

存储数据的磁盘采用RAID（Redundant Arrays of Independent Disks，独立磁盘冗余阵列），具有冗余机制，单块磁盘的损坏不会导致数据丢失。

（2）数据转储策略

提供数据转储功能，将审计日志等数据保存到指定的转储目录或远端服务器。

（3）数据库集群

利用数据库集群的高可靠性技术，确保当数据库出现故障时业务处理不会中断、数据不会丢失。

4. 操作安全

（1）权限控制

实现分权、分级的权限控制，管理员登录后根据权限使用相应的功能，并在权限范围内管理用户。

（2）系统操作日志

提供系统管理和业务操作的操作日志，以便后续安全审计使用。

5. 独立运维

运维面是独立于当前业务面的一套独立自治系统。运维功能和业务功能存在于不同的界面，如果业务配置功能所在的界面无法登录，不会影响运维功能的使用。

- 运维人员可以通过登录运维面的专用URL进入运维面。
- 运维面独立，一旦出现故障，拥有逃生通道。
- 运维人员只需掌握一种工具，学习成本低，且不需要在不同的工具间进行切换。
- 拥有独立的运维面，相关的运维功能能够快速上线，且已有的运维功能易于操作。

14.5.3.2 设备添加

用户可通过多种方式完成SecoManager 添加设备的过程。支持以下设备添加方式：手工导入和自动发现设备。

- 手工导入：用户按照模板填写需要导入的设备相关信息，并将模板导入SecoManager，然后SecoManager会主动连接设备。
- 自动发现设备：通过指定的协议（SNMP）信息在指定的IP网段中发现并添加设备。

对于发现的华为防火墙，SecoManager支持从SecoManager快捷登录到设备的Web界面，同时支持修改防火墙 admin用户的密码。

14.5.3.3 策略管理

1. 安全策略管理

安全策略是防火墙设备对流量转发以及对流量进行内容安全一体化检测的策略。防火墙将流量的属性与安全策略的条件进行匹配，如果所有条件都匹配，则此流量成功匹配安全策略。流量匹配安全策略后，设备将会执行安全策略的动作。

- 如果动作为"允许"，则对流量进行内容安全检测，最终根据内容安全检测的结果来判断是否对流量进行放行。
- 如果动作为"禁止"，则禁止流量通过。

安全策略管理支持对全部防火墙设备的安全策略的集中控制，支持分发安全策略到物理防火墙和虚拟防火墙中，保持全网安全策略的一致性，简化维护工作。安全策略管理通过对防火墙设备进行安全策略的配置，实现对经过该设备的网络流量进行自动识别和过滤的功能。

2. 策略编排

SecoManager支持基于保护网段的策略编排，按照保护网段自动将安全策略服务部署到网段内的各个防火墙上。保护网段变更后，可以触发安全策略服务重新选择设备及部署，实现安全策略服务的自动化编排。

3. 策略调优

策略调优可以提供以下功能。

- 应用发现：可识别出新发现的应用、已下线的应用和变更的应用。后续用户可以将这些应用发现结果导入应用策略中，进行部署操作。
- 冗余分析：可分析一台或多台防火墙设备上的所有策略，识别出策略的冗余状态。方便用户根据自身需求及时禁用或删除冗余的策略。
- 命中分析：可以查看哪些策略长期以来没有被使用过，哪些策略的使用率最高。根据这些信息，管理员就可以对策略进行优化，例如清理不必要的策略，从而在保证业务安全的同时，更好地利用防火墙的性能和提高效率。
- 合规检查：通过制定合规检查规则，可以将策略识别为白名单或风险项。针对一些低风险的策略，用户可通过配置合规检查项将其提炼为白名单，由系统自动完成审批，提高审批效率。

4. 策略仿真

企业在进行大量策略变更时，很难去评估这些策略在部署到设备上时是否会对日常运转产生影响。通过策略仿真功能，用户可以在这些变更的策略部署到设备之前先进行一个影响性评估，帮助用户及时做出调整，确保无影响后再进行部署。

5. 配置一致性检查

使用过程中，需要保证设备侧和网管侧的配置一致。SecoManager支持从设备侧同步配置手工、自动定时。检查结果界面可视，方便管理员进行对比和分析。两侧的配置支持一键同步。

6. VPC策略

VPC策略提供隔离的虚拟机和网络环境，满足不同租户之间数据安全隔离的需求。VPC策略基于租户VPC网络，可以提供NAT策略、EIP、带宽策略、Anti-DDoS等安全业务的配置。

- NAT策略：租户网络用户使用的是私有IP地址，不能直接访问互联网。通过NAT技术，将用户的私有IP地址转换为指定的公有IP地址，实现对互联网的访问。

- EIP：即弹性IP，可以将公有IP地址绑定到内网的某个服务的IP地址上，形成映射。当内网对外提供服务时，外网需要访问内网，部署EIP后，对外网暴露的即为一个公有IP地址，IP报文内的目的地址则为此公有IP地址，将目的地址转成私有IP地址，达到对外提供服务的功能。

- 带宽策略：FW基于服务、端口值等信息，对通过自身的流量进行管理和控制，可以提高带宽利用率，避免带宽耗尽。

- Anti-DDoS：Anti-DDoS可以防范各种常见的DDoS攻击，以及传统的单包攻击。

14.5.3.4 接口开放

SecoManager控制器以开放的软件平台为基础，采用组件松耦合架构，可对外提供丰富的API能力。

SecoManager与SDN Controller-DCN对接，同步由SDN Controller-DCN创建的租户、网络拓扑、VPC、业务链和EPG等信息。

SecoManager南向通过标准NETCONF、SNMP等协议管理物理网络设备和虚拟网络设备。

缩 略 语

缩写	英文全称	中文名称
AAA	Authentication, Authorization and Accounting	身份认证、授权和记账协议
ACL	Access Control List	访问控制列表
ADA	Anyflow Data Analyzer	全流数据分析器
AD/DA	Analog to Digital/Digital to Analog	模数 / 数模
ADE	Anyflow Data Export	全流数据输出器
ADP	Anyflow Data Processor	全流数据处理器
AET	Advanced Evasion Techinque	高级逃逸技术
AF	Appointed Forwarder	指定转发器
AI	Artificial Intelligence	人工智能
API	Application Programming Interface	应用程序接口
ALU	Arithmetic and Logic Unit	算术逻辑部件
APT	Advanced Persistent Threat	高级可持续性攻击，业界常称高级持续性威胁
ARP	Address Resolution Protocol	地址解析协议
ASPF	Application Specific Packet Filter	针对应用层的包过滤
ATIC	Abnormal Traffic Inspection & Control System	异常流量监管系统
AV	Anti-virus	防病毒
AWS	Amazon Web Service	亚马逊网络服务
AZ	Availability Zone	可用区域
BD	Bridge Domain	广播域
BFD	Bidirectional Forwarding Detection	双向转发检测
BGP	Border Gateway Protocol	边界网关协议
BM	Bare Metal	裸金属服务器，也称裸机
BMC	Baseboard Management Controller	基板管理控制器
BPDU	Bridge Protocol Data Unit	网桥协议数据单元
BUM	Broadcast，Unknown-unicast，Multicast	广播、未知单播、组播

缩写	英文全称	中文名称
C&C	Command and Control	命令与控制
CCF	Congestion Controlled Flow	受拥塞控制的流
CCSA	China Communications Standards Association	中国标准化协会
CDN	Content Delivery Network	内容分发网络
CE	Customer Edge	用户边缘设备
CFP	Centum Form-factor Pluggable Transceiver	100G 封装可插拔光模块
CG	Charging Gateway	计费网关
CGW	Central Gateway	集中式网关
CIS	Cybersecurity Intelligence System	网络安全智能系统
CLI	Command Line Interface	命令行接口
CM	Communication Management	通信管理
CMF	Configuration Management Framework	配置管理框架
CN	Congestion Notification	拥塞通知
CNI	Container Network Interface	容器网络接口
CNM	Congestion Notification Message	拥塞通知消息
CNP	Congestion Notification Packet	拥塞通知包
CP	Congestion Point	拥塞节点
CPE	Customer Premises Equipment	用户终端设备，也称用户驻地设备
CR	Current Rate	当前速率
CSNP	Complete Sequence Number PDU	完整序列号协议数据单元
cwnd	Congestion Window	拥塞窗口
DAC	Direct Attach Cable	直连线缆
DAD	Dual-Active Detect	双主检测
DAL	Device Abstraction Layer	设备抽象层
DB	Database	数据库
DC	Data Center	数据中心
DCB	Data Center Bridging	数据中心桥接
DCI	Data Center Interconnection	数据中心互连
DCN	Digital Center Network	数据中心网络
DCQCN	Data Center Quantized Congestion Notification	数据中心网络量化拥塞通知
DCTCP	Data Center Transmission Control Protocol	数据中心传输控制协议

缩写	英文全称	中文名称
DDoS	Distributed Denial of Service	分布式拒绝服务
DGW	Distributed Gateway	分布式网关
DHCP	Dynamic Host Configuration Protocol	动态主机配置协议
DIP	Deterministic IP	确定性 IP
DIS	Designated Intermediate System	指定中间系统
DMAC	Destination Media Access Control	目标媒体接入控制
DML	Direct Modulated Laser	直接调制激光器
DNAT	Destination Network Address Translation	目的网络地址转换
DNS	Domain Name Service	域名服务
DPDK	Data Plane Development Kit	数据面开发套件
DRAM	Dynamic Random Access Memory	动态随机存储器
DRB	Designated Router Bridge	指定路由器桥
DSCP	Differentiated Services Code Point	区分服务码点
DWDM	Dense Wavelength Division Multiplexing	密集波分复用
EAM	Electric Absorption Modulator	电吸收调制器
EBGP	External Border Gateway Protocol	外部边界网关协议
ECMP	Equal Cost Multipath	等价多路径
ECN	Explicit Congestion Notification	显式拥塞通知
EDC	Enterprise Data Center	企业数据中心
EIP	Elastic IP	弹性 IP
EML	Electro-absorption Modulated Laser	电吸收调制激光器
ENP	Ethernet Network Processor	以太网络处理器
EoR	End of Row	行末交换机
EPG	End Point Group	端节点组
ERSPAN	Encapsulated Remote Switched Port Analyzer	三层远程镜像
ESG	Edge Service Gateway	边缘服务网关
ETCD	Editable Text Configuration Daemon	分布式键值存储系统
EVPN	Ethernet Virtual Private Network	以太网虚拟专用网
FaaS	Function as a Service	功能即服务
FC	Fiber Channel	光纤通道
FCT	Flow Completed Time	流完成时间

续表

缩写	英文全称	中文名称
FIFO	First In First Out	先进先出
FW	Firewall	防火墙
GBP	Group-Based Policy	基于组的策略
GIV	Global Industry Vision	全球产业展望
GPB	Google Protocol Buffers	谷歌协议缓冲区
GPFS	General Parallel File System	通用并行文件系统
GPU	Graphics Processing Unit	图形处理单元
GR	Graceful Restart	优雅重启
GRPC	Google Remote Procedure Call	谷歌远程过程调用
GSLB	Global Server Load Balance	全局负载均衡
HA	High Availability	高可用性
HBM	High Bandwidth Memory	高带宽存储器
HDD	Hard Disk Drive	硬盘驱动器，俗称机械硬盘
HNV	Hyper-V Network Virtualization	Hyper-V 网络虚拟化
HOLB	Head-Of-Line Blocking	线头阻塞
HPC	High Performance Computing	高性能计算
IaaS	Infrastructure as a Service	基础设施即服务
IB	InfiniBand	无限带宽
ICMP	Internet Control Message Protocol	互联网控制报文协议
ICT	Information Communication Technology	信息通信技术
IDC	Internet Data Center	互联网数据中心
IDS	Intrusion Detection System	入侵检测系统
IEEE	Institute of Electrical and Electronics Engineers	[美国]电气电子工程师学会
IETF	Internet Engineering Task Force	因特网工程任务组
IGMP	Internet Group Management Protocol	互联网组管理协议
IGP	Interior Gateway Protocol	内部网关协议
IKE	Internet Key Exchange	互联网密钥交换
IMC	In-Memory Computing	内存计算
IOPS	Input/Output Operations Per Second	每秒读写次数
IP	Internet Protocol	互联网协议

缩写	英文全称	中文名称
IPAM	IP Address Management	IP 地址管理
IPS	Intrusion Prevention System	入侵防御系统
IPSec	Internet Protocol Security	IP 安全协议
IRB	Integrated Routing and Bridging	整合选路及桥接
IS-IS	Intermediate System to Intermediate System	中间系统到中间系统
ISO	International Organization for Standardization	国际标准化组织
ISP	Internet Service Provider	因特网服务提供方
ISSU	In-Service Software Upgrade	在线业务软件升级
iWarp	Internet Wide Area RDMA Protocol	互联网广域远程直接内存访问协议
JCT	Job Completion Time	任务完成时间
JSON	JavaScript Object Notation	JavaScript 对象表示法
KPI	Key Performance Indicator	关键性能指标
L2MP	Layer 2 Multipath	二层多路径
L2TP	Layer 2 Tunneling Protocol	二层隧道协议
LACP	Link Aggregation Control Protocol	链路聚合控制协议
LAN	Local Area Network	局域网
LB	Load Balance	负载均衡器
LC	Lucent Connector	LC 型连接器
LSDB	Link State Database	链路状态数据库
LSP	Link State PDU	链路状态协议数据单元
LXC	Linux Containers	Linux 容器
MAC	Media Access Control	媒体接入控制
MBH	Mobile Back-Haul	移动回传
MCE	Multi-VPN-Instance Custom Edge	多 VPN 实例用户边缘
MDF	Model Driven Framework	模型驱动框架
MIB	Management Information Base	管理信息库
M-LAG	Multi-Chassis Link Aggregation Group	跨设备链路聚合组
MME	Mobility Management Entity	移动管理实体
MP-BGP	Multi-Protocol BGP	多协议 BGP
MPLS	Multi-Protocol Label Switching	多协议标签交换
MPO	Multi-fiber Push-On/Pull-Off	并行光纤插拔

续表

缩写	英文全称	中文名称
MQC	Modular QoS Command-line	模块化 QoS 命令行
MSA	Multi-Source Agreement	多源协议
MSTP	Multiple Spanning Tree Protocol	多生成树协议
MTTR	Mean Time To Recovery	平均恢复时间
MTU	Maximum Transmission Unit	最大传输单元
NAS	Network-Attached Storage	网络附加存储
NAT	Network Address Translation	网络地址转换
NCE	Network Cloud Engine	网络云化引擎
NETCONF	Network Configuration	网络配置
NFV	Network Function Virtualization	网络功能虚拟化
NGFW	Next Generation Firewall	下一代防火墙
NIST	National Institute of Standards and Technology	美国国家标准与技术研究院
NLRI	Network Layer Reachability Information	网络层可达信息
NMS	Network Management System	网络管理系统
NP	Notification Point	通知点
NSH	Network Service Header	网络服务报文头
NVE	Network Virtualization Edge	网络虚拟化边缘
NVGRE	Network Virtualization using Generic Routing Encapsulation	基于通用路由封装的网络虚拟化
NVMe	Non-Volatile Memory express	非易失性内存主机控制器接口规范
NVo3	Network Virtualizaiton over Layer 3	跨三层网络虚拟化
OAM	Operation, Administration and Maintenance	运营、管理与维护
OCS	Online Charging System	在线计费系统
ODCC	Open Data Center Committee	开放数据中心委员会
ONF	Open Network Foundation	开放网络基金会
ONOS	Open Network Operating System	开源网络操作系统
OPEX	Operating Expense	运营成本
OSGi	Open Service Gateway initiative	开放服务网关协议
OSI	Open System Interconnection	开放系统互连
OSPF	Open Shortest Path First	开放最短路径优先
OVS	Open vSwitch	开源虚拟交换机

缩写	英文全称	中文名称
OVSDB	Open vSwitch Database	开源虚拟交换机数据库
PaaS	Platform as a Service	平台即服务
PAYG	Pay As You Go	现收现付
PBR	Policy-Based Route	策略路由
PCRF	Policy and Charging Rules Function	策略和计费规则功能
PE	Portable Executable	可移植的可执行文件
PFC	Priority-based Flow Control	基于优先级的流控制
PNF	Physical Network Function	物理网络功能
pNIC	physical Network Interface Card	物理网卡
PoD	Point of Delivery	分发点
POP	Point Of Presence	运营商接入点
PQ	Priority Queue	优先队列
PS	Parameter Server	参数服务器
PSTN	Public Switched Telephone Network	公用电话交换网
QCN	Quantized Congestion Notification	量化拥塞通知
QoS	Quality of Service	服务质量
QP	Queue Pair	队列偶
QSFP	Quad Small Form-factor Pluggable	四通道 SFP 光模块接口
RAID	Redundant Arrays of Independent Drives	独立磁盘冗余阵列
RB	Router Bridge	路由器桥
RD	Route Distinguisher	路由标识符
RDMA	Remote Direct Memory Access	远程直接存储器访问
RGW	Remote Gateway	远程网关
RL	Rate Limiting	速率限制器
RoCE	RDMA over Converged Ethernet	基于聚合以太网的远程直接存储器访问
ROI	Return on Investment	投资收益率
RP	Reaction Point	反应点
RPC	Remote Procedure Call	远程过程调用
RPO	Recovery Point Objective	恢复点目标
RSPAN	Remote Switched Port Analyzer	远程交换端口分析器

缩写	英文全称	中文名称
RT	Route Target	路由目标
RTO	Recovery Time Objective	恢复时间目标
RTT	Round Trip Time	往返路程时间
SaaS	Software as a Service	软件即服务
SAN	Storage Area Network	存储区域网络
SBC	Session Border Controller	会话边界控制器
SC	Service Classifier	业务分类（节点）
SCM	Storage Class Memory	储存级内存
SCSI	Small Computer System Interface	小型计算机系统接口
SDN	Software Defined Network	软件定义网络
SF	Service Function	业务功能（节点）
SFC	Service Function Chain	业务功能链
SFF	Service Function Forwarder	业务功能转发（节点）
SI	Service Index	业务功能索引
SIP	Source IP	源 IP
SLA	Service Level Agreement	服务等级协定
SLB	Server Load Balancer	服务器负载均衡器
SMAC	Source Media Access Control	源媒体接入控制
SNAT	Source Network Address Translation	源网络地址转换
SNMP	Simple Network Management Protocol	简单网络管理协议
SP	Strict Priority	严格优先级
SPAN	Switched Port Analyzer	交换机端口分析器
SPI	Service Path Identifier	业务链路径编号
SRU	Server Request Unit	服务器请示单元
SSD	Solid State Disk	固态盘
SSH	Secure Shell	安全外壳
SSL	Secure Sockets Layer	安全套接层
SSL VPN	Secure Sockets Layer VPN	基于安全套接层的虚拟专用网
STP	Spanning Tree Protocol	生成树协议
STT	Stateless Transport Tunneling	无状态传输通道
TAP	Traffic−analysis Processor	流量分析处理器

缩写	英文全称	中文名称
TCP	Transmission Control Protocol	传输控制协议
TDA	Traffic-analysis Data Analyzer	流量分析数据分析器
TDE	Traffic-analysis Data Exporter	流量分析数据输出器
TDM	Time Division Multiplexing	时分复用
TEC	Thermo-Electric Cooler	热电制冷器，又称半导体制冷器
TFTP	Trivial File Transfer Protocol	简单文件传送协议
TLV	Type-Length-Value	类型长度值
ToR	Top of Rack	机架交换机
ToS	Type of Service	服务类型
TR	Target Rate	目标速率
TTL	Time to Live	存活时间
TTM	Time to Market	业务上市所需时间
UDP	User Datagram Protocol	用户数据报协议
URI	Uniform Resource Identifier	统一资源标识符
URL	Uniform Resource Locater	统一资源定位符
VAS	Value-Added Service	增值服务
VCTL	Virtual Control	虚拟控制面
vDC	virtual Data Center	虚拟数据中心
VE	Virtual Environment	虚拟环境
vFW	virtual Firewall	虚拟防火墙
VIQ	Virtual Input Queue	虚拟输入队列
VLAN	virtual Local Area Network	虚拟局域网
vLB	virtual Load Balance	虚拟负载均衡
VM	Virtual Manufacturing	VMware 主机（泛指虚拟机）
VMM	Virtual Machine Manager	虚拟机管理器
VMOS	Video Mean Opinion Score	视频质量度量
VNF	Virtualized Network Function	虚拟化网络功能
VNI	VXLAN Network Identifier	VXLAN 网络标识符
vNIC	virtual Network Interface Card	虚拟网卡
VPC	Virtual Port Channel	虚拟端口通道
VPC	Virtual Private Cloud	虚拟私有云

续表

缩写	英文全称	中文名称
VPLS	Virtual Private LAN Service	虚拟专用局域网服务
VPN	Virtual Private Network	虚拟专用网
VPS	Virtual Private Server	虚拟专用服务器
VRF	Virtual Routing Forwarding	虚拟路由转发
vRouter	virtual Router	虚拟路由器
VRP	Versatile Routing Platform	通用路由平台
VRRP	Virtual Router Redundancy Protocol	虚拟路由冗余协议
VS	Virtual System	虚拟系统
vSwitch	virtual Switch	虚拟交换机
VTEP	VXLAN Tunnel Endpoint	VXLAN 隧道端点
VXLAN	Virtual Extensible LAN	虚拟扩展局域网
WAF	Web Application Firewall	Web 应用防火墙
WRED	Weighted Random Early Detection	加权随机早期检测
XML	Extensible Markup Language	可扩展标记语言
XSLT	Extensible Stylesheet Language Transformation	可扩展样式表语言转换
YANG	Yet Another Next Generation	下一代数据建模语言
ZTP	Zero Touch Provisioning	零配置部署